与嵌入式系统
设计丛书

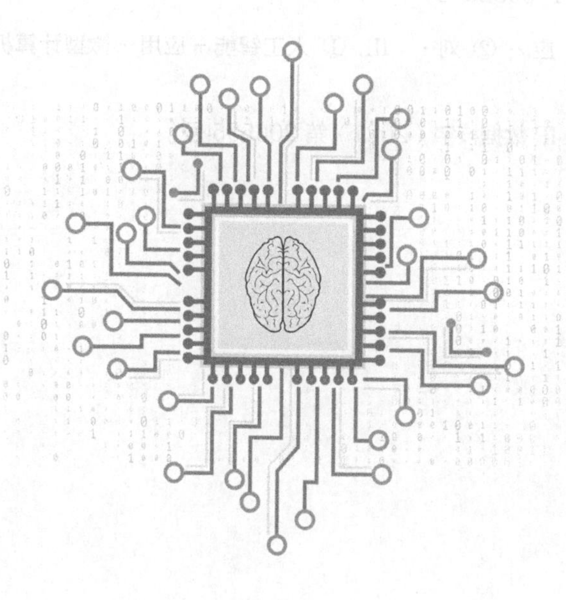

AI embedded systems
Algorithm optimization and implementation

# AI嵌入式系统

## 算法优化与实现

应忍冬 刘佩林 编著

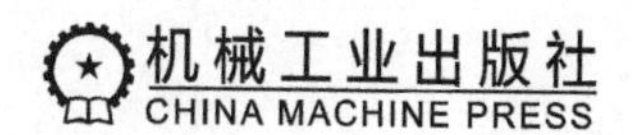

图书在版编目（CIP）数据

AI 嵌入式系统：算法优化与实现 / 应忍冬，刘佩林编著．-- 北京：机械工业出版社，2021.10（2024.11 重印）
（电子与嵌入式系统设计丛书）
ISBN 978-7-111-69325-3

I. ① A… II. ① 应… ② 刘… III. ① 人工智能 - 应用 - 微型计算机 - 系统设计 - 研究
IV. ① TP360.21

中国版本图书馆 CIP 数据核字（2021）第 206535 号

AI 嵌入式系统：算法优化与实现

出版发行：机械工业出版社（北京市西城区百万庄大街 22 号 邮政编码：100037）

责任编辑：赵亮宇 责任校对：殷 虹

印 刷：固安县铭成印刷有限公司 版 次：2024 年 11 月第 1 版第 4 次印刷

开 本：186mm×240mm 1/16 印 张：21.75

书 号：ISBN 978-7-111-69325-3 定 价：99.00 元

客服电话：（010）88361066 68326294

# 前　言

随着人工智能（AI）技术在各个行业的普及，将AI技术和嵌入式系统相结合，构建AI嵌入式系统成为当前技术热点之一。本书介绍AI领域多种机器学习算法在嵌入式系统上的底层实现和优化技术。现在很多机器学习算法基于海量存储和运算，对功耗、体积、计算能力和存储容量有较高要求，而不同领域的嵌入式系统受限于各自的应用需求，难以满足所有条件。目前在嵌入式系统中实现复杂机器学习算法有多条途径，包括基于通用GPU多处理器架构的方案、基于专用运算加速引擎的定制化方案，以及基于现有处理器对算法进行深度优化的方案等。这些技术方案各有优缺点，并且在不同领域得到了应用。基于GPU的通用多处理器架构的方案通用性强、算力高，但代价是硬件成本高、功耗大。基于专用运算加速引擎的定制化方案运算效率高，功耗可控，但运算结构相对固定，灵活性差。基于现有处理器对算法进行深度优化的方案成本低，不需要专用或者定制化硬件，通用性强，但代价是需要手动对各案例逐个进行优化，开发难度高。本书中关注的是基于现有的嵌入式处理器系统和架构，通过不同层次的优化实现机器学习算法。虽然书中所介绍的方法以通用嵌入式处理器为例，但也能够应用于GPU或者硬件加速引擎架构，比如基于变换域的快速卷积算法在GPU的底层运算库中得到应用，基于加减图的常数乘法运算能够方便地在芯片硬件设计中实现。

机器学习涉及多个不同领域的算法，其中包括基于统计学习的方法和基于神经网络的方法。基于统计学习的算法理论模型设计精巧，泛化性能好，运算量相对较低，容易在存储量和运算量受限的嵌入式系统中实现，但它依赖较强的概率假设，模型上的偏差限制了它在实际应用中的性能。近年来，随着GPU算力的增加以及海量标注数据的积累，基于神经网络的"灰盒"式机器学习算法得到应用，神经网络训练使用反向梯度传播算法，能够"自动"地从训练数据中学到特征提取方法，摆脱人工特征设计的效率约束。很多现有神经网络性能优越，但庞大的参数存储量限制了其在嵌入式系统上的实现。近年来的研究发现，很多神经网络架构中存在大量冗余的运算和参数，通过运算的简化和架构裁剪能够大大降低神经网络对计算性能和内存的需求，使得在嵌入式系统上实现它成为可能。本书中讨论的内容覆盖基于统计学习和基于神经网络的机器学习算法在嵌入式系统上的实现，通过算法和例程介绍具体的优化手段。

书中给出了通过详细的手工优化步骤以说明嵌入式机器学习算法的优化过程，但随着机器学习算法复杂度的增加和规模的扩大，手动优化效率显得较低。对部分优化过程，我们给出了软件辅助优化的介绍，比如通过软件自动搜索加减图实现多常数乘法，使用软件控制神经网络训练过程，“消除”网络参数和架构上的冗余，以及通过软件自动从训练得到的模型中提取参数并自动生成C语言源代码。读者可以基于这些代码[⊖]进一步拓展，构建自动化的嵌入式机器学习算法实现工具。在撰写本书期间，出现了多种嵌入式机器学习算法框架和算法部署工具，大大提高了机器学习算法在嵌入式系统中的部署效率。从长远看，使用更高层的机器学习算法来训练和优化当前机器学习算法会是研究趋势。

书中介绍的部分底层算法代码以Python语言形式给出，这考虑了Python语言的表达能力和程序简洁性，在实际应用中需要读者在理解算法原理的基础上改成C程序实现。另外，书中列举的机器学习问题集中在基本的手写识别数据或者简单图像分类问题上，选择这些机器学习问题，是考虑到它们的训练速度快，模型构建代码量小，能够在有限篇幅内解释清楚，但所介绍的方法能够应用于更复杂的机器学习算法和模型。

机器学习涉及建模、训练和推理这几个部分，本书的重点在于嵌入式系统中的机器学习算法推理过程的实现，对机器学习本身的理论模型介绍相对较少，因此需要读者在阅读之前了解基本的机器学习算法知识。另外，要掌握本书介绍的近似算法，需要读者提前了解一些线性代数的知识。

本书的撰写工作得到了Arm中国大学计划的帮助和支持，在此表示感谢！

应忍冬

2021年6月于上海

⊖ 本书配套的源代码、PPT、教学视频等资源可通过Course.cmpreading.com获取。——编辑注

# 目　录

## 第 5 章 卷积运算优化 ………… 109



## 第 6 章 矩阵乘法优化 ………… 178

# 第1章
# 绪　论

## 1.1　AI嵌入式系统的概念与特点

嵌入式系统是指“嵌入”在应用中的计算机系统。嵌入式系统和传统PC的不同之处在于它通常针对特定应用配备专用软硬件接口，在运算速度、存储容量、可靠性、功耗、体积方面的要求和通用PC有明显差别。我们在日常生活中随处可见嵌入式系统，比如智能手机、万用表、无人机控制系统、电信交换机、洗衣机、智能电视、汽车控制系统、医用CT设备等（见图1-1）。

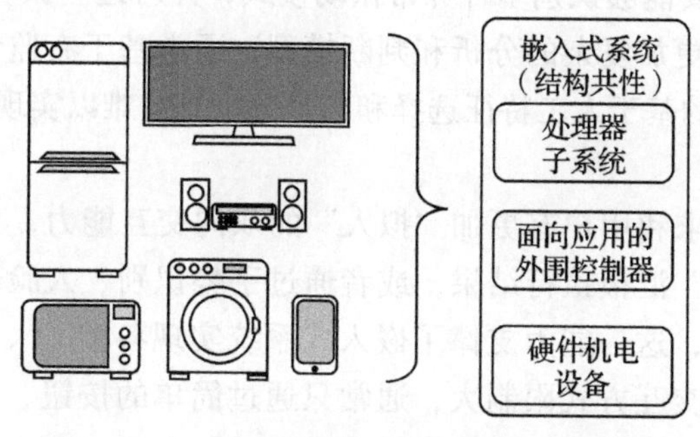


图1-1　生活中嵌入式系统的例子及共性结构

通常来说，嵌入式系统具备以下几个特点：1）高可靠性，比如控制电信交换机的嵌入式系统需要24小时不停歇地工作，可靠性达到99.999%或更高；2）低延迟响应，比如车载刹车防抱死系统，需要在紧急刹车时实时判断车速，识别轮胎状态，在规定的时间内输出刹车控制命令；3）低功耗，比如万用表等手持测量设备，可能需要依赖电池使用几个月甚至几年；4）小体积，比如手机、无线降噪耳机等便携设备需要在有限体积内安装嵌入式控制系统，以满足应用场景的要求。

传统的嵌入式系统主要用于控制，即接收传感器信号、分析并输出控制命令。随着应用需求的发展，越来越多的嵌入式系统要求具备“人工智能”，成为“智能嵌入式系统”。和传统的“控制类”嵌入式系统相比，智能嵌入式系统在智能感知、智能交互和智能决策方面有了增强，如图 1-2 所示。

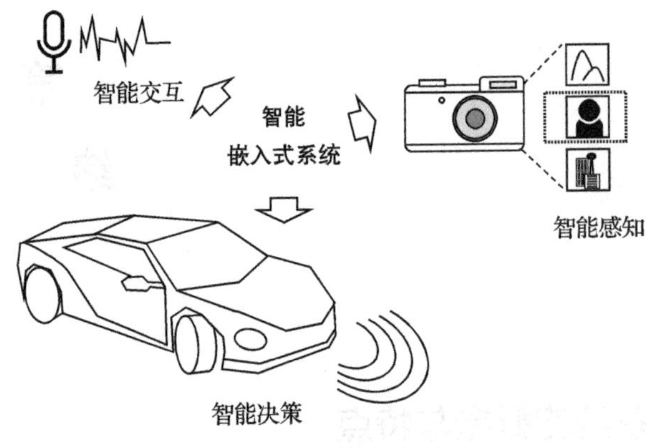


图 1-2 智能嵌入式系统

- **智能感知**

传统嵌入式系统基于固定规律，比如信号均值和方差或者它的频域变换等分析、理解信号，随着应用的拓展，人们需要让嵌入式系统理解更加复杂的或者有变化的场景。比如让智能相机系统识别当前拍摄的场景是自然风景还是室内人物或者城市建筑等；负责机械设备监控的嵌入式系统要能够识别多种异常振动模式，并对这些振动进行故障识别和分类。这一类感知和识别依赖更加复杂的分析和判断模型，通常基于有监督的训练数据得到模型参数，相比之下，传统的基于人工特征选择和信号分析算法难以实现复杂多变的智能感知。

- **智能交互**

智能嵌入式系统要求和用户有更加“拟人”的双向交互能力，比如通过语音识别获取用户指示并通过“语音”汇报执行结果，或者通过手势识别、人脸表情识别等判断用户意图，并做出正确的响应，这一能力支撑了嵌入式系统实现各类“人机协作”应用。相比之下，传统的嵌入式系统交互方式限制大，通常只通过简单的按钮、显示屏交互，应用场景受限，人机互动效率低。

- **智能决策**

具备自主决策能力是现代嵌入式智能系统的另一重要特性，比如在自动驾驶系统中，需要车载嵌入式系统根据车速、道路障碍、交通标识信息对当前状态以及趋势进行判断，并在有限时间内发布行驶指令。此外，该系统需要能够“随机应变”，遭遇未知状态时，能够权衡动作收益和风险，给出合适的动作输出。传统的嵌入式系统在智能决策方面往往基于固定且简单的逻辑规则，虽然高效实时，但在灵活性和适应性上无法满足各类复杂应用场景对嵌入式系统的要求。

需要注意的是：机器学习算法涉及训练和推理两部分，其中训练部分需要访问海量训练样本，搜索最优的算法参数，对运算速度、功耗要求高，难以在嵌入式系统中实现，目前主要依靠 GPU 系统完成。本书侧重机器学习算法的推理运算，即使用训练完成的模型，对输入数据进行处理分析，得到结果。相比机器学习算法的训练，推理过程的运算量小得多，但对于资源有限的嵌入式系统，实现机器学习推理算法仍旧面临挑战，需要从不同层次进行优化。

之前介绍的“智能”型应用需求对嵌入式系统的软硬件带来了挑战，这些挑战主要来自这些应用所需要的算力需求。比如目前常用的图像分析深度卷积神经网络算法，它们的底层运算主要是二维矩阵卷积或者矩阵乘法运算，实现这些算法需要进行大量乘加运算和海量存储。图 1-3 给出了几种典型的神经网络的运算量[⊖]。

从图 1-3 中可以看到，对于嵌入式系统，实现比如 10 帧 / 秒的实时视频 AI 识别，通常需要 $10\times10^9\sim150\times10^9$ 次的乘加运算，虽然已有的运算硬件（比如高性能的 GPU 显卡）实现这一算力并不困难，但对于要同时满足功耗、体积、可靠性、实时性等多项约束条件的嵌入式系统而言，这一运算量带来了巨大挑战。此外，一些 AI 算法所依赖的参数数据量也给嵌入式系统的存储带来了巨大压力，图 1-4 是典型的神经网络的参数数据量。

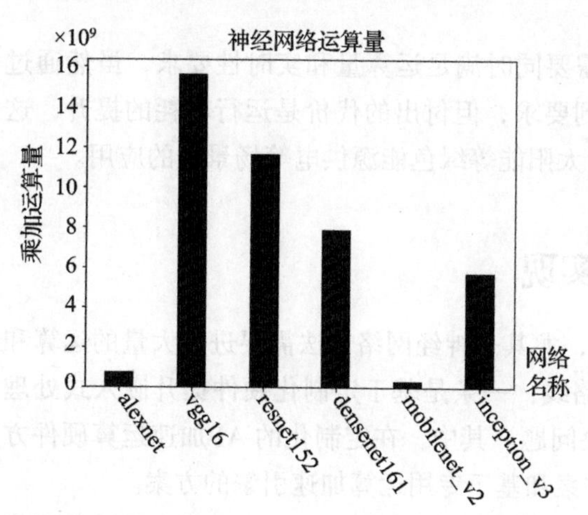


图 1-3 典型的图像处理卷积神经网络运算量比较

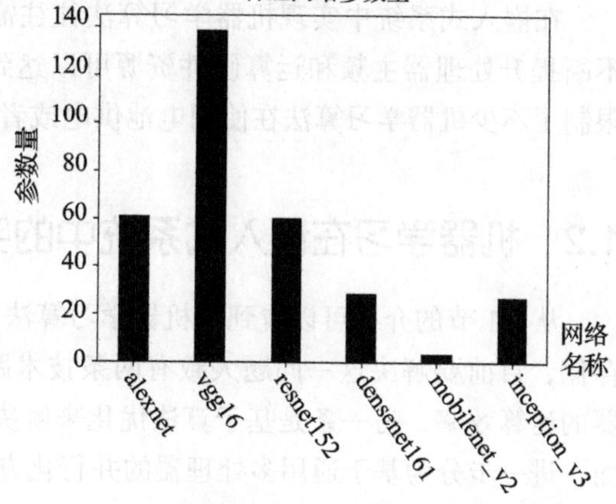


图 1-4 典型的图像处理卷积神经网络参数存储量比较

从图 1-4 中可以看到，一般神经网络的参数数据存储量在 $5\times10^6\sim140\times10^6$ 之间，使用单精度浮点数存储参数值对应的存储量是 20MB ～ 560MB，相比之下，传统的低成本嵌入式系统的 RAM 存储空间往往不超过 16MB。

随着对机器学习研究的深入，很多智能算法在性能上达到了商业应用的要求，并逐步进入我们的生活。这些算法中有不少是以嵌入式系统的形式实现的，比如人脸识别门禁系统、具有语音交互能力的智能音响、基于机器视觉的自动驾驶系统等。虽然有这些机器学习算法在嵌入式系统中的应用案例，但还存在很多待解决的问题。嵌入式系统中实现机器

⊖ 此处运算量是指神经网络对每一幅图进行推理运算所需要的乘加数量。

学习算法面临的主要问题和难点包括以下几个方面：

- **运算量**

在机器学习应用领域，尤其是图像识别中，需要使用二维矩阵或者更高维度的张量运算，核心算法由大量二维卷积和矩阵乘法构成，并且有些应用还需要进行矩阵分解，比如特征值分解、QR 分解等，这些都是运算密集型的算法。此外，随着深度学习的兴起，神经网络的规模不断膨胀，给算力有限的嵌入式系统带来了压力。

- **存储大小**

机器学习算法中有一部分是基于特征数据库的搜索和比较，要求在短时间内访问海量数据，进行特征分析和比对。为满足实时性要求，往往把需要访问的数据全部存于 RAM，这给嵌入式系统中有限的存储器资源分配带来了困难。此外，现代的深度神经网络在计算过程中需要访问海量权重系数，神经网络的参数规模超出嵌入式处理器子系统可用内存规模，需要短时间内在片内 RAM 和相对低速的外部存储器之间进行大量数据交换来完成计算。

- **功耗**

在嵌入式系统中实现机器学习算法往往需要同时满足运算量和实时性要求，虽然通过不断提升处理器主频和运算硬件资源可以达到要求，但付出的代价是运行功耗的提升，这限制了不少机器学习算法在使用电池供电或者太阳能等绿色能源供电等场景下的应用。

## 1.2 机器学习在嵌入式系统中的实现

从 1.1 节的介绍可以看到，机器学习算法，尤其是神经网络算法需要进行大量的运算和存储，目前要解决这一问题大致有两条技术路线：一条是基于定制化硬件提升嵌入式处理器的运算效率，另一条是基于算法优化来解决问题。其中，在定制化的 AI 加速运算硬件方面，进一步分为基于通用多处理器的并行化方案和基于专用运算加速引擎的方案。

图 1-5 给出基于多处理器的方案，比如 NVIDIA 通过专用的嵌入式 GPU 实现神经网络运算的加速，这一方案的优点是能够通过软件灵活定义每个处理器的功能，对不同 AI 算法的兼容性好，但由于每个处理器需要占用大量的电路资源，并且功耗高，因此这一方案主要用于对性能要求高，但对硬件成本和功耗不敏感的领域，比如自动驾驶等。

图 1-6 给出了基于运算加速引擎的 AI 嵌入式系统方案。和基于多处理器的方案相比，这里将多处理器替换成多个专用运算引擎，比如矩阵乘法引擎、卷积引擎、数据排序和检索引擎等，由于每个运算加速引擎功能单一并且明确，因此能够充分地优化以提高运算效率并降低功耗。在相同运算量下，这一架构的功耗通常低于多处理器架构。但付出的代价是硬件加速引擎的功能固定、难以改变，损失了灵活性和对不同运算的兼容性。

本书讨论的是基于传统嵌入式处理器的 AI 实现技术，侧重通过算法改进和软件优化提升嵌入式系统的 AI 运算能力，这一方案充分利用现有处理器的运算硬件特点，不需要新的专用硬件。由于传统嵌入式处理器在运算能力、存储容量等方面的限制，对很多高性能 AI

的应用还是有所限制。书中所讨论的很多算法是基于通用嵌入式处理器实现的，但它们也能应用于多处理器系统，并能够改造成运算加速引擎的形式。

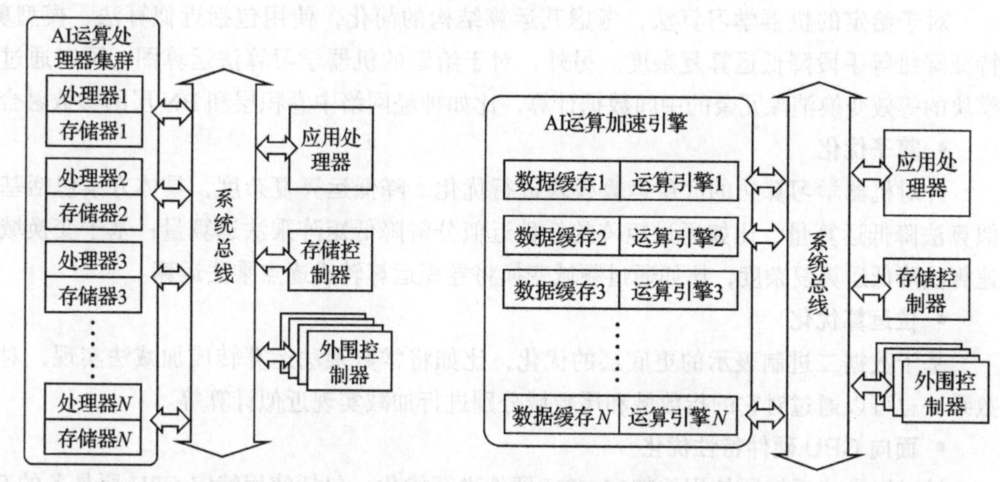


图 1-5 基于多处理器架构的 AI 运算加速方案　　图 1-6 基于运算加速引擎的 AI 嵌入式系统方案

为了能够在资源有限的嵌入式系统中实现机器学习推理算法，需要从不同层次进行优化，图 1-7 从高到低地给出了各个层次优化的说明。

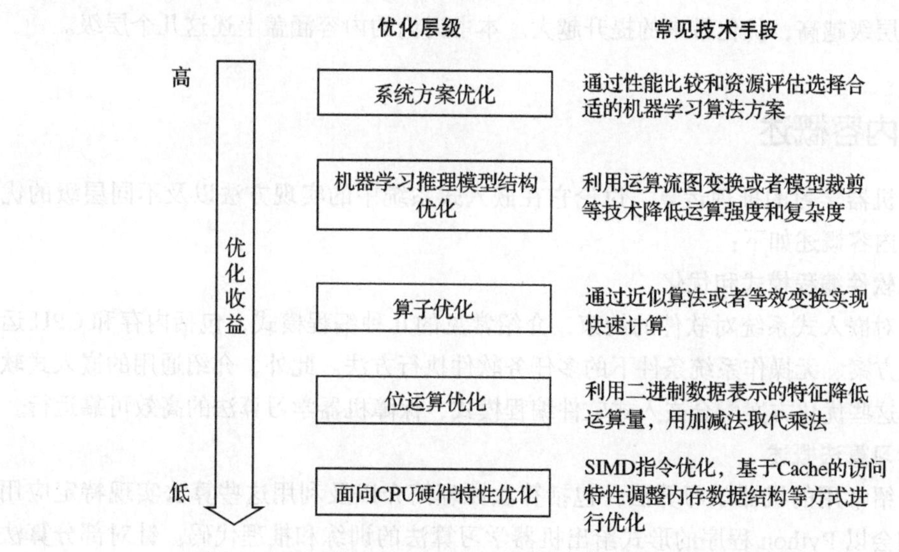


图 1-7 机器学习算法在嵌入式系统实现时所使用的优化手段分层

下面具体解释各个层次优化的内容：

- **系统方案优化**

针对特定机器学习问题考虑使用何种解决方案，比如对于视觉图像分类应用，是通过支持向量机实现，还是通过深度神经网络实现，或是通过随机森林实现。不同的机器学习算法在运算量、内存、分类精度以及训练难度上各有优缺点，需要开发者进行权衡。

- **机器学习推理模型结构优化**

对于给定的机器学习算法，考虑其运算结构的简化，使用包括近似算法、模型剪枝、特征降维等手段降低运算复杂度。另外，对于给定的机器学习算法运算图，可以通过运算模块的等效变换消除冗余的中间数据计算，比如神经网络中卷积层和 BN 层的参数融合等。

- **算子优化**

针对机器学习算法的底层运算模块进行优化，降低运算复杂度，具体方案包括基于近似算法降低运算量，比如通过矩阵的低秩近似分解降低矩阵乘法运算量；基于变换域的快速算法降低运算复杂度，比如通过频域变换将卷积运算转成逐点乘法运算。

- **位运算优化**

基于数据二进制表示的更底层的优化，比如将常数乘法运算转成加减法实现，对浮点数乘法也可以通过对它的指数域和尾数域分别进行加减实现近似计算等。

- **面向 CPU 硬件特性优化**

针对嵌入式系统所使用的特定 CPU 硬件进行优化，包括使用特定 CPU 所具备的 SIMD 指令实现数据向量并行运算，使用高位宽的寄存器同时实现多个低位宽数据并行计算等。这一部分优化和硬件特性紧密相关。

以上给出的优化层级中，每一层通过优化带来的运算效率提升量都与具体问题相关，但大致来说，层级越高，优化带来的提升越大。本书讨论的内容涵盖上述这几个层级。

## 1.3 本书内容概述

本书针对机器学习的推理运算，讨论它在嵌入式系统中的实现方法以及不同层级的优化方法，各章内容概述如下：

- **嵌入式软件编程模式和优化**

这一章针对嵌入式系统对软件的约束，介绍常见的几种编程模式，包括内存和 CPU 运行时间的分配方案、无操作系统条件下的多任务软件执行方法。此外，介绍通用的嵌入式软件优化方案，这些优化方案配合嵌入式软件编程模式，保障机器学习算法的高效可靠运行。

- **机器学习算法概述**

这一章介绍常用的机器学习算法，包括算法原理简介以及利用这些算法实现特定应用的例子。我们会以 Python 程序的形式给出机器学习算法的训练和推理代码。针对部分算法还介绍了从 Python 程序生成 C 语言程序的方法。通过比较这一章给出的不同算法的运算细节，可以发现它们具有共同的底层运算，即矩阵乘法和卷积，在随后的章节中将分别介绍这两个运算的优化。

- **数值的表示和运算**

机器学习底层实现需要大量的加减乘除运算，在这一章我们讨论数据的不同二进制表示形式及其运算特点，包括机器学习中经常使用的16位浮点数格式、定点数格式、仿射映射量化格式等。通过例子解释如何将高精度浮点数算法转成对嵌入式系统“友好”的定点数运算，以及如何通过简单的整数加减运算替代乘法操作以降低运算复杂度。

- **卷积运算优化**

卷积运算在图像处理神经网络中得到广泛应用，我们从降低卷积运算的乘法次数的角度讨论几种算法，这些算法基于卷积的多项式表示形式构建得到，不少算法在流行的神经网络框架中得以实现。另外，我们讨论近似卷积算法，通过适当降低运算精度换取运算量的大幅下降。

- **矩阵乘法优化**

绝大多数机器学习的推理算法能够写成矩阵乘法形式，包括矩阵乘以矩阵、矩阵乘以向量、向量乘以向量等。我们会介绍降低矩阵乘法运算中乘法数目的方法，以及多种能够降低矩阵运算量的近似算法。

- **神经网络的实现与优化**

在这一章，我们通过神经网络结构优化降低运算复杂度和参数存储量。所讨论的几种神经网络结构优化方案通过修改网络训练过程实现，包括网络参数稀疏化、网络运算层裁剪以及网络参数量化等。

- **ARM平台上的机器学习编程**

ARM处理器是当前应用最为广泛的嵌入式处理器之一，我们针对几种ARM处理器专用的软件框架介绍机器学习算法的实现，给出具体代码，将之前章节介绍的算法运行在ARM处理器上。另外，这一章也会介绍ARM的SIMD指令集，通过它实现底层运算的并行，进一步提升机器学习算法运行效率。

本书内容会涉及一部分机器学习算法原理介绍，但这些介绍不能取代机器学习专业领域的知识。希望读者能够在阅读之前对机器学习算法所了解，或者结合各章节所给算法参考相关的理论。在撰写本书的同时，出现了多个神经网络推理运算的嵌入式部署和实现框架，在本书的部分内容选取上考虑了这些框架所涉及的技术。基于嵌入式系统的多样性和硬件定制化特性，并不是所有平台都能部署通用的推理框架，需要开发者针对硬件特点手动选择实现方案，通过实践找到合适的优化方案组合。

最后，为方便读者复现书中介绍的算法，我们在华章图书官网（http://www.hzbook.com/）提供了完整的代码，读者可在该网站搜索本书下载相关资源。考虑到代码的简洁性和阅读时的便利性，部分代码以Python形式给出，为了在嵌入式系统中运行，需要将它们改成C程序。希望读者通过参考并修改本书提供的代码，将其应用到实际的嵌入式系统中去。

# 第 2 章
# 嵌入式软件编程模式和优化

本章介绍嵌入式软件编程模式和通用软件优化方案。嵌入式软件编程模式关注的是底层支撑软件的架构，包括内存和 CPU 运行时间的分配方案，它服务于上层机器学习软件。嵌入式软件编程模式和传统的计算机编程模式在概念上有所不同，一般计算机软件编程模式侧重软件开发过程中的代码复用和架构标准化技术，以模块化和层次化的形式构建软件对象，而这一章所讨论的嵌入式编程模式是为了满足多任务的实时响应，在有限内存和有限运算能力的嵌入式 CPU 上高效地完成运算任务。本章讨论的内容除了编程模式外，还包括通用的嵌入式软件优化方案，它们和嵌入式软件编程模式相结合，保障了机器学习算法在嵌入式平台上高效运行。这一章的内容除了可用于提高机器学习应用软件效率外，也能够应用于其他具有类似特性的嵌入式软件。

## 2.1 嵌入式软件编程模式

嵌入式系统和应用紧密结合，不同应用有不同的软件运行要求。下面将讨论几种常见的嵌入式系统编程模式，每种模式有对应的应用场合，可以单独使用或者混合使用。这里讨论的编程模式主要针对没有操作系统的嵌入式软件运行环境，在这种情况下，CPU 的全部算力可以分配到和应用相关的计算，不需要额外执行 IO 资源状态、内存清理、调度等软件操作系统的管理任务，因此运行效率和内存使用效率会更高，但付出的代价是需要手动管理任务并发、IO 状态检查、资源共享等，对开发者有更高的要求。

下面首先给出常见的嵌入式系统运行模式示意图，如图 2-1 所示。

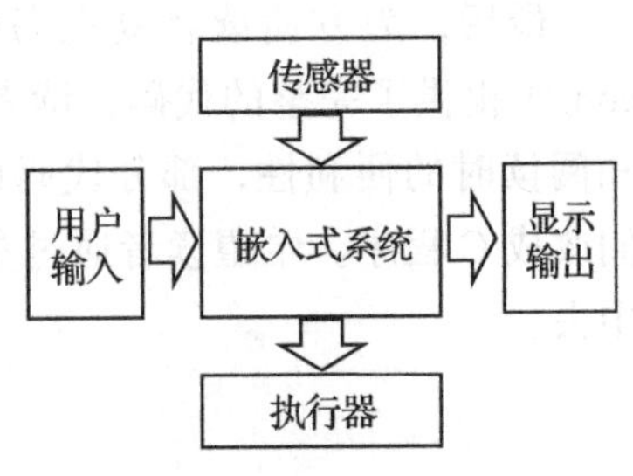

图 2-1 常见的嵌入式系统运行模式

图中系统的功能是从传感器获得外部数据，进行分析运算后输出控制命令，运行期间还需要接收用户输入。这一架构模型反映了大多数嵌入式系统的运行模式。比如，在语音识别应用中，嵌入式系统周期性地从 ADC 读入语音的波形数据，经过处理后识别用户语音指令，并根据识别结果输出控制命令。对于运行机器人视频避障软件的嵌入式系统，软件需要通过摄像头周期性地获得视频数据，分析视频内容，识别障碍和目的地并输出机器人移动控制命令。

上面描述的嵌入式系统运行模式涉及了多个需要并行执行的任务，每个任务有不同的运行周期性和处理优先级要求。表 2-1 给出了一个例子，其中嵌入式系统中需要同时运行 4 个任务，分别是传感器采样数据读取、数据计算及控制输出、用户输入命令检查、状态显示更新。它们的执行周期如表 2-1 所示。

表 2-1　任务类型和执行周期示例

| 任务 | 重复周期 |
| --- | --- |
| 传感器采样数据读取 | 2 个时间片 |
| 数据计算及控制输出 | 4 个时间片 |
| 用户输入命令检查 | 8 个时间片 |
| 状态显示更新 | 8 个时间片 |

这几个任务中，读入传感器数据的时间优先级最高，根据采样率所规定的时间间隔运行，不能错过数据；计算及控制输出同样有实时性要求，但它的执行频率低于数据采样；用户命令的检查和状态显示更新的优先级最低，只要满足人们对信息的感知速度即可。

上面几个任务的时间要求和运行频率要求也各不相同。设计时，需要根据优先级制定软件执行方案。当使用实时操作系统时，可以使用比如“单调速率调度算法”（Rate Monotonic Scheduling，RMS）等方案实现以上多任务并发执行，如图 2-2 所示。我们后面讨论的几种编程模式能够不依赖于操作系统实现，允许开发者根据应用特点实现更灵活的定制化多任务执行模式。

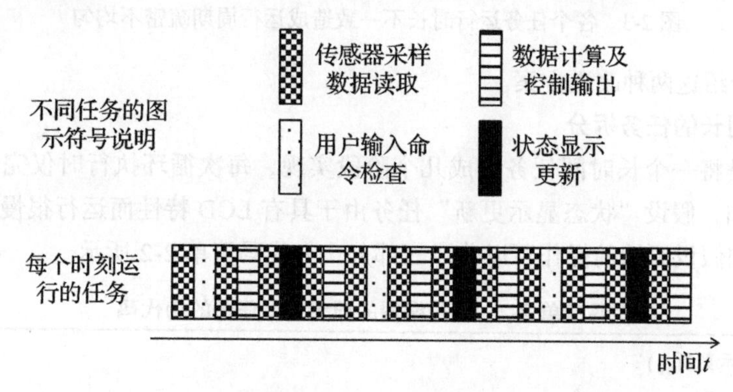


图 2-2　多个需要周期重复的任务交替执行的示意图

## 2.1.1　基于周期调用的运行模式

周期运行模式的一种实现方式如代码清单 2-1 所示，该代码实现了表 2-1 给出的嵌入式系统的几个任务周期执行。其中 while 循环内部的几个任务按执行顺序排列，并且每轮 while 循环根据周期要求对各个任务执行 1 次或者多次。

代码清单 2-1　基于周期调用的运行模式伪代码

```
while(1)
{
    传感器采样数据读取();
```

```
    用户输入命令检查();
    传感器采样数据读取();
    数据计算及控制输出();
    传感器采样数据读取();
    状态显示更新();
    传感器采样数据读取();
    数据计算及控制输出();
}
```

while循环内的代码对应所需要的任务的一个运行周期，如图2-2所示。但在实际情况中，由于每个模块运行时间存在差异，因此往往得到疏密不均匀的“周期”运行效果，如图2-3所示。这使得系统对传感器输入数据的“采样率”不再固定，并且对用户的输入响应间隔也时快时慢，系统运行缺少“确定性”。改进措施如下：

1）将运行时间过长的任务进行状态分割。

2）将采样固定在时间格点上运行。

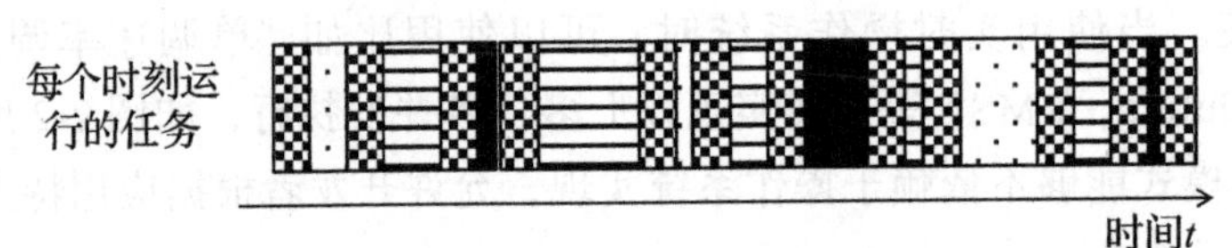


图2-3　各个任务运行时长不一致造成运行周期疏密不均匀

下面详细介绍这两种改进方案。

- **运行时间长的任务拆分**

任务拆分是将一个长时间任务分成几个阶段实现，每次循环执行时仅完成其中一个阶段的任务。例如，假设“状态显示更新”任务由于具有LCD特性而运行很慢，我们将其分成几部分，比如假设原始的操作可以分成三部分，如代码清单2-2所示。

**代码清单2-2　运行缓慢的显示更新任务的伪代码**

```
void 状态显示更新()
{
    更新测量数据曲线图();
    更新数据计算结果();
    更新用户输入内容();
}
```

代码清单2-2所显示的三部分操作可以分成三个阶段执行，如代码清单2-3所示。

**代码清单2-3　拆分成三个阶段执行的显示更新任务的伪代码**

```
void 状态显示更新()
{
    static int state=STAGE0;
    switch (state):
    {
```

```
    case STAGE0:
        更新测量数据曲线图();
        state=STAGE1;
        break;

    case STAGE1:
        更新数据计算结果();
        state=STAGE2;
        break;

    case STAGE2:
        更新用户输入内容();
        state=STAGE0;
        break;
    }
}
```

该函数内部有 static 类型状态变量 state，它的取值在函数一次调用完成到下一次调用期间是保持不变的。我们第一次调用该函数时，由于 state=STAGE0，因此执行“更新测量数据曲线图”；第二次调用时，由于 state=STAGE1，因此执行“更新数据计算结果”；第三次调用时，由于 state=STAGE2，因此执行“更新用户输入内容”；三次调用后，state 回到 STAGE0，下次调用再次执行“更新测量数据曲线图”，并重复上面的过程，如图 2-4 所示。

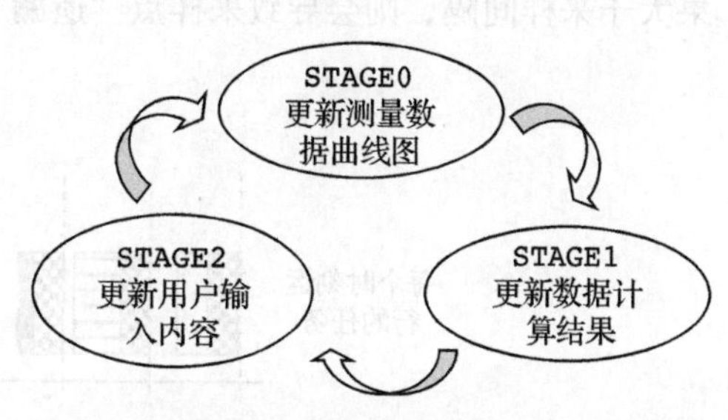


图 2-4 将运行时间长的任务拆分为三个阶段的执行模式示意图

通过上面的例子可以看到，我们能够将需要一次运行时间长的函数拆分成多个阶段实现，使得周期执行循环中，执行该函数的时间降低到各个阶段的执行时间。该模式适用于可以分解为多个执行阶段的函数，并且各个执行阶段相对独立，相邻执行阶段的运行时间可以不连续。

- **时间格点采样**

对于传感器数据读取，当相邻两次调用读取数据的函数的间隔小于采样间隔时，通过代码清单 2-4 给出的伪代码实现采样时间调整，以确保每次数据读取在特定的时间格点上执行。

**代码清单 2-4 基于时间格点的采样过程的伪代码**

```
void 传感器采样数据读取()
{
    while ((读入当前时间() % 采样时间间隔)>0)
        延迟等待固定时间();
    读取并保存数据();
}
```

上面的伪代码中，while 循环所依赖的条件“读入当前时间()%采样时间间隔”用于确定当前时间是否在采样时间格点上，如果不在，则延迟等待固定时间。

值得注意的是，在很多情况下，采样时间间隔可以通过外部数据采样硬件确定，用户程序通过 FIFO 读取数据，当数据尚未到达时，FIFO 为空，这使得我们可以基于 FIFO 是否为空来判断时间格点上的数据采样是否完成，如代码清单 2-5 所示。

**代码清单 2-5 基于 FIFO 读取的数据采样的伪代码**

```
void 传感器采样数据读取()
{
    while (外部FIFO空())
        延迟等待固定时间();
    读取并保存数据();
}
```

上述模式只有当两次执行“传感器采样数据读取”的间隔小于采样间隔时才有效，如果大于采样间隔，则会导致采样点“遗漏”，如图 2-5 所示。

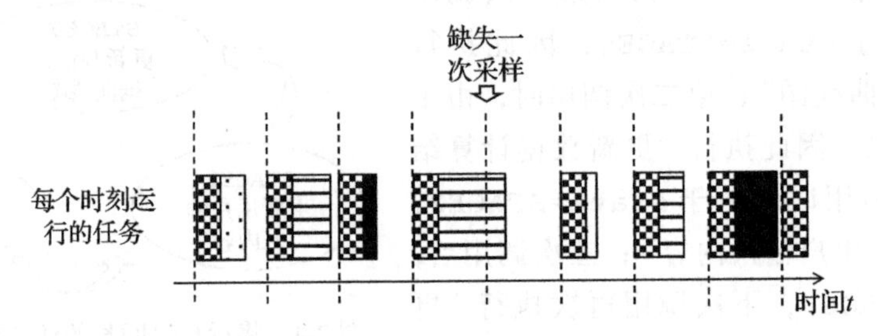


图 2-5 调用“传感器采样数据读取”函数间隔大于采样周期导致的采样缺失问题示意图

图 2-5 中虚线是采样时间格点，在中间由于“计算机控制输出”任务运行时间过长，出现过一次采样缺失现象。下面将讨论另外几种编程模式以避免这一问题。

## 2.1.2 基于中断的前后台运行模式

前面基于循环调用的编程模式难以确保各个任务的等时间周期运行，并且把实时性要求高的任务和实时性要求低的任务混在一起，难以同时兼顾不同任务实时性要求的差异。为了能够确保特定任务的实时性，我们通常使用基于中断的前后台编程模式，如图 2-6 所示。

其中，时钟中断服务程序负责从外部传感器得到数据输入，由于时钟中断信号具有严格的周期性，因此可以确保数据间隔的稳定，并且由于中断服务程序随时能够打断前台的数据处理、用户输入、显示输出程序执行，因此不受它们的运行速度影响。

使用前后台编程模式时，需要考虑中断服务程序的运行效率，对于前面介绍的固定时间间隔的数据采样任务，要求中断服务程序能够在采样间隔内完成，因此需要尽可能地提高运行效率，在中断服务程序中只保留必不可少的代码，尽可能将那些对实时性要求不高的数据操作放到前台应用程序中执行。比如来自传感器的数据经过了压缩和纠错编码，在中断服务程序运行期间执行数据解压缩和纠错可能导致运行时间过长，进而导致错过下一个采样的时间点，为避免这一现象出现，可以将这些运行时间长但又没有必要在中断服务程序内完成的任务转移到“数据计算及控制输出”函数中执行。

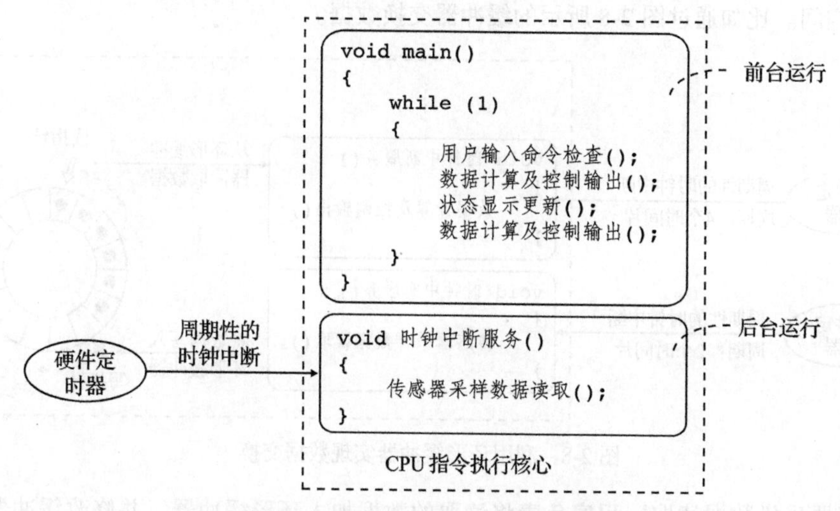


图 2-6　基于中断的前后台运行模式

使用前后台编程模式的一个极端示例是将所有操作移入中断服务程序。硬件提供不同重复间隔和优先级的时钟中断，这样主程序会很简单，只有一个无限循环，而所有的工作由中断服务程序完成，如图 2-7 所示。

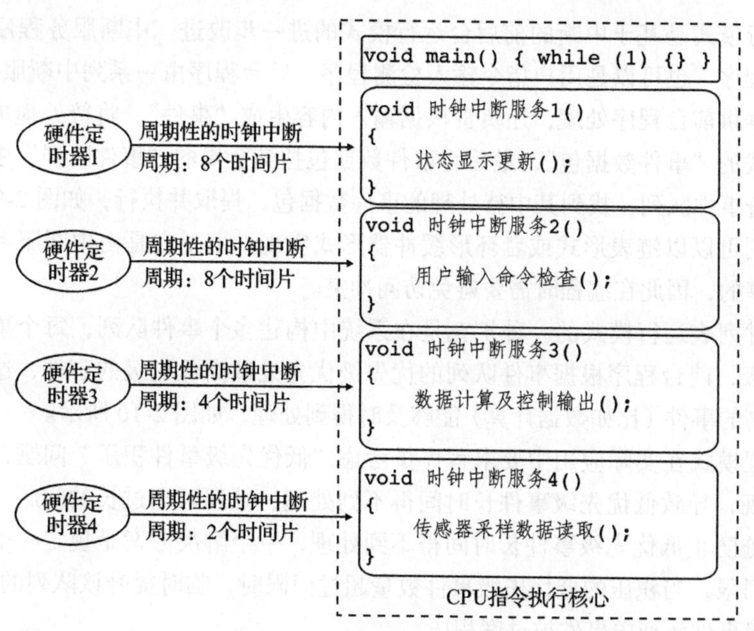


图 2-7　全部基于中断运行模式

基于中断服务程序实现所有操作的方案中需要编程者处理数据访问冲突问题，比如传感器数据读取中断服务程序有可能打断“数据计算及控制输出”中断服务程序，“篡改”还未处理完的数据，这就需要可靠的数据交换机制，以确保不同的代码能够安全地访问共享数据交换空间。比如通过图 2-8 所示的缓冲器交换数据。

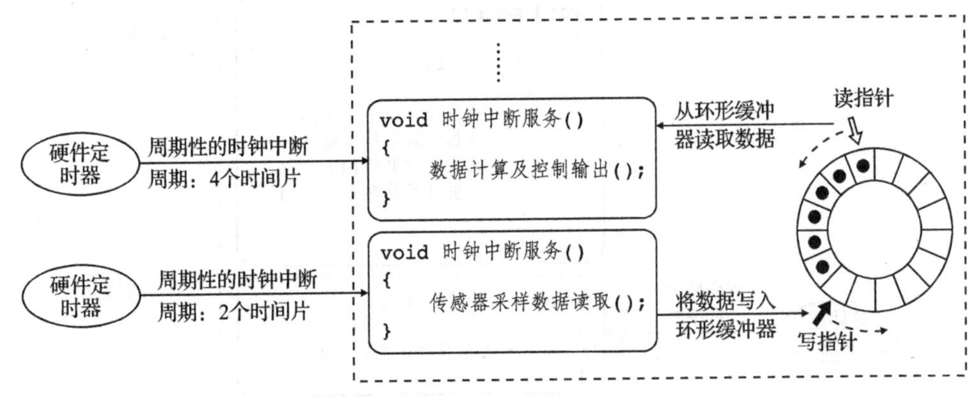


图 2-8 利用环形缓冲器实现数据交换

“传感器采样数据读取”程序负责将读取的数据加入环形缓冲器，并修改缓冲器的“写指针”，而“数据计算及控制输出”程序负责从环形缓冲器读取数据，每次读完数据就修改缓冲器的“读指针”，避免对相同的共享数据区同时读写。

### 2.1.3 基于事件队列的运行模式

这一运行模式是基于中断的前后台运行模式的进一步改进。中断服务程序可以是传感器数据读取程序，也可以是用户指令输入检测程序。后台程序由一系列中断服务程序构成，负责读取数据供前台程序处理，还负责根据输入内容生成“事件”，将待处理事件加上数据放入固定格式的“事件数据包”，最后将事件数据包挂到全局的“事件队列”中去。前台程序则不断检查事件队列，找到其中待处理的事件数据包，提取并执行，如图 2-9 所示。

事件队列可以以链表形式或者环形缓冲器形式实现，由于它是由中断服务程序和前台处理程序共享的，因此在编程时需要避免访问冲突。

基于事件列表运行模式的一种扩充是在系统中构建多个事件队列，每个事件队列具有对应的优先级，前台程序根据事件队列的优先级优先处理高优先级的事件，这样能够使对实时性要求高的事件（比如数据计算）能够及时得到处理，如图 2-10 所示。

这一编程模式在实际应用中要求程序员考虑“低优先级事件积压”问题，即高优先级事件不断出现，导致低优先级事件长时间得不到处理、处理延迟过长的问题。需要程序员采取特定措施防止低优先级事件长时间得不到处理，一个解决方案是规定一个低优先级事件队列长度门限，当积压的低优先级事件数量超过门限时，临时提升该队列的处理优先级，避免低优先级事件队列内事件被过度积压。

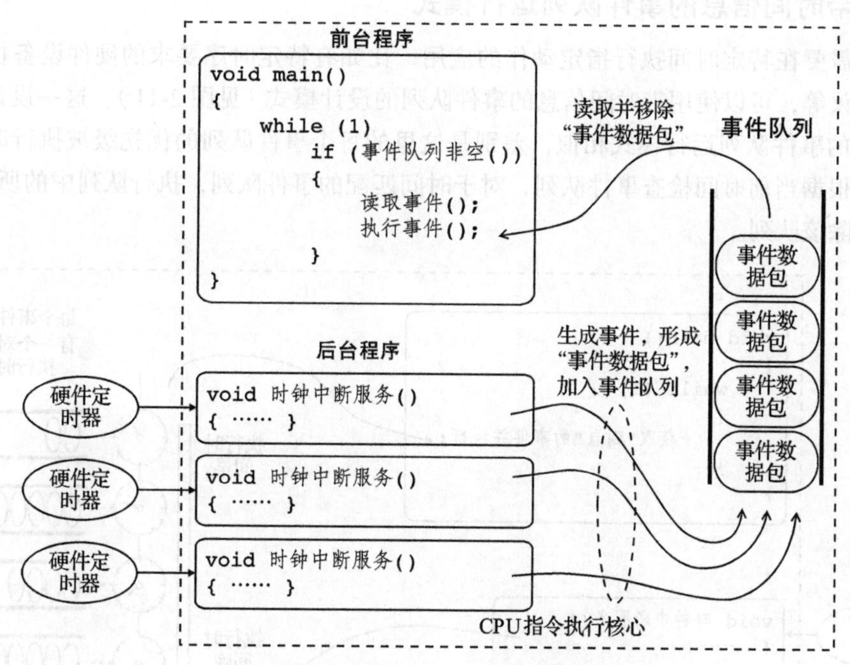


图 2-9　基于事件队列的运行模式

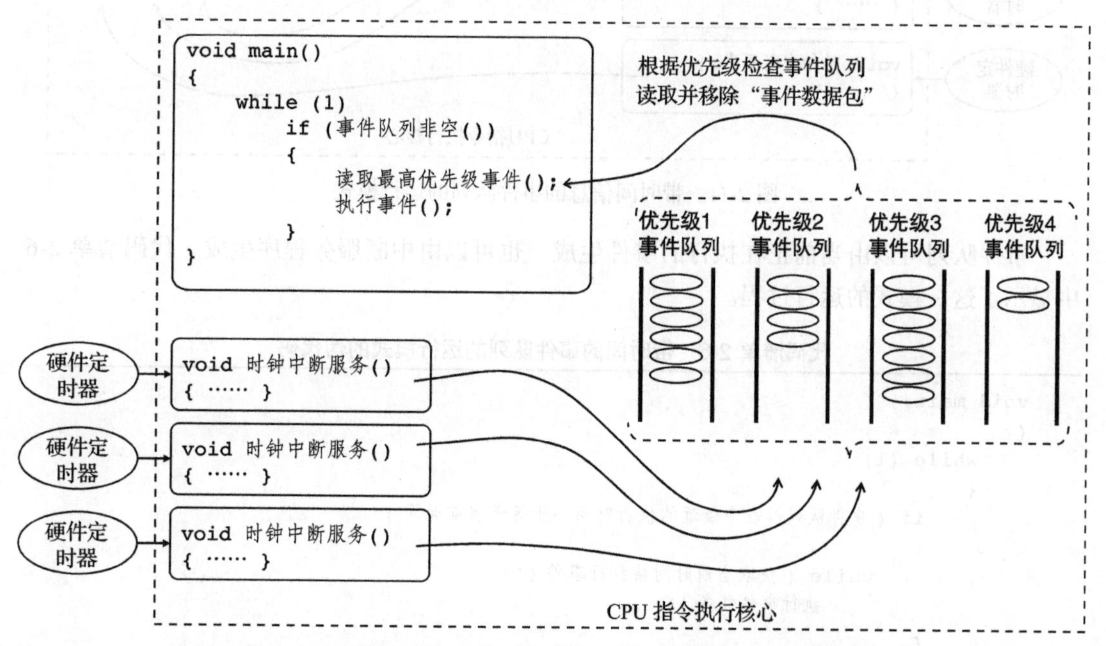


图 2-10　基于多重事件队列的运行模式，每个事件队列具有不同优先级

## 2.1.4 带时间信息的事件队列运行模式

对于需要在特定时间执行指定动作的应用，比如有特定时序要求的硬件设备控制和网络通信协议等，可以使用带时间信息的事件队列的设计模式（见图 2-11）。这一设计模式和带优先级的事件队列运行模式相似，差别是这里的每个事件队列的优先级被执行时间所取代，系统根据当前时间检查事件队列，对于时间匹配的事件队列，执行队列中的所有事件，执行完删除该队列。

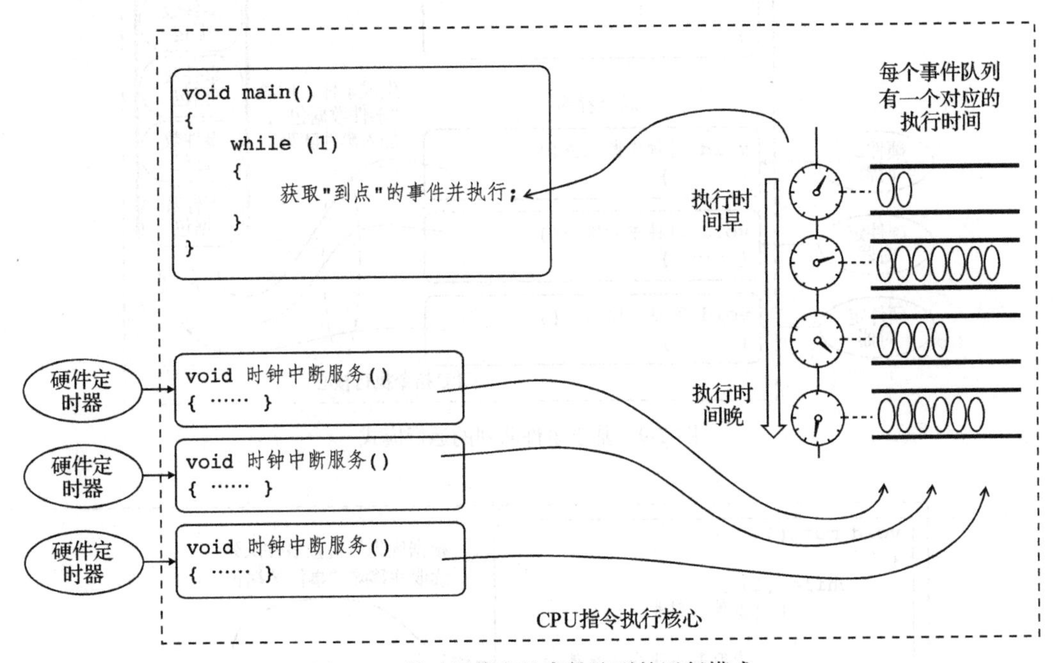


图 2-11 带时间信息的事件队列的运行模式

事件队列可以由当前正在执行的事件生成，也可以由中断服务程序生成。代码清单 2-6 中显示了这一模式的运行过程。

**代码清单 2-6 带时间的事件队列的运行模式的伪代码**

```
void main()
{
    while (1)
    {
        if (事件队列链表中最近的执行时间小于等于当前时间)
        {
            while (获取当前时间待执行事件())
                执行事件任务();
        }
    }
}
```

### 2.1.5　计算图运行模式

基于计算图的运行模式在机器学习领域得到广泛应用，多种主流的神经网络框架使用计算图来描述神经网络架构。比如图 2-12a 给出了某一神经网络的计算图。

图 2-12 中每个圆圈代表网络中的一个运算，而连接各个运算的箭头线上的数字代表运算输出的张量尺寸。该网络的输入是尺寸为 100 × 100 的 RGB 图片，输出 128 维的目标分类向量和一个 10 × 10 的目标位置信息图。为后面分析方便，我们用字母表示上面 6 个运算，如图 2-12b 所示。

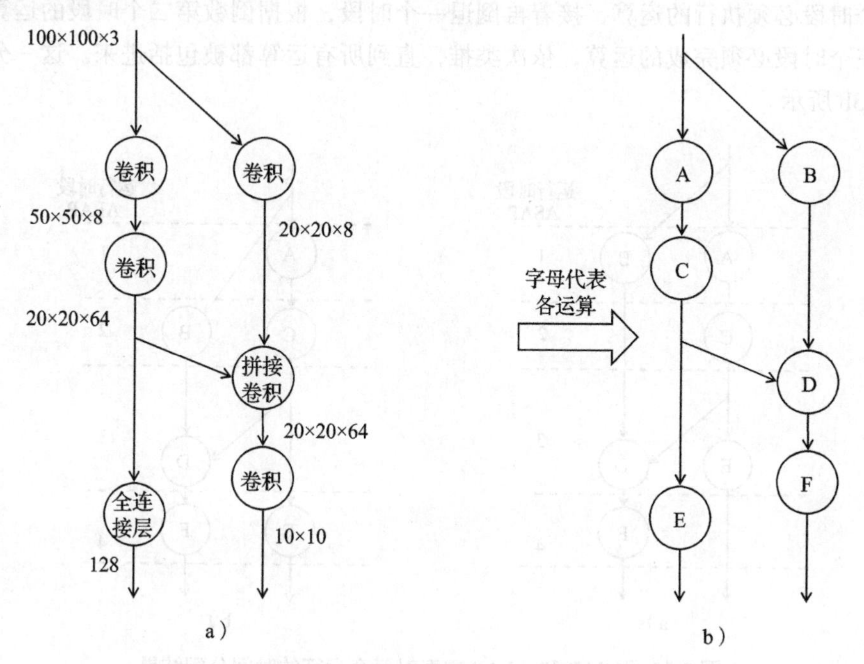


图 2-12　某一神经网络的计算图结构。图 a 为计算图结构和输入输出张量尺寸；图 b 为计算图中各个节点的字母表示

使用计算图进行计算时，需要根据各个运算之间的数据依赖关系制定执行顺序，即每个运算节点只有当它的所有输入数据都已经准备好之后才能执行。比如图中“拼接卷积”（D）运算依赖于两个输入端的卷积 B 和 C 的运算结果，需要在这前两个卷积全部完成后才能够执行。

对于一个计算图，可以通过下面的步骤获得运算顺序。

第一步：根据 ASAP（As Soon As Possible，尽可能早）策略或者 ALAP（As Late As Possible，尽可能晚）策略构建计算顺序，将运算分配到各个时间段。

第二步：根据处理器的并行运算能力将每个运算节点分配到不同的时间行执行。

我们首先说明第一步，这一步骤为每个运算分配可以执行的时间段，我们分别给出 ASAP 和 ALAP 两种时间分配策略。

- **ASAP 时间分配策略**

这一策略自顶而下，寻找做好准备的运算，并将其分配到最早的可以运行的时间段。比如一开始运算 A 和 B 都能够执行，将它们分配到第一时段，接着发现运算 C 可以执行（由于 D 依赖于 C，D 不可以执行），将 C 分配到第二时段，然后看到 D 和 E 可以执行了，将它们分配到第三时段，最后剩下 F，分配到第四时段。这一分配结果如图 2-13a 所示。

- **ALAP 时间分配策略**

这一策略自下而上分配时段，首先设置最后一个时段的输出，并根据这些输出确定倒数第二个时段必须执行的运算，接着再倒退一个时段，根据倒数第二个时段的运算确定在倒数第三个时段必须完成的运算，依次类推，直到所有运算都被包括进来。这一分配结果如图 2-13b 所示。

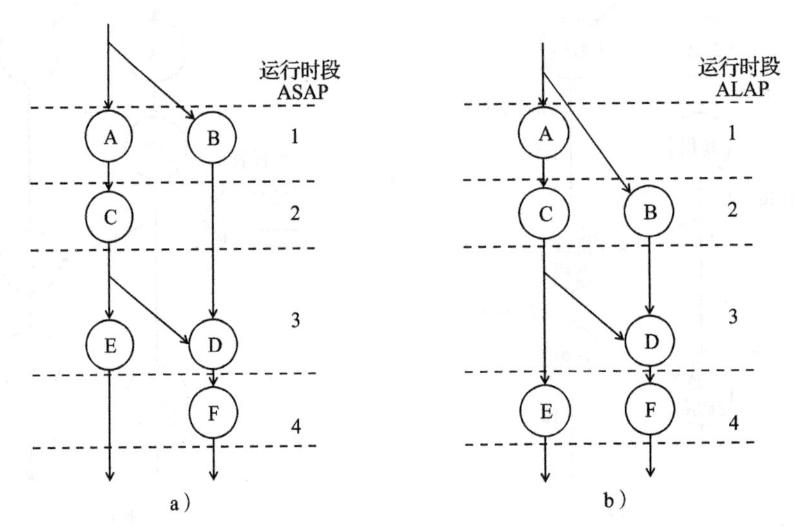


图 2-13 ASAP 和 ALAP 方案对每个运算的时间分配结果

从上面两种方式得到的运算中，会出现某一个时段需要执行 2 个运算的情况，比如图 2-13 的 ASAP 的执行时间分配算法中，第一时段需要同时运行 A 和 B 两个运算，当我们只有一个处理器时，需要对这种情况进行拆分。将同时出现多个运算的时段进行拆分，可以使每个时段只包括一个运算，图 2-14 给出了 ASAP 时间分配算法的拆分结果。

完成上述运行时间分配之后，就能够获得运行这个图的执行流程了，参见代码清单 2-7 中的伪代码。

**代码清单 2-7 计算图运行模式的伪代码**

```
while (1)
{
    得到图像数据();
    执行卷积A();
    执行卷积B();
```

```
    执行卷积 C();
    执行数据拼接和卷积 D();
    执行全连接层 E();
    执行卷积层 F();

    输出结果 ();
}
```

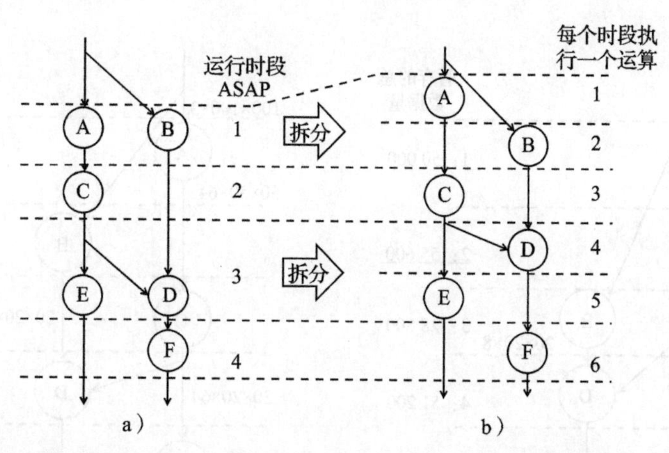


图 2-14　将安排在同一时段的多个运算（基于 ASAP 策略）分到不同时段运行。图 a 为原先的 ASAP 分配方案，时段 1 和时段 3 分别有两个运算；图 b 为经过了时间拆分的运算分配方案，每个时段只有一个运算

类似地，ALAP 时间分配的结果也需要分割，如图 2-15 所示。

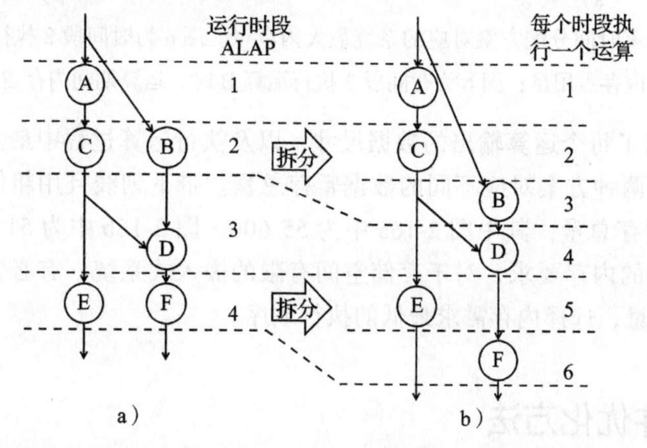


图 2-15　将安排在同一时段的多个运算（基于 ALAP 策略）分到不同时段运行。图 a 为原先的 ALAP 分配方案，时段 2 和时段 4 有两个运算；图 b 为经过了时间拆分的运算分配方案，每个时段只有一个运算

对于内存有限的嵌入式系统，上述运算过程可以根据内存进行优化，不同运算顺序所需的最大内存占用量不同，比如上面 ALAP 时间分配算法的原始结果中，第二时段的运算 B 和 C 所处的运算时间有两种“分裂”方式——先执行 B 运算或者先执行 C 运算，两种方式的选择是任意的。但不同的执行顺序可能带来不同的内存需求，因此执行顺序的选择是值得优化的。下面分别画出这两种时间分配方法，以及对应的系统最大数据存储量，如图 2-16 所示。

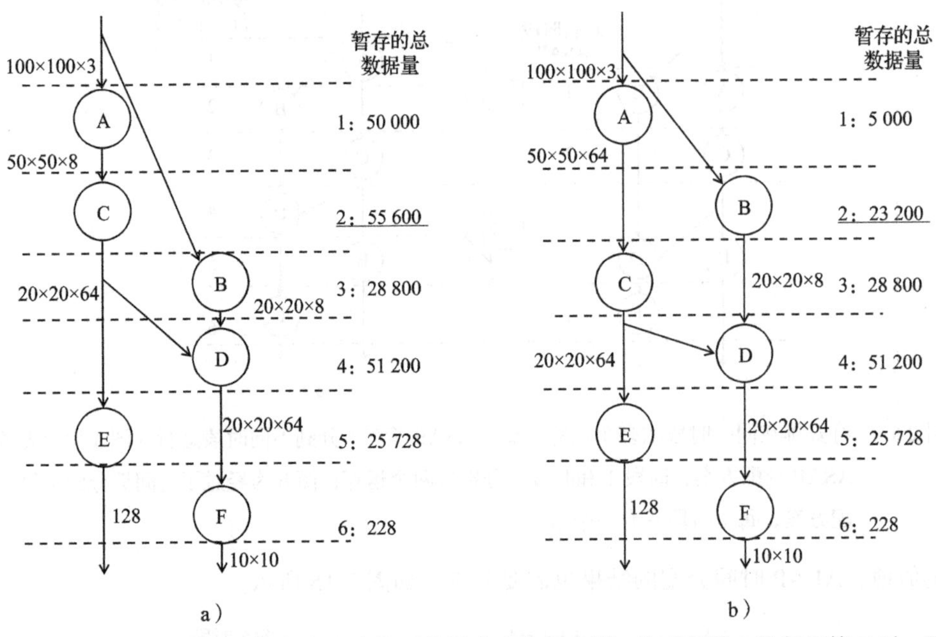


图 2-16　两种运算时间分配方案对应的系统最大内存量。图 a 为时间段 2 执行运算 C 时，运算期间内存占用量；图 b 为时间段 2 执行运算 B 时，运算期间内存占用量

图 2-16 中写出了每个运算输出的数据尺寸，以及执行运算过程中最大的需要暂存的数据总量，可以看到两种方案对应不同的数据暂存总量。带下划线且用粗体标注出的为运算期间的最高数据暂存总量，其中图 2-16a 中为 55 600，图 2-16b 中为 51 200。可见不同的运算顺序带来不同的内存要求，对于存储空间有限的嵌入式系统，有必要仔细检查不同执行顺序的内存占用量，选择内存需求最低的执行顺序。

## 2.2　通用软件优化方法

在这一节我们介绍下面几类通用优化方法，分别是：

- 循环结构优化——针对具有多层嵌套的循环执行结构的优化。
- 时间空间平衡——增加内存空间换取运算时间降低或者反过来的优化方法。
- 运算精度和性能平衡——通过降低运算精度来提升运算速度并降低存储空间的方法。

- 底层运算的快速实现算法——对于底层的乘除运算用等效的位操作提速。
- 内存使用优化——通过调整运算次序或者复用内存，降低程序对嵌入式系统的最大内存需求。

这几类优化方法除了应用于嵌入式机器学习领域外，也能用于其他嵌入式应用，属于相对通用的优化方法。

### 2.2.1　循环结构优化

循环结构优化可以通过对比代码清单 2-8 中给出的三段功能相同的代码来说明，其中第一段和第二段代码对应的循环结构最内层的运算次数相同，都是 $10^9$ 次，但对于第一种写法 calc1，最内层的循环变量 k 需要重复加载 $10^8$ 次，而第二种写法 calc2 的循环变量 k 只需要重复加载 4 次，降低了循环变量 k 上的重复操作次数，提高了运算效率。一般而言，如果嵌套循环的循环变量次序可以更换的话，我们会倾向于将循环次数少的循环变量放置到外层。

在 calc3 中，最内层的循环 k 被展开，程序行数增加了，但完全消除了额外的循环变量 k 的运算，因此运行效率会有所提升。

**代码清单 2-8　不同循环结构的代码示例**

```
void calc1()
{
    for (unsigned i=0; i<10000; i++)
        for (unsigned j=0; j<10000; j++)
            for (unsigned k=0; k<4; k++)
                data_proc(i,j,k);
}

void calc2()
{
    for (unsigned k=0; k<4; k++)
        for (unsigned i=0; i<10000; i++)
            for (unsigned j=0; j<10000; j++)
                data_proc(i,j,k);
}

void calc3()
{
    for (unsigned i=0; i<10000; i++)
        for (unsigned j=0; j<10000; j++)
        {
            data_proc(i,j,0);
            data_proc(i,j,1);
            data_proc(i,j,2);
            data_proc(i,j,3);
        }
}
```

下面再看一下代码清单 2-9 所列出的矩阵乘法代码中循环结构的优化，考虑不同循环结构的两种矩阵乘法实现代码。

**代码清单 2-9 不同循环结构的矩阵乘法实现代码**

```
void mat_mul1(int **a, int **b, int **c)
{
    for (int i=0; i<100; i++)
        for (int j=0; j<100; j++)
            for (int k=0; k<100; k++)
                c[i][j] = c[i][j] + a[i][k] * b[k][j];
}

void mat_mul2(int **a, int **b, int **c)
{
    for(int i=0; i<100; i++)
        for(int k=0; k<100; k++)
            for(int j=0; j<100; j++)
                c[i][j] = c[i][j] + a[i][k] * b[k][j];
}
```

如果观察最内层循环对应的数组访问，可以看到函数 mat_mul1 有一个连续内存访问，而 mat_mul2 为两个。函数 mat_mul1 的最内层循环变量 k 使得对数据 a[i][k] 的访问是连续的，但对数据 b[k][j] 的访问是跳跃的，如图 2-17 所示。

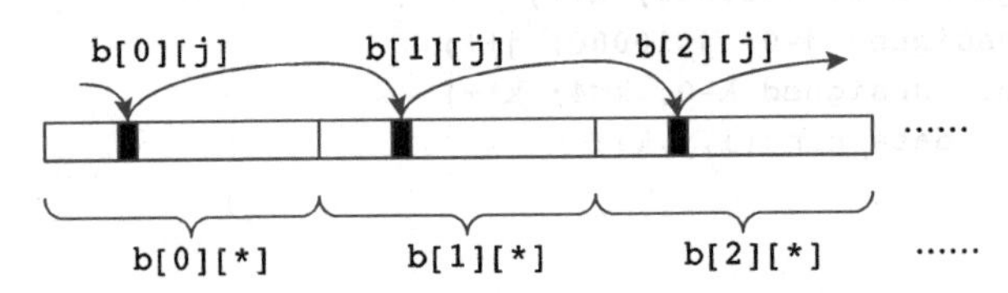


图 2-17 函数 mat_mul1 的最内层循环对数据 b[k][j] 的访问模式

函数 mat_mul2 改变了循环结构，使得最内层循环变量 j 涉及的两个数据访问都是连续的，如图 2-18 所示。

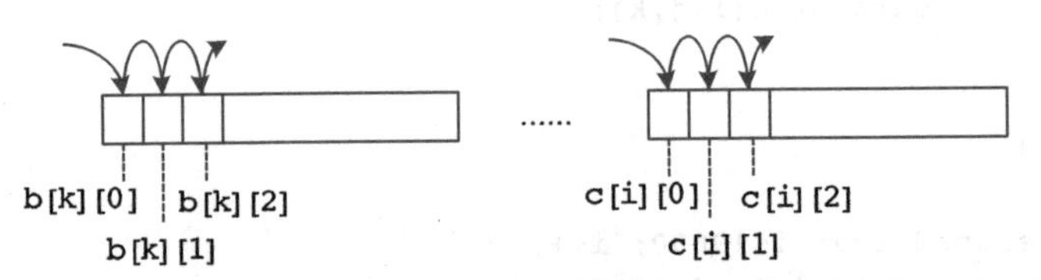


图 2-18 函数 mat_mul2 的最内层循环对数据 b[k][j] 和 c[i][j] 的访问模式

即循环变量 j 使得对 b[k][j] 和 c[i][j] 的访问都是连续的。在高性能嵌入式系统中，通常对于跳跃的内存的访问效率比连续内存的低，这是因为 CPU 内核一般通过 Cache 访问数据。而 Cache 通过内存控制器间歇地从外部存储器读取地址连续的一批数据放入 Cache。对于连续地址访问，CPU 通过一次 Cache 填充就能够得到所需要访问的多个连续地址数据，相比之下，如果跳跃地访问，CPU 需要频繁地启动数据加载硬件填充 Cache，运行效率低。

### 2.2.2 时间空间平衡

在嵌入式系统中，由于成本和功耗约束，对软件的运算速度和内存也有约束，实际编程过程中可以通过时间换取空间或者空间换取时间的方式进行优化。考虑下面的代码，它计算输入数据二进制形式下的 1 的个数，可以使用代码清单 2-10 列出的几种方案实现。

**代码清单 2-10 统计二进制数据 x 中位 1 的个数的几种代码实现**

```
int count1(unsigned long x)
{
    int c=0;
    for (unsigned i=0; i<32; i++)
        if (x&(1UL<<i))
            c++;
    return c;
}

int count2(unsigned long x)
{
    int c=0;
    int lut[]={0,1,1,2,1,2,2,3,1,2,2,3,2,3,3,4};
    for (unsigned i=0; i<8; i++)
    {
        c+=lut[x&0xf];
        x>>=4;
    }
    return c;
}

int count3(unsigned long x)
{
    x = (x&0x55555555) + ((x>>1)&0x55555555);
    x = (x&0x33333333) + ((x>>2)&0x33333333);
    x = (x&0x0f0f0f0f) + ((x>>4)&0x0f0f0f0f);
    x = (x&0x00ff00ff) + ((x>>8)&0x00ff00ff);
    x = (x&0x0000ffff) + ((x>>16)&0x0000ffff);

    return (int)x;
}
```

其中算法 count2 通过 32 次循环，对 1 的个数累加得到答案，而 count2 通过 8 次循环得到结果，其中每一次分析 x 中的 4 个位，而这 4 个位中 1 的数量通过查表 lut 直接获得。函数 count2 的代码尺寸和存储空间增加了，但换取了运算速度的提升。

代码片段 count3 还给出了基于“并行位相加”的方案，该方案利用 CPU 内部的 32

位无符号整数加法器的特性进行计算，其中第一行

```
x = (x&0x55555555) + ((x>>1)&0x55555555);
```

实现 x 中序号为奇数的位和序号为偶数的位相加，结果依次存在连续 2 位空间，如图 2-19 所示。

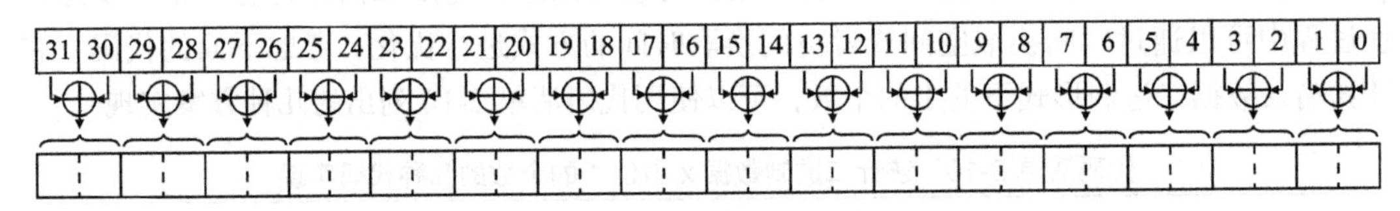


图 2-19　每两个相邻位相加，运算结果存放于相邻的两个位中

接下来的代码

```
x = (x&0x33333333) + ((x>>2)&0x33333333);
```

实现对相邻的两组 2 位数据相加，结果依次存于连续 4 位空间，如图 2-20 所示。

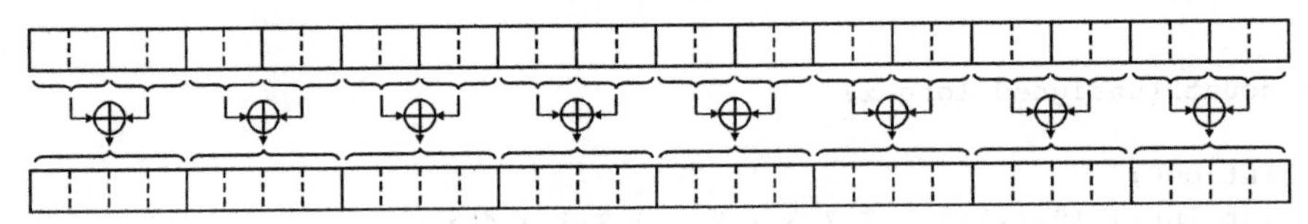

图 2-20　每相邻两组 2 位数据相加，运算结果依次存放于连续 4 位空间中

后续的代码

```
x = (x&0x0f0f0f0f) + ((x>>4)&0x0f0f0f0f);
x = (x&0x00ff00ff) + ((x>>8)&0x00ff00ff);
x = (x&0x0000ffff) + ((x>>16)&0x0000ffff);
```

分别实现：相邻的两组 4 位数据相加，结果依次存于连续 8 位的空间；相邻的两组 8 位数据相加，结果依次存于连续 16 位的空间；相邻的两组 16 位数据相加，结果存于连续 32 位的空间，如图 2-21 所示。

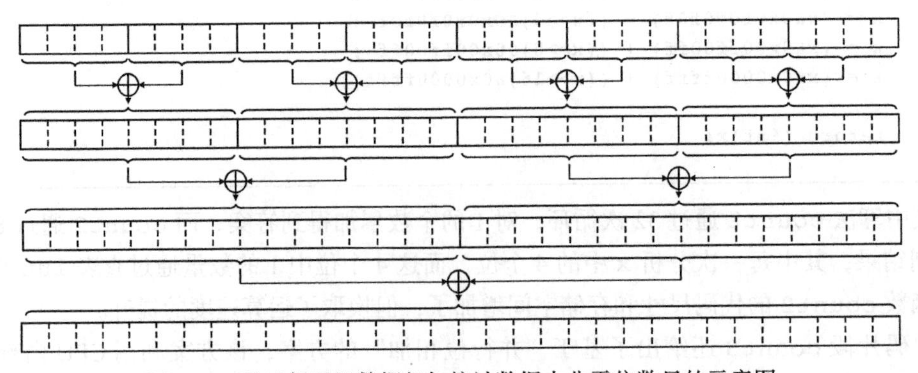

图 2-21　通过邻两组数据相加统计数据中非零位数目的示意图

上述运算结构巧妙地应用了 CPU 内部高数据位宽的加法器的特性实现并行加法，快速得到位 1 的计数结果。

### 2.2.3　运算精度和性能平衡

不少对速度要求很高的应用，允许牺牲运算精度来换取速度的提升。比如代码清单 2-11 中通过查表计算三角函数 cos 的近似结果。

**代码清单 2-11　基于查表得到余弦函数的实现代码**

```
#define _USE_MATH_DEFINES
#include <math.h>

const float LUT[]=
{
     1.0000f, 0.9848f,  0.9396f, 0.8660f,
     0.7660f, 0.6427f,  0.5000f, 0.3420f,
     0.1736f, 0.0000f, -0.1736f,-0.3420f,
    -0.5000f,-0.6427f, -0.7660f,-0.8660f,
    -0.9396f,-0.9848f, -1.0000f,-0.9848f,
    -0.9396f,-0.8660f, -0.7660f,-0.6427f,
    -0.5000f,-0.3420f, -0.1736f,-0.0000f,
     0.1736f, 0.3420f,  0.5000f, 0.6427f,
     0.7660f, 0.8660f,  0.9396f, 0.9848f, 1.0f
};

float lut_cos_deg(unsigned x)
{
    x%=360;
    unsigned u=x/10,v=x%10;
    float a=LUT[u], b=LUT[u+1];
    return (float)(a+(b-a)*((float)v)/10.0f);
}
```

函数 `lut_cos_deg` 计算输入数据 `x` 的余弦值，其中 `x` 是单位为度（°）的非负整数。将通过查表和线性插值结合得到的结果与进行余弦精确计算的结果的差别小于 0.004。图 2-22 给出了精确计算余弦值和上述近似运算的结果的差别，两种运算方式对应的曲线几乎重合。

下面再给出双曲正切（tanh）运算的近似算法。tanh 运算在神经网络的激活函数中会被用到，它的定义为

$$\tanh(x)=\frac{e^{x}-e^{-x}}{e^{x}+e^{-x}} \tag{2-1}$$

它和另一种常用的激活函数 sigmoid 关系紧密，sigmoid 函数定义为

$$\sigma(x)=\frac{e^{x}}{1+e^{x}} \tag{2-2}$$

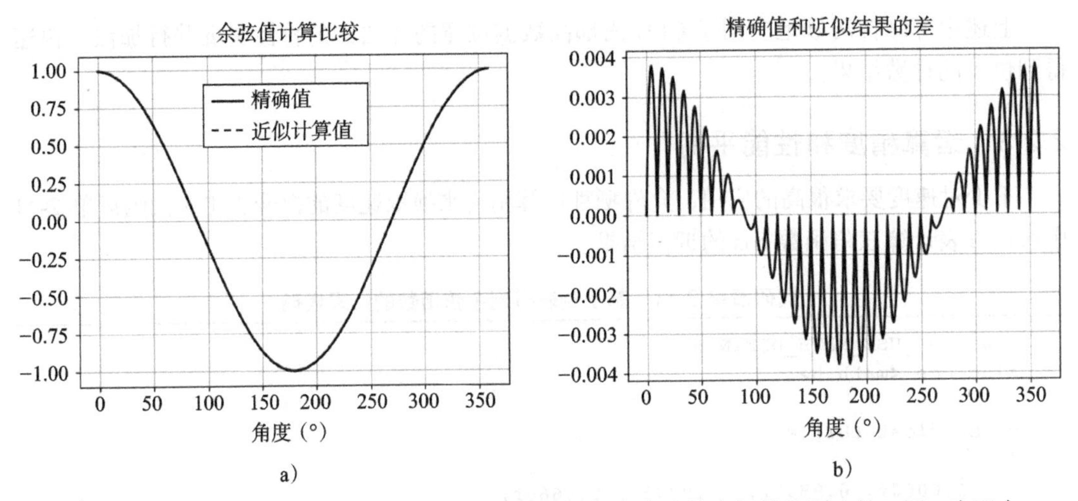


图 2-22　精确计算的余弦值和使用查表近似算法计算的余弦值之间的差别比较。图 a 为两个运算结果的比较；图 b 为计算结果的差的曲线

tanh 和 sigmoid 函数的关系为

$$\tanh(x) = 2\sigma(2x) - 1 \tag{2-3}$$

传统的 tanh 运算需要进行至少一次指数运算，运算效率低，但我们可以用代码清单 2-12 给出的近似算法实现。

**代码清单 2-12　基于近似公式计算 tanh 的 C 程序代码**

```
#include <math.h>

float tanh(float x)
{
    if (x>(float) 3.4f) return  1;
    if (x<(float)-3.4f) return -1;

    x*= 1.0f/3.4f;
    x*= fabsf(x)-2.0f;
    return x*(fabsf(x)-2.0f);
}
```

这一运算需要进行 3 次乘法，运算量低于精确计算 tanh，但付出的代价是运算结果有最大 0.018 的误差。图 2-23 是精确计算的 tanh 和上面的近似算法得到的 tanh 的曲线对比，可见两者相差无几。

最后我们介绍以 2 为底的浮点数对数运算近似算法 [1]。由于浮点数本身是以指数加上尾数的形式存储的，对它取以 2 为底的对数可以直接用到浮点数表示形式的特点。下面是 IEEE754 格式的单精度浮点数的格式说明。

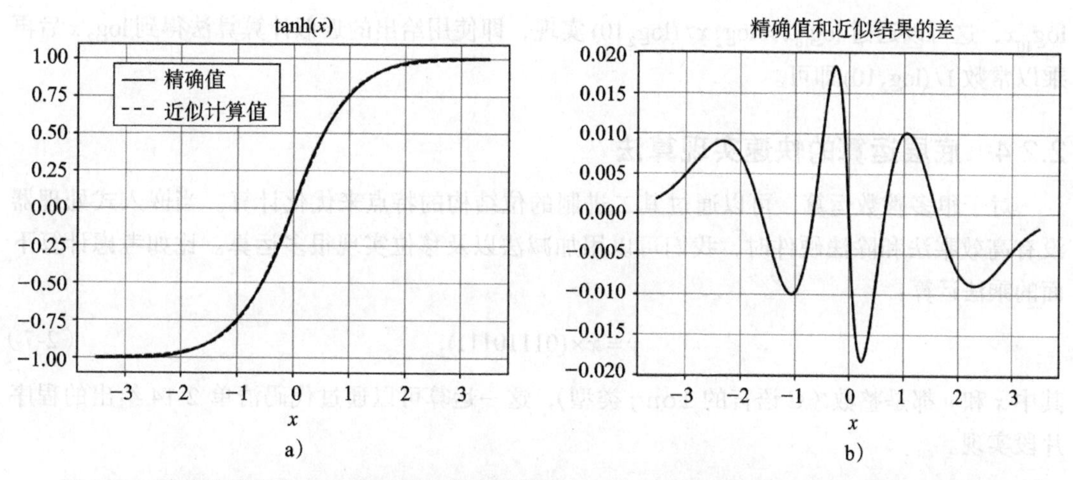


图 2-23　精确计算的 tanh 和使用近似算法计算的 tanh 之间的差别比较。图 a 为两个运算结果的比较；图 b 为计算结果的差的曲线

图 2-24 中的指数位 $E$ 可以看作无符号整数，上述格式的单精度浮点数代表的数值为

$$x=(-1)^s\times 2^{E-127}\times(1.M)_2 \tag{2-4}$$



图 2-24　IEEE754 单精度浮点数格式示意图

对于正浮点数，$s$=0，代表的数值简化为

$$x=2^{E-127}\times(1.M)_2 \tag{2-5}$$

对该正浮点数求对数，并应用近似得到

$$\begin{aligned}\log_2 x&=\log_2(2^{E-127}\times(1.M)_2)\\&=E-127+\log_2(1+(0.M)_2)\approx E-127+(0.M)_2\end{aligned} \tag{2-6}$$

根据上述近似可以给出求单精度正浮点数的近似算法，如代码清单 2-13 所示。

**代码清单 2-13　单精度浮点数的近似对数计算**

```
float log2_approx(float x)
{
    unsigned long v = *(unsigned long*)&x;
    return (float)((v >> 23) & 0xFF)-127.0 + \
        (float)(v & 0x7FFFFF) / (float)0x800000;
}
```

我们在应用中除了计算 2 为底的对数外，也会计算其他数为底的对数，比如计算

$\log_{10}x$，这可以通过 $\log_{10}x=\log_2 x/(\log_2 10)$ 实现，即使用给出的近似计算算法得到 $\log_2 x$ 后再乘以常数 $1/(\log_2 10)$ 即可。

### 2.2.4 底层运算的快速实现算法

对于很多整数运算，可以通过其二进制的位结构的特点来优化计算。当嵌入式处理器没有高效乘法和除法硬件时，我们可以用加减法以及移位实现很多运算。比如考虑计算下面的乘法运算：

$$y=x\times(01110111)_2 \tag{2-7}$$

其中 $x$ 和 $y$ 都是整数（C 语言的 `long` 类型），这一运算可以通过代码清单 2-14 给出的程序片段实现。

**代码清单 2-14 整数乘法运算的快速实现程序**

```
long b=(x<<3)-x; // b=x*(0111)₂
y=(b<<4)+b;
```

如上所示代码中，乘数 $(01110111)_2$ 被拆成相同的两部分 $(0111)_2$，因此计算出 $b=x\times(0111)_2$ 后，通过让程序中的 `b` 左移 4 位再和它自己相加，就得到结果了。而 $b=x\times(0111)_2$ 可以根据 $(0111)_2=(1000)_2-1$ 简化，即

$$b=x\times((1000)_2-1)=x\times(1000)_2-x=(x\ll 4)-x \tag{2-8}$$

上述过程将乘法分解为移位相加运算。对于特定常数的运算，通过观察可以得到最优的分解方案，也可以利用软件搜索最优分解方案。这一部分内容会在第 4 章详细介绍。

对于除法运算，我们同样可以使用上述优化方案，这里的关键是“化除为乘”，即把计算 $x/y$ 的运算改成 $x\times(2^N/y)/2^N$。比如计算 $x/11$，我们选取 $N=8$，可以得到

$$\frac{x}{11}\approx\left(x\times\frac{2^8}{11}\right)\div 2^8\approx(x\times 23)\div 2^8 \tag{2-9}$$

当 $x$ 为整数类型时，可以用

$$\frac{x}{11}\approx\frac{\left(x\times(10111)_2\right)}{(100000000)_2} \tag{2-10}$$

计算，进一步用移位取代乘除法得到下面的 C 代码片段：

```
((x<<4)+(x<<3)-x)>>8
```

上述运算的精度和选取的位宽 $N$ 有关（比如在式（2-9）中 $N$=8），$N$ 的取值越大，精度越高，但相应的运算越复杂（将乘法转成移位加减后，运算量可能增加）。

下面考虑浮点数和整数的乘法。由于数据移位运算不能直接应用在浮点数上，因此在

浮点数和整数的乘法中，需要将移位操作用数据相加实现，比如计算 $y = x \times (01110111)_2$，但这次 $x$ 是浮点数，运算过程需要修改成代码清单 2-15 所示的形式。

**代码清单 2-15　浮点数和整数相乘的快速实现程序**

```
float b,c;
b=x+x;
b+=b;
b+=b; // b=x*(1000)2
b-=x; // b=x*(0111)2

c=b+b;
c+=c;
c+=c;
c+=c; // c=b*(10000)2

y=c+b;
```

上述移位操作转成数据相加操作，对于左移 $n$ 位需要数据反复和自己相加 $n$ 次，当 $n$ 的取值较大时，运算效率低。另一个可选的方案是根据浮点数格式的特点，直接将移位值作用到浮点数的指数域上。对于 IEEE754 标准定义的单精度浮点数（即 C 语言的 `float` 类型）由 32 位数据表示，其中第 23 ～ 30 位存放浮点数的指数部分，对这个区域加或者减 $n$ 等效为乘以或者除以 $2^n$。根据这一特性可以得到代码清单 2-16 所示的计算浮点数乘以整数 $(01110111)_2 = 119$ 的代码。

**代码清单 2-16　基于 IEEE754 数据格式实现浮点数和整数快速相乘的代码**

```
// 计算 x*119，其中 119 的二进制形式为 01110111
float mul_119(float x)
{
    float y, b = x;

    *(unsigned long*)&b += (3 << 23);          // b=(x<<3)
    b -= x;                                    // b=(x<<3)-x
    y = b;
    *(unsigned long*)&y += (4 << 23);          // y=(b<<4)
    return y + b;                              // 返回 (b<<4)+b;
}
```

在没有浮点乘法硬件的 CPU 平台上，上述代码能够快速实现浮点数乘法，但使用这一代码时需要注意数据溢出问题，实际应用时需要补充异常检测和处理过程。读者可以结合第 4 章内容理解上述代码的含义。

我们最后给出用加法实现浮点数乘法的近似算法。这一算法用了上一节介绍的浮点数近似对数计算的思想。首先，两个单精度浮点数相乘可以写成下面的形式：

$$x \times y = 2^{(\log_2 x + \log_2 y)} \tag{2-11}$$

$x$ 和 $y$ 的浮点数表示格式中，指数和尾数域的内容分别用 $E_x$、$E_y$、$M_x$ 和 $M_y$ 表示，根据上一节近似对数计算方法，有

$$\begin{cases}\log_2 x \approx E_x - 127 + (0.M_x)_2 \\ \log_2 y \approx E_y - 127 + (0.M_y)_2\end{cases} \tag{2-12}$$

于是

$$\log_2(x \times y) = \log_2 x + \log_2 y \approx E_x - 127 + (0.M_x)_2 + E_y - 127 + (0.M_y)_2 \tag{2-13}$$

令 $z=x \times y$，并且 $z$ 也用单精度浮点数表示，即 $z = 2^{E_z - 127} \times (1.M_z)_2$，于是有

$$\log_2(x \times y) = \log_2 z \approx E_z - 127 + (0.M_z)_2 \tag{2-14}$$

对比式（2-13）和式（2-14）得到

$$\begin{cases}E_z = E_x + E_y - 127 \\ M_z = M_x + M_y\end{cases} \tag{2-15}$$

**注意** 上面的公式隐含假设 $(0.M_x)_2 + (0.M_y)_2 < 1$，如果该条件不满足，则会产生额外的误差。

基于上面给出的 $z$ 的指数和尾数，可以根据单精度浮点数的二进制格式重新拼接成为单精度浮点数 $z$，整个运算过程通过代码清单 2-17 给出的程序实现。

**代码清单 2-17　单精度浮点数的近似乘法运算**

```
float mul_approx(float x, float y)
{
    long z=*(long*)&x + *(long*)&y -(127 << 23);
    return *(float*)& z;
}
```

上述代码中隐含了多种运算技巧：首先，式（2-15）中浮点数 $x$ 和 $y$ 的指数和尾数相加可以用两个浮点数的二进制形式直接当成整数相加实现；其次，上述运算考虑了乘法结果的符号位可以直接通过两个被乘数的符号位直接相加并丢弃进位得到。代码中 `-(127 << 23)` 对应式（2-15）中减去 127 的运算，考虑单精度浮点数的指数位在第 23 ～ 30 位，因此将其左移 23 位。需要注意的是，在实际应用上述代码时，还应补充额外代码来检测数据溢出问题并进行处理。

## 2.2.5　内存使用优化

### 1. 缓冲区分配

嵌入式系统只有有限的内存空间，需要通过合理地复用内存来降低存储压力。比如考

虑之前的计算图，我们之前计算了它在计算过程中的最大数据暂存量，在实现过程中，需要通过存储器复用策略达到最低内存占用量。

回顾图 2-12，根据每个运算环节的输入和输出数据（张量）尺寸，可以看到总共有下面几种尺寸的张量：100 × 100 × 3，50 × 50 × 8，20 × 20 × 8，20 × 20 × 64，128，10 × 10。但在实际运行时，我们可以只分配 3 块数据缓存区：

- 1 号数据缓冲区——存储尺寸是 25 600（20 × 20 × 64）。
- 2 号数据缓冲区——存储尺寸是 30 000（100 × 100 × 3）。
- 3 号数据缓冲区——存储尺寸是 3200（20 × 20 × 8）。

图 2-25 中给出了特定运算时间分配方案下的缓冲区的分配方案。

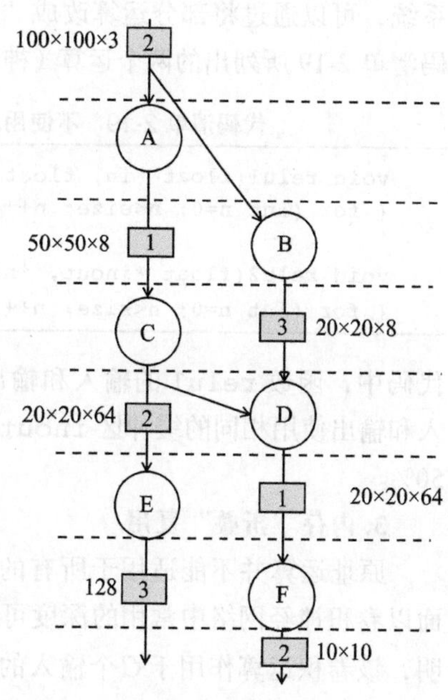

图 2-25 计算图计算期间的数据缓冲区分配示意图

图 2-25 中灰色底色的矩形块代表数据缓冲区，里面数字分别对应 1、2、3 号缓冲区。虽然各个运算需要的输出缓冲区有大有小，但只要分配时确保输出数据小于缓冲区尺寸即可保证算法正常运行。上述分配方案需要对应的数据缓冲区的总存储量是 58 800 个数据。代码清单 2-18 给出了上述执行流程的伪代码。

**代码清单 2-18 计算图执行过程中缓冲区复用的伪代码**

```
float buffer_1[25600];
float buffer_2[30000];
float buffer_3[3200];
while (1)
{
    得到图像数据 (buffer_2); // 输入数据存储于buffer_1

    执行卷积A(buffer_2, buffer_1); // 输入buffer_2, 输出buffer_1
    执行卷积B(buffer_2, buffer_3); // 输入buffer_2, 输出buffer_3
    执行卷积C(buffer_1, buffer_2); // 输入buffer_1, 输出buffer_2
    执行数据拼接和卷积D (buffer_3, buffer_1); // 输入buffer_3,
                                            // 输出buffer_1
    执行全连接层E(buffer_2, buffer_3);   // 输入buffer_2, 输出buffer_3
    执行卷积层F(buffer_1, buffer_2);    // 输入buffer_1, 输出buffer_2

    输出结果();
}
```

**2. 原址运算**

前面讨论的缓冲区内存分配是假设了每个运算执行期间，输入和输出数据缓存区不能相同，因此每个运算占用的空间是输入和输出数据缓存区的总和，对于内存受限的嵌入式系统，可以通过将部分运算改成“原址计算”的模式进一步降低内存占用量，比如比较代码清单 2-19 所列出的两个运算（神经网络的 ReLU 运算）的实现方案的内存使用情况。

**代码清单 2-19　不使用原址计算和使用原址计算的 ReLU 激活函数代码**

```
void relu1(float *in, float *out, int size)
{ for (int n=0; n<size; n++) out[n]=max(in[n],0); }

void relu2(float *inout, int size)
{ for (int n=0; n<size; n++) inout[n]=max(inout[n],0); }
```

代码中，函数 `relu1` 的输入和输出是分离的两个缓存区 `in` 和 `out`，而函数 `relu2` 的输入和输出使用相同的缓冲区 `inout`。可见 `relu2` 在运算期间的内存占用总量降低到原先的 50%。

**3. 内存“折叠”复用**

原址运算并不能适用于所有的运算环节，但有一大类运算可以部分实现原址计算。下面以卷积神经网络中常用的深度可分离卷积（depthwise separable convolution）为例进行说明，该卷积运算作用于 $C$ 个输入的二维特征图（矩阵），对输入特征图逐一进行卷积得到对应的 $C$ 个输出特征图。比如考虑在输入 3 个特征图的情况下，图 2-26a 是输入和输出数据存放的内存分布，图 2-26b 是原始的内存访问模式，图 2-26c 是改进的内存访问模式。

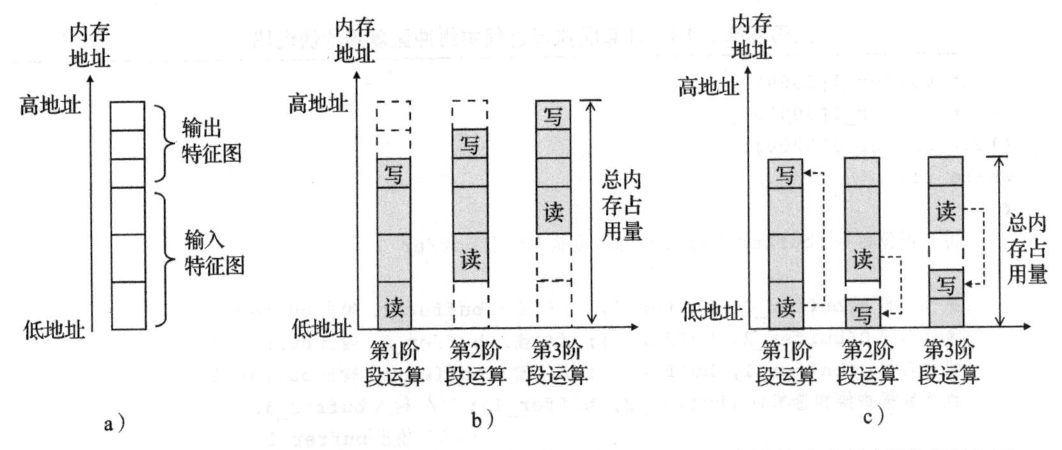


图 2-26　进行深度可分离卷积计算时内存访问模式示意图。图 a 为原始内存访问模式下占用的总内存；图 b 为运算的三个阶段实际占用的内存；图 c 为通过内存复用，将写数据“折叠”到低地址，降低总的内存占用

在图 2-26b 的内存访问模式中，灰色对应需要保留的内存空间，虚线对应暂时不需要

的内存空间。可见在实际运算期间，低地址内存可以依次释放，而高地址内存被依次占用，每一时刻需要占用的内存量小于输入和输出占用的内存之和。根据这一特性，我们可以按图 2-26c 所示模式复用内存。图 2-26c 和图 2-26b 相比，可见由于我们在计算的第 2 阶段和第 3 阶段复用了之前释放的低地址内存，因此需要的总内存量小于图 2-26a 所示的内存访问方案。

上面给出的内存优化方式可以看作"地址折叠"访问方式的一个例子，即输出数据存储时，若写地址超出分配的内存空间上限，则折返到低位地址。代码清单 2-20 为地址折叠缓存区复用的代码片段，显示了基于地址折叠方式计算并存放输出数据的具体编程模式。

**代码清单 2-20 地址折叠缓存区复用的代码示例**

```
// buffer 是缓冲区，存放输入和输出数据，buffer[0] 是第 1 个输入数据
// offset 是运算结果的存放位置，即 buffer[offset] 对应第 1 个输出数据
// buffer_size 是缓冲区 buffer 的总尺寸
void calc(float* buffer, int buffer_size)
{
    float result;
    // 循环处理每个输入数据
    for (int n=0; n<N; n++)
    {
        // 运行数据处理
        result=data_processing(buffer+n);
        // 存放处理结果，注意数组下标用 %buffer_size 运算实现存储地址 " 折叠 "
        buffer[(offset+n)%buffer_size]=result;
    }
}
```

上述程序运行前后的内存结构如图 2-27 所示。

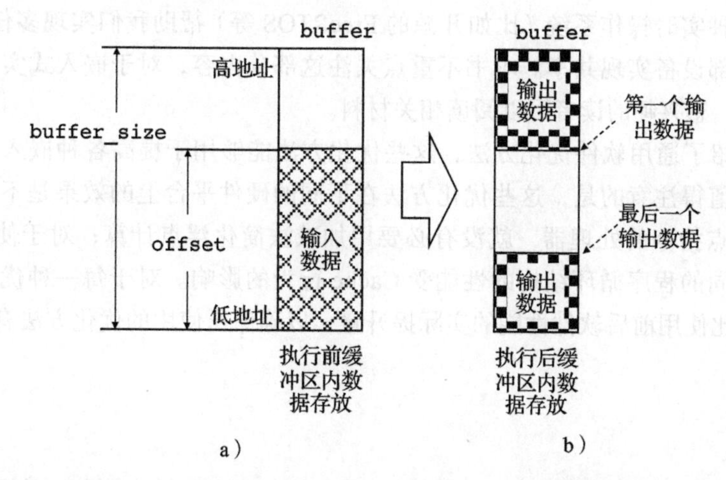


图 2-27 内存"折叠"访问模式下程序运行前后的缓冲区占用情况示意图。图 a 为程序运行前输入数据连续存放于缓存区"底部"；图 b 为程序运行后，输出数据存放位置

由图 2-27 可以看到缓冲区内部数据的存放位置。在程序运行期间，输出数据由 `offset` 依次向上存放，到达缓存区边界后“折返”到缓存器底部。这一访问模式的缺点是输出数据有可能被“切分”成两段，进行后续运算时要根据这一结构访问数据。

图 2-28 给出能够使用“内存折叠”的代码的内存访问模式的特点。如图 2-28a 所示，阴影部分代表程序运行期间使用的内存地址范围。程序执行期间，内存占用区间不断改变，呈现图中所示的“斜条带”状，对于这一类代码，内存按时间分配使用方式可以改成图 2-28b 所示模式，运算执行到后面阶段时内存访问被“折叠”到之前空闲下来的空间。

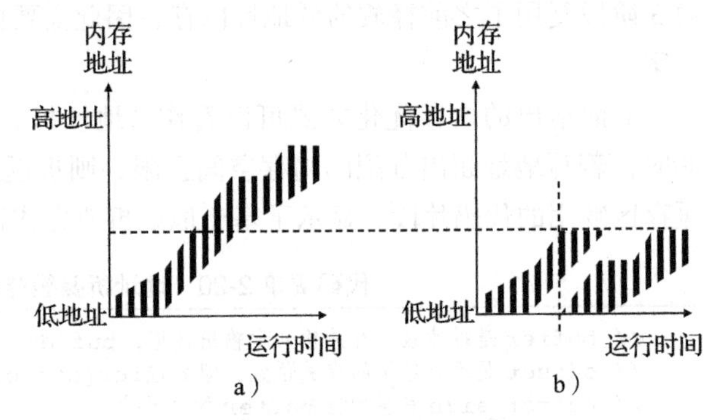


图 2-28 内存“折叠”访问模式示意图，阴影部分代表程序运行期间使用的内存地址范围。图 a 为优化前的内存占用随时间变化的规律；图 b 为通过地址“折叠”降低内存占用

## 2.3 小结

本章首先介绍了几种编程模式，每种编程模式的实用性和具体的应用相关，并不一定总是选择最复杂的方案。嵌入式编程是对运行实时性、开发复杂度、CPU 使用效率等多方面指标的平衡，并没有固定的或唯一的编程方式。另外，嵌入式系统的编程模式和系统复杂度有关，对于运行 Linux 或者 Windows 10 的系统，计算资源丰富，各种计算机编程框架和编程模式都能够使用。但对于资源受限、运算能力较弱的系统，需要我们精细地分配 CPU 运行时间，在没有操作系统的条件下完成任务。在实际应用中，还有另一种方案，就是通过现有各种实时操作系统（比如开源的 FreeRTOS 等）帮助我们实现多任务并发运行，并帮助管理外部设备实现共享。本书不重点关注这部分内容，对于嵌入式实时操作系统也不再展开介绍，感兴趣的读者可以阅读相关材料。

本章还介绍了通用软件优化方法，这些优化方法能够用于提高各种嵌入式应用软件的运行效率，但值得注意的是，这些优化方法在不同的硬件平台上的效果是不同的，比如对于支持硬件浮点指令的处理器，就没有必要用加减法简化浮点计算；对于使用数据 Cache 的处理器，不同的程序循环结构的性能受 Cache 行为的影响。对于每一种优化方法，还需要读者仔细对比使用前后软件性能的实际提升量，以确保所使用的优化方法有效果。

## 参考文献

[1] Mitchell J N. Computer Multiplication and Division Using Binary Logarithms[J]. IRE Transactions on Electronic Computers, 1962, EC-11（4）: 512-517.

# 第3章 机器学习算法概述

本章介绍常用的机器学习算法，侧重介绍这些算法所用到的共性底层运算，对这些运算的优化是本书关注的重点，而对机器学习算法本身的原理和训练方法的介绍只涉及必要的知识。本章讨论的内容中会涉及神经网络基本原理和底层运算结构，由于它在机器学习中的地位不断上升，因此后续章节还会进一步讨论神经网络所需的运算结构优化。

机器学习算法的目标大致可以归为“分类”“回归”“决策”。其中“分类”是指机器学习算法根据特定目标的特征数据对其类别进行判定，比如根据最近一周的湿度和气压来判断明天是否下雨。分类算法的最终输出往往是离散的类别编号。“回归”一般应用于对连续的输入数据得到连续的输出值，比如根据最近一周的湿度和气压预测明天的温度数据。“决策”一般应用于控制或者博弈，比如无人车根据过去三天及当前天气信息决定移动路线和策略，以最小代价到达目的地。这些算法有着不同的应用背景和算法结构，但它们依赖的底层运算是相似的，包括矩阵乘法、卷积、排序比较等。

“机器学习”这一名词代表两个不同的概念——“机器学习训练”和“机器学习推理”。其中机器学习训练是指给定一系列输入和输出数据样本，调整机器学习算法的参数，使得它对每个输入数据样本能够给出和输出数据样本匹配的结果，而推理过程是指将数据输入到参数固定了的机器学习算法，获取其输出数据的过程。在实际应用中，往往将推理算法放入嵌入式系统实现，而训练过程由于需要海量的训练数据存储以及长时间的参数调整运算，通常难以在嵌入式系统中实现。本章会介绍部分机器学习的训练算法，它们运行在PC上，而不是嵌入式系统中。

## 3.1 高斯朴素贝叶斯分类器

### 3.1.1 原理概述

朴素贝叶斯算法是相对简单的机器学习算法，它使用贝叶斯公式，从多个统计独立的观测量 $\{X_1, X_2, \cdots, X_N\}$ 计算某个随机变量 $Y$ 的取不同值的可能性（注意，我们这里用大写字母表示随机变量，用小写字母表示它的具体取值）。下面通过一个例子对高斯朴素贝叶斯模型进行简要说明，关于这一模型的详细理论分析可以参考本章参考文献部分。

考虑鸢尾花的分类问题，这种花有三种类型，分别为 Setosa、Versicolour 和 Virginica，可以用取值分别为 0，1，2 的变量 $Y$ 表示。我们希望通过测量鸢尾花的花萼长度 $X$ 来区分它的类别，这可以通过计算条件概率实现：

$$p(Y=y \mid X=x) \tag{3-1}$$

上述概率代表了测得一朵鸢尾花的花萼长度为 $x$ 时，它属于类别 $y$ 的可能性。上述概率可以用贝叶斯公式表示，即

$$p(Y=y|X=x)=\frac{p(X=x \mid Y=y)p(Y=y)}{p(X=x)} \tag{3-2}$$

其中概率 $p(X=x \mid Y=y)$ 表示对于类型是 $y$ 的鸢尾花，花萼长度为 $x$ 的可能性。我们通常用高斯分布来描述这个条件概率，即

$$p(X=x \mid Y=y)=\frac{1}{\sqrt{2\pi\sigma_y^2}}\mathrm{e}^{-\frac{(x-\mu_y)^2}{2\sigma_y^2}} \tag{3-3}$$

即 $X$ 是由 $Y$ 的取值 $y$ 决定的高斯随机变量，$X$ 的均值和方差分别为 $\mu_y$ 和 $\sigma_y^2$。

上面的例子是从一个观测量 $X$ 计算出鸢尾花属于不同类别的概率。如果有多个不同的观测量 $\{X_1,X_2,\cdots,X_N\}$，就能够更精确地判别鸢尾花的类别。我们可以测量鸢尾花的花萼长度、花萼宽度、花瓣长度、花瓣宽度这 4 个属性的具体数值，分别用 $\{X_1,X_2,X_3,X_4\}$ 表示它们，我们进一步假设这 4 个属性相互独立（统计独立），于是可以得到从这些观测量计算 $Y$ 的条件概率，即

$$p(Y=y \mid X_1=x_1,X_2=x_2,X_3=x_3,X_N=x_N)=\frac{\left[\prod_{n=1}^{4}p(X_n=x_n \mid Y=y)\right]p(Y=y)}{\prod_{n=1}^{4}p(X_n=x_n)} \tag{3-4}$$

上述观测量相互独立以及高斯分布的模型就是“高斯朴素贝叶斯模型”。

### 3.1.2 模型训练和推理

下面我们基于 Python 的机器学习软件包 Scikit-Learn 说明如何训练高斯朴素贝叶斯模型。这里不会涉及模型训练的数学解释，仅仅是介绍训练所使用的 Python 代码。

我们还是以鸢尾花卉分类问题为例。Fisher 于 1936 年收集整理了三种鸢尾花的花萼长度、花萼宽度、花瓣长度、花瓣宽度的测量值，这些数据能够从 Scikit-Learn 中直接获得。数据包括了 3 个类别共 150 朵鸢尾花测量数据，每朵花的测量值包括 4 个数值，每个数值对应前面所给出的一个属性。Python 程序通过 Scikit-Learn 库的 API 读取鸢尾花数据，具

体代码如下：

```
from sklearn import datasets
iris = datasets.load_iris()
```

运行之后变量 iris 中就存储了 150 朵鸢尾花测量数据和对应的花的类型数据。通过下面的命令能够分别打印出对每一朵鸢尾花的测量结果。

```
print(iris.data)
print(iris.target)
```

`iris.data` 是尺寸为 $150 \times 4$ 的矩阵，每一行对应一朵花的测量数据，`iris.target` 是存放了 150 个整数元素的数组，其中元素取值 0、1、2 分别对应 Setosa、Versicolor、Virginica 这三种类型。

下面是 `iris.data` 和 `iris.target` 的数据内容片段：

```
iris.data:
[[6.4 2.9 4.3 1.3]
 [6.5 3.  5.5 1.8]
 [5.  2.3 3.3 1. ]
 [6.3 3.3 6.  2.5]
 [5.5 2.5 4.  1.3]
 [5.4 3.7 1.5 0.2]
       …
 [6.7 3.1 5.6 2.4]
 [4.9 3.6 1.4 0.1]]
iris.target:
[1 2 1 2 1 0 … 1 2]
```

下面的代码利用加载的 `iris` 数据进行训练，得到高斯朴素贝叶斯模型：

```
from sklearn.naive_bayes import GaussianNB
model = GaussianNB()  # 构建高斯朴素贝叶斯模型
model.fit(iris.data, iris.target)
```

高斯朴素贝叶斯模型参数存储在变量 `model` 内，其中高斯分布的方差存放在 `model.sigma_` 中，而高斯分布的均值存放在 `model.theta_` 中。

完成模型训练后，使用下面的代码实现模型的推理，即对类别未知的数据进行分类：

```
y_pred = model.predict(new_data)
```

其中 `new_data` 是存放需要分类的花的测量数据，每一行对应一朵花的 4 个测量值，程序中 `y_pred` 是列向量，它的元素对应了 `new_data` 中对应行的鸢尾花分类结果。

注意，在上述训练过程中，先验概率 $p(Y=y)$ 是从训练数据中统计得到的（用每种类别在训练数据集中出现的比例作为先验概率的估计值），提供的 iris 训练数据中三类花的数量相同，因此先验概率 $p(Y=0)=p(Y=1)=p(Y=2)=1/3$。如果需要使用其他先验概率，那么可以在构建模型的时候提供先验数据作为输入参数，即

```
model= GaussianNB(priors)
```

上面代码中 priors 是用户提供的三类花的先验概率数组。

## 3.2　感知器

### 3.2.1　原理概述

感知器可以看作极简的线性前馈型神经网络，它通过对输入数据 $\boldsymbol{x}$（列向量）的线性运算实现物体分类。具体来说，感知器计算输入向量 $\boldsymbol{x}$ 各个元素的加权和，并和给定门限比较来确定 $\boldsymbol{x}$ 对应的数据类别。对于二分类器，通过下面的公式计算函数 $f(\boldsymbol{x})$，并根据 $f(\boldsymbol{x})$ 的值大于 0 或者小于 0 来决定 $\boldsymbol{x}$ 的类别：

$$f(\boldsymbol{x}) = <\boldsymbol{w}, \boldsymbol{x}> + b \tag{3-5}$$

其中 $\boldsymbol{w}$ 是加权重系数构成的（列）向量，$b$ 是给定门限。符号 $<*,*>$ 代表两个向量的内积，即

$$<\boldsymbol{w}, \boldsymbol{x}> = \boldsymbol{w}^{\mathrm{T}}\boldsymbol{x} \tag{3-6}$$

比如我们用机器根据重量和体积区分西瓜和苹果这两类水果，把输入写成向量 $\boldsymbol{x}=[x_1\ x_2]^{\mathrm{T}}$，其中 $x_1$ 和 $x_2$ 分别代表重量和体积数值。用坐标系下的点表示向量 $\boldsymbol{x}$，如图 3-1 所示。

可以看到对于西瓜，其重量和体积数值较大，对应的点在右上角，而对于苹果，根据其重量和体积，对应的点大多落在图的左下角，于是可以用图 3-2 中所示的直线将其分离。

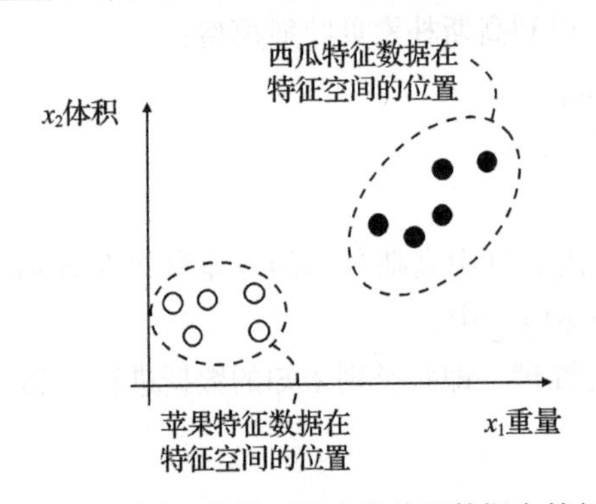


图 3-1　西瓜和苹果两类水果特征数据在特征空间的位置示意图

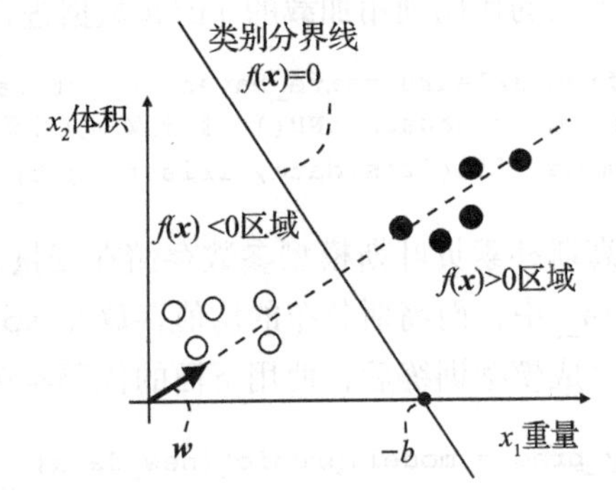


图 3-2　通过分类边界线分割特征平面，西瓜和苹果两类水果特征数据在分类边界两侧

假设图中直线对应的方程是

$$x_1 + 0.7x_2 - 10 = 0$$

分类器就是相对应的方程

$$f(\boldsymbol{x}) = x_1 + 0.7x_2 - 10$$

对照式（3-5）得到 $\boldsymbol{w}=[1\ 0.7]^{\mathrm{T}}$，$b=-10$。对于某种水果的重量和体积数据，我们计算 $f(\boldsymbol{x})$，如果它大于 0 则分类为西瓜，小于 0 则分类为苹果。分类器的设计其实就是寻找合适的分界线，使得不同类型的数据对应的特征分别在直线的两侧。

前面给出的算法用于二分类器设计，当需要分类数据有多个类别时，使用“一对所有”（One-Versus-All，OVA）的方法设计分类器。下面通过一个例子说明它的分类原理。

假设需要分类的数据有 3 种类别，分别记作 $\{A,B,C\}$，于是我们训练 3 个分类器 $\{f_A,f_B,f_C\}$，对其中的分类器 $f_A$，通过训练使得当数据的确属于类别 $A$ 时，$f_A(\boldsymbol{x})>0$，对于其他类别的数据，$f_A(\boldsymbol{x})<0$。同样对于 $f_B$，我们希望当数据的确属于类别 $B$ 时，$f_B(\boldsymbol{x})>0$，对于其他类别的数据 $f_B(\boldsymbol{x})<0$；对 $f_C$，训练分类器 $f_C$ 使得当数据的确属于类别 $C$ 时，$f_C(\boldsymbol{x})>0$，对于其他类别的数据 $f_C(\boldsymbol{x})<0$。对于未知类别的输入数据，我们分别计算 $\{f_A(\boldsymbol{x}),f_B(\boldsymbol{x}),f_C(\boldsymbol{x})\}$，根据这三个值中最大的那一个作为数据 $\boldsymbol{x}$ 的分类结果，比如 $f_B(\boldsymbol{x})>f_A(\boldsymbol{x}),f_C(\boldsymbol{x})$ 时，将 $\boldsymbol{x}$ 分为类别 $B$。

感知器执行的主要运算是向量乘法，即式（3-6）中的向量内积运算，向量内积进一步可以看成一系列乘加运算。在第 6 章将介绍对这一运算的优化。

### 3.2.2 模型训练和推理

下面给出基于 Python 的 Scikit-Learn 软件包库构建和训练线性感知器分类器，它使用和之前一样的鸢尾花分类数据。代码的总体结构和之前类似，如代码清单 3-1 所示。

**代码清单 3-1 感知器模型训练例程**

```
from sklearn.model_selection import train_test_split
from sklearn.linear_model import Perceptron
from sklearn import datasets

# 加载数据集
iris = datasets.load_iris()

# 数据拆分为训练集和测试集
x_train, x_test, y_train, y_test = \
    train_test_split(iris.data, iris.target,
                     test_size = 0.3,    # 数据划分比例，test 数据占 30%
                     random_state = 1, # 随机数 " 种子 "
                     stratify = iris.target )# 划分数据中类别比例
# 构建感知机分类器
model =  Perceptron()

# 利用训练数据集训练分类器
model.fit(x_train, y_train)
```

上述代码中使用 API `train_test_split` 将原始训练数据分为两部分，`x_train/`

y_train 和 x_test/y_test。其中 x_train 和 x_test 来自原始数据中的 iris.data，即鸢尾花特征测量数据，而 y_train 和 y_test 是对应的鸢尾花分类的标准答案。上面的代码中 Perceptron 用于构建感知器分类器对象，而 model.fit 函数用于训练，得到感知器的参数。训练完成后通过下面的 API 调用计算数据分类：

```
y_pred = model.predict(x_test)
```

其中 x_test 是存放测试数据的矩阵，每一行对应一朵花的 4 个测量数据，y_pred 是分类器分类结果，它的每个元素和 x_test 行对应。

如果需要提取训练结果中每个分类器的参数，即式（3-5）中的权重系数 $\boldsymbol{w}$ 和偏置 $b$，可以分别从 model.coef_ 和 model.intercept_ 得到，代码如下，我们可以用这两个数据手动计算 y_pred。

```
b=model.intercept_
W=model.coef_
f=x_test.dot(W.T)+b
y_pred=np.argmax(f,axis=1)
```

## 3.3　SVM 分类器

### 3.3.1　原理概述

SVM（Support Vector Machine，支持向量机）是被广泛使用的分类算法，是神经网络热潮到来前应用最广泛的机器学习算法之一。SVM 的数学描述一般是通过核空间的距离给出的，这里我们基于 RBF（Radial Basis Function）核 SVM 的原理给出一个直觉上的解释，如果需要了解更加严格的理论分析，读者可以查阅本章参考文献。

SVM 分类器根据物体的特征取值将其分为两类，图 3-3 给出了若干个物体样本在特征空间的位置，图中空心点和实心黑点分别表示两种不同的物体。

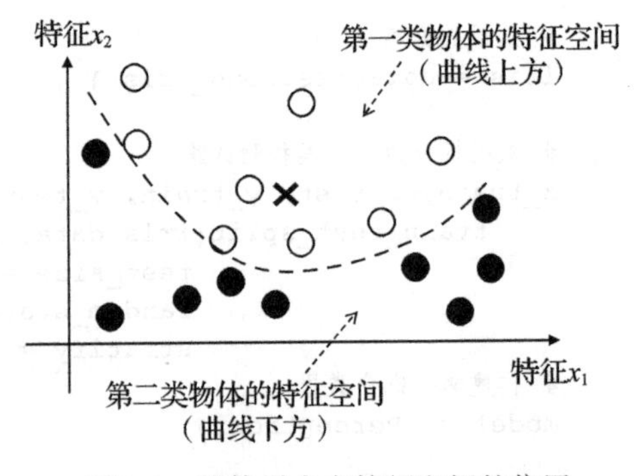


图 3-3　物体样本在特征空间的位置

可以看出，空心点和实心黑点的分布位置具有一定的规律，从直觉上可以用图示虚线分离这两类点，在虚线上方的是第一类（空心点对应的类别），在虚线下方是第二类（实心黑点对应的类别）。

SVM 通过构建分类判别函数 $f(\boldsymbol{x})$ 实现在两类物体的特征空间取不同的符号，比如在第一类物体特征空间（曲线上方）取值为正，在第二类物体特征空间（曲线下方）取值为负。在这个例子中，$\boldsymbol{x}=[x_1 \quad x_2]^{\mathrm{T}}$ 代表特征空间的点的坐标。

一种构建判别函数 $f(\boldsymbol{x})$ 的方法是基于图 3-3 中训练数据点经过“扩散”后求加权和实现的，即

$$f(\boldsymbol{x})=b+\sum_{n=1}^{N}w_n\mathrm{e}^{-\gamma\|\boldsymbol{x}-\boldsymbol{x}_n\|_2^2} \tag{3-7}$$

其中 $\{\boldsymbol{x}_1,\boldsymbol{x}_2,\cdots,\boldsymbol{x}_N\}$ 是已知类别的 $N$ 个“样本”点对应的特征空间的坐标；$\mathrm{e}^{-\gamma\|\boldsymbol{x}-\boldsymbol{x}_n\|_2^2}$ 可以看成样本点 $\boldsymbol{x}_n$ 对特征空间位置 $\boldsymbol{x}$ 的“影响力”，即：对 $\boldsymbol{x}$ 距离 $\boldsymbol{x}_n$ 越近，$\mathrm{e}^{-\gamma\|\boldsymbol{x}-\boldsymbol{x}_n\|_2^2}$ 越大（$\gamma>0$），表明 $\boldsymbol{x}$ 受 $\boldsymbol{x}_n$ 的影响越严重。$\gamma$ 控制了 $\boldsymbol{x}_n$ 的“影响力”作用距离，$\gamma$ 越大，$\boldsymbol{x}_n$ 对邻域影响力随距离衰减就越严重。$w_n$ 决定了 $\boldsymbol{x}_n$ 对类别判定的影响力，它可以是正数或者负数，$w_n$ 的绝对值越大，表明 $\boldsymbol{x}_n$ 对类别判定的影响越强。$w_n$ 和 $b$ 分别是训练得到的权重系数和偏置系数，通过将 $f(\boldsymbol{x})$ 的数值和 0 比较（两种结果：大于或者小于等于），将 $\boldsymbol{x}$ 分类到两个类别，如图 3-4 所示。

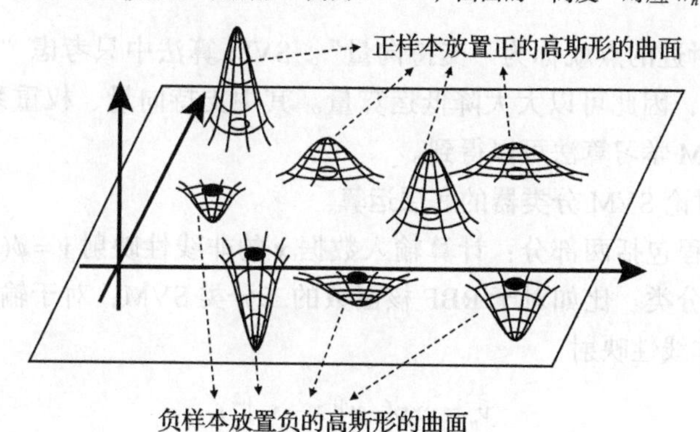


图 3-4　构建判别函数的示意图

图 3-4 中提到的“高斯形曲面”就是函数 $\mathrm{e}^{-\gamma\|\boldsymbol{x}-\boldsymbol{x}_n\|_2^2}$ 在二维情况下对应的曲面形状。把图 3-4 中各个“高斯曲面”叠加构成的完整曲面如图 3-5 所示。

图中虚线对应 $f(\boldsymbol{x})=0$，它将特征平面分为两部分，可以看成“分类曲线”，需要判别的数据特征 $\boldsymbol{x}$ 落在该分类曲线上方（远端）时，对应 $f(\boldsymbol{x})>0$，表明 $\boldsymbol{x}$ 对应的样本属于第一类物体，若 $\boldsymbol{x}$ 落在该分类曲线下方（近端）时，对应 $f(\boldsymbol{x})<0$，表明 $\boldsymbol{x}$ 对应的样本属于第二类物体。

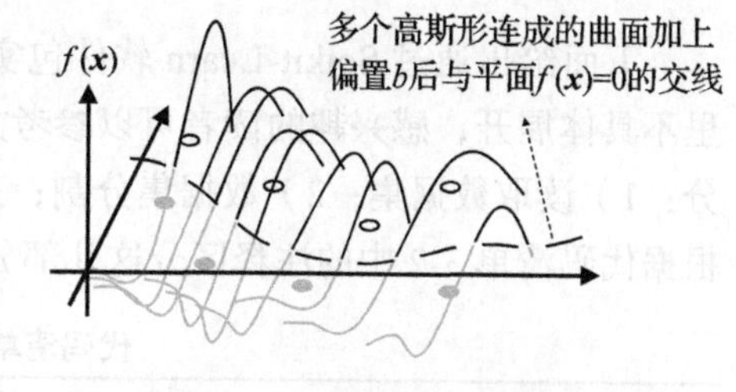


图 3-5　判别函数曲面示意图

对于特征参数空间的任意一个点 $\boldsymbol{x}$，比如图 3-3 中 × 所在位置，我们计算分类判别函数 $f(\boldsymbol{x})$ 时，需要计算它到每个训练样本点的距

离$\|\boldsymbol{x}-\boldsymbol{x}_n\|_2^2$。当训练样本点很多时，运算量大。图 3-6 给出了已知样本和待分类样本的特征距离计算示意图。

一个减少运算量的方法是从原始的训练样本点中挑选一小部分重要的点，忽略对分类影响不大的数据点。在 SVM 中，选择分类边界（图 3-6 中虚线）附近的点作为分类的关键点，忽略远离分类边界的点，这就可以降低点的数量，如图 3-7 所示。

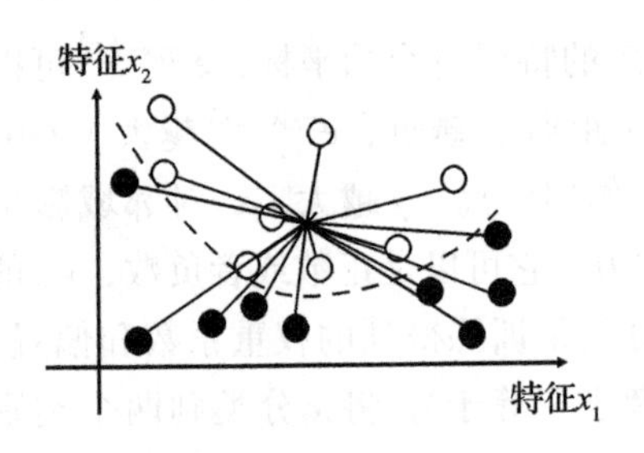


图 3-6　已知样本和需要分类样本的特征距离计算示意图

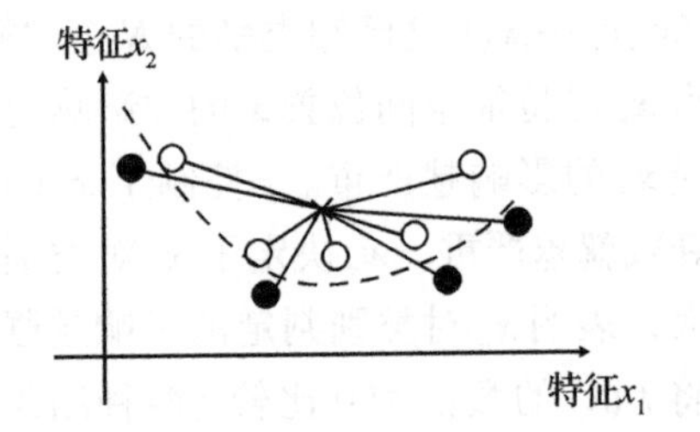


图 3-7　SVM 算法保留分类边界附近的数据样本

那些分类边界附近的点就称为“支持向量”。SVM 算法中只考虑“支持向量”对应的一小部分“样本点”，因此可以大大降低运算量。其中支持向量、权重系数$w_n$以及偏置系数$b$通过特定的 SVM 学习算法可以得到。

下面我们接着讨论 SVM 分类器的底层运算。

SVM 的运算过程包括两部分：计算输入数据$\boldsymbol{x}$的非线性映射$\boldsymbol{y}=\phi(\boldsymbol{x})$，以及对映射结果$\boldsymbol{y}$（向量）的线性分类。比如对于 RBF 核函数的二分类 SVM，对于输入向量$\boldsymbol{x}$，SVM 分类器首先计算它的非线性映射：

$$y_n=\exp(-\gamma\|\boldsymbol{x}-\boldsymbol{s}_n\|_2^2) \tag{3-8}$$

其中$\{\boldsymbol{s}_n\}_{n=1,2,\cdots,N}$是支持向量，计算得到$\{y_1,y_2,\cdots,y_N\}$构成向量：$y:=[y_1 y_2\cdots y_N]^{\mathrm{T}}$。然后应用线性分类算法计算$f(\boldsymbol{y})=<\boldsymbol{w},\boldsymbol{y}>+b$，并根据$f(\boldsymbol{y})$是否大于 0 将输入的数据——向量$\boldsymbol{x}$分为两类。

### 3.3.2　模型训练和推理

下面给出通过 Scikit-Learn 软件包实现 SVM 分类器训练的代码，训练算法的原理在这里不具体展开，感兴趣的读者可以参考文献 [1-2] 了解其中的理论细节。分类器训练分四部分：1）读取数据集；2）数据集分割；3）SVM 模型训练；4）训练结果的测试。读者可以根据代码清单 3-2 中的注释区分这几部分。

**代码清单 3-2　SVM 训练例程**

```
# 读取数据集
from sklearn import datasets
data = datasets.load_breast_cancer()
x,y=data.data,data.target
```

```
# 训练 / 测试数据集分离
from sklearn.model_selection import train_test_split
train_x, test_x, train_y, test_y =
    train_test_split(x,y,test_size=0.3,shuffle=True)

# SVM 模型训练
from sklearn import svm
model = svm.NuSVC(gamma=1.5e-4,kernel='rbf')
model.fit(train_x, train_y)

# 测试训练结果
y_pred = model.predict(test_x)
print('[INF] num err:%d'%np.sum(y_pred!=test_y))
```

代码第一部分读取“乳腺癌”示例的分类数据集，该数据集包括 569 个人的体检数据，其中 357 人被诊断患有乳腺癌。每个人的一件数据包括 30 个指标（就是之前提到的“特征”）。

代码第二部分通过 train_test_split 函数调用把读取的数据集随机打乱后，按 70% 和 30% 的比例拆分为训练数据集和测试数据集。数组 train_x 和 train_y 分别存放训练数据特征和训练数据的分类答案；其中 train_x 是 2 维数组，每一行对应一个人的 30 个体检指标。数组 test_x 和 test_y 分别存放测试数据特征和测试数据的分类答案。

代码的第三部分是构建 SVM 训练器并训练，代码如下：

```
model = svm.NuSVC(gamma=1.5e-4,kernel='rbf')
```

此代码生成 SVM 训练器，指定核函数（即 rbf）以及 $\gamma$（即 gamma）。训练过程如下：

```
model.fit(train_x, train_y)
```

训练结果存储在 model 中。其中 model.dual_coef_ 存放权重系数 $w_n$，model.support_vectors_ 存放支持向量 $x_n$，model.intercept_ 存放模型参数 $b$，model.gamma 存放模型参数 $\gamma$。

训练完成的模型通过下面的 API 调用实现分类推理：

```
y_pred = model.predict(test_x)
```

其中 test_x 是矩阵，它的每一行对应一组需要分类的测试指标，y_pred 是分类结果，每个元素和 text_x 的行对应。

## 3.4 决策树

### 3.4.1 原理概述

决策树可以看成一棵由“问询题”构成的树，对于识别和分类问题，它通过一系列问题的询问实现对物体的类型判断。这一思想在日常生活中经常用到。比如当你接到一个迷路的人的求助电话时，你会通过询问尽可能少的问题来确定他的位置，可能询问的问题包括“你在马路边还是居民区？”“附近有停车场吗？”“身后是邮局吗？”这一系列问题中前一个问题的回答决定了下一个问题的询问内容。

决策树分类过程如图 3-8 所示。

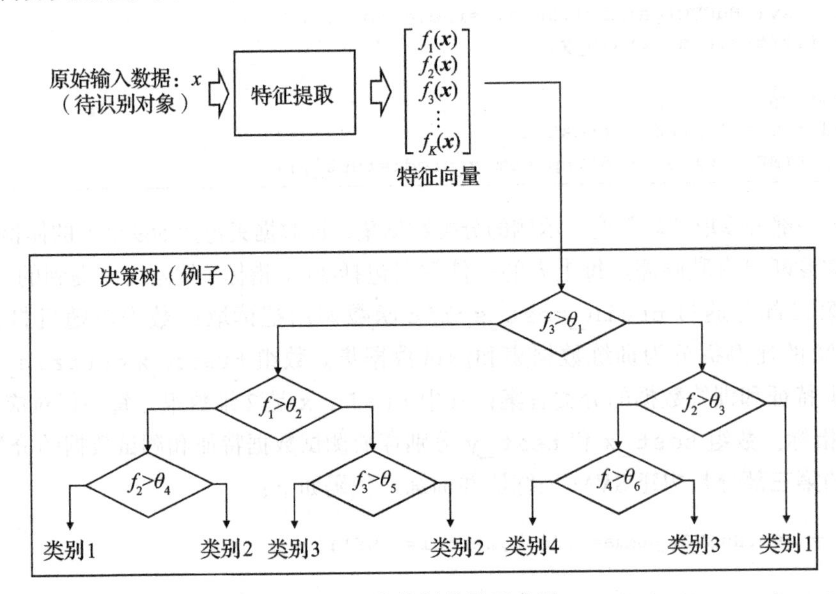


图 3-8　决策树分类示意图

决策树的核心是如图 3-8 所示的由一系列简单数值判断构成的“树”，它作用于输入数据的特征向量上，其中特征向量的构成有各种方式，比如对音频数据序列，可用的特征包括方差、最大值和最小值之差、傅里叶变换的高频部分能量、特定卷积核的卷积输出序列平方和等。决策树的构建要求通过尽可能小的树形结构来实现尽可能精确的分类。

## 3.4.2　模型训练和推理

决策树构建的数学原理在这里不详细介绍，我们在代码清单 3-3 中给出构建决策树的 Python 代码示例。

**代码清单 3-3　决策树训练和测试示例**

```
import numpy as np
from sklearn.tree import DecisionTreeClassifier

# 加载测试数据
import sklearn.datasets as datasets
data=datasets.load_iris()
TREE_DEP=5
```

```
x,y=data['data'],data['target']

# 训练 / 测试数据集分离
from sklearn.model_selection import train_test_split
x_train, x_test, y_train, y_test =
    train_test_split(x,y,test_size=0.5,shuffle=True)

# 决策树训练
cls = DecisionTreeClassifier(random_state=0, max_depth=TREE_DEP)
cls.fit(x_train, y_train)

# 训练结果测试
y_pred=cls.predict(x_test)
print('[INF] ACC: %.4f%%'%(100.0*(y_pred==y_test).astype(float).mean()))
```

代码清单 3-3 中使用了鸢尾花卉分类问题的数据进行分类。程序中决策树分类器的生成通过下面两句话实现：

```
cls = DecisionTreeClassifier(random_state=0, max_depth= TREE_DEP)
cls.fit(x_train, y_train)
```

其中第一行代码构建 `DecisionTreeClassifier` 类的对象 `cls`，参数 `TREE_DEP` 是决策树的深度，也就是每一次分类时最多允许问的问题数目。`TREE_DEP` 和分类性能有关，它的值需要用户手动选择。决策树的"提问结构"的生成通过上面第 2 行代码实现。

训练得到的决策树的使用通过下面的语句实现：

```
y_pred=cls.predict(x_test)
```

其中 `x_test` 表示数据帧，用于存放多个测试数据，每一行存放一朵需要分类的花的 4 个测量数据。

### 3.4.3　决策树分类器的代码实现

决策树结构简单，运算量小，很适合嵌入式平台实现，上面基于 Python 下的 Scikit-Learn 软件包训练得到的分类器不能直接在嵌入式系统上运行，但我们可以从分类器中提取分类判断的树形结构并生成 C 程序，这样就能够在嵌入式环境下使用。代码清单 3-4 中的 Python 程序将之前讨论的决策树分类器 `cls` 内部的数据导出生成 C 语言程序，用于在嵌入式环境下运行数据分类任务。

**代码清单 3-4　从 Scikit-Learn 的决策树数据结构生成 C 程序的代码**

```
# 自动代码生成 (C 语言)
# 输入:
#    tree              -- Scikit-Learn 输出的决策树
def tree_to_c_code(tree):
    with open('tree.c', 'wt') as fout:
```

```
    def recurse(node=0, prefix='    '):
        if left[node]==-1 and right[node]==-1:  # leaf node
            for i,v in enumerate(value[node][0]):
                if v==0: continue
                fout.write(prefix+'target['+str(i)+']='+\
                           str(int(v))+';\n')
        else:
            fout.write(prefix + 'if (feature['+\
                       str(feature[node])+']<=' +\
                       str(threshold[node])+')\n')
            fout.write(prefix + '{\n')
            if t.children_left[node] != -1:
                recurse(left[node], prefix+'    ')
            fout.write(prefix + '}\n')
            fout.write(prefix + 'else\n')
            fout.write(prefix + '{\n')
            if t.children_right[node] != -1:
                recurse(right[node], prefix+'    ')
            fout.write(prefix + '}\n')

    t=tree.tree_
    left,right=t.children_left,t.children_right
    value,threshold,feature=t.value,t.threshold,t.feature

    fout.write('#include "tree.h"\n\n')
    fout.write('void tree(float *feature, int *target)\n')
    fout.write('{\n')
    fout.write('    for (int n=0; n<NUM_CLS; n++)\n')
    fout.write('        target[n]=0;\n')
    recurse()
    fout.write('}\n\n')
```

使用上述代码时通过调用 `tree_to_c_code(cls)` 生成 C 语言源代码，其中 `cls` 是训练得到的决策树分类器。生成的代码文件是 tree.c 和 tree.h。其部分内容如下所示：

- tree.c

```
#include "tree.h"

void tree(float *feature, int *target)
{
    for (int n=0; n<NUM_CLS; n++) target[n]=0;
    if (feature[3]<=0.800000011920929)
    {
        target[0]=26;
    }
    else
    {
        if (feature[2]<=5.0)
        {
            if (feature[3]<=1.600000023841858)
```

```
        {
            target[1]=24;
        }
        else
            ......
```

- tree.h

```
#ifndef __TREE_H__
#define __TREE_H__

#define NUM_CLS 3
#define NUM_DIM 4

#endif
```

其中 tree.c 里面是一个复杂的 if-else-if 结构，它实现了决策树的判断逻辑。核心函数为 `void tree(float *feature, int *target)`，输入是数组 `feature`，存放待分类的数据特征，比如在鸢尾花分类问题里就是存放鸢尾花的 4 个测量数值的数组指针。`target` 数组存放分类得分，调用 `tree` 函数后在 `target` 数组内填入了对应各个类别的得分，一般选得分最高的那个元素的数组下标作为分类结果。

## 3.5　线性数据降维

### 3.5.1　原理概述

数据降维用于将输入数据向量的尺寸进行“缩减”。它一般用于对机器学习算法的输入数据进行预处理，经过预处理之后的数据再输入至之前提到的各种分类算法中。线性数据降维的主要运算是矩阵运算，比如对于 $N\times 1$ 的输入向量 $\boldsymbol{x}$，我们希望减少它的尺寸，得到 $M\times 1$ 的向量 $\boldsymbol{y}$（$M<N$）。线性降维算法通过下面的运算实现向量尺寸的改变：

$$\boldsymbol{y}=\boldsymbol{M}(\boldsymbol{x}-\boldsymbol{\mu}) \tag{3-9}$$

其中 $\boldsymbol{\mu}$ 是 $N\times 1$ 的向量，一般由 $\boldsymbol{x}$ 的数据样本均值构成，$\boldsymbol{M}$ 是 $M\times N$ 的矩阵，这一矩阵的选择依据是希望它能够从 $\boldsymbol{x}$ 中提取对分类最有用的分量构成向量 $\boldsymbol{y}$，删除 $\boldsymbol{x}$ 中对数据类别没有“鉴别能力”的元素。降维矩阵 $\boldsymbol{M}$ 一般通过主分量分析（Principal Component Analysis，PCA）获得。

### 3.5.2　模型训练和推理

PCA 降维的模型参数 $\boldsymbol{M}$ 和 $\boldsymbol{\mu}$ 可以通过训练得到，代码清单 3-5 给出了基于 Scikit-Learn 的 Python 训练程序，得到 PCA 的降维模型参数。这里使用的数据是之前的“乳腺癌”分类数据，所给出的例子中要求降维后的数据维度是 3 维（见代码清单 3-5 中第 2 行中

n_components=3）。

**代码清单 3-5 数据降维训练例程**

```
from sklearn.decomposition import PCA
pca = PCA(n_components=3) // 3 是降维后的数据维度
train_x = pca.fit_transform(np.array(train_x))
test_x  = pca.transform(test_x)
```

代码中

```
pca.fit_transform(np.array(train_x))
```

完成两件事：1）使用数据 train_x 训练 PCA 模型；2）返回降维后的数据。PCA“降维器”的参数保存在 Python 数据对象 pca 中。pca 有两个成员变量：mean_ 和 components_（未在代码中展示），它们分别对应降维算法中的 $\boldsymbol{\mu}$ 和矩阵 $\boldsymbol{M}$。代码中

```
test_x  = pca.transform(test_x)
```

使用训练好的 PCA 降维模型，对测试数据 test_x 进行降维，降维结果仍旧存放在变量 test_x 中。

## 3.6 神经网络

### 3.6.1 原理概述

神经网络在机器学习中的地位不断上升，尤其是基于深度神经网络的分类识别算法超越了很多早期的机器学习算法，神经网络的基本运算包括：1）全连接层运算；2）卷积运算；3）池化运算；4）非线性激活函数运算。下面分别介绍。

**1. 全连接层运算**

我们这里讨论的全连接层只包括线性部分，而激活函数单独放在后面讨论。全连接层的线性运算如图 3-9 所示。

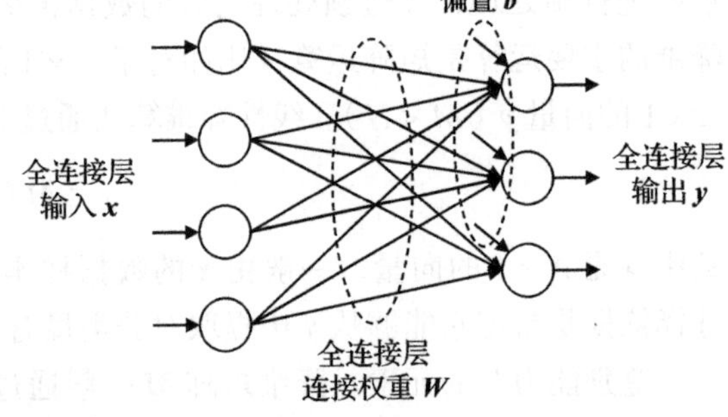


图 3-9 神经网络全连接层输入和输出连接关系示意图

它对应的具体运算公式是下面形式的矩阵运算：

$$\boldsymbol{y} = \boldsymbol{W}\boldsymbol{x} + \boldsymbol{b} \quad (3\text{-}10)$$

其中 $\boldsymbol{x}$ 是 $1 \times N$ 的输入数据向量、$\boldsymbol{y}$ 是 $1 \times M$ 的输出数据向量，$\boldsymbol{b}$ 是 $1 \times N$ 的偏置向量，$\boldsymbol{W}$ 是 $M \times N$ 的权重系数矩阵。

**2. 卷积运算**

神经网络中的卷积运算主要是二维卷积，它可以看成滑动窗口在需要卷积的特征数据上移动，在每个移动位置计算窗口内元素的加权和，如图 3-10 所示。

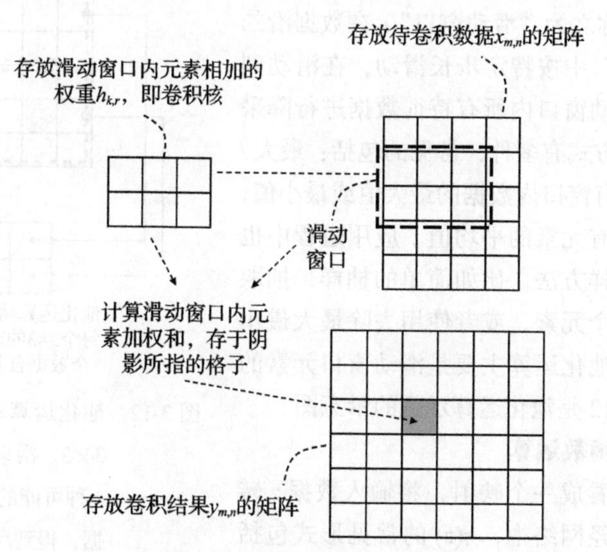


图 3-10　二维卷积运算示意图

卷积结果 $y_{m,n}$ 和待卷积数据 $x_{m,n}$ 以及卷积核 $h_{k,r}$ 的关系为

$$y_{m,n}=\sum_{k=0}^{K-1}\sum_{r=0}^{R-1}x_{m-k,n-r}h_{k,r} \tag{3-11}$$

在很多神经网络软件框架中，卷积运算被转换成矩阵乘法实现，下面通过一个简单的例子说明。图 3-11 给出了一个二维卷积的例子。

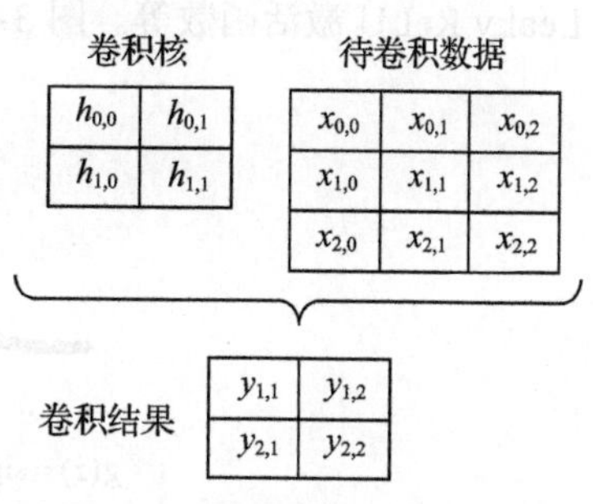


图 3-11　二维卷积的计算例子

图 3-11 中给出的 4 个卷积结果对应的运算为

$$\begin{cases} y_{1,1}=h_{1,1}x_{0,0}+h_{1,0}x_{0,1}+h_{0,1}x_{1,0}+h_{0,0}x_{1,1} \\ y_{1,2}=h_{1,1}x_{0,1}+h_{1,0}x_{0,2}+h_{0,1}x_{1,1}+h_{0,0}x_{1,2} \\ y_{2,1}=h_{1,1}x_{1,0}+h_{1,0}x_{1,1}+h_{0,1}x_{2,0}+h_{0,0}x_{2,1} \\ y_{2,2}=h_{1,1}x_{1,1}+h_{1,0}x_{1,2}+h_{0,1}x_{2,1}+h_{0,0}x_{2,2} \end{cases} \tag{3-12}$$

上面的运算是线性运算，可以写成下面的矩阵形式：

$$\begin{bmatrix} y_{1,1} \\ y_{1,2} \\ y_{2,1} \\ y_{2,2} \end{bmatrix}=\begin{bmatrix} x_{1,1} & x_{1,0} & x_{0,1} & x_{0,0} \\ x_{1,2} & x_{1,1} & x_{0,2} & x_{0,1} \\ x_{2,1} & x_{2,0} & x_{1,1} & x_{1,0} \\ x_{2,2} & x_{2,1} & x_{1,2} & x_{1,1} \end{bmatrix}\begin{bmatrix} h_{0,0} \\ h_{0,1} \\ h_{1,0} \\ h_{1,1} \end{bmatrix} \tag{3-13}$$

**3. 池化运算**

池化运算是对特征数据进行“降采样”，对于二维特征数据进行池化运算的过程可以看成使用给定尺寸的窗口（后面称之为“滑动窗口”）在数据沿二维特征数据“矩阵”中按特定步长滑动，在滑动到的每个位置，对滑动窗口内所有特征数据进行降采样。其中降采样的方式有多种，常见的包括：最大/最小池化——取所有窗口内数据的最大值或最小值；平均池化——取所有元素的平均值。应用过程中也可以使用其他降采样方法，比如简单的抽样，抽取滑动窗口中心的一个元素，或者使用去除最大最小值后的平均值等。池化运算主要是滑动窗口元素的比较和累加。图 3-12 是池化运算示例的示意图。

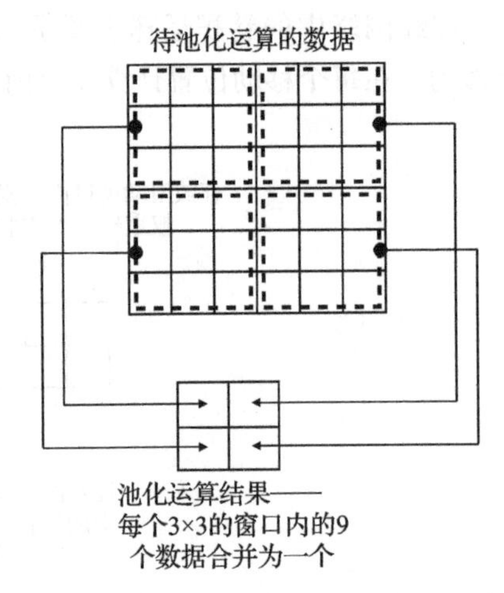


图 3-12　池化运算示例，滑动窗口尺寸为 3×3，滑动步长是 3，在滑动窗口 4 种可能的位置处合并窗口内的数据，得到尺寸为 2×2 的输出数据

**4. 非线性激活函数运算**

激活函数可以看成一个映射，将输入数据 $z$ 转成输出 $g(z)$。在神经网络中，$g(z)$ 的常见形式包括 Sigmoid 激活函数、tanh 激活函数、ReLU 激活函数、Leaky ReLU 激活函数等。图 3-13 中给出了典型激活函数的输入输出关系的公式和示意图。

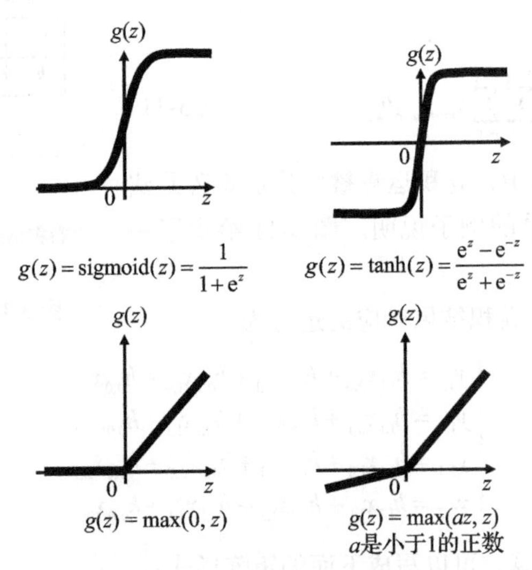


图 3-13　几种常用的激活函数表达式和输入输出关系曲线

## 3.6.2　模型训练和推理

下面给出手写数字识别的卷积神经网络的训练和推理的代码示例，所提供的例程基于

Pytorch 框架。手写数字识别任务是机器学习领域使用最广泛的示例之一，它的数据集是用灰度图表示的不同人书写的数字，每个图片尺寸是 28 × 28，图 3-14 给出部分数字的图像。完整的数据能够从网站 http://yann.lecun.com/exdb/mnist/ 下载得到。数据以特定格式压缩文件形式提供，在网站中有详细的格式描述。在 Python 训练例程中，我们为了使用方便，已经将其转成 Numpy 能够直接识别的 *.npy 格式存储。

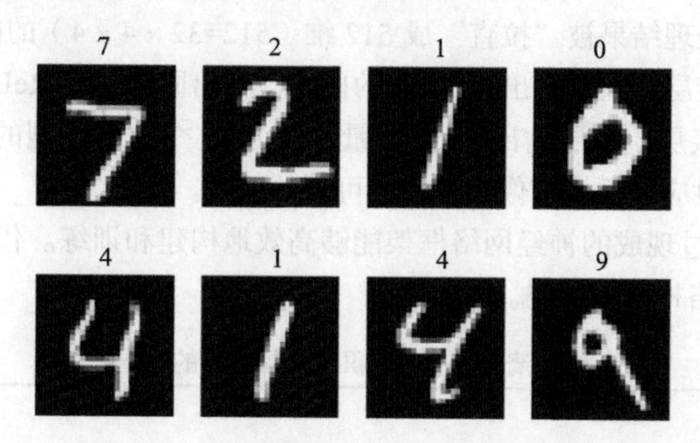


图 3-14　手写数字识别应用中的图片样本

- **神经网络结构**

为了识别其中的数字，我们构建的神经网络由两个卷积层和两个全连接层构成，网络结构和各层运算的输入输出数据尺寸如图 3-15 所示。

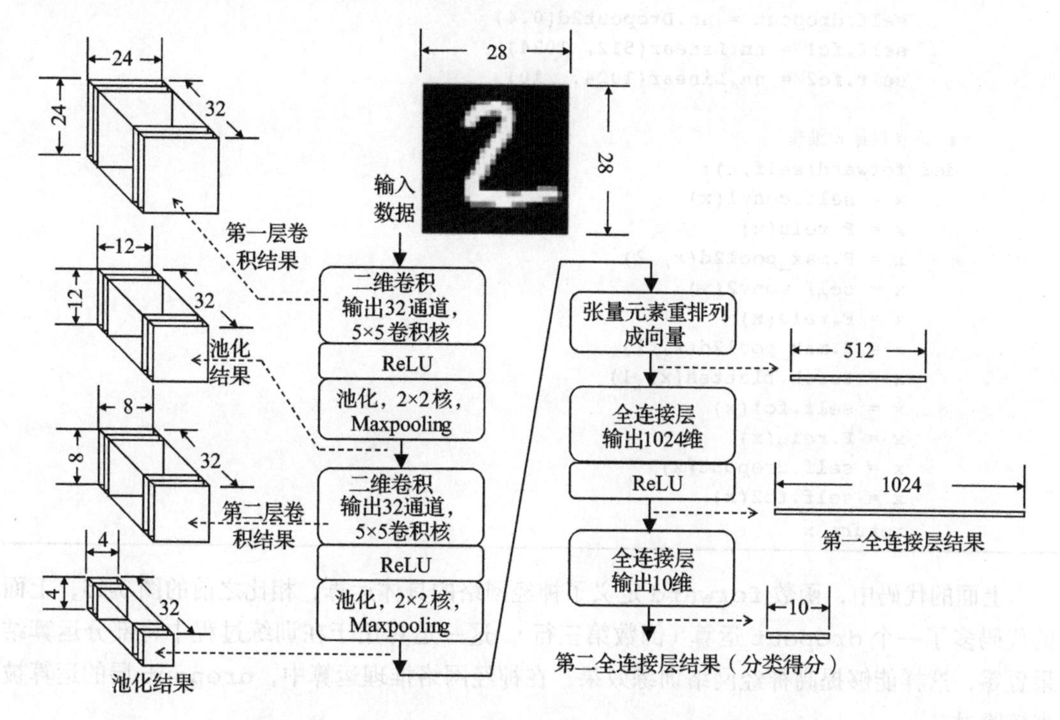


图 3-15　手写数字识别神经网络的结构和各层数据尺寸

神经网络运算流程的描述如下：

1）第一个卷积层使用 32 个 5 × 5 的卷积核对 28 × 28 原始图片进行卷积，得到 32 个 24 × 24 的卷积结果，经过 ReLU 激活函数运算并池化后，得到 32 个 12 × 12 的特征图。

2）第二个卷积层使用 32 个 32 通道的 5 × 5 卷积核，作用于上一层数据得到 32 个 8 × 8 的特征图，经过 ReLU 和池化后得到 32 个 4 × 4 特征图。

3）第二卷积层处理结果被“拉直”成 512 维（512=32 × 4 × 4）的向量。

4）第一个全连接层，该层输出 1024 维的向量，输出同样经过 ReLU 函数运算。

5）第二个全连接层，该层输出 10 维向量，作为 10 个数字类型的匹配“得分”。其中“得分”最高的元素对应于原始图像对应的最可能的数字。

上述神经网络通过现成的神经网络框架能够高效地构建和训练。代码清单 3-6 所示是基于 Pytorch 的神经网络构建的代码。

**代码清单 3-6　卷积神经网络类的例子**

```
## 网络
class mnist_c(nn.Module):
    def __init__(self):
        super(mnist_c, self).__init__()

        self.conv1 = nn.Conv2d( 1, 32, 5, 1)
        self.conv2 = nn.Conv2d(32, 32, 5, 1)
        self.dropout = nn.Dropout2d(0.4)
        self.fc1 = nn.Linear(512, 1024)
        self.fc2 = nn.Linear(1024,  10)

    # 浮点训练和推理
    def forward(self,x):
        x = self.conv1(x)
        x = F.relu(x)
        x = F.max_pool2d(x, 2)
        x = self.conv2(x)
        x = F.relu(x)
        x = F.max_pool2d(x, 2)
        x = torch.flatten(x, 1)
        x = self.fc1(x)
        x = F.relu(x)
        x = self.dropout(x)
        x = self.fc2(x)
        return x
```

上面的代码中，函数 `forward` 定义了神经网络的具体运算，相比之前的图 3-15，上面的代码多了一个 `dropout` 运算（倒数第三行），这一运算用于在训练过程中将部分运算结果置零，这样能够提高神经网络训练效果，在神经网络推理运算中，`dropout` 层的运算被直接跳过。

- **神经网络训练**

对于上述神经网络，我们使用有监督训练，即提供一系列图片和人工标注的正确答案 $\{(\boldsymbol{X}_n, t_n)\}_{n=1,2,3,\cdots,N}$，其中 $\boldsymbol{X}_n$ 是训练图片，$t_n$ 是正确答案（$t_n = 0,1,\cdots,9$）。神经网络输出的 10 维向量可以看作输入图片分别属于 10 个数字的得分。训练过程就是不断调整神经参数（记作 $\theta$，在这个示例中指卷积层的卷积核和偏置，以及全连接层的权重和偏置），使得神经网输出的 10 个数字的得分最大值对应参考答案。对于这一类分类问题，通常使用交叉熵代价函数，定义为

$$L_{CE}(\theta) = -\frac{1}{N}\sum_{n=1}^{N}\log(p_{t_n}) \tag{3-14}$$

其中 $\theta$ 代表神经网络的可调参数，$p_{t_n}$ 是第 $n$ 个训练数据 $\boldsymbol{X}_n$ 送入网络后，输出 10 维向量的经过 softmax 运算（参考式（7-11））后的第 $t_n$ 个元素的值。训练过程不断更新神经网络参数 $\theta$ 的值，使代价函数 $L_{CE}(\theta)$ 尽可能小。对于上面给出的网络训练过程，其代码如代码清单 3-7 所示。

**代码清单 3-7 卷积神经网络的训练例程**

```
def train(args, model, device, train_loader, test_loader):
    model.to(device) # model 是神经网络对象
    # 网络参数优化模块（输入参数 lr 是学习率）
    optimizer = optim.Adadelta(model.parameters(), lr=args.lr)
    # 学习率调节模块
    scheduler = StepLR(optimizer, step_size=1, gamma=args.gamma)
    # 逐轮训练
    for epoch in range(1, args.epochs + 1):
        model.train()
        # 逐批取出训练数据执行训练
        for batch_idx, (data, target) in enumerate(train_loader):
            # 数据格式转换
            data = data.resize_(args.batch_size, 1, 28, 28)
            data, target = data.to(device), target.to(device)
            # 清除之前的梯度计算结果
            optimizer.zero_grad()
            # 由网络 model 计算输入数据 data，得到输出 output
            output = model(data)
            # 计算神经网络输出的误差损失函数，
            # 并通过反向传播算法计算它对神经网络参数的导数
            loss = F.cross_entropy(output, target)
            loss.backward()
            # 执行优化，根据误差损失更新网络参数
            optimizer.step()
        # 更新学习率
        scheduler.step()

device = torch.device("cuda")    # 使用 NVIDIA 的 GPU 执行训练
model = mnist_c()                # 生成神经网络
```

```
# 调用函数 train，执行网络训练
train(args, model, device, train_loader,test_loader)
```

上述代码有详细的注释解释各行原理。其中 API 的参数含义和用法细节需要读者阅读 torch 的用户使用文档，这里限于篇幅不具体展开。该神经网络经过训练能够达到高于 99% 的分类精度。注意，具体的性能和训练时使用的超参数以及参数初始化的随机数“种子”有关，修改这些参数可能得到不同的性能。

训练完成了的网络通过下面的 Python 代码实现前向推理运算：

```
output = model(data)
pred = output.argmax(dim=1, keepdim=True)
```

其中 data 是需要识别的图像数据，格式是 $1 \times 1 \times 28 \times 28$ 的高维数组，output 是前向推理输出，对 output 的成员函数 argmax 调用返回 output 中最大元素的序号，pred 对应 0 ～ 9 这 10 个离散值，即网络识别出的手写数字的值。

此处给出的神经网络内部各个运算模块的原理介绍是基本的和概念性的，在第 7 章我们会给出更详细的介绍，包括每个运算的具体结构和代码实现。

## 3.7 小结

本章我们介绍了几种典型的机器学习算法，所介绍的算法用 Python 示例进行了说明，这些代码的训练部分通常运行在 PC 上，而不是嵌入式平台。后面的章节中会介绍如何在嵌入式系统中实现这些机器学习算法。从给出的机器学习算法可以看到，多数机器学习算法依赖相同的底层运算——矩阵乘法或者向量内积运算，这些运算有很大的优化空间，在本书的第 5 ～ 6 章会详细介绍。本章还给出了决策树算法的嵌入式实现方案，它不依赖矩阵或者向量运算，我们可以从 Python 数据直接导出对应的 C 源代码。

本书内容中有一大部分是对这些底层运算的优化，降低其中乘法的次数。机器学习算法的训练技巧和更深入的数学原理不是本书的重点，感兴趣的读者可以通过示例中的代码注释以及所使用的机器学习训练框架文档了解其实现，另外也可以参考后面列出的参考文献学习底层的理论。

## 参考文献

[1] 周志华 . 机器学习 [M]. 北京：清华大学出版社，2016.

[2] BISHOP C M. Pattern Recognition and Machine Learning[M]. New York: Springer, 2007.

# 第4章
# 数值的表示和运算

本章将讨论嵌入式系统中的数值表示和运算。计算机系统中对数据有多种表示方式，每一种表示方式对运算的速度、硬件以及存储空间的要求各不相同，本章将详细介绍几种常见的数值的表示方式，包括单精度浮点数、双精度浮点数、半精度浮点数、bfloat16 型浮点数以及定点数，其中半精度浮点数、bfloat16 型浮点数以及定点数由于占据存储空间小、运算硬件简单、效率高，在嵌入式系统中得到广泛使用，并且 bfloat16 格式在不少支持机器学习的软件框架和神经网络处理器中得到应用。定点数相比浮点数动态范围小，但运算速度快，可以直接使用大多数嵌入式 CPU 内置的整数运算单元实现，适用于运算密集型的机器学习应用。

## 4.1 浮点数

### 4.1.1 单精度和双精度浮点数

传统 PC 软件在进行数值运算时使用单精度（后面记作 float32）和双精度（后面记作 float64）浮点数，在 C 语言中分别用 float 和 double 这两个关键字标识。其中，单精度浮点数占用 32 位存储空间，即 4 字节的存储空间；双精度浮点数的存储空间为 64 位，存储空间是单精度浮点数的 2 倍，占用了 8 字节。这两种数据格式最早在 IEEE754—1985 标准中定义，它们在内存中的具体存储格式如图 4-1 和图 4-2 所示。

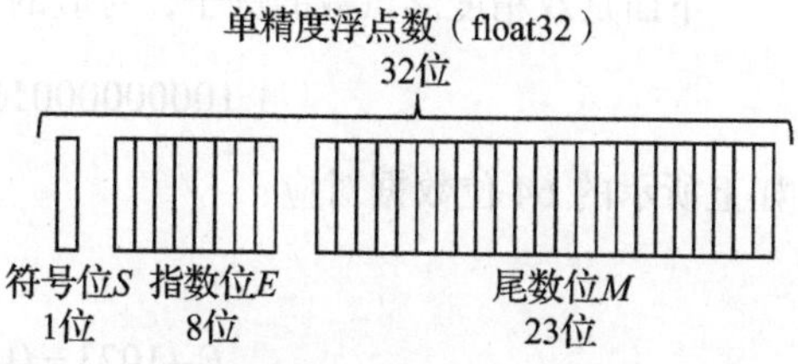

单精度浮点数（float32）
32位
符号位S
1位
指数位E
8位
尾数位M
23位
图 4-1　32 位单精度浮点数的具体存储结构

双精度浮点数（float64）
64位
......
符号位S
1位
指数位E
11位
尾数位M
52位
图 4-2　64 位双精度浮点数的具体存储结构

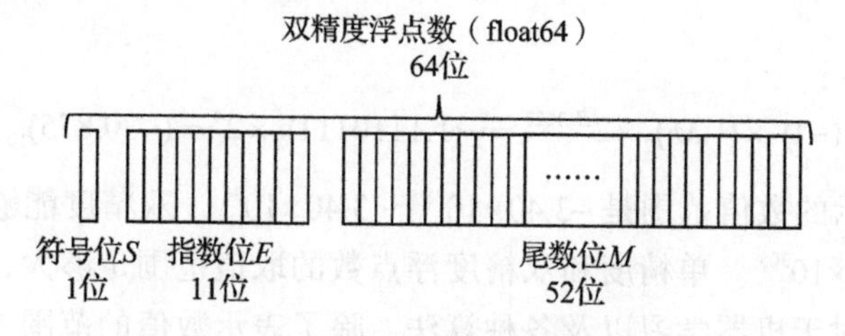

存储的内容包括三部分：符号位 $S$、指数位 $E$ 和尾数位 $M$。其中指数位 $E$ 存储指数值的二进制编码，对于单精度浮点数，其对应指数值是 $E-127$，对于双精度浮点数，对应指数位为 $E-1023$。尾数位 $M$ 有两种格式——规范化格式和非规范化格式。这里主要讨论规范化格式，在这一格式下,$M$ 用于记录形如（$1.\mathrm{xxxx})_2$ 的二进制数，小数点的左边固定为 1，因此 $M$ 中不需要额外保存这个 1，只保存小数点之后的内容。对于规范化的普通浮点数，单精度数中 $E$ 的取值范围是 1 ～ 254，双精度数中 $E$ 的取值范围是 1 ～ 2046。从以上特点可以看到，对于规范化表示形式，浮点数的具体值如下。

- 单精度浮点数数值（规范化）：

$$(-1)^s \times (1.M)_2 \times 2^{E-127} \tag{4-1}$$

- 双精度浮点数数值（规范化）：

$$(-1)^s \times (1.M)_2 \times 2^{E-1023} \tag{4-2}$$

下面给出一个具体的 32 位单精度浮点数的例子：

0 10000011 11101110000000000000000

如上所示的 32 位数据对应：

$$S=0$$

$$E-127=(10000011)_2-127=4$$

$$(1.M)_2=(1.1110111\ 00000000\ 00000000)_2$$

于是，它对应的数值是

$$(-1)^s \times (1.M)_2 \times 2^{E-127}=(1.1110111)_2 \times 2^4=247/128 \times 16=(+30.875)_{10}$$

下面是双精度浮点数的例子，对应的数据是 $(-30.875)_{10}$。它在双精度浮点数格式中显示为

1 10000000011 111011100000……0000

如上所示的 64 位数据对应：

$$S=1$$

$$E-1023=(10000000011)_2-1023=4$$

$$(1.M)_2=(1.1110111000\cdots)_2$$

它所表示的数值为

$$(-1)^s \times (1.M)_2 \times 2^{E-1023}=-(1.1110111)_2 \times 2^4=(-30.875)_{10}$$

单精度能够表示的数值范围是 $-3.40 \times 10^{38}$ ～ $3.40 \times 10^{38}$，双精度能够表示的数值范围是 $-1.80 \times 10^{308}$ ～ $+1.80 \times 10^{308}$。单精度和双精度浮点数的取值范围足够大，几乎满足所有机器学习的运算需要。对于机器学习以及各种算法，除了表示数值的范围外，另一个重要的指

标是动态范围，即对不同数值的分辨能力，这可以通过它们能够表示的（规范化格式）最小正数和最大正数来表示，即

单精度浮点数：$1.18\times10^{-38}$ 和 $3.40\times10^{38}$

双精度浮点数：$2.23\times10^{-308}$ 和 $1.80\times10^{308}$

在 IEEE754 标准中，还定义了几种特殊的浮点数二进制形式，它们对应的数值不能用之前给出的公式计算。比如："正无穷大" INF，它对应的二进制形式中 $E$ 部分的位全为 1，对应的 $M$ 部分的所有位都是零；"无效数" NAN，它对应的二进制形式中 $E$ 部分的位全为 1，对应的 $M$ 部分的位非全零。

之前的讨论给出了从二进制计算浮点数值的公式，这个公式是针对"规范化"的浮点数的。在应用中，大多数浮点数属于"规范化"浮点数，并适用于之前给出的公式。但 IEEE754 标准还定义了一类"非规范化"的数，这类浮点数的指数部分 $E$ 全零，计算"非规范化"浮点数对应的公式和之前不同，具体如下。

- 单精度浮点数数值（非规范化）：

$$(-1)^s\times(0.M)_2\times2^{-126} \tag{4-3}$$

- 双精度浮点数数值（非规范化）：

$$(-1)^s\times(0.M)_2\times2^{-1022} \tag{4-4}$$

"非规范化"浮点数能够表示的最小正数小于"规范化"浮点数的。由于"非规范化"浮点数存储尾数的有效数字减小，因此这一简化过程会损失一些计算精度。

对于纯软件实现的浮点运算的嵌入式系统（不带有浮点协处理器的嵌入式处理器），标准数学运算函数库的 API 在运算过程中尽量使用"规范化"形式存储的浮点数，但这一过程会占用一定的运算时间，对于速度有严格要求的应用，为了进一步降低预算时间，允许部分浮点数的运算使用非规范化的表示形式。对于拥有硬件浮点运算单元的处理器，硬件往往被优化成只针对"规范化"浮点数运算，对于这类系统，使用非规范化的浮点数运算需要额外的软件协助，反而会降低运算速度。

## 4.1.2 16 位浮点数

从前面给出的单精度和双精度浮点数表示范围可以发现，它们的数值范围和动态范围远超出大多数机器学习的应用需求。为了提高存储效率，同时降低运算复杂度，嵌入式机器学习应用逐渐开始使用 16 位表示浮点数。16 位浮点数格式有两种，分别是"半精度"浮点数（后面记作 float16）和 bfloat16 型浮点数。前者是 IEEE754—2008 标准定义的浮点数格式，后者和单精度浮点数格式相似，不是 IEEE754 标准，但在机器学习领域得到应用。

**1."半精度"浮点数**

"半精度"浮点数的内存格式如图 4-3 所示。

它能够表示的数值范围是 $-6.55\times10^4 \sim 6.55\times10^4$，可以表示的最小正数和最大正数分别为 $6.10\times10^{-5}$ 和 $6.55\times10^4$。它所表示的数值计算方式和单精度以及双精度浮点数类似，如下给出具体计算方法（规范化格式）：

$$(-1)^s \times (1.M)_2 \times 2^{E-15} \tag{4-5}$$

用半精度浮点数表示数值 $(-30.875)_{10}$，在内存中的二进制形式如下：

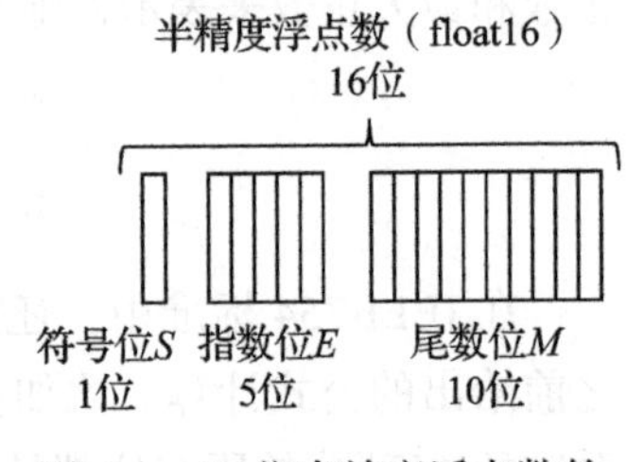

图 4-3　16 位半精度浮点数的具体存储结构

1 10011 1110111000

对应：

$$S = 1$$
$$E - 15 = (10011)_2 - 15 = 4$$
$$(1.M)_2 = (1.1110111000)_2$$

可以验证：

$$(-1)^s \times (1.M)_2 \times 2^{E-15} = (-30.875)_{10}$$

在嵌入式编程过程中，经常需要对浮点数的二进制形式进行转换，代码清单 4-1 中的 Python 程序给出了 float16 浮点数和对应的十六进制表示形式的互换。

**代码清单 4-1　float16 浮点数和对应的十六进制表示形式互换**

```
import numpy as np

def to_fp16(x): return np.float16(x)
def fp16_to_bytes(x):   return x.tobytes()
def fp16_to_hex4_str (x): return fp16_to_bytes(x).hex()
def bytes_to_fp16(b):
    return np.fromstring(b, dtype=np.float16)[0]
def hex4_str_to_bytes (s):
    return bytes([eval('0x'+s[n*2:n*2+2])\
              for n in range(2)])
def hex4_str_to_fp16 (s):
    return bytes_to_fp16(hex4_str_to_bytes (s))

x=to_fp16(-30.875)
print('fp16 value:', x)
print('hex:', fp16_to_hex4_str(x))
print(hex4_str_to_fp16(fp16_to_hex4_str(x)))
```

上述代码中的主要函数说明如下：

- `to_fp16`：将输入数值转换成半精度类型。
- `fp16_to_hex4_str`：将半精度浮点数的二进制编码转换成十六进制数对应的字符串。
- `hex4_str_to_fp16`：将表示十六进制数的字符串转换成半精度浮点数。

程序的最后 3 行是使用示例，运行上面的程序将输出以下内容：

```
fp16 value: -30.8750
hex: b8cf
-30.8750
```

这和之前给出的 float16 的二进制表示示例是对应的（注意，显示的十六进制数中，0xcf 对应 32 位形式中的高 8 位，0xb8 对应低 8 位）。

上述代码可以用于对训练得到的机器学习模型参数进行转换，将其转换成 float16 形式，读者使用时需要将其保存到内存或者生成程序数组初始值。

**2. bfloat16 浮点数**

在机器学习中，尤其是深度神经网络的实现中，还经常使用另一种 16 位浮点数格式——Brain Floating Point，即 bfloat16 格式。bfloat16 格式可以看作单精度浮点数 float32 格式简单截去低 16 位的结果，它使用 1 位存储符号位 $S$、8 位存储指数位 $E$，7 位存储尾数位 $M$，格式如图 4-4 所示。

bfloat16浮点数
16位

符号位$S$ 1位　指数位$E$ 8位　尾数位$M$ 7位

图 4-4　bfloat16 格式浮点数的具体存储结构

对应的数值为

$$(-1)^s \times (1.M)_2 \times 2^{E-127} \tag{4-6}$$

它能够表示的最小正数和最大正数分别为 $1.18\times10^{-38}$ 和 $3.39\times10^{38}$。这种格式表示的数值范围在数量级上和单精度浮点数接近，但由于牺牲了表示尾数的位数，因此精度比 IEEE745—2008 定义的半精度浮点数要低。

使用 bfloat16 格式表示浮点数 $(-24.75)_{10}$ 对应的二进制形式为

1 10000011 1000110

对应：

$$S=1$$
$$E-127=(10000011)_2-127=4$$
$$(1.M)_2=(1.1000110)_2$$

可以验证：

$$(-1)^s \times (1.M)_2 \times 2^{E-15}=(-24.75)_{10}$$

比较 bfloat16 和 float32 的格式可以看到，bfloat16 可以用 float32 的数据直接截取高 16 位得到，比如图 4-5 给出的 $(-24.75)_{10}$ 的两种形式的二进制表示。

bfloat16 浮点数格式和单精度浮点数 float32 格式上的相似性使得对它们进行互换很容易，并且由于两者表示的数值范围相近，使得它们之间相互转换时不容易出现溢出。这些特性使得 bfloat16 格式在机器学习的嵌入式实现中得到应用，比如 Google 的 TPU 和

TensorFlow 就支持这种数据类型，在 Intel 最新的 CPU 架构中也开始支持 bfloat16 数据格式。代码清单 4-2 给出的 Python 代码使用 TensorFlow 函数将圆周率 π 用 bfloat16 形式存储，并打印对应的数值。

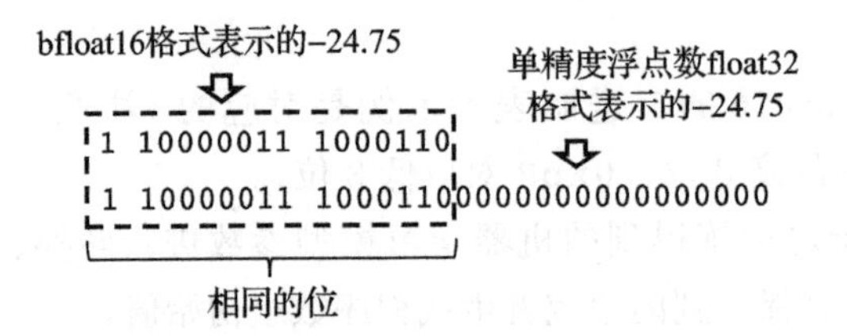


图 4-5　bfloat16 浮点数格式和单精度浮点数 float32 之间的比较

**代码清单 4-2　bfloat16 格式数据的格式转换和显示**

```
import tensorflow as tf
import math

g=tf.Graph()
with g.as_default():
    with tf.Session(graph=g) as sess:
        pi_bfloat16 = sess.run(tf.to_bfloat16(math.pi))
        print('pi_bfloat16:',pi_bfloat16)
```

运行上面的代码得到输出：

```
pi_bfloat16: 3.140625
```

相比单精度浮点数表示的 π 的值，可以看到误差大约是 $10^{-3}$，这一误差是 bfloat16 尾数位只有 7 位造成的（单精度浮点数有 23 位）。

上面介绍的半精度浮点数 float16 和 bfloat16 类型的浮点数在专用的 AI 芯片中得到使用，包括多种神经网络运算加速芯片。传统的 CPU 领域目前对 16 位浮点数的支持有限，它们主要提供高效的 16 位浮点数和 32 位或 64 位浮点数之间的快速转换硬件，使得能够以 16 位浮点数存储数据，降低大型机器学习模型的数据存储量。但随着机器学习应用的普及，很快会为这一格式提供更全面的支持。

表 4-1 和表 4-2 中分别给出了几种浮点数类型的数据范围和规范化最小可表达正数以及格式中各个部分的位宽。

**表 4-1　浮点数类型的数据范围**

| 数据格式 | 最小值 | 最大值 | 最小规范化正数 |
|---|---|---|---|
| float64 | $-1.80\times10^{308}$ | $1.80\times10^{308}$ | $2.23\times10^{-308}$ |
| float32 | $-3.40\times10^{38}$ | $3.40\times10^{38}$ | $1.18\times10^{-38}$ |
| float16 | $-6.55\times10^{4}$ | $6.55\times10^{4}$ | $6.10\times10^{-5}$ |
| bfloat16 | $-3.39\times10^{38}$ | $3.39\times10^{38}$ | $1.18\times10^{-38}$ |

表 4-2　浮点数类型的位宽

| 数据格式 | 总位宽 | 指数部分位宽 | 尾数部分位宽 |
|---|---|---|---|
| float64 | 64 | 11 | 52 |
| float32 | 32 | 8 | 23 |
| float16 | 16 | 5 | 10 |
| bfloat16 | 16 | 8 | 7 |

## 4.2　定点数

### 4.2.1　定点数的二进制表示形式

前面介绍的单精度和双精度以及半精度浮点数格式的标准要求它们存储尽可能多的有效数字，使得在运算过程中，需要随时根据数值的范围计算指数和尾数，这提高了硬件复杂度和并降低了运行速度。在嵌入式系统中，为了降低运算复杂度，通常还会使用定点数格式。比如图 4-6 中给出了一个 32 位的定点数格式。

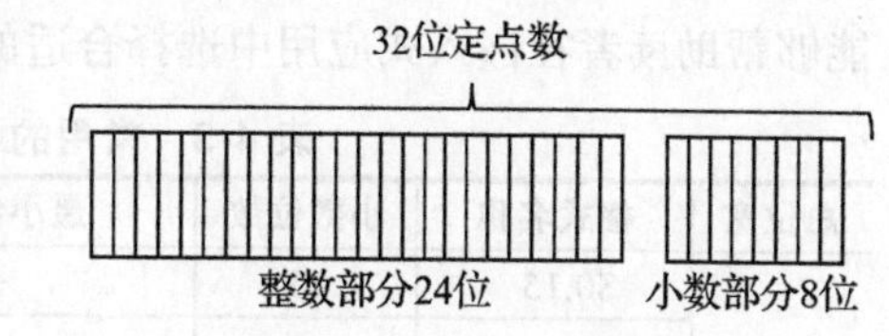


图 4-6　32 位定点数的例子

图 4-6 中 32 位定点数的存储占用了 32 位的空间，其中 24 位为整数部分，8 位为小数部分，定点数格式对应的数值为

$$x = a \times 2^{-8} \tag{4-7}$$

其中 $a$ 是将上面的 32 位编码看成 32 位有符号整数时对应的数值。可以看到，上述结构能够表示的数值范围是 $-2^{31}/2^{8} \sim (2^{31}-1)/2^{8}$，能够表示的最小正数和最大正数分别为 $2^{-8}$ 和 $(2^{31}-1)/2^{8}$。

从存储空间的角度看，上面给出的 32 位定点数的存储空间和单精度浮点数相同，但定点数的加减乘除运算可以直接使用整数运算电路实现，硬件复杂度远小于浮点数电路，因此在嵌入式系统和 DSP 芯片中得到广泛应用。

定点数的格式由两个参数决定，即表示这个定点数的总的位数以及表示小数的位数。在本书中我们用下面的形式描述定点数格式：

$$\mathrm{S}n.m$$

其中 S 代表有符号（Signed），$n$ 和 $m$ 分别代表定点数格式中的整数和小数位数，但考虑需要用二进制的补码形式表示负数，总的位数为 $n$+$m$+1。比如 S2.13 格式对应 $n$=2、$m$=13，二进制形式的长度为 $n$+$m$+1=2+13+1=16，即它是用 16 位表示的定点数。

给定一个 S$n.m$ 格式的定点数二进制形式，它所对应的数值为

$$x = a \times 2^{-m} \tag{4-8}$$

其中 $a$ 是有符号整数，$a$ 的二进制形式位宽为 $m+n+1$。比如 S2.13 格式就是 $x=a\times 2^{-13}$。下面给出一个例子说明了如何从定点数的二进制形式得到它所代表的数值，给定 S2.13 格式的定点数的二进制形式：

111 1000000000001

它总共有 16 位，如果看成有符号整数的话，对应的值是 −4095，因此它对应的数值是

$$a\times 2^{-m}=-4095\times 2^{-13}\approx -0.499\,878$$

由于传统的 CPU 对应数据访问的单位是 8 位、16 位或者 32 位，因此定点数往往也使用这几种位宽。

对于格式为 S$n.m$ 的定点数，能够表达的最大数是 $2^n-2^{-m}$，最小数是 $-2^n$，分辨率是 $2^{-m}$。表 4-3 给出了常用的 8 位和 16 位定点数格式、对应数值范围和最小正数，这些信息能够帮助读者在嵌入式应用中选择合适的量化精度。

**表 4-3 常用的 8 位和 16 位定点数格式信息**

| 总位宽 | 格式名称 | 小数位数 | 最小值 | 最大值 | 分辨率 |
|---|---|---|---|---|---|
| 16 位 | S0.15 | 15 | −1 | 0.999 969 48 | 0.000 030 52 |
| | S1.14 | 14 | −2 | 1.999 938 97 | 0.000 061 04 |
| | S2.13 | 13 | −4 | 3.999 877 93 | 0.000 122 07 |
| | S3.12 | 12 | −8 | 7.999 755 86 | 0.000 244 14 |
| | S4.11 | 11 | −16 | 15.999 511 7 | 0.000 488 28 |
| | S5.10 | 10 | −32 | 31.999 023 4 | 0.000 976 56 |
| | S6.9 | 9 | −64 | 63.998 046 9 | 0.001 953 12 |
| | S7.8 | 8 | −128 | 127.996 094 | 0.003 906 25 |
| | S8.7 | 7 | −256 | 255.992 188 | 0.007 812 5 |
| | S9.6 | 6 | −512 | 511.984 375 | 0.015 625 |
| | S10.5 | 5 | −1 024 | 1 023.968 75 | 0.031 25 |
| | S11.4 | 4 | −2 048 | 2 047.937 5 | 0.062 5 |
| | S12.3 | 3 | −4 096 | 4 095.875 | 0.125 |
| | S13.2 | 2 | −8 192 | 8 191.75 | 0.25 |
| | S14.1 | 1 | −16 384 | 16 383.5 | 0.5 |
| | S15.0 | 0 | −32 768 | 32 767 | 1 |
| 8 位 | S0.7 | 7 | −1 | 0.992 187 5 | 0.007 812 5 |
| | S1.6 | 6 | −2 | 1.984 375 | 0.015 625 |
| | S2.5 | 5 | −4 | 3.968 75 | 0.031 25 |
| | S3.4 | 4 | −8 | 7.937 5 | 0.062 5 |
| | S4.3 | 3 | −16 | 15.875 | 0.125 |
| | S5.2 | 2 | −32 | 31.75 | 0.25 |
| | S6.1 | 1 | −64 | 63.5 | 0.5 |
| | S7.0 | 0 | −128 | 127 | 1 |

给定一个浮点数，将它通过特定的定点数格式定点化之后，对应的值和原始数值会有误差，这是定点数表示小数点位数长度有限造成的，但最大误差不超过表4-3的最后一列给出的值。

代码清单4-3中的Python程序可以计算特定数值转成定点数格式后的值。

**代码清单4-3　计算特定数值转成定点数后的值**

```
import math
def double_to_Snm(v,n=0,m=15):
        i=round(v*2.**m)
        i=min( 2**(n+m)-1,i)
        i=max(-2**(n+m),i)
        return i/2.**m

print(math.pi)
print(double_to_Snm(math.pi,10,5))
```

代码中`double_to_Snm(v,n,m)`函数计算输入数据`v`用*Sn.m*格式表示后对应的数值。比如`double_to_Snm(math.pi,10,5)`表示用S10.5表示圆周率π。运行上述代码运行后打印输出：

```
3.141592653589793
3.15625
```

其中第一行是原始数据，第二行是它对应的定点数格式S10.5对应的数值。可见使用定点数降低了数值的精度，误差大约为0.014 66。误差值不大于表4-3中S10.5行最后一列给出的分辨率对应的数值。

代码清单4-4所示是以C语言形式给出的格式转换代码，分别将双精度浮点数转成16位和8位的定点数格式。

**代码清单4-4　将双精度浮点数转成16位和8位的定点数格式**

```
#define FLOAT(v)    ((float)(v))

#define UINT32(v) ((unsigned long)(v))
#define UINT16(v) ((unsigned short)(v))
#define INT8(v)   ((signed char)(v))

#define ROUND(v)  ((v)>0? INT32((v)+0.5):INT32((v)-0.5))

signed short to_fxp16(double v, int m)
{
    v*=FLOAT(1L<<m);
    signed long vi=ROUND(v);
    if (vi> 32767) vi= 32767;
    if (vi<-32768) vi=-32768;
    return INT16(vi);
```

```
}

signed short to_fxp8(double v, int m)
{
    v*=FLOAT(1L<<m);
    signed long vi=ROUND(v);
    if (vi> 127) vi= 127;
    if (vi<-128) vi=-128;
    return INT8(vi);
}
```

其中函数 `to_fxp16(double v, int m)` 将输入浮点数 v 转成总位宽 16 位的格式为 S*n*.*m* 的定点数格式，其中 $n$=15−$m$。程序中的宏 `ROUND(v)` 对浮点数以舍入方式取整。中间的判断语句

```
if (vi> 32767) vi= 32767;
if (vi<-32768) vi=-32768;
```

用于处理溢出，将超出范围的数据用其饱和值取代，即对正数输出 S*n*.*m* 能够表示的最大正数，对负数输出 S*n*.*m* 能够表示的最小负数。函数输出是 16 位有符号整数。

函数 `to_fxp8(double v, int m)` 将输入浮点数 v 转成总位宽 8 位的格式为 S*n*.*m* 的定点数格式，其中 $n$=7−$m$，转换过程中同样考虑了饱和处理。

需要注意的是上述程序中输出的定点数以相同位宽的整数形式存储，不需要定义额外的数据类型。

将定点数转换回浮点数相对简单，只要将其编码当作整数并除以小数位宽对应的比例因子即可，对 S*n*.*m* 格式的定点数，转成双精度浮点数的 C 代码参见代码清单 4-5。

**代码清单 4-5　S*n*.*m* 格式的定点数转成双精度浮点数**

```
#define to_double(v,m) ((double)(v))/((double)(1L<<m))
```

## 4.2.2　定点数的运算

**1. 加减运算**

定点数的运算可以直接使用处理器内置的整数单元实现。比如考虑两个 S10.5 的定点数 2.718 75 和 3.156 25 的减法，它们的二进制表示形式如下。

- 2.718 75 的 S10.5 二进制形式：

$$00000000010\ 10111$$

- 3.156 25 的 S10.5 二进制形式：

$$00000000011\ 00101$$

上述两个数的减法对应的二进制形式就是它们对应的有符号整数的减法结果，即 87−

101=-14 的有符号整数二进制形式：

11111111111 10010

上面二进制数据对应 S10.5 的数值是 -0.4375。可以验证 2.718 75-3.156 25=-0.437 5。图 4-7 是上述运算的示意图。

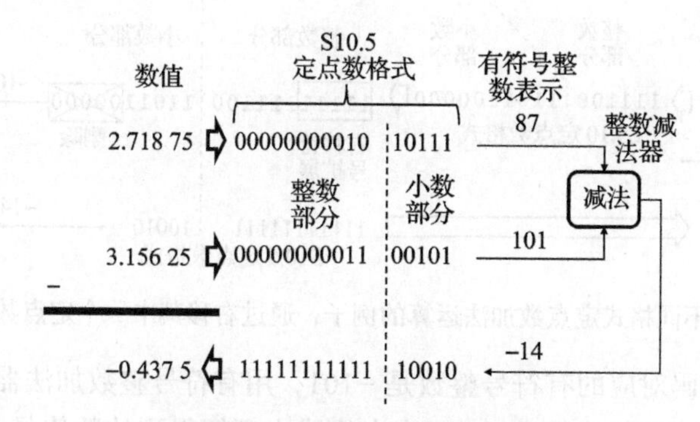


图 4-7　定点数减法运算的例子

代码清单 4-6 给出的 C++ 程序片段对应了计算过程。

**代码清单 4-6　定点数减法例子**

```
signed short a=0x0057;       // 2.71875 (S10.5)
signed short b=0x0065;       // 3.15625 (S10.5)
signed short result=a-b;     // -0.4375 (S10.5)
```

> 注意　上述减法程序中没有特殊的指令，仅仅是 signed short 类型的减法，即 16 位的有符号整数减法运算。

通常我们只在两个相同格式的定点数之间进行加减运算，如果是两个不同格式的定点数进行加减运算，就需要考虑两个问题：1）运算输出的定点数格式是什么；2）如何将小数点对齐。对上面两个问题有多种处理方式，各有优缺点，下面我们给出几个例子说明处理方法，但给出的处理方式不是唯一的。

考虑位宽相同但格式不同的两个定点数——S10.5 格式的定点数 2.718 75 和 S5.10 格式的定点数 -3.156 25 的加法，它们的二进制形式如下。

- 2.718 75 的 S10.5 二进制形式：

00000000010 10111

- -3.156 25 的 S5.10 二进制形式：

11110 01101100000

在对它们相减之前，需要进行小数点对齐，我们通过对格式为 S5.10 的定点数 -3.156 25 所对应的有符号整数（即式（4-8）中的 $a$）带符号扩展右移 5 位（注意，对于正数，右移时高位扩展的位填充 0，对于负数填充 1）实现小数点对齐，如图 4-8 所示。

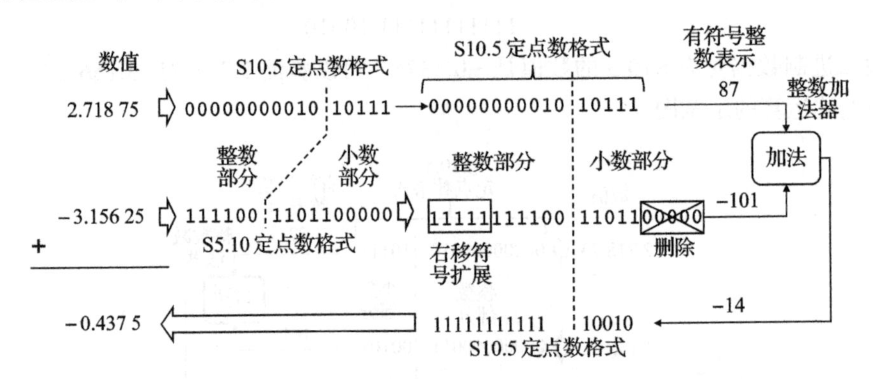


图 4-8　两个不同格式定点数加法运算的例子，通过右移其中一个定点数对齐小数点

右移后得到二进制编码对应的有符号整数是 −101，用有符号整数加法器对 −101 和 87 相加得到 −14，它对应的二进制编码以 S10.5 定点格式去理解得到的数值是 −0.4375，和之前的结果一样。代码清单 4-7 对应上述运算过程。

**代码清单 4-7　不同格式定点数右移对齐小数点加法运算的例子**

```
signed short a= 87;
signed short b=-3232;
signed short result=a+(b>>5);

double result_float=(double)result/(double)(1<<5);
```

程序中整数 87 和 −3232 分别对应 S10.5 格式定点数 2.718 75 和 S5.10 格式定点数 −3.156 25 的二进制编码的整数形式。计算 `result` 时对数据 b 的格式转换仅仅用移位运算 >>5 实现，而高位符号扩展是 C 语言的移位运算自带的。程序的最后一行把 S10.5 格式定点数转成浮点数 `result_float`。

对于不同格式和尺寸的定点数运算，一般对小数点位数多的那个定点数对应的二进制进行右移，我们也可以通过对小数点位数少的那个定点数进行左移实现小数点对齐，但左移有可能导致数据上溢出造成错误，只有确保不溢出的情况下才建议这样操作。下面是通过左移对齐小数点进行定点数运算的例子，计算内容和上一个例子相同，还是 S10.5 格式的定点数 2.718 75 和 S5.10 格式的定点数 −3.156 25 的加法，但这次是对 S10.5 格式的定点数 2.718 75 进行左移处理，具体计算如图 4-9 所示。

计算结果和之前一样，只是结果用 S5.10 格式，而前一个例子是 S10.5 格式。代码清单 4-8 中是对应的 C 程序代码。

**代码清单 4-8　不同格式定点数左移对齐小数点加法运算的例子**

```
signed short a= 87;
signed short b=-3232;
```

```
signed short result=(a<<5)+b;

double result_float=(double)result/(double)(1<<10);
```

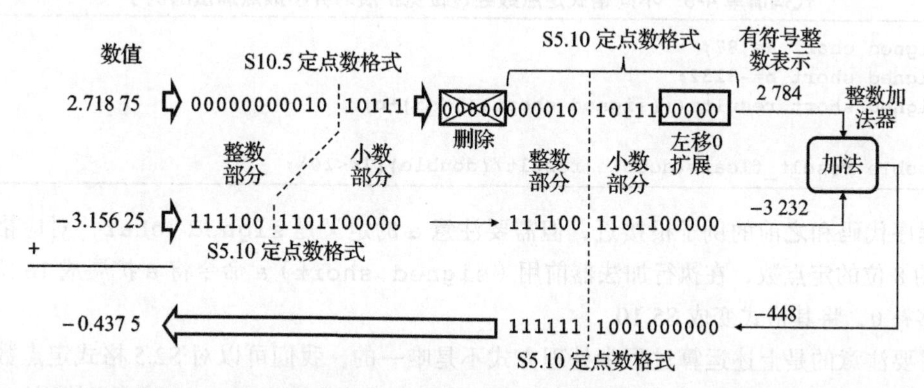


图 4-9 两个不同格式定点数加法运算的例子，通过左移其中一个定点数对齐小数点

程序中的 (a<<5) 实现 S10.5 到 S5.10 格式转换，需注意溢出程序最后一行把 S5.10 格式定点数转成浮点数 result_float。

另外，对于位宽长度不同的两个定点数，处理方法类似，核心是小数点对齐。比如考虑将 S2.5 格式的定点数 2.718 75 和 S5.10 格式的定点数 −3.156 25 相加。它们的二进制形式分别如下。

- 2.718 75 的 S2.5 二进制形式：

  0101 0111

- −3.156 25 的 S5.10 二进制形式：

  11110 01101100000

我们对 S2.5 格式的数据小数扩展 5 位的 0，高位也扩展 3 位的 0，构成 S5.10 格式的数，然后相加，如图 4-10 所示。

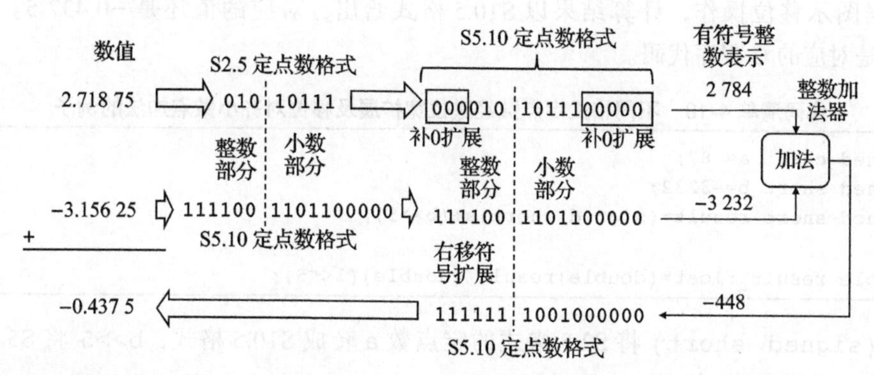


图 4-10 两个不同格式定点数加法运算的例子，通过位宽扩展使得两个数据格式相同，并且小数点对齐

根据图示移位操作，计算结果以 S5.10 格式给出，对应的值是 −0.437 5。代码清单 4-9 所示是对应的 C 程序代码。

**代码清单 4-9 不同格式定点数经过位宽扩展对齐小数点加法的例子**

```
signed char  a= 87;
signed short b=-3232;
signed short result=(((signed short)a)<<5)+b;

double result_float=(double)result/(double)(1<<10);
```

程序代码和之前的例子很接近，但需要注意 a 的定义是 `signed char`，对应格式为 S2.5 的 8 位的定点数，在执行加法器前用（`signed short`）a 命令将 a 扩展成 16 位，然后左移补 0，将其格式变成 S5.10。

需要注意的是上述运算过程中处理方式不是唯一的，我们可以对 S2.5 格式定点数的高位进行位宽扩展，如扩展 6 位（注意，对于正数，扩展的位填充 0，对于负数则填充 1），使得总的位宽达到 16，和 S10.5 相同，然后把 S5.10 数据右移 5 位得到 S10.5 定点数格式，将小数点对齐，最后进行计算，如图 4-11 所示。

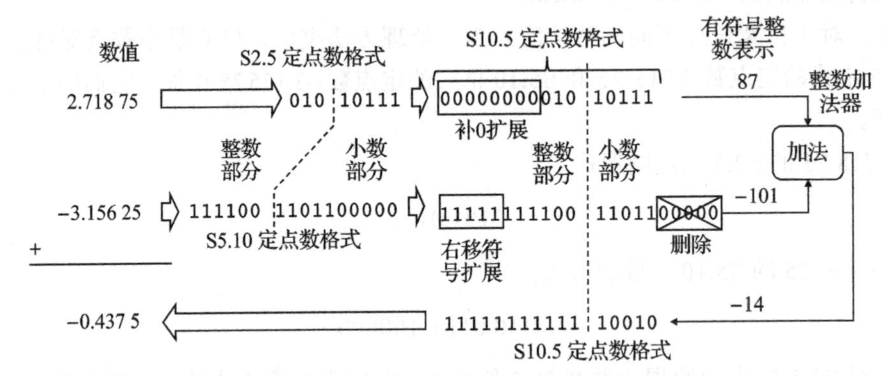


图 4-11 两个不同格式定点数加法运算的例子，通过位宽扩展以及移位实现定点数的小数点对齐

根据图示移位操作，计算结果以 S10.5 格式给出，对应的值还是 −0.437 5。代码清单 4-10 是对应的 C 程序代码。

**代码清单 4-10 不同格式定点数经过位宽扩展及移位对齐小数点加法的例子**

```
signed char  a= 87;
signed short b=-3232;
signed short result=(signed short)a+(b>>5);

double result_float=(double)result/(double)(1<<5);
```

程序中 (`signed short`) 将 S2.5 格式的定点数 a 转成 S10.5 格式，`b>>5` 将 S5.10 格式的定点数 b 转成 S10.5 格式。

**2. 乘法运算**

对于定点数乘法，我们还是用传统的整数乘法硬件实现，但需要注意的是定点数乘法结果中的定点化格式和输入是不同的，输出数据位宽是参与相乘的两个数位宽之和，并且输出的小数位数是参与相乘的两个数的小数位数之和。即对于格式为 $Sn_1.m_1$ 和 $Sn_2.m_2$ 的两个定点数相乘，乘法结果对应的位宽是 $n_1+m_1+n_2+m_2+2$，其中小数占 $m_1+m_2$ 位，因此对应输出定点数的格式为 $Sn_1+n_2+1.m_1+m_2$。

比如 S3.4 和 S5.2 两个 8 位的定点数相乘，得到的结果是 16 位的 S9.6，其中 9=3+5+1，6=4+2，如图 4-12 所示。

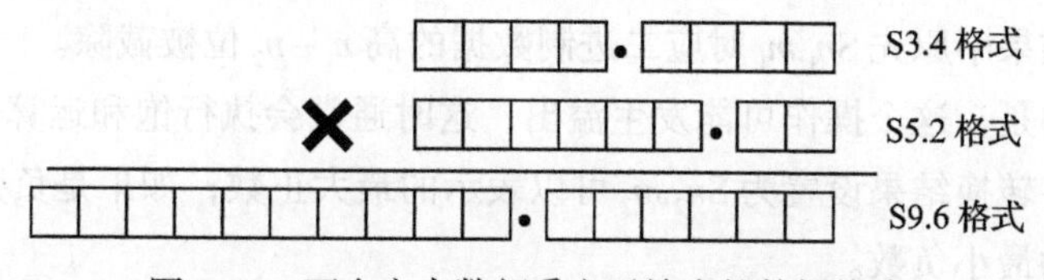


图 4-12　两个定点数相乘之后输出的数据格式

定点数乘法也可以直接使用整数乘法硬件实现，即将定点数对应的二进制编码当成有符号整数相乘，然后将乘法结果对应的二进制编码按照乘法输出定点数格式去理解，得到输出答案。图 4-13 中给出了一个例子，考虑 S3.4 的数据 −1.5 乘以 S5.2 数据 3.75。

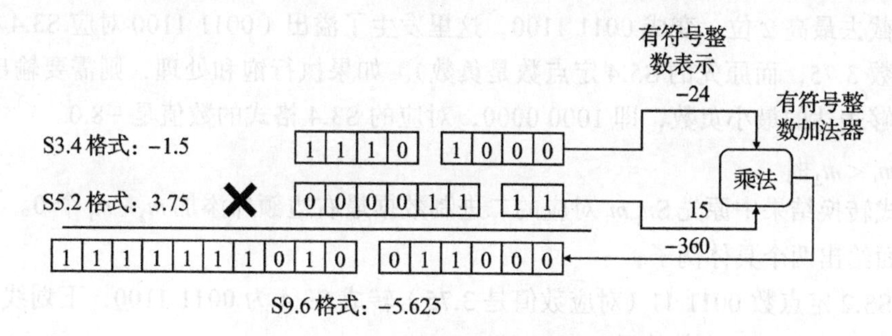


图 4-13　两个定点数相乘过程示意图

乘法结果是 S9.6 的数据 −5.625。上述运算对应的 C 程序如代码清单 4-11 所示。

代码清单 4-11　两个定点数相乘的例子

```
signed char a=-24;
signed char b= 15;
signed short result=((signed short)a)*\
                    ((signed short)b);

double result_float=(double)result/(double)(1<<6);
```

程序最后一行将计算结果转成浮点数表示。

**3. 格式转换**

我们在应用过程中，还会经常遇到定点数的格式互换，比如格式为 $Sn_1.m_1$ 的定点数转换

为 $Sn_2.m_2$ 格式，根据 $\{n_1,n_2,m_1,m_2\}$ 的大小关系，有不同的处理方式，下面分别讨论。

- 当 $n_1 < n_2$ 时
格式转换结果中原先 $Sn_1.m_1$ 对应的二进制数据左边额外添加 $n_2 - n_1$ 位，里面填充 $Sn_1.m_1$ 原先的最高位（正数填充 0，负数填充 1）。
下面是两个具体例子：
1）S3.4 定点数 0011 1100 转成 S5.4 定点数为 <u>00</u>0011 1100（下划线对应了添加的位）。
2）S3.4 定点数 1010 1100 转成 S5.4 定点数为 <u>11</u>1010 1100（下划线对应了添加的位）。

- 当 $n_1 > n_2$ 时
格式转换结果中原先 $Sn_1.m_1$ 对应二进制数据的高 $n_1 - n_2$ 位被截除。
需要注意的是，这个操作可能发生溢出，这时通常会执行饱和运算——如果 $Sn_1.m_1$ 是正数，则将转换结果设置为 $Sn_2.m_2$ 可以表示的最大正数；如果是负数，就输出 $Sn_2.m_2$ 可以表示的最小负数。
下面是两个具体例子：
1）S5.4 定点数 000011 1100（对应数值是 3.75）转成 S3.4 定点数为 0011 1100（最高 2 位被截去），对应的值是 3.75。
2）考虑 S5.4 定点数 110011 1100（对应数值是 −12.25）转成 S3.4 定点数，如果直接截去最高 2 位，变成 0011 1100，这里发生了溢出（0011 1100 对应 S3.4 格式为正数 3.75，而原先的 S5.4 定点数是负数）。如果执行饱和处理，则需要输出 S3.4 能够表达的最小负数，即 1000 0000，对应的 S3.4 格式的数值是 −8.0。

- 当 $m_1 < m_2$ 时
格式转换结果中原先 $Sn_1.m_1$ 对应的二进制数据最右边额外添加 $m_2 - m_1$ 个 0。
下面给出两个具体例子：
1）S3.2 定点数 0011 11（对应数值是 3.75）转成 S3.4 为 0011 11<u>00</u>，下划线部分是扩展的 2 位，对应数值是 3.75。
2）S3.2 定点数 1011 11（对应数值是 −4.25）转成 S3.4 为 1011 11<u>00</u>，下划线部分是扩展的 2 位，对应数值是 −4.25。

- 当 $m_2 < m_1$ 时
格式转换结果中原先 $Sn_1.m_1$ 对应的二进制数据最右边截去 $m_1 - m_2$ 个位。
为了提高精度，可以考虑对截去的位进行舍入运算，即如果把简单截除 $m_1 - m_2$ 个位后的小数得到的二进制编码当成整数，那么如果被截除的最高部分的位是 1，则把这个整数加 1，得到的编码就是考虑了舍入运算的转换结果。
下面给出两个具体例子：
1）考虑把 S3.4 定点数 0001 0101（对应数值是 1.3125）转成 S3.2 格式，我们截去最后两位得到 0001 01，对应 S3.2 格式的数值是 1.25。

2）考虑把 S3.4 定点数 1110 1011（对应值为 -1.312 5）转成 S3.2 格式，直接截去最后两位得到 S3.2 格式定点数 1110 10，对应 S3.2 的值是 -1.5。如果考虑舍入，则需要检查截除的 2 位（11），其中最高位是 1，于是就给之前直接截除的结果 1110 10 加上 1，得到 1110 11，对应 S3.2 的值是 -1.25。通过比较可以发现，考虑了舍入后，转换结果的值 -1.25 更加接近原始 S3.4 对应的数值 -1.312 5。

下面通过框图形式说明格式转换过程，第一个是 S3.4 转 S5.2，如图 4-14 所示。

上述转换需要删除 S3.4 最后两位，并在 S3.4 的正数部分进行符号扩展，增加 2 位。如果要提高精度，在删除 S3.4 的两位小数时可以加入舍入运算（在图中没有画出）。

第二个例子是 S5.2 转 S3.4 格式，处理过程如图 4-15 所示。

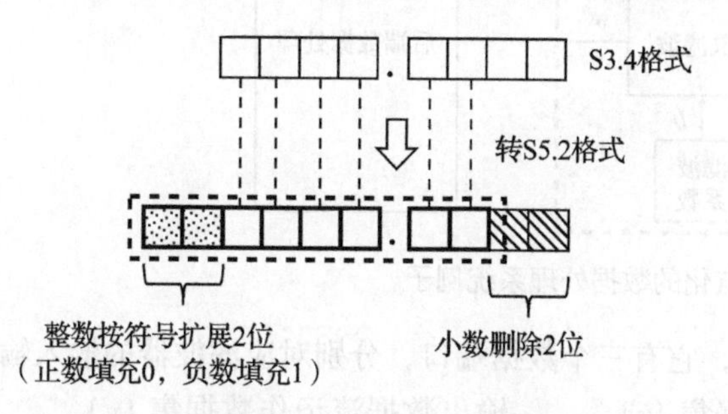


图 4-14　定点数 S3.4 格式转 S5.2 格式的方法

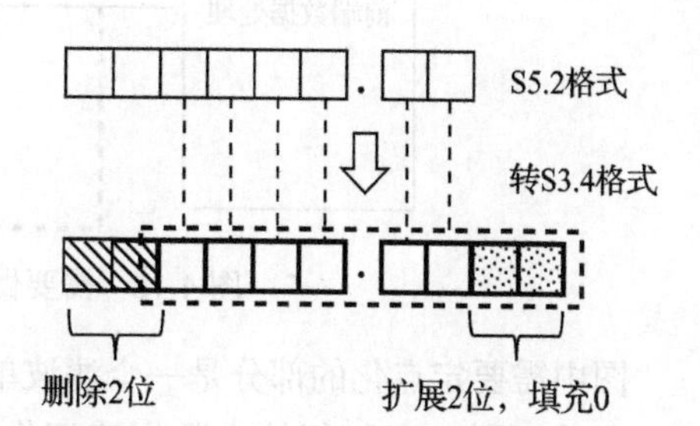


图 4-15　定点数 S5.2 格式转 S3.4 格式的方法

转换过程需要在 S5.2 小数尾部增加 2 位的 0，并将 S5.2 整数部分最高 2 位删除。

最后给出转换过程中的舍入运算。舍入运算发生在转换之后小数位数减少的情况下，比如从 S5.10 格式定点数转成 S8.7 格式，减少了 3 位的小数，此时考虑舍入进行转换的 C 代码，如代码清单 4-12 所示。

**代码清单 4-12　S5.10 格式定点数转成 S8.7 格式的例子**

```
signed short a= 2784; // S5.10 格式定点数 2.7185
signed short b= (a>0)?(a+(1<<2))>>3:(a-(1<<2))>>3;   // 考虑舍入，转成 S8.7 格式
```

上面程序中 `(1<<2)` 考虑了需要截除的小数位的最高一位，实现舍入运算。一般来说，对定点数 `a` 进行格式转换，当需要减少的小数位数是 `k` 时，转换过程的 C 程序如代码清单 4-13 所示。

**代码清单 4-13　定点数 a 减少 k 位小数位数的转换程序**

```
signed short b= (a>0)?(a+(1<<(k-1)))>>k:(a-(1<<(k-1)))>>k;
```

## 4.2.3　给定算法的定点化方法

给定算法的定点化基于算法中出现的数据范围进行。步骤如下：

1）确定需要定点化的数据集的最大和最小元素。

2）根据定点数能够表示的数据范围选择整数位数，并根据总体的位宽需求确定小数位数。

3）对数据进行定点化转换，测试定点化后的性能。

4）微调定点化格式，并返回 3，直到定点化后带来的误差达到要求。

下面通过具体的例子说明上述过程。考虑对图 4-16 所示的数据处理系统中的滤波环节进行定点化，我们要求尽量用 8 位数据表示整个滤波环节。

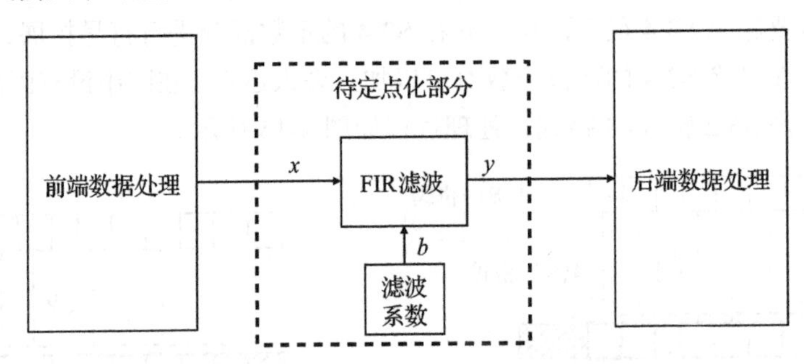


图 4-16　需要做定点化的数据处理系统例子

图中需要定点化的部分是一个滤波单元，它有三个数据端口，分别对应滤波器的输入输出和抽头系数。我们把输入数据流记作数据集 $\{x_i\}_{i=1,2,\cdots}$，输出数据流记作数据集 $\{y_i\}_{i=1,2,\cdots}$，滤波器抽头数据记作数据集 $\{b_i\}_{i=1,2,\cdots}$。

定点化工作的第一步是分析这三个数据集的范围。我们通过仿真对应用过程中的数据动态范围进行分析。原始的数据滤波运算使用浮点数表示输入和输出。图 4-17 ～图 4-19 分别是滤波器输入输出数据流以及滤波器抽头系数的波形。

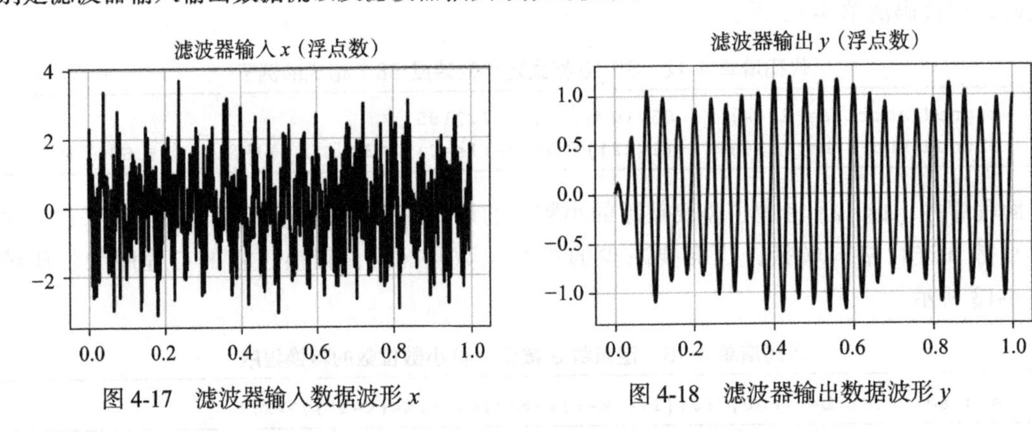


图 4-17　滤波器输入数据波形 $x$　　图 4-18　滤波器输出数据波形 $y$

我们首先分析以上三组数据集的取值范围，即它们绝对值的最大取值：

$$\max\{|x_i|\}_{i=1,2,\cdots}=3.714\ 90$$

$$\max\{|y_i|\}_{i=1,2,\cdots}=1.192\ 25$$

$$\max\{|b_i|\}_{i=1,2,\cdots}=0.024\,95$$

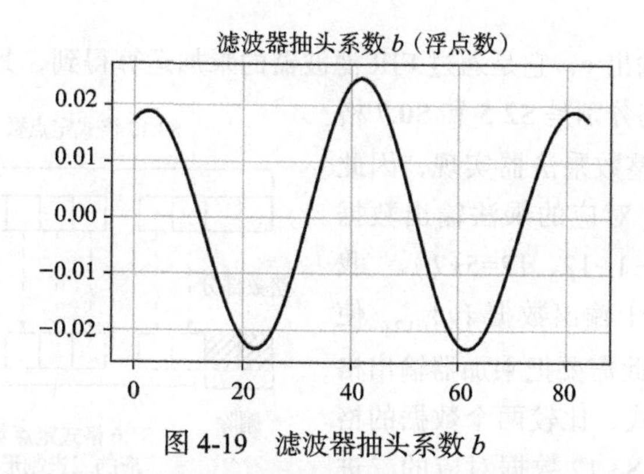


图 4-19　滤波器抽头系数 $b$

定点数格式 S*n*.*m* 能够表示的数值范围是 $-2^n \sim 2^n-1$，我们接着为这三个数据集分别找到能够覆盖它们取值范围的定点数格式 S*n*.*m* 对应的最小 $n$ 值。这通过下面的计算实现：

$$\lceil \log_2 \max\{|x_i|\}\rceil = \lceil \log_2 3.714\ 90\rceil = 2$$

$$\lceil \log_2 \max\{|y_i|\}\rceil = \lceil \log_2 1.192\ 25\rceil = 1$$

$$\lceil \log_2 \max\{|b_i|\}\rceil = \lceil \log_2 0.024\ 95\rceil = -4$$

上面的运算符 $\lceil u\rceil$ 表示不小于 $u$ 的最小正数。从计算结果看到对于数据集 $\{x_i\}_{i=1,2,\cdots}$ 用 $n$=2 对应的定点数可以表示，由于我们希望用 8 位定点数表示 $x$ 的值，对应 $m$ 的值为 $m$=8−1−$n$=5，因此我们选用定点数格式 S2.5 表示滤波器的输入数据流 $x_i$。同样可以发现滤波器输出数据流 $\{y_i\}_{i=1,2,\cdots}$ 可以用 $n$=1 的定点数表示，对应的 $m$=8−1−$n$=6，即用定点数格式 S1.6 表示滤波器的输入数据流 $y_i$。对于滤波器抽头系数 $\{b_i\}_{i=1,2,\cdots}$，上面计算得到的结果是 −4，由于定点数格式中 $n$ 不小于 0，因此对于滤波器抽头系数，我们选用 $n$=0，于是 $m$=8−1−$n$=7，即用 S0.7 表示滤波器抽头系数。

将滤波器抽头系数从浮点数转成定点数 S0.7 可以按下面的方法计算：

$$b_i^{\text{int}} = \text{int}(b_i \times 2^7) \tag{4-9}$$

上面的计算结果 $b_i^{\text{int}}$ 是一个整数，我们用 8 位记录这个整数。注意，我们存储定点数 S0.7 时使用的是上面所示的 8 位整数表示二进制编码。对应的定点数的值通过这个整数除以 $2^7$ 得到。

对于输入数据 $\{x_i\}_{i=1,2,\cdots}$，用 S2.5 表示时，可以通过下面的运算将浮点数转成对应的 S2.5 格式，即

$$x_i^{\text{int}} = \text{int}(x_i \times 2^5) \tag{4-10}$$

计算结果 $x_i^{\text{int}}$ 也是整数，在内存中存储 S2.5 格式的整数使用的是 $x_i^{\text{int}}$ 对应的 8 位整数的二进制编码。

最后考虑滤波器输出 $y$，它是通过 FIR 滤波器的乘加运算得到，其中乘法运算的输入数据分别是 $x_i$ 和 $b_i$，它们分别是 S2.5 和 S0.7 格式，乘法器使用 8 位整数乘法器实现，因此乘法输出是 16 位的，对应的乘法输出数据格式是 S3.12（3=16−1−12、12=5+7）。我们之前的分析表明对于输出数据 $\{y_i\}_{i=1,2,\cdots}$ 使用 S1.6 可以表示，因此需要把乘加器输出格式 S3.12 转成 S1.6 格式，比较两个数据的格式，可以看到只要把 S3.12 数据对应的二进制编码的最高 2 位和最低 6 位删除，即可转成 S1.6 格式定点数对应的二进制编码，如图 4-20 所示。

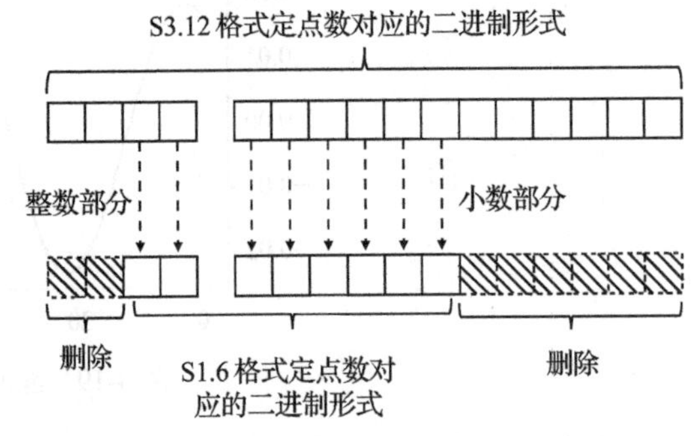


图 4-20　S3.12 定点数格式到 S1.6 定点数格式的转换

根据上面的分析给出可以画出完整的定点化的数据运算的框图，如图 4-21 所示。

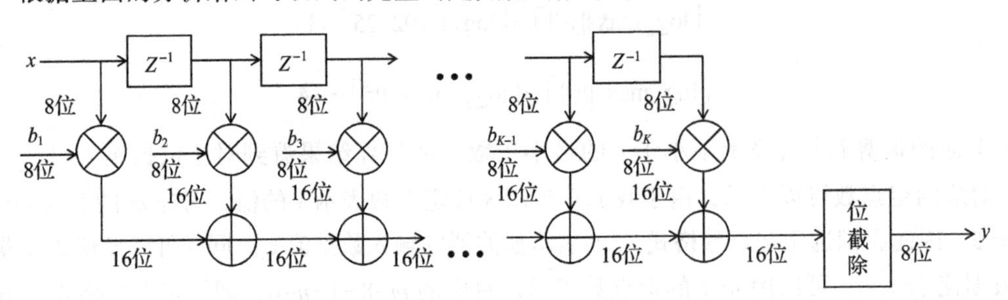


图 4-21　完整的定点化滤波运算结构

图中的乘法器是 8 位输入、16 位输出的整数乘法器，它的输入输出定点数格式如图 4-22 所示。

注意，虽然乘法器输入输出有特定的定点数格式，输入和输出仍旧当成 8 位整数和 16 位整数存储，不需要进行额外的处理。

加法器是输入输出均为 16 位的整数加法器，具体的输入输出数据格式如图 4-23 所示。

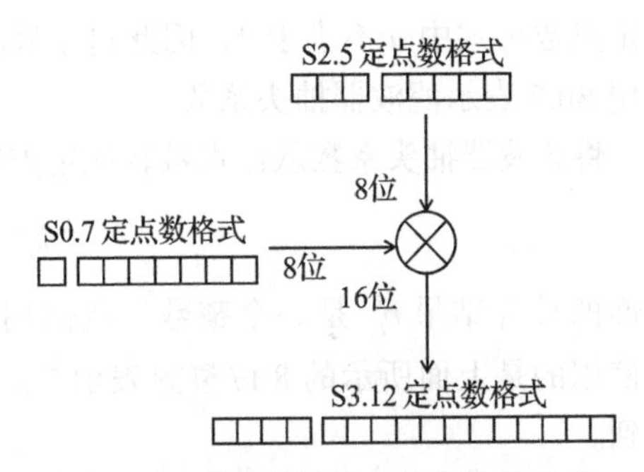


图 4-22　乘法器的输入输出数据格式

虽然加法器输入和输出是特定的定点数格式，但实际运算和存储时都被当成 16 位整数处理。

数据处理框图最右边的"位截除"模块将 S3.12 转成 S1.6 格式，它的输入输出格式如图 4-24 所示，具体截除操作在 4.2.2 节的格式转换部分介绍过，这里不再重复。

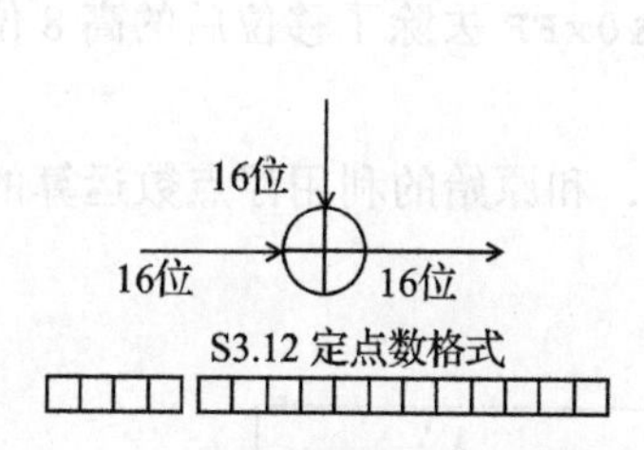

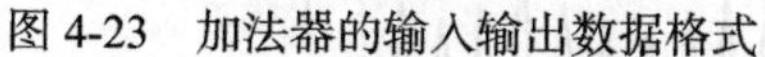

图 4-23　加法器的输入输出数据格式

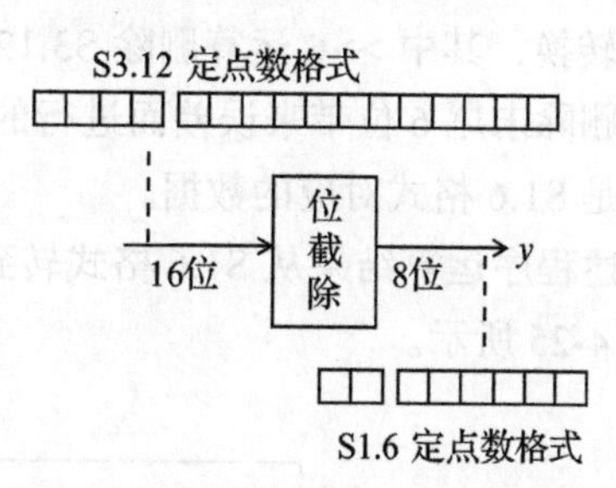


图 4-24　位截除模块的输入输出数据格式

代码清单 4-14 所示的 C++ 程序片段对应了图 4-21 的滤波过程。

**代码清单 4-14　定点数滤波器的例子**

```
int8_t fir(int8_t in)
{

    buf[p]=in;
    p=(p+1)%NUM_B;

    int16_t sum=0;      // S3.12(=S2.5*S0.7)
    for (int i=0; i<NUM_B; i++)
        sum+=((int16_t)buf[(p+i)%NUM_B])*\
             ((int16_t)b_fxp[i]);

    // 格式转换：S3.12→S1.6
    int8_t out=(int8_t)(((sum+(1<<5))>>6)&0xFF);
    return out; // S1.6
}
```

程序中函数 fir 的输入 in 是格式为 S2.5 的滤波输入数据，函数中 buf 是环形缓冲区，尺寸为 NUM_B（等于 FIR 滤波器抽头数），buf 存放 FIR 滤波时滑动窗口中的输入数据，b_fxp 存放 S0.7 定点数格式的滤波器权重系数，sum 存放滤波乘加中间结果，对应 S3.12 定点数格式。最后 out 存放经过格式转换的滤波输出，对应 S1.6 定点数格式。另外，上面程序中数据类型 int8_t 和 int16_t 分别是 8 位和 16 位整数，其定义参见代码清单 4-15。

**代码清单 4-15　定点数的数据类型定义**

```
typedef signed char  int8_t;
typedef signed short int16_t;
```

可以看到上面的程序虽然是以定点数格式进行计算的，但软件上把它们当成普通整数处理。

注意，函数 `fir` 的最后出现的 `out=(int8_t)((sum>>6)&0xFF)` 实现了 S3.12 到 S1.6 的转换，其中 `>>6` 运算删除 S3.12 格式对应的二进制编码的末尾 6 位；`+(1<<5)` 是为了降低删除末尾 6 位带来误差而进行的舍入运算；而 `&0xFF` 去除了移位后的高 8 位，留下的正好是 S1.6 格式对应的数据。

上述程序运算结果从 S1.6 格式转到对应的数值后，和原始的利用浮点数运算的结果比较如图 4-25 所示。

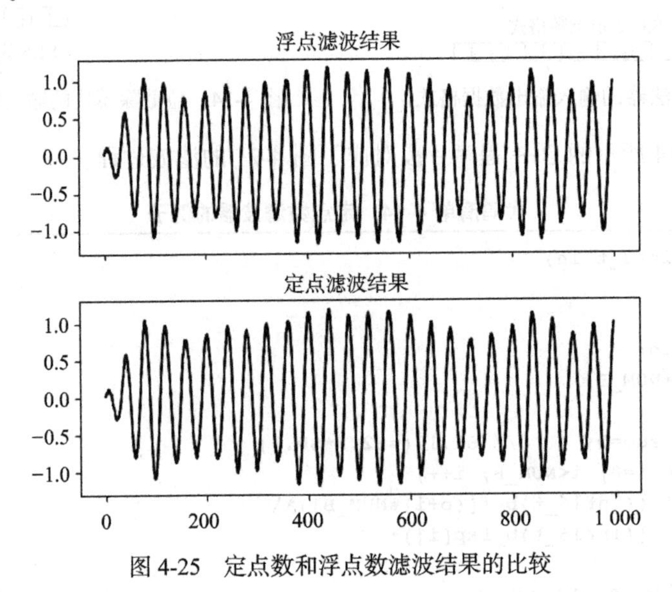


图 4-25 定点数和浮点数滤波结果的比较

图 4-26 给出了浮点滤波结果和定点滤波结果之间的差，即滤波结果量化误差。误差大小可以用信噪比表示，即把定点运算输出和浮点运算输出的差别看成噪声，浮点运算信号能量比上这个噪声的能量就是信噪比（SNR）。上述例子的信噪比为 27.96dB。注意，信噪比和特定的信号统计特性有关，这里的结果仅仅针对例子中仿真生成的信号。

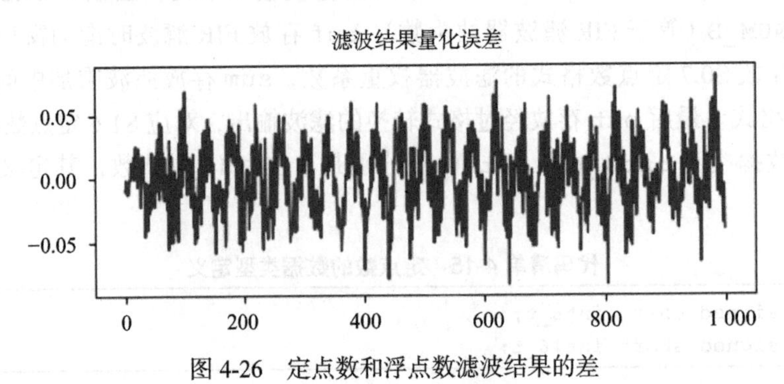


图 4-26 定点数和浮点数滤波结果的差

如果仔细分析上面的定点化过程，会发现其中滤波器抽头系数的值很小，不超过 0.03，使用 S0.7 量化的话，有效位数不超过 4 位，图 4-27 所示是转换成 S0.7 格式定点数的抽头系数的值和原始浮点格式的值的对比。

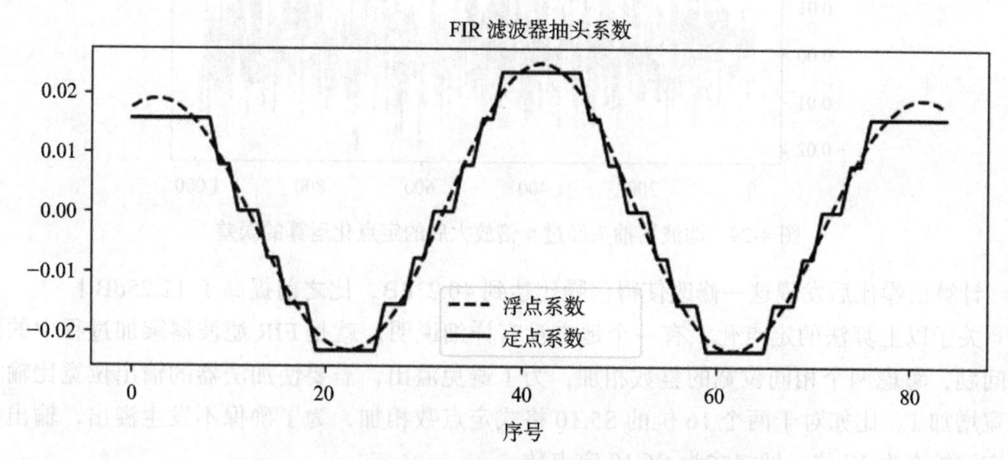


图 4-27　滤波器抽头系数定点化结果和原始数值的比较

可见存在着较大误差（见图 4-28），对这一误差的一个改进就是对滤波器的抽头系数整体乘以一个放大因子 $f$，并用滤波结果除以对应的放大因子 $f$，得到原始的输出。

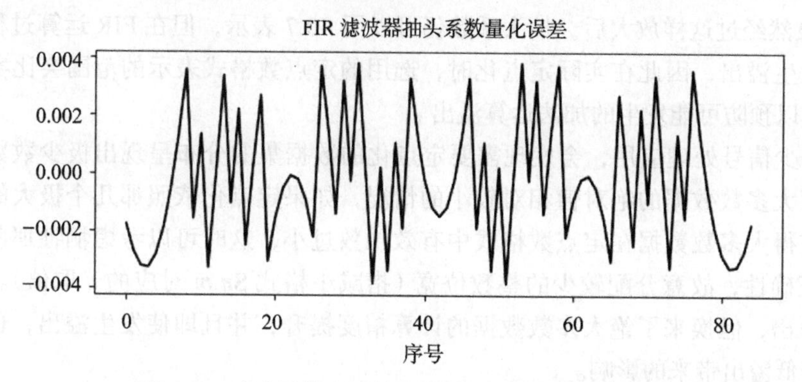


图 4-28　滤波器抽头系数定点化结果和原始数值的差

我们可以将抽头系数乘以缩放因子 ($f$=4)，于是有

$$\max\{|f \times b_i|\}_{i=1,2,\cdots} = 0.0998$$

这个数据还是能够用 S0.7 表示，但由于数值的增加，对应的二进制小数的有效位数比之前增加了大约 2 位，更充分地利用了 8 位的定点数 S0.7 格式的表示范围。

由于 FIR 滤波器是线性的，在输出端为了补偿抽头系数的比例放大系数，需要除以 $f$ ($f$=4)，这对应了将输出右移 2 位。图 4-29 所示是这一方法改进后运算结果对应的定点数和浮点数结果的误差。

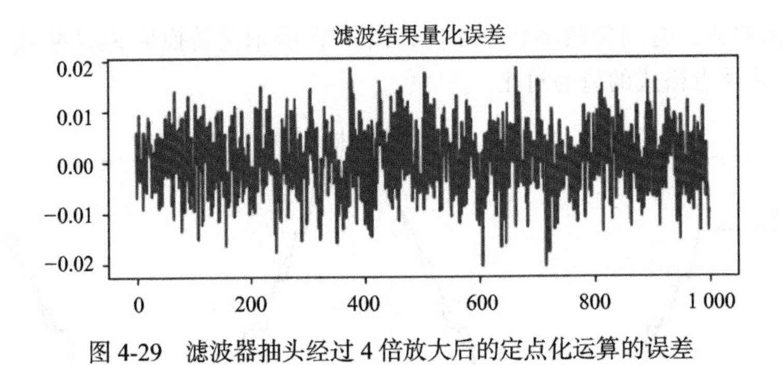


图 4-29 滤波器抽头经过 4 倍放大后的定点化运算的误差

计算信噪比后发现这一修改使得信噪比达到 40.21dB，比之前提高了 12.25dB！

关于以上算法的定点化，有一个地方没有详细说明，就是 FIR 滤波器乘加过程中的溢出问题，考虑两个相同位宽的整数相加，为了避免溢出，需要使加法器的输出位宽比输入位宽增加 1。比如对于两个 16 位的 S5.10 格式定点数相加，为了确保不发生溢出，输出数据应该扩充为 17 位，即格式为 S6.10 定点数。

为了确保连续加法运算不发生溢出，在定点化过程中需要对计算的每个环节的数据范围进行检验，检查其是否超出那个环节定点数格式能够表达的范围。

之前讨论抽头系数量化时进行的尺度放大运算，理论上最大可以设置放大因子 $f=2^5=32$，虽然经过这样放大后，抽头系数仍可以用 S0.7 表示，但在 FIR 运算过程中，加法器环节会发生溢出，因此在实际定点化时，选用的定点数格式表示的范围会比实际数据范围大一些，以预防可能发生的加法运算溢出。

对于不少信号处理应用，会发现需要定点化的数据集的分布呈现出极少数数据的绝对值极大，而大多数数据的绝对值相对较小的情况，如果定点化依照那几个极大的数值计算的话，会使得大多数数据在定点数格式中有效位数过小，这时可以考虑牺牲那些偶尔出现的大数的正确性，故意分配较少的整数位宽（指减小格式 S*n*.*m* 对应的 *n* 取值）。这虽然偶尔会造成溢出，但换来了绝大多数数据的计算精度提升，并且即使发生溢出，也能够通过饱和运算降低溢出带来的影响。

## 4.3 仿射映射量化

### 4.3.1 量化数据表示

利用定点数格式近似表示浮点数的过程可以看作对原始数据的“量化”或者“稀疏化”过程。利用定点数能够表达的数据在数轴上离散均匀分布，并且中心在 0 处。图 4-30 给出了 S1.2 定点数格式能够表达的数据在数轴上的位置。其中相邻两个量化数据对应的数值间隔固定为 0.25，能够表示的数据范围是 [−2,1.75]。如果被量化的信号处理系统数据分布和定点数的取值覆盖的范围一致，并且是均匀分布的话，这一量化模式通常能够取得较好的效果。

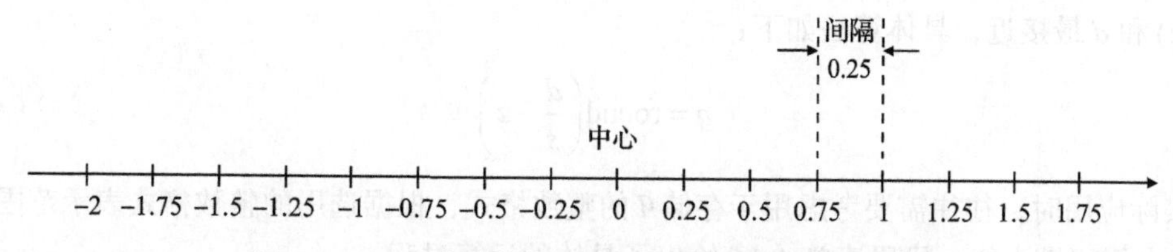


图 4-30　S1.2 定点数格式表达的数据在数轴上的位置

实际应用过程中会遇到需要量化的数据分布非中心对称（直方图不以 0 为对称点），并且可能不是均匀分布的情况，这时就希望量化的结果能够和数据“匹配”，即量化数对应的“离散点”能够覆盖待量化数据的数值范围，比如图 4-31 中给出的分布。

如果使用 S1.2 表示上述数据，S1.2 对应的量化数表示范围如图 4-31 中黑点所示，S1.2 定点数无法覆盖数据小于 −2 的值。虽然我们可以改用定点数 S2.2 覆盖整个数据区域，即 −4 ～ 3.75，但图中显示原始的数据主要分布在负数区域，只有少部分数据在正数区域，S2.2 能表达的数据范围中正数对应的那一半很少被用到。我们更希望量化数据能够表示的数值范围如图 4-32 所示。

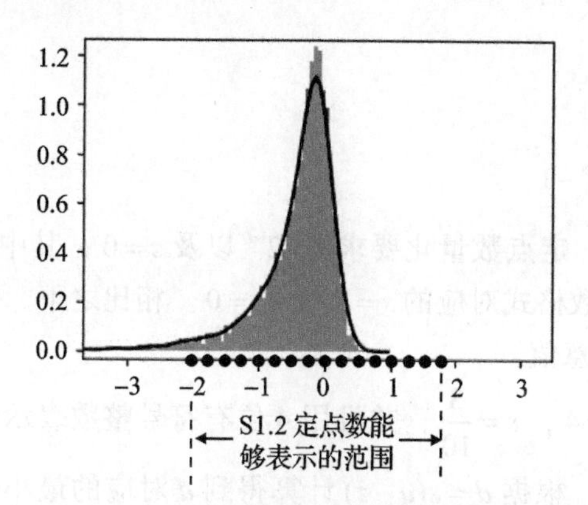


图 4-31　S1.2 定点数覆盖的数据范围和原始数据直方图不匹配的示意图

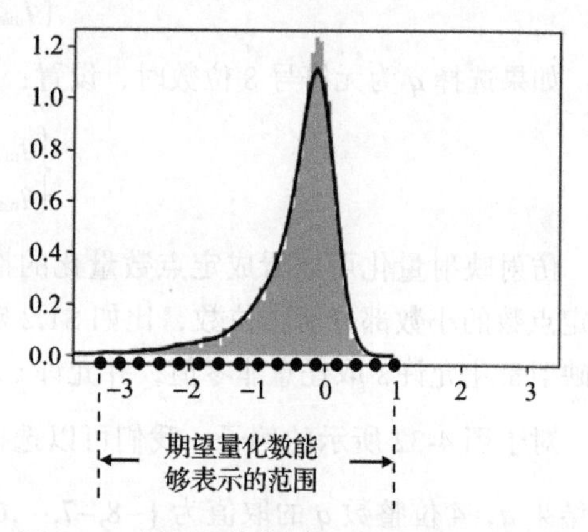


图 4-32　调整量化数据覆盖范围使之和数据直方图范围重合的示意图

图中量化数据的表示范围大致为 −3.5 ～ 1.0，中心在大约 −1 位置。之前讨论的 S1.2 和 S2.2 无法灵活地实现图 4-32 所示的数值区间。为了能够让量化数据对应的量化点和需要量化的原始数据分布区间尽可能重合，我们可以使用仿射映射实现量化。

仿射映射变换使用下面的公式将量化符号 $q$ 和它表示的实数 $d$ 对应起来：

$$d = s(q - z) \tag{4-11}$$

其中 $d$ 是实数，$q$ 是整数，是实数 $d$ 的量化表示，$z$ 是零点，代表实数 0 的量化表示，通常也用整数表示，$s$ 是量化步长，代表上述量化数能够表示的两个实数数值的最小间隔。

对于任意给定的实数 $d$，仿射映射量化过程就是根据 $(s,z)$ 计算它的量化符号 $q$，使得 $s(q-z)$ 和 $d$ 最接近，具体算法如下：

$$q=\text{round}\left(\frac{d}{s}+z\right) \tag{4-12}$$

实际应用时，往往需要考虑用于存储 $q$ 的整数格式，根据选用的整数格式表示范围限定 $q$ 的最大值和最小值。代码清单 4-16 给出了具体的运算过程。

**代码清单 4-16　仿射映射量化运算**

```
import numpy as np
def quant(d,s,z,qmin=0,qmax=255):
    q=np.round(d/s+z)
    return np.clip(q,qmin,qmax)
```

代码中 qmin 和 qmax 是量化符号 $q$ 能够表达的整数范围，比如选择 $q$ 为有符号 16 位整数时设置：

$$\begin{cases} q_{\min}=-2^{15} \\ q_{\max}=2^{15}-1 \end{cases}$$

如果选择 $q$ 为无符号 8 位数时，设置：

$$\begin{cases} q_{\min}=0 \\ q_{\max}=2^{8}-1 \end{cases}$$

仿射映射量化可以看成定点数量化的推广。定点数量化要求 $s=2^{-L}$ 以及 $z=0$，其中 $L$ 是定点数的小数部分所占位数，比如 S1.2 定点数格式对应的 $s=2^{-2}$、$z=0$。相比之下，仿射映射量化允许 $s$ 取任意非零值，并允许 $z$ 取任意值。

对于图 4-32 所示的例子，我们可以选择 $z=4$，$s=\frac{3}{10}$，并且用 4 位有符号整数表示量化结果 $q$，4 位整数 $q$ 的取值为 $\{-8,-7,\cdots,6,7\}$，根据 $d=s(q-z)$ 计算得到 $d$ 对应的最小值和最大值分别是 −3.6 和 0.9，与图 4-32 要求的数据范围基本重合。

根据需要表达的数据范围 $d_{\min}$ 和 $d_{\max}$（即 $d_{\min}\leqslant d\leqslant d_{\max}$），以及量化符号 $q$ 的范围 $q_{\min}$ 和 $q_{\max}$（即 $q_{\min}\leqslant q\leqslant q_{\max}$），我们可以通过下面的公式计算 $s$ 和 $z$，使得量化数能够表达的数据范围尽量接近 $d_{\min}$ 和 $d_{\max}$：

$$\begin{cases} s=\dfrac{d_{\max}-d_{\min}}{q_{\max}-q_{\min}} \\ z=\text{round}\left(q_{\min}-\dfrac{d_{\min}}{s}\right) \end{cases} \tag{4-13}$$

式中 round 指四舍五入取整。计算 $z$ 的取整操作不是必须进行的（即可以选择 $z$ 为浮点数），在应用中，从量化符号 $q$ 通过式（4-11）计算反量化结果时，会计算整数 $q$ 和 $z$ 的差，当 $z$ 也为整数时，就可以直接使用 CPU 的整数运算硬件实现，运算效率会更高。

在实际应用过程中，往往会遇到数据取值范围很大的情况，如图 4-33 所示。

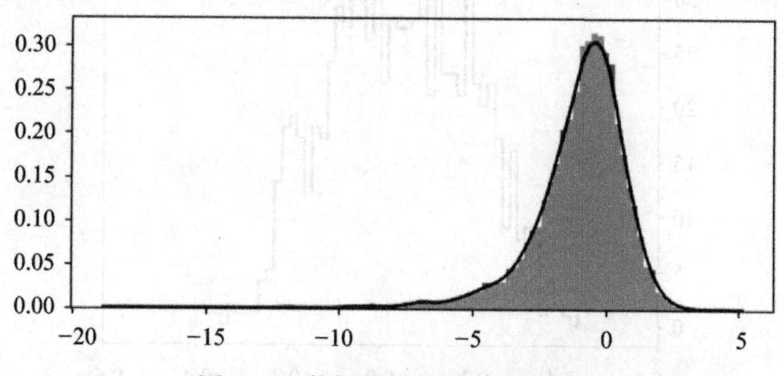

图 4-33　数据取值范围很大的情况

数据中最小值与最大值间的跨度很大（[−18,6]），但主要的数据集中在很小的区间内（图 4-33 中是 [−5,3]），这时如果让量化区间包括整个取值范围，会使得量化数据表示的数据点过于稀疏（能够表示的数值间隔过大），一个方案是通过"牺牲"少量边界的数据使得量化数据对应的数值点能够覆盖绝大多数数据，但这个方案是有一定风险的——当系统输出超出量化数据的表示范围时，会出现巨大的量化误差，因此需要根据每个应用对这一风险进行评估。对于神经网络应用，通过大量实践发现这一方案是可行的，即通过仿射映射使得量化数据能够表达原始数据的主要分布区间不会对网络的性能有很大影响。比如上面的例子，我们可以选择 $s$ 和 $z$，使得量化数能够表达的数据范围恰好是 −5 ～ 2.5，如图 4-34 所示。

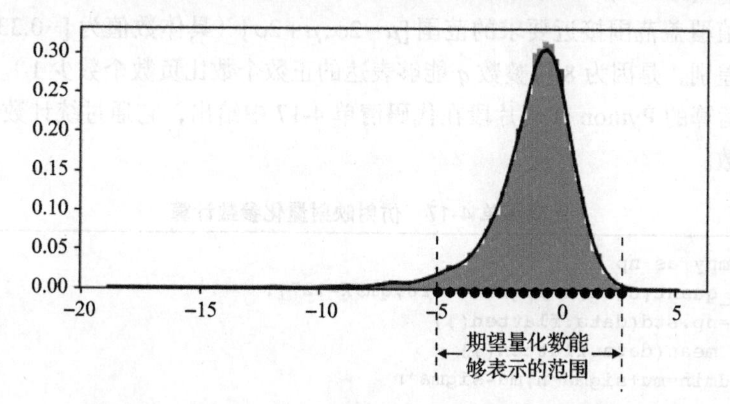


图 4-34　调整量化数据范围，使之和数据直方图"主体"部分重合的示意图

下面给出一个具体的例子。对于某个训练得到卷积神经网络的卷积核数据有如图 4-35 所示的直方图。

我们计算它的均值和方差，并用高斯分布近似。上述数据对应的均值 $\mu=-0.026\,54$，方差 $\sigma=0.153\,9$。我们可以选择仿射映射量化方案覆盖 $[\mu-2\sigma,\mu+2\sigma]$ 取值范围，并用 8 位

整数表示量化符号 $q$，计算后得到的量化参数为：

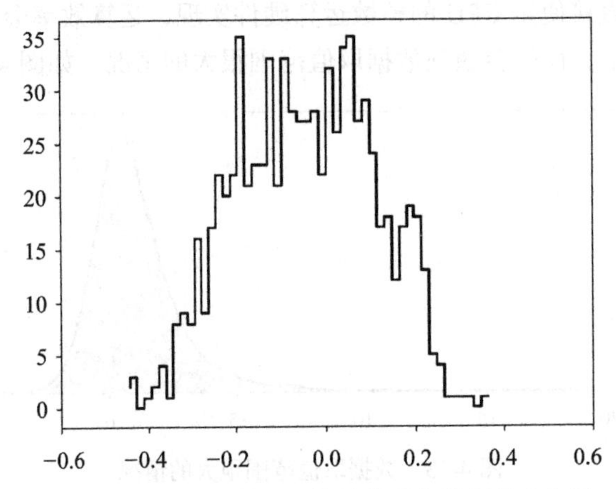


图 4-35　某个卷积神经网络的卷积核数据的直方图

$$\begin{cases} s = \dfrac{d_{\max} - d_{\min}}{q_{\max} - q_{\min}} = \dfrac{4\sigma}{256} = 0.002\,405 \\ z = \text{round}\left(q_{\min} - \dfrac{d_{\min}}{s}\right) = \text{round}\left(-128 - \dfrac{\mu - 2\sigma}{s}\right) = 11 \end{cases}$$

这样可以根据 $d = s(q - z)$ 计算出该量化方案实际能够表示的数值范围：

- 最小值为 $s(-128 - z) = -0.334\,3$
- 最大值为 $s(127 - z) = 0.279\,0$

最大最小值覆盖范围接近要求的范围 $[\mu - 2\sigma, \mu + 2\sigma]$（具体数值为 [−0.334, 0.281]，这里最大值存在差别，是因为 8 位整数 $q$ 能够表达的正数个数比负数个数少 1）。

实现上述运算的 Python 代码片段在代码清单 4-17 中给出，它通过统计数据的均值和方差计算量化参数。

**代码清单 4-17　仿射映射量化参数计算**

```
import numpy as np
def gauss_quant(data,n=2,qmin=-128,qmax=127):
    sigma=np.std(data.flatten())
    mu=np.mean(data.flatten())
    dmax,dmin=mu+sigma*n,mu-sigma*n

    s=(dmax-dmin)/(qmax-qmin)
    z=np.round(qmin-dmin/s)
    return s,z
```

代码中 `gauss_quant` 的输入参数 n 对应 $\sigma$ 的倍乘系数，用于选择数据覆盖范围，此处对应 n=2。

对于高斯分布的数据，选择覆盖范围 $[\mu-2\sigma,\mu+2\sigma]$ 能够保证 95.4% 的数据落在这一区间，选择覆盖范围 $[\mu-3\sigma,\mu+3\sigma]$ 能够保证 99.7% 的数据落在这一区间内，而选择覆盖范围 $[\mu-\sigma,\mu+\sigma]$ 能够保证 68.3% 的数据落在这一区间内。

对于一些应用，数据分布不是高斯型的，如符合均匀分布或混合高斯分布的模型，这时需要使用其他算法来选择合适的量化区间和量化中心。比如在 TensorRT 通过计算量化前后数据分布的近似 KL 距离来选择量化范围。读者可以参考最新的研究报告或者开源框架的代码了解这些方法，并在实践中探索各种有效的方案。

## 4.3.2　量化数据运算

下面我们讨论使用仿射映射量化的数据的运算。讨论过程中使用记号 $(s,z,q)$ 表示为量化中心为 $z$、步长为 $s$ 以及量化符号为 $q$ 的仿射映射量化数据。

考虑两个量化数 $(s_a,z_a,q_a)$ 和 $(s_b,z_b,q_b)$ 的相乘运算，它们的乘积用 $(s_c,z_c,q_c)$ 表示。这 3 个数对应的浮点数值分别是

$$\begin{cases} a=s_a(q_a-z_a) \\ b=s_b(q_b-z_b) \\ c=s_c(q_c-z_c) \end{cases} \tag{4-14}$$

根据乘积关系 $c=ab$ 可以得出

$$q_c=\frac{s_a s_b}{s_c}(q_a-z_a)(q_b-z_b)+z_c \tag{4-15}$$

其中 $(q_a-z_a)(q_b-z_b)$ 使用整数乘法即可完成，不需要进行浮点运算。对于 $\frac{s_a s_b}{s_c}$ 的计算，通常需要用到浮点数运算，但我们可以使用整数乘法加上移位实现。这通过下面的例子说明。比如 $\frac{s_a s_b}{s_c}=0.7$，我们希望计算它和整数 $x$ 的乘积，首先可以将 0.7 近似表示为下面的形式：

$$0.7\approx\frac{179}{2^8}$$

于是

$$0.7x\approx\frac{179x}{2^8}$$

其中分子计算只需要进行整数乘法，而分母对应的除法只需要移位操作实现。类似算法的更多细节可以在 4.4 节找到。

当用仿射映射表示实数时，可以用整数运算来实现（量化了的）乘法。但整个运算过程仍旧很烦琐，并且需要根据量化参数 $\frac{s_a s_b}{s_c}$ 手工设计运算代码，运算效率的提升是很勉强的。

下面我们会看到在矩阵运算中如果使用仿射映射量化数据，即使不考虑 $\frac{s_a s_b}{s_c}$ 浮点乘法的优化，也能有效降低运算量。

### 4.3.3 基于量化数据的矩阵运算

在矩阵运算过程中，如果参与运算的每个矩阵内部的元素使用相同的仿射量化的参数，则可以通过整数乘加运算有效地降低运算量。

我们首先考虑向量内积运算，即计算向量 $\boldsymbol{a} := [a^{(1)} \quad a^{(2)} \quad \cdots \quad a^{(N)}]$ 和 $\boldsymbol{b} := [b^{(1)} \quad b^{(2)} \quad \cdots \quad b^{(N)}]$ 的内积：

$$c = \sum_{n=1}^{N} a^{(n)} b^{(n)} \tag{4-16}$$

我们分别用 $(s_a, z_a, a_q^{(n)})$ 和 $(s_b, z_b, b_q^{(n)})$ 表示向量 $\boldsymbol{a}$ 和 $\boldsymbol{b}$ 中第 $n$ 个元素，并且考虑将运算结果 $c$ 表示为

$$c = s_c(q_c - z_c) \tag{4-17}$$

可以看到：

$$q_c = \frac{s_a s_b}{s_c} \left[ \sum_{n=1}^{N} \left(q_a^{(n)} - z_a\right)\left(q_b^{(n)} - z_b\right) \right] + z_c \tag{4-18}$$

运算公式的中间部分 $\sum_{n=1}^{N} \left(q_a^{(n)} - z_a\right)\left(q_b^{(n)} - z_b\right)$ 是整数减法和乘法运算，整个计算过程只需要一次浮点乘法 $\left(\text{乘以} \frac{s_a s_b}{s_c}\right)$，相比之下，传统向量内积算法需要 $N$ 次浮点数乘法。

下面我们进一步考虑矩阵乘法用上述仿射映射实现。考虑下面的两个实数矩阵：$\boldsymbol{A}$ 和 $\boldsymbol{B}$ 的相乘，即计算矩阵 $\boldsymbol{C} = \boldsymbol{AB}$。我们设矩阵 $\boldsymbol{A}$ 和 $\boldsymbol{B}$ 的尺寸分别为 $M \times N$ 和 $N \times P$，于是矩阵 $\boldsymbol{C}$ 的尺寸是 $M \times P$。

如果对于矩阵 $\boldsymbol{A}$ 和 $\boldsymbol{B}$ 中的元素分别用量化步长 $s_a$ 和 $s_b$、量化中心 $z_a$ 和 $z_b$ 的仿射映射表示，即

$$\begin{cases} \boldsymbol{A} = s_a(\boldsymbol{A}_q - \boldsymbol{1}_a z_a) \\ \boldsymbol{B} = s_b(\boldsymbol{B}_q - \boldsymbol{1}_b z_b) \end{cases} \tag{4-19}$$

其中 $\boldsymbol{1}_a$ 代表和矩阵 $\boldsymbol{A}$ 相同尺寸的内部元素全为 1 的矩阵，$\boldsymbol{1}_b$ 也一样，代表和矩阵 $\boldsymbol{B}$ 相同尺寸的内部元素全为 1 的矩阵。$\boldsymbol{A}_q$ 和 $\boldsymbol{B}_q$ 是整数矩阵，存放仿射量化对应的数据量化符号。考虑将计算结果——矩阵 $\boldsymbol{C}$ 也用仿射映射量化：

$$\boldsymbol{C} = s_c(\boldsymbol{C}_q - \boldsymbol{1}_c z_c) \tag{4-20}$$

下面介绍如何把上述浮点数据矩阵乘法 $\boldsymbol{C}=\boldsymbol{AB}$ 的计算过程转换成通过它们的量化形式计算，即从 $\boldsymbol{A}_q$ 和 $\boldsymbol{B}_q$ 计算得到 $\boldsymbol{C}_q$。这里三个矩阵都是整数矩阵，我们期望尽可能少用浮点运算实现这一计算。

矩阵乘法 $\boldsymbol{C}=\boldsymbol{AB}$ 用仿射映射量化的形式表示为

$$s_c(\boldsymbol{C}_q-\boldsymbol{1}_c z_c)=s_a(\boldsymbol{A}_q-\boldsymbol{1}_a z_a)s_b(\boldsymbol{B}_q-\boldsymbol{1}_b z_b) \tag{4-21}$$

上式经过进一步变化得到

$$\boldsymbol{C}_q=\frac{s_a s_b}{s_c}(\boldsymbol{A}_q-\boldsymbol{1}_a z_a)(\boldsymbol{B}_q-\boldsymbol{1}_b z_b)+\boldsymbol{1}_c z_c \tag{4-22}$$

这样就得到下面的计算流程：

1）使用整数减法计算 $(\boldsymbol{A}_q-\boldsymbol{1}_a z_a)$。

2）使用整数减法计算 $(\boldsymbol{B}_q-\boldsymbol{1}_b z_b)$。

3）使用整数乘法计算之前两步结果的相乘，得到 $(\boldsymbol{A}_q-\boldsymbol{1}_a z_a)(\boldsymbol{B}_q-\boldsymbol{1}_b z_b)$。

4）将上一步运算结果乘以 $\frac{s_a s_b}{s_c}$，得到 $\frac{s_a s_b}{s_c}(\boldsymbol{A}_q-\boldsymbol{1}_a z_a)(\boldsymbol{B}_q-\boldsymbol{1}_b z_b)$。

5）使用整数加法计算 $\boldsymbol{1}_c z_c$ 和步骤 4 运算结果的和，得到 $\frac{s_a s_b}{s_c}(\boldsymbol{A}_q-\boldsymbol{1}_a z_a)(\boldsymbol{B}_q-\boldsymbol{1}_b z_b)+\boldsymbol{1}_c z_c$。

上面的计算步骤中，步骤 3 需要 $M\times N\times P$ 次整数乘法，步骤 4 需要 $M\times P$ 次浮点乘法（矩阵乘以常数 $\frac{s_a s_b}{s_c}$），相比之下，非量化算法需要 $M\times N\times P$ 次浮点乘法。

代码清单 4-18 中给出 Python API 例子说明上面的计算过程，需要注意的是实际部署到嵌入式系统中通常使用 C/C++ 代码，这里使用 Python 是为了以尽可能简洁的方式说明仿射映射量化计算的原理。

**代码清单 4-18　基于仿射映射量化的矩阵乘法计算 API**

```
import numpy as np

QMIN,QMAX=0,255 # 量化表示的最大最小值

## 根据 numpy 矩阵 data 分析并提取量化参数
def calc_quant_param(data):
    vmin,vmax=np.min(data.ravel()),np.max(data.ravel())
    s=float(vmax-vmin)/float(QMAX-QMIN)
    z=float(QMIN)-float(vmin)/s
    z=int(round(np.clip(z,QMIN,QMAX)))
    return s,z

## 数据量化，计算 q=round(d/s+z)
def calc_quant_data(d,s,z):
    q=d/s+z
```

```
    q=np.round(np.clip(q,QMIN,QMAX)).astype(int)
    return q

## 数据反量化，计算 d=s*(q-z)
def calc_dequant_data(q,s,z):
    return s*(q-z).astype(float)

## 量化矩阵乘法
# 从 Aq、Bq 计算 C=A*B 的量化表示 Cq
def quant_matmul(Aq, sa, za,
                 Bq, sb, zb,
                     sc, zc):
    # 整数乘法
    Cq=np.dot(Aq-za,
              Bq-zb)
    # 乘以常数系数（浮点数），可以用整数乘法近似，
    # 但这里为演示简单，使用了浮点乘法
    Cq=(sa*sb/sc)*Cq.astype(float)
    Cq=np.round(Cq).astype(int)+zc
    return Cq
```

代码清单 4-19 中的 Python 代码通过仿射映射量化形式计算两个矩阵的乘积，计算过程使用了上面的 Python API。

**代码清单 4-19　仿射映射量化矩阵乘法计算的例子**

```
np.random.seed(1234)

# 生成 2 个随机矩阵
A=np.random.randn(2,3)
B=np.random.randn(3,3)

# 用浮点运算计算参考答案
C_ref=np.dot(A,B)

# 计算 A 的量化参数 sa、za 和量化矩阵 Aq
# A=sa*(Aq-za)
sa,za=calc_quant_param(A)
Aq=calc_quant_data(A,sa,za)

#显示量化结果
print('sa:%f, za:%f'%(sa,za))
print('Aq:\n',Aq)
print('A:\n',A)
print('recovered A:\n',calc_dequant_data(Aq,sa,za))

# 计算 A 的量化参数 sa、za 和量化矩阵 Aq
# A=sa*(Aq-za)
sb,zb=calc_quant_param(B)
Bq=calc_quant_data(B,sb,zb)
```

```
print('sb:%f, zb:%f'%(sb,zb))
print('Bq:\n',Bq)
print('B:\n',B)
print('recovered B:\n',calc_dequant_data(Bq,sb,zb))

# 计算 C 的量化参数 sc、zc
# 注意，实际运算时 sc、zc 是通过数据统计
# 事先指定的，不会像这里这样从答案计算得到
sc,zc=calc_quant_param(C_ref)

## 使用量化形式计算乘法
Cq=quant_matmul(Aq,sa,za, Bq,sb,zb, sc,zc)

## 比较计算误差，我们将 Cq 反量化后和参考答案比较
C=calc_dequant_data(Cq,sc,zc)

print('sc:%f, zc:%f'%(sc,zc))
print('Cq:\n',Cq)
print('C:\n',C)
print('reference C:\n',C_ref)
print('relative err:',np.linalg.norm(C-C_ref)/np.linalg.norm(C))
```

运行结果如下：

```
sa:0.010289, za:116.000000
Aq:
    [[162   0 255]
    [ 86  46 202]]
A:
    [[ 0.47143516 -1.19097569  1.43270697]
    [-0.3126519  -0.72058873  0.88716294]]
recovered A:
    [[ 0.47329177 -1.19351839  1.43016428]
    [-0.30866855 -0.72022661  0.88484984]]
sb:0.013305, zb:169.000000
Bq:
    [[234 121 170]
    [  0 255 244]
    [241  17 144]]
B:
    [[ 0.85958841 -0.6365235   0.01569637]
    [-2.24268495  1.15003572  0.99194602]
    [ 0.95332413 -2.02125482 -0.33407737]]
recovered B:
    [[ 0.86481115 -0.63862977  0.01330479]
    [-2.248509    1.14421168  0.99785902]
    [ 0.95794466 -2.02232762 -0.33261967]]
sc:0.035324, zc:129.000000
Cq:
    [[255   0  82]
```

```
    [191  61 100]]
C:
    [[ 4.45084753 -4.55682009 -1.66023678]
    [ 2.19009958 -2.4020447   -1.02440142]]
reference C:
    [[ 4.4420576  -4.56561002 -1.65261875]
    [ 2.1930554  -2.42287488 -1.01607369]]
relative err: 0.0036312932138631597
```

上述步骤 1 和步骤 2 中需要较多整数加减运算，当矩阵乘积结果的尺寸远小于相乘的矩阵尺寸时，可以通过进一步变换降低加减运算量。对式（4-22）变换得到

$$\boldsymbol{C}_q=\frac{s_a s_b}{s_c}(\boldsymbol{A}_q\boldsymbol{B}_q-\mathbf{1}_a\boldsymbol{B}_q z_a-\boldsymbol{A}_q\mathbf{1}_b z_b)+\left(\frac{s_a s_b}{s_c}z_a z_b N+z_c\right)\mathbf{1}_c \tag{4-23}$$

其中 $N$ 是 $\boldsymbol{A}$ 的列数（或者 $\boldsymbol{B}$ 的行数，两者是相同的）。式（4-23）中 $\left(\frac{s_a s_b}{s_c}z_a z_b N+z_c\right)\mathbf{1}_c$ 内部是由常数和量化参数决定的，可以事先计算出来，对于不同的 $\boldsymbol{A}$ 和 $\boldsymbol{B}$ 的取值不需要每次重新计算。而对于 $\mathbf{1}_a\boldsymbol{B}_q z_a$，可以通过首先计算 $\boldsymbol{B}_q$ 所有行相加得到的行向量乘以 $z_a$，然后将得到的行向量复制 $M$ 次，得到的矩阵就是 $\mathbf{1}_a\boldsymbol{B}_q z_a$ 的计算结果；类似地，对于 $\boldsymbol{A}_q\mathbf{1}_b z_b$，可以通过首先计算 $\boldsymbol{A}_q$ 所有列相加得到的列向量乘以 $z_b$，然后将得到的列向量复制 $P$ 次，得到的矩阵就是 $\boldsymbol{A}_q\mathbf{1}_b z_b$ 的计算结果。

对于神经网络应用，上述矩阵乘法中一个矩阵是固定的网络权重系数矩阵，而另一个是输入数据，比如 $\boldsymbol{A}$ 为输入数据，而 $\boldsymbol{B}$ 为固定的权重系数矩阵，此时为了进一步降低运算量，可以在对矩阵 $\boldsymbol{B}$ 做仿射映射量化时，固定使用 $z_b=0$。把 $z_b=0$ 代入式（4-22）得到

$$\boldsymbol{C}_q=\frac{s_a s_b}{s_c}(\boldsymbol{A}_q\boldsymbol{B}_q-\mathbf{1}_a\boldsymbol{B}_q z_a)+z_c\mathbf{1}_c \tag{4-24}$$

其中 $\mathbf{1}_a\boldsymbol{B}_q z_a$ 可以预先计算出来，只有 $\boldsymbol{A}_q\boldsymbol{B}_q$ 需要矩阵乘法运算。这样得到的乘法运算量是 $M\times N\times P$ 次整数乘法和 $M\times P$ 次浮点乘法。

以上介绍的量化算法在一些神经网络框架中得到实现，其中包括了 TensorFlow Lite 的框架，读者可通过阅读相关的文档和源代码了解更多的实现细节。

## 4.4 常数整数乘法优化

嵌入式机器学习算法中很大一部分运算涉及常数乘法，比如神经网络的卷积层和全连接层将来自前一层的数据和固定的权重矩阵相乘计算输出，SVM 算法中通过固定的矩阵和向量乘法计算判决函数，在图像处理中各种滤波器算法也需要计算图像数据和固定的滤波

器核的二维卷积。

下面将介绍的算法用于简化整数乘法，通过移位和加减法实现常量乘法的优化。这使得很多算法能够运行在没有高效乘法硬件单元的处理器上，这些方法也可以用于 FPGA 或者 ASIC，以加减法器实现机器学习运算。

常数乘法问题分为单常数乘法和多常数乘法两个类别，后面的介绍中我们分别用它们的英文缩写 SCM（Single Constant Multiplication）和 MCM（Multiple Constants Multiplication）来表示这两种情况。

### 4.4.1　基于正则有符号数的常数整数乘法优化

我们通过几个例子逐步深入讲解常数乘法的优化方法及其应用。首先考虑计算整数变量 $x$ 和常数 20 的乘积。

常数 20 的二进制形式为

$$20=(1\,0100)_2$$

它可以表示为

$$20=(1\,0100)_2=(10000)_2+(100)_2=2^4+2^2$$

根据上面的分解可以把乘积 $20x$ 表示为

$$20x=(2^4+2^2)x=2^4x+2^2x$$

对于整数 $x$，上述运算可以进一步表示为

$$(x\ll 4)+(x\ll 2)$$

这里的符号 $\ll$ 代表整数 $x$ 的算术左移。上面表达式中 4 和 2 分别对应 20 的二进制表示中第 4、2 位为 1。

上述例子可以推广到其他整数常数的乘法，比如计算 $153x$，通过将 153 表示为二进制形式 $(1001\,1001)_2$，其中第 7、4、3、0 位为 1，因此：

$$153x=(x\ll 7)+(x\ll 4)+(x\ll 3)+x$$

上面两个例子表明对于常数 $c$ 的乘法，可以通过计算 $c$ 的二进制形式找出其中 1 的位置，将乘数 $x$ 根据 $c$ 的二进制形式中各个 1 的位置左移后相加就能得到乘积 $cx$。

上面例子的计算量和常数 $c$ 的二进制形式中 1 的个数有关，对于 $N$ 个位为 1 的情况，需要进行 $N-1$ 次加法。但如果允许使用减法的话，我们可以进一步减少运算量。比如考虑乘积 $15x$，由于 15 的二进制形式为 $15=(1111)_2$，按之前的方案，乘积 $15x$ 分解为

$$15x=(x\ll 3)+(x\ll 2)+(x\ll 1)+x$$

需要进行 3 次加法，但我们可以将 15 表示为

$$15 = 2^4 - 1 = (1\,0000)_2 - 1$$

于是 $15x$ 可以分解为

$$15x = (1\,0000)_2 x - x = (x \ll 4) - x$$

只需要 1 次减法。嵌入式处理器中加减法器的运算效率几乎相同，并且都高于乘法效率，因此上面的运算效率是很高的。

对任意给定的常数乘法，我们可以特定的算法将其表示为加减运算。这里我们使用一种称为“有符号二进制”（在文献 [1] 中使用了另一个名称—— SD（Signed Digit）编码）的格式表示。这一格式允许每个位取值为 $\{0,+1,-1\}$，其中取值 $-1$ 的位用 $(\overline{1})$ 表示。对于有符号二进制序列 $(b_{N-1}b_{N-2}\cdots b_1 b_0)_2$，对应的整数 $x$ 的数值为

$$x = \sum_{n=0}^{N-1} b_n 2^n \tag{4-25}$$

这样，前面例子中 15 表示为

$$15 = (1\,000\overline{1})_2 = 2^4 - 2^0$$

一个整数的有符号二进制表示不是唯一的，比如整数 15 也可以表示为

$$15 = (1\overline{1}\,00\overline{1}1)_2 = 2^5 - 2^4 - 2^1 + 2^0$$

为了尽可能降低常数乘法的运算量，我们希望找出非 0 位尽可能少的有符号二进制序列来表示给定的常数。这可以通过下面描述的算法实现：对于无符号整数的二进制形式，我们从最低位开始扫描，把所有长度大于 2 的连续 1 位串替换成 $100\cdots0\overline{1}$。

上述算法的描述不是很严格，希望读者结合图 4-36 给出的例子理解其实现方法。

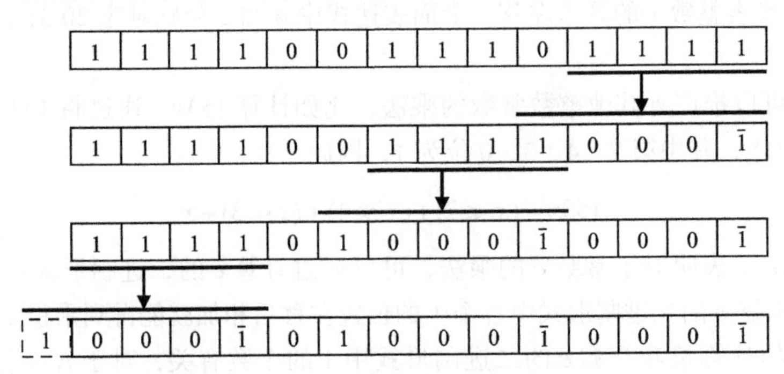


图 4-36　有符号二进制序列生成过程示意图

上面的例子将二进制序列 11110011101111（十进制 15 599）转换成 $1000\overline{1}01000\overline{1}000\overline{1}$，转换结果中有 5 个非零位，因此乘积 $x \times (11110011101111)_2$ 可以写成：

$$\begin{aligned} x \times (11110011101111)_2 &= x \times (1000\overline{1}01000\overline{1}000\overline{1})_2 \\ &= (x \ll 14) - (x \ll 10) + (x \ll 8) - (x \ll 4) - x \end{aligned}$$

对于有符号整数常数，通常用补码表示负数，它的二进制表示中最高位代表符号位，最高位等于 1 的二进制符号代表负数，对于这样的二进制表示，文献 [2,6] 给出了算法，将有符号整数转成非零位最少的“有符号二进制序列”，这一序列称为正则有符号数编码（Canonical Signed Digit，CSD）。该算法将有符号整数对应的 $N$ 位二进制序列（补码表示负数）$(b_{N-1}b_{N-2}\cdots b_1b_0)_2$ 转换成 CSD $(a_{N-1}a_{N-1}\cdots a_1a_0)_2$，参见算法 4-1。

**算法 4-1　将二进制序列转成 CSD 编码**

步骤 1：设置 $\begin{cases} b_{-1} = 0 \\ b_N = b_{N-1} \\ \gamma_{-1} = 0 \end{cases}$

步骤 2：执行下面的循环（伪）代码：

for ($i$=1 to $N$−1)

{

$\theta_i = b_i \oplus b_{i-1}$

$\gamma_i = (1-\gamma_{i-1})\theta_i$

$a_i = (1-2b_{i+1})\gamma_i$

}

代码清单 4-20 是这一算法的 Python 代码实现。

**代码清单 4-20　CSD 编码生成**

```
import numpy as np

## 将二进制字符串（代表有符号整数，无 0b 前缀）转成字典
def bin_str_to_dict(bv):
    return {n:int(v=='1') for n,v in enumerate(bv[::-1])}

## 将二进制字符串（代表有符号整数，无 0b 前缀）转成 CSD 表示
def bin_str_to_csd(bv):
    N=len(bv)
    b=bin_str_to_dict(bv)
    b[-1]=0
    b[N]=b[N-1]
    gamma={-1:0}
    a={}
    theta={}
    for i in range(N):
        theta[i]=b[i]^b[i-1]
        gamma[i]=(1-gamma[i-1])*theta[i]
        a[i]=(1-2*b[i+1])*gamma[i]
    return a
```

```
## 将16位整数表示为二进制字符串，用补码表示负数，无0b前缀，字串长度为16
def int16_to_bin_str(v):
    if v<0: v+=65536
    bv=bin(v)[2:]
    return '0'*(16-len(bv))+bv

## 将16位有符号整数转成CSD表示，返回存储csd信息的字典
def int16_to_csd(v):
    bv=int16_to_bin_str(v)
    csd=bin_str_to_csd(bv)
    return csd
```

代码最后的函数 `int16_to_csd(v)` 实现将16位有符号整数 v 转成 CSD 形式。函数返回结果用 Python 的字典形数存储，字典的 `key` 对应位序号（取值为 0 ～ 15），`value` 对应该位的值（有三种取值：0、+1、−1）。比如之前的例子中，有符号二进制序列 $01000\bar{1}01000\bar{1}000\bar{1}$ 对应的 Python 字典为

```
{0:-1, 1:0, 2:0, 3:0, 4:-1, 5:0, 6:0, 7:0, 8:1, 9:0, 10:-1, 11:0, 12:0, 13:0,
14:1, 15:0}
```

代码清单4-21中的Python函数将CSD转换结果以移位加减的形式输出。

**代码清单 4-21　CSD 结果生成乘法运算表达式**

```
def csd_to_code(csd):
    s=''
    for n,v in csd.items():
        if v==0:
            continue
        elif n==0:
            s+='+x' if v>0 else '-x'
        else:
            s+='+(x<<%d)'%n if v>0 else '-(x<<%d)'%n
    return s[1:] if s[0]=='+' else s # 去除字符串最开始的"+"
```

我们执行下面的代码得到 $x\times141$ 的计算表达式：

```
bv=int16_to_bin_str(141)  # 将141转成二进制字符串
csd=bin_str_to_csd(bv)    # 计算141的CSD表示
print(csd_to_code(csd))   # 将CSD表示转成计算表达式
```

运行上述代码，输出如下：

```
x-(x<<2)+(x<<4)+(x<<7)
```

即通过加减和移位运算计算 $x\times141$ 的表达式。

## 4.4.2 基于运算图的常数整数乘法优化

上面的讨论表明常数乘法可以用加减法实现，当常数用有符号二进制表示时，里面非

0 位数决定了加减法次数，比如有符号二进制序列 $01000\bar{1}01000\bar{1}000\bar{1}$ 中有 5 个非 0 位，需要用 4 次加 / 减法实现。但如果仔细分析这个序列，可以看到其中 $1000\bar{1}$ 重复了 2 次，如图 4-37 所示。

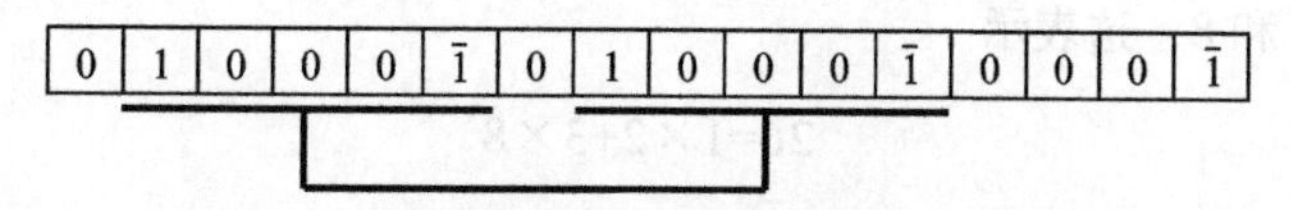

图 4-37　二进制数据序列中的重复部分示意图

可以用这一特点进一步减少运算量。下面给出计算 $y = x \times (01000\bar{1}01000\bar{1}000\bar{1})_2$ 的流程：

1）计算 $r_1 = (x \ll 4) - x$；

2）计算 $r_2 = (r_1 \ll 6) + r_1$；

3）计算 $y = (r_2 \ll 4) - x$。

上述运算步骤 1 计算了 $x \times (1000\bar{1})_2$，步骤 2 中实现了 $(0\mathbf{1000\bar{1}}0\mathbf{1000\bar{1}}000\bar{1})_2$ 中两处 $(1000\bar{1})$ 子序列的相加。

上述例子表明我们能够构建更简洁的算法实现常数乘法运算。但是对于给定的常数，寻找加减次数最少的乘法实现方案没有高效的搜索方法。文献 [1，4-5] 给出搜索算法得到的结论是任意 8 位无符号整数常数的乘法最多需要 3 次加 / 减运算，任意 12 位无符号整数常数的乘法需要不超过 4 次加 / 减运算实现，任意 19 位无符号整数常数的乘法同样需要不超过 4 次加 / 减运算实现，任意 32 位无符号整数常数的乘法需要不超过 6 次加 / 减运算实现。

通过加减和移位操作实现常数 $c$ 乘法的过程可以等效为通过加减和移位操作从 1 构造出常数 $c$ 的过程。比如上一个 4.4.1 节中 $15\,599 = (11110011101111)_2$ 可以通过图 4-38 所示操作构建出来。

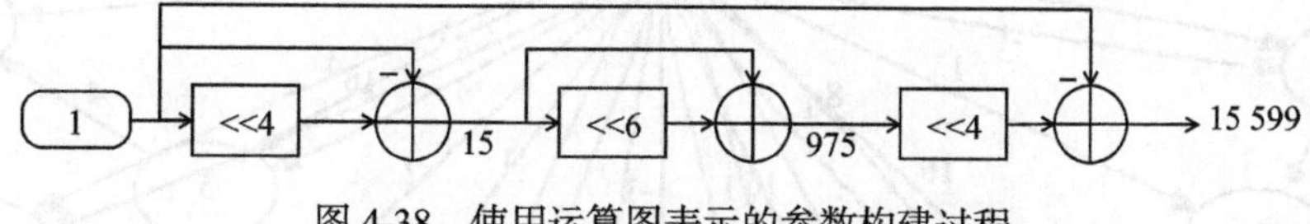


图 4-38　使用运算图表示的参数构建过程

那么计算 $x \times 15\,599$ 的算法也能够用相同的结构计算，即把图 4-38 左端的 1 替换成变量 $x$，如图 4-39 所示。

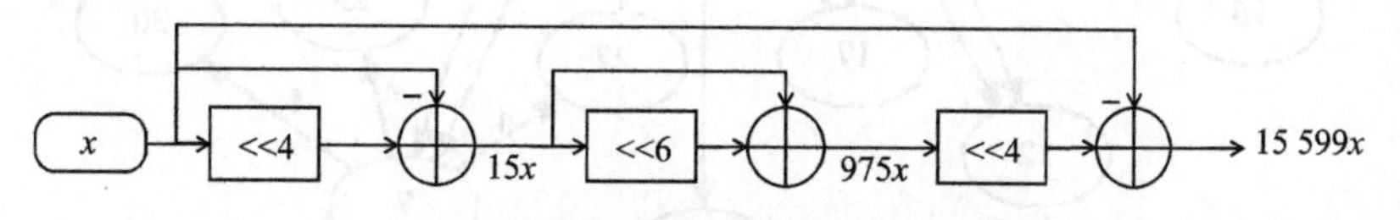


图 4-39　用运算图表示的参数乘法运算过程

对于 $N$ 位二进制数，如果能通过加减移位运算序列构造出 $1 \sim 2^N-1$ 的所有可能取值，那么利用相同的运算序列就能够实现任何一个 $N$ 位的常数乘法运算。下面通过有向无环运算“图”给出了 $2^5-1$ 以内的整数的构造过程。图 4-40 中给出 1 ～ $2^5-1$ 的每个数字的合成算法，比如图 4-40 的顶部数据 26 由数据 1 和数据 3 出发的两个箭头线指向，两个箭头线上分别标注数字 2 和 8，这表示

$$26=1\times 2+3\times 8$$

其中所有箭头线上乘法系数可以写成 $2^n$ 的形式，因此可以将 26 的计算式改写成：

```
26=(1<<1)+(3<<3)
```

从图 4-40 中可以看见其中任何一个数的生成过程需要不超过 2 次加或减法，这意味着我们基于它能够用不超过 2 次加或减操作实现任意 5 位的常数乘法。

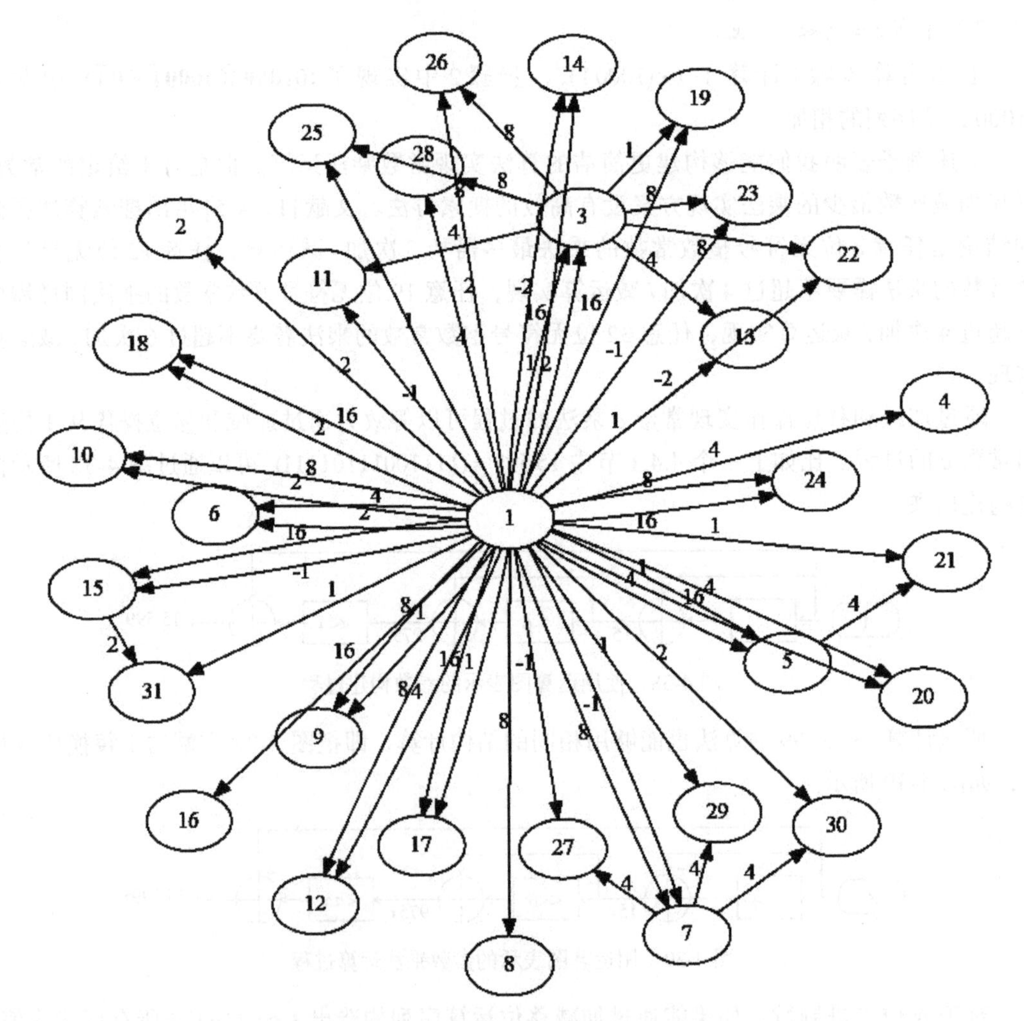

图 4-40　所有 5 位常数的构建方法示意图

在文献 [1，4-5] 中给出了搜索算法，它们能够根据给定整数计算出合成该整数所需要的加减法操作，在这些文献中，列举出特定加减法数目下所有可能的运算图结构，当需要构造常数 $c$ 时，可以在这些运算图结构中进行搜索。我们给出另一种搜索算法，通过它搜索得到所有小于 $2^N$ 的常数 $c$ 的乘法运算结构，这一算法在搜索过程中没有限定运算图结构，搜索效率低于基于图的算法。下面介绍搜索算法的思想。

我们首先定义以下运算：

$$A_{g_a,g_b,p_a,p_b}(a,b)=p_a(a\ll g_a)+p_b(b\ll g_b) \tag{4-26}$$

其中 $(g_a,g_b)$ 是非负整数，代表移位量，$(p_a,p_b)$ 是取值 $\{-1,+1\}$ 的整数。这一运算从常数 $a$ 和 $b$ 通过不超过 1 次加减法运算构造出 $s=p_a(a\ll g_a)+p_b(b\ll g_b)$。用符号 $A_*(a,b)$ 代表任意一个能够从 $a$ 和 $b$ 生成的常数。

搜索生成 1 ～ $2^N-1$ 常数乘法的过程可以逐步进行，即首先找出利用 1 次加减法运算能够生成的常数集合，然后利用 1 次加减法能够生成的数找出需要至少 2 次加减法能够生成的数，接着利用之前生成的数找到至少需要 3 次加减法能够生成的数，以此类推，直到生成了 1 ～ $2^N-1$ 之间所有的常数。这一步骤更具体的形式如算法 4 -2 所示。

**算法 4-2　1 ～ $2^N-1$ 之间所有的常数合成公式**

步骤 1：初始化

设置集合 $F=\{1,2^1,2^2,\cdots,2^{N-1}\}$，并设置 $k=1$

步骤 2：计算集合 $F$ 内任意两个元素能够生成的数的集合

$$S=\{s\,|\,s=A_*(f_1,f_2),f_1\in F,f_2\in F\}$$

步骤 3：找出需要 $k$ 次加减法才能生成的数的集合

$$W=\{w\,|\,w\in S,C(w)=k\}$$

其中 $C(w)$ 指生成 $w$ 需要的加减运算最少次数

步骤 4：更新集合 $F$

$F\leftarrow F\bigcup W$

$k\leftarrow k+1$

代码清单 4-22 中的 Python 代码片段实现了上面的步骤。

**代码清单 4-22　搜寻给定位宽的所有常数用加减法构建方法的程序**

```
import numpy as np
import math

N=12                 # 合成数据的位宽
GMAX=N               # 合成期间考虑的最大移位量
VMAX=1<<GMAX         # 合成的最大数
```

```
# 从 a 和 b 生成元素 s=pa*(a<<ga)+b*(b<<gb)
def synthesize_value(ga,gb,pa,pb,a,b):
    return pa*(a<<ga)+pb*(b<<gb)

# 从 a 和 b 生成所有形如 pa*(a<<ga)+pb*(b<<gb) 的元素，返回它们的集合
def synthesize_value_all(a,b,P):
    S=[]
    for ga in range(GMAX-int(math.log2(a))):
        for gb in range(GMAX-int(math.log2(b))):
            for pa,pb in [(1,1),(1,-1)]:
                s=synthesize_value(ga,gb,pa,pb,a,b)
                if s in P: continue            # 排除集合 P 内的元素
                if abs(s) in S: continue       # 排除已生成过的元素
                if s==0 or abs(s)>=VMAX: continue    # 排除 0 和过大元素
                S.append(abs(s))
    return S

# 计算集合 A、B 和 C 的并集
def merge_set(A,B,C=()):
    return set(list(A)+list(B)+list(C))

# 得到生成 t 的两个数 a 和 b（有可能 a==b）
def get_parent(t,T):
    _,ab=T[t]
    return ab if len(ab)==2 else tuple(list(ab)*2)

# 用 A、B 内的元素生成 P 集合外的新元素，结果保存在 T 中
def synthesize_from_set(A,B,P,T,check_order=False):
    for a in A:
        for b in B:
            if check_order and a>b: continue
            S=synthesize_value_all(a,b,P)
            for s in S:
                # 得到 c 的生成集 c_set
                a_set,b_set=T[a][0],T[b][0]
                s_set=merge_set(a_set,b_set,[a,b])
                if len(T[s][0])==0:      # 第一次合成 s，记录其生成集
                    T[s]=(s_set,(a,b))
                elif len(s_set)<len(T[s][0]):
                    T[s]=(s_set,(a,b))  # s 之前合成过，保存最小的生成集
    return

# 找出 T 中生成集尺寸为 n 的元素
def find_set_by_size(n,T,P=None):
    if P is None:
        return [t for t,(t_set,_) in enumerate(T) if len(t_set)==n]
    else:
        return [t for t,(t_set,_) in enumerate(T) \
                if len(t_set)==n and t not in P]
####################
```

```
# 初始化
T=[((),()) for n in range(1<<N)]
F=[]

# 生成集大小为 1 的数据
for a in 2**np.arange(N):
    T[a]=(set([1]),set([1]))
    F.append(a)
# (F,F) 内元素进行合成，输出保存在 T 中
synthesize_from_set(F,F,F,T,check_order=True)

# 逐一生成不同尺寸生成集的数据
k=1
while True:
    print('[INF] k: %d, len(F):%d'%(k,len(F)))
    W=find_set_by_size(k,T,F)
    P=merge_set(F,W)
    if len(P)>=(1<<N)-1:
        F=P
        break
    synthesize_from_set(F,W,P,T,check_order=False) # 合成新元素
    synthesize_from_set(W,W,P,T,check_order=True )
    F=P
    k+=1

print(T)
```

代码中数组 T 的第 $t$ 号元素（$t$>0）存放生成它所对应的运算参数 $(g_a,g_b,g_c,p_a,p_b)$，即 $t=p_a(a \ll g_a)+p_b(b \ll g_b)$，以及 $t$ 的生成集，即生成 $t$ 之前必须先生成的数的集合。搜索每个数生成序列的核心代码是程序最后的 while 循环。在每一轮循环开始时，F 存放至少需要 $k-1$ 次加减法运算能够得到的数，数组 W 的含义和之前给出的运算步骤中的集合 $W$ 一样。之前给出的运算步骤中集合 $S$ 在上述程序中没有显式地给出，它的元素存通过两次 synthesize_from_set 函数调用生成，并放于数组 T 中。

本书配套的程序集中有完整代码，其中 find_equation 函数输出各元素的加减移位运算表达式。附录 A 中给出所有 8 位整数的生成代码，可以用于实现任意的 8 位参数乘法。

### 4.4.3　多常数整数乘法优化

多常数整数乘法优化用于简化变量 $x$ 和常数集合 $\{c_1,c_2,\cdots,c_K\}$ 的乘法，即计算

$$\begin{cases} y_1 = x \times c_1 \\ y_2 = x \times c_2 \\ \quad\vdots \\ y_K = x \times c_K \end{cases} \tag{4-27}$$

和单常数整数乘法一样，可以用加减法和移位操作实现上述运算。比如我们计算变量 $x$ 和

常数集合 {58 183 161 7 −47 7 8 −2} 的乘法，用图 4-41 所示的运算流图可以实现。

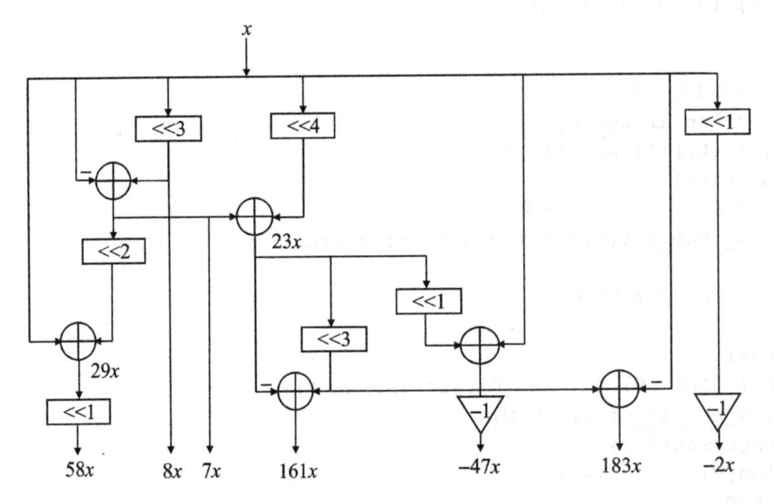


图 4-41 FIR 滤波器用加减法实现的例子

上述运算用 6 次加减法实现了 8 个常数整数的乘法，运算量相比传统的乘法大大降低。构建上述运算流图时可以使用和之前构建所有 $1\sim2^N-1$ 常数乘法相同的流程，但这种步骤不一定得到最优的（加减法次数最少）的运算流图，根据文献 [3] 给出的方法，能够得到更好的运算流图。由于搜索最优的运算流程是 NP 问题，目前已知的搜索算法简化了搜索量，得到的是“准最优”的结果。下面介绍搜索算法的思想。

我们把待生成的乘法常数（取绝对值，因为负数乘法只要取负即可）放入集合 $T$，考虑到任何偶数可以通过某个奇数左移得到，我们将 $T$ 中需要生成的偶数通过右移替换成对应的奇数，并删除重复元素。算法 4-3 给出的伪代码实现了搜索生成 $T$ 中元素的算法。

**算法 4-3 生成 $T$ 中元素的算法**

1. $R=\{\phi\}$，$W=\{1\}$，$S=\{\phi\}$
2. while $|T|>0$ do 只要 $T$（需要生成元素集合）不为空就执行下面的代码
3. while $|W|>0$ do 只要 $W$ 不为空就执行下面的代码
4. $R\leftarrow R\bigcup W$
5. $S=\{s\,|\,s=A_*(r_1,r_2),r_1\in R,r_2\in R\}-R$ 从 $R$ 生成的 $R$ 之外的新元素集合
6. $W=\{\phi\}$
7. for $s\in S\bigcap T$ do 从新生成的元素中挑选出同时在 $T$ 中的元素
8. $W\leftarrow W+s$，$T\leftarrow T-s$ 将 $s$ 加入集合 $W$，并从集合 $T$ 中移除 $s$
9. if $|T|>0$ then
10. $s\leftarrow H(R,S,T)$ 函数 $H(*)$ 从集合 $S$ 中选出某个元素 $s$，后面具体介绍
11. $W\leftarrow W+s$ 将 $s$ 加入 $W$

上面的伪代码中，集合$R$中包括了生成$T$中元素的过程中所有额外生成的中间元素；集合$S$是存放集合$R$中任意两个元素通过一次加减运算能够得到的所有元素；集合$W$存放的每一轮循环（第3～8行对应的循环）执行后需要新加入集合$R$的元素。

算法伪代码第10行出现的函数$H(R,S,T)$从集合$S$中选出某个元素$s$，该函数是整个算法的关键，几种不同的搜索算法的差别在于函数$H(R,S,T)$的实现。其中一种实现方法是：从集合$S$中选择$s$，使得将该元素加入集合$R$之后，从集合$R$的元素生成$T$中元素需要的加减运算量最小。实现函数$H(R,S,T)$的难点在于我们无法准确计算给定某个集合$R$后，生成$T$中元素所需要的加减运算量。只能使用几种近似估计，并因此将$H(R,S,T)$称为“启发式”的元素选择函数。比如我们选择和$T$中某个元素最接近的$s$，即

$$s = \mathrm{argmin}_s(\min_{t \in T} |s-t|) \tag{4-28}$$

代码清单4-23中的Python程序实现了上述搜索流程。

**代码清单4-23　用加减运算实现多个常数乘法的运算结构搜索程序**

```
import numpy as np
import math

N=9                 # 合成数据的位宽度
GMAX=N              # 合成期间考虑的最大移位量
VMAX=1<<GMAX        # 合成的最大数

# 从a和b生成所有形如pa*(a<<ga)+b*(b<<gb)的元素，返回它们的集合S
# 要求生成元素s满足：1) 0<s<VMAX; 2) s不在集合P内
def synthesize_value_all(a,b,P=None):
    S=[]
    for ga in range(GMAX-int(math.log2(a))):
        for gb in range(GMAX-int(math.log2(b))):
            for pa,pb in [(1,1),(1,-1)]:
                s=pa*(a<<ga)+pb*(b<<gb)
                if P is not None:
                    if s in P: continue         # 排除集合P内的元素
                if abs(s) in S: continue        # 排除已生成过的元素
                if 0<abs(s)<VMAX:               # 排除0和过大元素
                    S.append(abs(s))
    return S


# 用集合R内的元素生成R之外的新元素，结果保存在S中
def synthesize_from_set(R):
    S={}
    for a in R:
        for b in R:
            for s in synthesize_value_all(a,b,R):
```

```
                if s in R: continue
                if s in S: continue
                S[s]=(a,b)
    return S

# "启发式"元素选择，选和T中元素最接近的s
def H(R,S,T):
    diff=np.inf
    for s in S:
        for t in T:
            d=min([abs(s-t) for t in T])
            if d<diff: diff,s_sel=d,s
    return s_sel

####################
# 测试入口
####################
T=[11,13,29,43]

R,W=[],[1]
while len(T)>0:
    while len(W)>0:
        R=set(list(R)+list(W))
        S=synthesize_from_set(R)
        W=[s for s in S if s in T]
        for w in W:
            T.remove(w)

    if len(T)>0:
        s=H(R,S,T)
        W.append(s)
        if s in T: T.pop(s)

print(R)
```

上述代码中T初始取值为4个正奇数[11,13,29,43]，即需要设计运算流图计算{11$x$, 13$x$, 29$x$, 43$x$}。运行上述程序后会找出生成T中各个元素需要额外生成的中间数据并存储在集合R中，运行后R的内容为

```
R: {1, 10, 11, 43, 13, 29}
```

相比T的初始值，增加了数据10，表明生成T中元素过程中需要额外计算生成10。生成完整的乘法运算流图如图4-42所示。

图4-42对应的乘法运算如代码清单4-24所示。

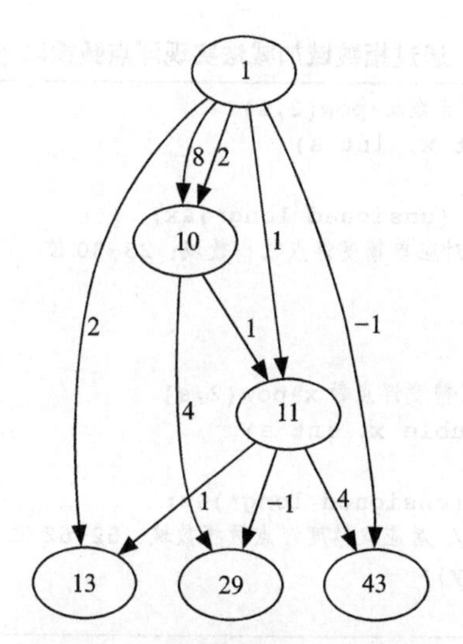


图 4-42　生成乘法运算流程的例子

**代码清单 4-24　用加减实现多个常数乘法的 Python 程序例子**

```
c1=x
c10=(c1<<1)+(c1<<3)
c11=c1+c10
c29=(c10<<2)-c11
c43=-c1+(c11<<2)
c13=(c1<<1)+c11
```

其中 c11 = 11x，c13 = 13x，c29 = 29x，c43 = 43x，即计算 $x$ 的 4 个常数乘法可以用 5 次加减法实现。上述表达式由本书配套程序集中的函数 find_equation 生成。

文献 [3] 给出了更好的 $H(R,S,T)$ 的构造方案，比上面的例程生成更加精简的运算图，但思路也更加复杂，感兴趣的读者可以参考该论文。另外，在算法伪代码的第 5 行，计算 $S$ 可以用“增量”方式实现，因为在每轮循环（算法 4-3 的第 3 ～ 8 行）中，集合 $R$ 元素的“增量”是 $W$（见算法 4-3 第 4 行），我们只需要计算 $W$ 对 $S$ 的影响，减少重复运算，具体简化步骤也在文献 [3] 中给出，这里不再展开介绍。

## 4.4.4　浮点数和整数常数乘法优化

在第 2 章我们曾经提到利用浮点数格式的特点可以让浮点数实现类似整数左移或者右移的操作，即计算浮点数 $x$ 和 $2^s$ 的乘积，其中 $s$ 是整数。根据图 4-1，32 位单精度浮点数的指数域 $E$ 处于 23 ～ 30 位，通过对这个域加减 $s$，就能够实现 32 位单精度浮点数和 $2^s$ 的乘积。对于双精度浮点数，图 4-2 表明它的指数域 $E$ 处于 52 ～ 62 位，对这个域的数据加减 $s$ 同样能够实现和 $2^s$ 的乘积，代码清单 4-25 所示的 C 程序可实现这一操作。

**代码清单 4-25　通过指数域加减法实现浮点数乘以 $2^s$ 运算的 C 程序**

```
// 通过指数字段操作，计算浮点数 x*pow(2,s)
float float_shift(float x, int s)
{
    unsigned long* y = (unsigned long*)&x;
    *y += s << 23; // 对应单精度浮点数指数域：23~30 位
    return *(float*)y;
}

// 通过指数字段操作，计算双精度浮点数 x*pow(2,s)
double double_shift(double x, int s)
{
    unsigned long *y= (unsigned long*)&x;
    y[1] += s << 20; // 对应双精度浮点数指数域：52~62 位
    return *((double*)y);
}
```

其中函数 `float_shift` 实现单精度浮点数 $x$ 乘以 $2^s$，而 `double_shift` 实现双精度浮点数 $x$ 乘以 $2^s$ 的计算。注意倒数第三行：`y[1] += s << 20`，`y` 使用为双精度浮点数对应 2 个 32 位字的存储空间，`y[1]` 对应高 32 ～ 63 位域空间，因此 `y[1]`（当成 32 位无符号整数看待）的第 20 ～ 30 位对应双精度数指数域 $E$ 的位置，需要的移位量是 20 位。

基于上述运算，可以以单精度浮点数和双精度浮点数重新实现代码清单 4-24 对应的例子，即计算 $\{11x,13x,29x,43x\}$，如代码清单 4-26 所示。

**代码清单 4-26　用加减运算实现浮点数和多个常数相乘的 C 程序例子**

```
// 计算浮点数 x 和多个整数的乘法
// 计算结果存于 out 数组：
// out[0]=x*11, out[1]=x*13, out[2]=x*29, out[3]=x*43
void float_mul(float x, float* out)
{
    float c1 = x;
    float c10 = float_shift(c1, 1) + float_shift(c1, 3);
    float c11 = c1 + c10;

    float c40 = float_shift(c10, 2);

    float c29 = float_shift(c10, 2) - c11;
    float c43 = -c1 + float_shift(c11, 2);
    float c13 = float_shift(c1, 1) + c11;
    out[0] = c11;    // =x*11
    out[1] = c13;    // =x*13
    out[2] = c29;    // =x*29
    out[3] = c43;    // =x*43
}

// 计算双精度浮点数 x 和多个整数的乘法
// 计算结果存于 out 数组：
```

```
// out[0]=x*11, out[1]=x*13, out[2]=x*29, out[3]=x*43
void double_mul(double x, double* out)
{
    double c1 = x;
    double c10 = double_shift(c1, 1) + double_shift(c1, 3);
    double c11 = c1 + c10;
    double c29 = double_shift(c10, 2) - c11;
    double c43 = -c1 + double_shift(c11, 2);
    double c13 = double_shift(c1, 1) + c11;
    out[0] = c11;    // =x*11
    out[1] = c13;    // =x*13
    out[2] = c29;    // =x*29
    out[3] = c43;    // =x*43
}
```

上面的代码仅仅使用整数和浮点数加减法实现浮点数和多个整数的乘法运算，对于没有浮点协处理器的 CPU，这一方式节省了 CPU 计算浮点数乘法的时间。

需要注意的是上述算法得到的结果和直接使用浮点数乘法在精度上是有差别的：对于单精度浮点数，相对误差大约在 $10^{-6}$ 量级；对于双精度浮点数，误差大约在 $10^{-15}$ 量级。还需要注意的是上述程序直接操作的浮点数指数域，有可能遇到指数域溢出问题，另外，根据 IEEE754 标准，指数域特殊取值所对应的几种特殊数据的表示，比如浮点的 nan 等，需要读者在使用时进一步完善上述代码。

## 4.4.5　常数整数乘法优化的应用

基于上面介绍的常数乘法优化技术，很快能够想到大量的应用场景，下面简单介绍几种应用的例子。

**1. 常数矩阵乘法**

常数乘法的一个应用是常数矩阵乘法的加速，比如计算下面的常数矩阵乘法：

$$\begin{bmatrix} y_1 \\ y_2 \\ y_3 \end{bmatrix} = \begin{bmatrix} 44 & 89 \\ 137 & -101 \\ 56 & 12 \end{bmatrix} \begin{bmatrix} x_1 \\ x_2 \end{bmatrix}$$

它可以表示多常数乘法模式，即

$$\begin{bmatrix} y_1 \\ y_2 \\ y_3 \end{bmatrix} = \begin{bmatrix} 44 \\ 137 \\ 56 \end{bmatrix} x_1 + \begin{bmatrix} 89 \\ -101 \\ 12 \end{bmatrix} x_2$$

我们分别计算两组乘法，即对 $x_1$ 做 3 个常数 {44,137,56} 的乘法，以及对 $x_2$ 做 3 个常数 {89,−101,12} 的乘法，然后将两组乘法结果相加得到 $\{y_1, y_2, y_3\}$。在优化前，我们先对常数集合做简单的预处理，将其中的负数取绝对值，并去除常数中 $2^k$ 的因子，得到两个常数集

合 {11,137,7} 和 {89,101,3}，使用 4.4.3 节提到的搜索算法，整理后得到如图 4-43 所示的结果：

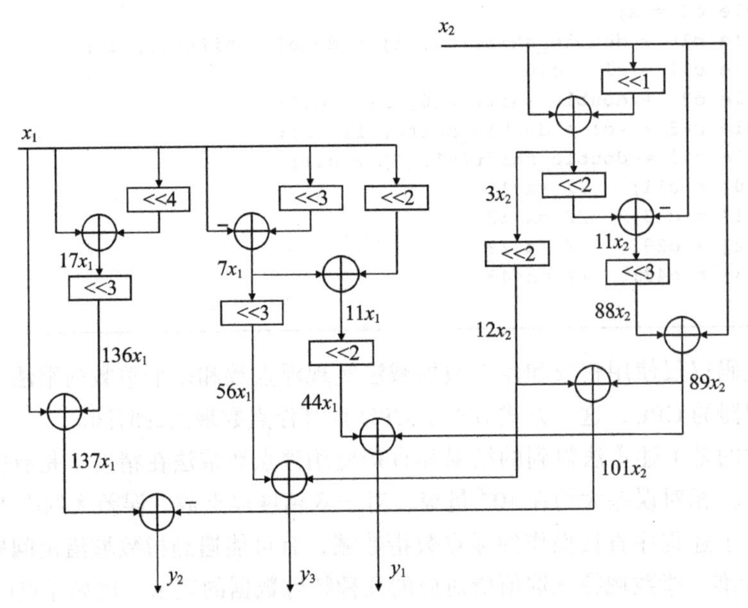


图 4-43 矩阵运算中常数乘法通过加减法实现的例子

对应的代码如代码清单 4-27 所示。

代码清单 4-27 用加减运算实现矩阵乘法运算的例子

```
u17 = x1+( x1<<4);
u137= x1+(u17<<3);
u7  =-x1+( x1<<3);
u11 = u7+( x1<<2);

v3  = x2 +( x2<<1);
v11 =-x2 +( v3<<2);
v89 = x2 +(v11<<3);
v101= v89+( v3<<2);

y1 = v89+(u11<<2);
y2 = u137-v101;
y3 = (u7<<3)+(v3<<2);
```

上面的代码使用 11 次加减法实现原始矩阵乘法所需要的 6 次乘法和 3 次加法。

**2. 二维卷积**

很多机器学习的算法能够表示为矩阵乘法，并因此可以用上面例子给的方法优化。比如考虑图 4-44 给出的二维卷积：

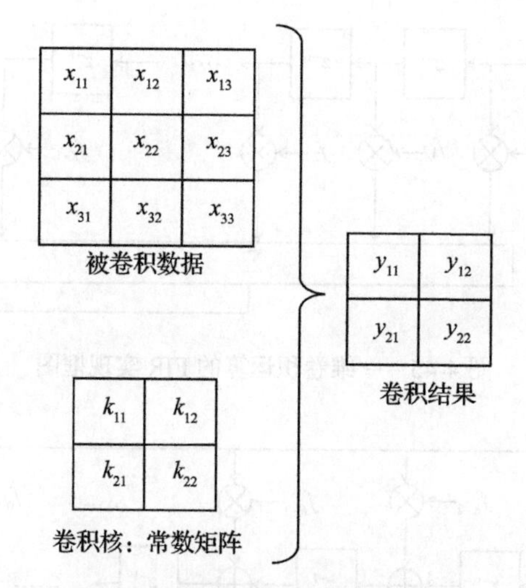


图 4-44 二维卷积运算的示意图

它可以表示为矩阵乘法形式：

$$\begin{bmatrix} k_{11} & k_{12} & 0 & k_{21} & k_{22} & 0 & 0 & 0 & 0 \\ 0 & k_{11} & k_{12} & 0 & k_{21} & k_{22} & 0 & 0 & 0 \\ 0 & 0 & 0 & k_{11} & k_{12} & 0 & k_{21} & k_{22} & 0 \\ 0 & 0 & 0 & 0 & k_{11} & k_{12} & 0 & k_{21} & k_{22} \end{bmatrix} \begin{bmatrix} x_{11} \\ x_{12} \\ x_{13} \\ x_{21} \\ x_{22} \\ x_{23} \\ x_{31} \\ x_{32} \\ x_{33} \end{bmatrix} = \begin{bmatrix} y_{11} \\ y_{12} \\ y_{21} \\ y_{22} \end{bmatrix}$$

上面的矩阵形式就可以套用矩阵乘法的例子用加法取代乘法运算。

**3. 一维卷积**

一维卷积在时间序列信号处理上有很多应用。另外在第 5 章会介绍，对于二维卷积，当卷积核矩阵能够低秩分解时，就能够通过两个方向的一维卷积实现。对于一维卷积，我们可以通过简单的变换，使它成为常数乘法运算。

我们考虑下面的卷积运算：

$$y_n = \sum_{k=1}^{K-1} f_k x_{n-k} \tag{4-29}$$

它的运算流程如图 4-45 所示。

一种优化方案是对其中的每个乘法环节用单常数乘法优化，但我们能够进一步改进这一过程，即通过将上述运算转换成等效的多个常系数的乘法运算，如图 4-46 所示。

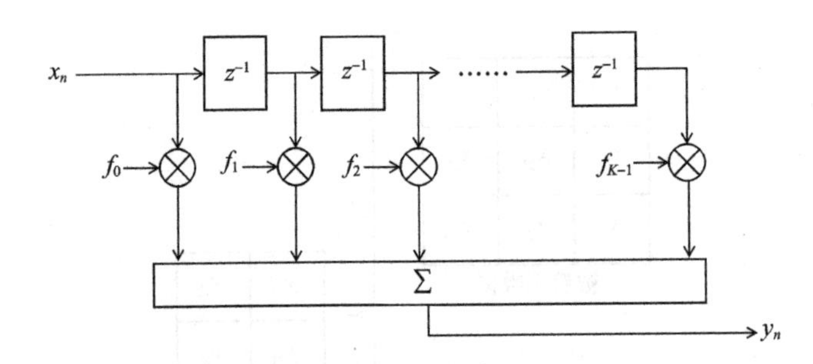


图 4-45　一维卷积运算的 FIR 实现框图

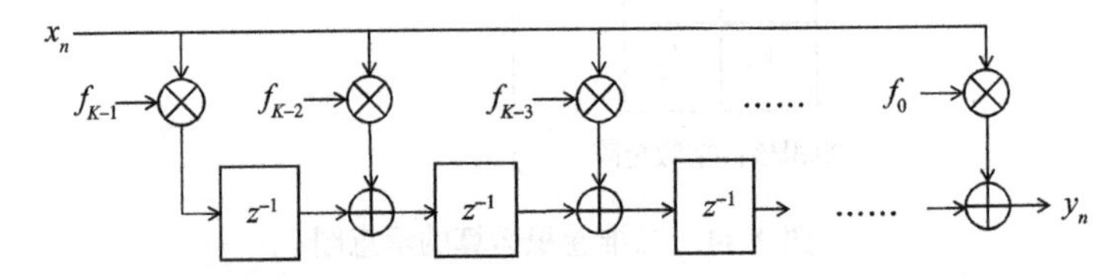


图 4-46　一维卷积运算通过常系数乘法优化实现的算法结构等效转换

这样可以看到，卷积运算中的乘法能够等效为对输入数据 $x_n$ 和参数集合 $\{f_0, f_1, \cdots, f_{K-1}\}$ 相乘，因此可以使用之前讨论的多常数乘法优化。

下面考虑一个具体的例子。我们用长度为 11 的高斯卷积核对输入数据平滑滤波，卷积核为

$$\{0.0821, 0.2019, 0.4066, 0.6703, 0.9048, 1, 0.9048, 0.6703, 0.4066, 0.2019, 0.0821\}$$

卷积核的各个元素幅度在图 4-47 中给出，它们呈现高斯形。由于之前讨论的算法不能处理浮点数，因此我们使用定点数格式 S0.7 来表示上面的卷积核，即将卷积核的每个常数乘以 $2^7$ 并取整，构成整数常系数集合：

$$\{11, 26, 52, 86, 116, 128, 116, 86, 52, 26, 11\}$$

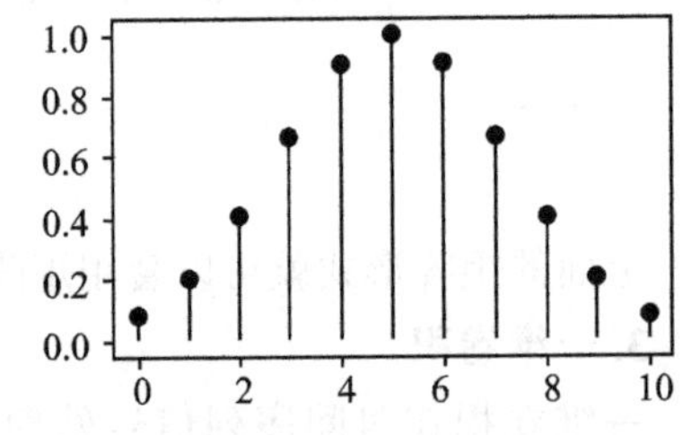


图 4-47　数据平滑滤波例子中卷积核参数

这样就能够使用之前的多常数乘法优化了。

我们去除常数中 $2^k$ 的因子，消除重复元素和 1 之后得到需要计算乘法的常数集合：

$$\{11, 13, 29, 43\}$$

这个常数集合的乘法在图 4-42 对应的例子中已经给出。对卷积输入数据 $\{x_n\}$，计算得到 $\{c_n^{(11)} = 11x_n, c_n^{(13)} = 13x_n, c_n^{(29)} = 29x_n, c_n^{(43)} = 43x_n\}$ 后，通过下面计算得到卷积输出：

$$\begin{aligned} y_n = & c_n^{(11)} + (c_{n-1}^{(13)} \ll 1) + (c_{n-2}^{(13)} \ll 2) + (c_{n-3}^{(43)} \ll 1) + (c_{n-4}^{(29)} \ll 2) + (x_{n-5} \ll 7) \\ & + (c_{n-6}^{(29)} \ll 2) + (c_{n-7}^{(43)} \ll 1) + (c_{n-8}^{(13)} \ll 2) + (c_{n-9}^{(13)} \ll 1) + c_{n-10}^{(11)} \end{aligned}$$

注意，考虑运算过程中的溢出，我们在做运算时对 S0.7 格式的定点数进行扩展，通过最高位符号位重复 8 次得到 S8.7 格式，另外对输入 $x_n$ 也转成 S8.7 格式定点数，最后的计算结果 $y_n$ 是 S17.14 格式的定点数。下面用 Python 给出对应的卷积运算代码，如代码清单 4-28 所示，注意，实际应用时需要改成 C 语言或者汇编语言代码才能够体现它的运行速度。

**代码清单 4-28　用加减运算实现卷积运算的例子**

```
# 实现 x 和常数集合 [11,13,29,43] 的乘积
def mul_x(x):
    c1=x
    c10=(c1<<1)+(c1<<3)
    c11=c1+c10
    c29=(c10<<2)-c11
    c43=-c1+(c11<<2)
    c13=(c1<<1)+c11
    return c11,c13,c29,c43

# 计算卷积，x_in 是数组，存放卷积输入数据
# 返回 y_out，数组，存放卷积结果
def filter_x(x_in):
    # 定义保存中间结果数组
    c11,c13,c29,c43=[0]*11,[0]*11,[0]*11,[0]*11
    xn=[0]*11

    # 卷积计算
    y_out=[]
    for x in x_in:
        v11,v13,v29,v43=mul_x(x) # 计算常系数乘法
        xn =[x  ]+xn [:10] # 运算结果保存（这里 "+" 表示数组合并，
                           # 不是加法）
        c11=[v11]+c11[:10]
        c13=[v13]+c13[:10]
        c29=[v29]+c29[:10]
        c43=[v43]+c43[:10]
        print(xn)
        y= c11[0]+(c13[1]<<1)+(c13[2]<<2)+(c43[3]<<1)+\
           (c29[4]<<2)+(xn[5]<<7)+ (c29[6]<<2)+(c43[7]<<1)+\
           (c13[8]<<2)+(c13[9]<<1)+c11[10]
        y_out.append(y)

    return y_out

# 测试
x_in=np.random.randint(low=-128,high=127,size=100)
y_out=filter_x(x_in)
```

上面的例子中，对于每个输入数据，共需要进行 15 次加减法运算得到滤波输出，而原始的 FIR 滤波器运算，即使考虑系数对称性，也需要进行 5 次浮点数乘法运算。

## 4.5 小结

嵌入式系统中的数值表示形式对内存占用、运算速度功耗都有关联，这一章分析了多种数值表示形式，其中高精度的表示形式包括单精度浮点数和双精度浮点数格式，它们需要的运算量高，存储量也高。低精度的表示形式包括 16 位的半精度浮点数格式和 bfloat16 格式，它们表示的数据精度有限，但换取了运算效率和存储效率的提升。另外，在嵌入式应用中还经常用整数来存储量化了的数据，包括定点数量化格式和仿射映射量化格式。对于以这两种量化格式表示的数据，能够用整数运算硬件实现运算，速度上高于浮点操作，但付出的代价是量化带来的精度下降以及数据取值范围的缩小。为嵌入式系统运算程序选择数值表示方法时需要考虑运算速度、存储量和精度的平衡。

在本章我们还讨论了使用加减法实现常数乘法操作的方法，这一方法在实际应用过程中，需要结合处理器的底层指令的运算过程共同考虑，在运算流程的复杂度、数据访问的复杂度、中间变量的内存存储量上取得平衡。实际应用中，需要通过组合多种优化技术实现最优的运算流程。传统的方案通过人工实现不同组合方式构建相应的架构，并逐一评估不同架构的性能，选择最优方案，比如二维卷积运算可以使用 Winograd 算法进行优化（见第 5 章），其中用到的乘法运算可以使用 SCM 和 MCM 优化，并且构成的加法树根据运算单元的并发性，能够应用处理器的 SIMD 指令（见第 8 章），结合其流水线和 Cache 特性实现。随着组合种类的增加，依靠开发者逐一选择架构的模式已经难以适应大量涌现的应用，现在的一个趋势是利用计算机搜索合适的算法，根据不同的性能评估函数自动挑选最优的运算结构。

## 参考文献


[1] DEMPSTER A G, MACLEODM D, et al.Constant integer multiplication using minimum adders[J]. Circuits Devices & System Iee Proceedings, 1994, 141（5）：407-413.

[2] HWANG K. Computer arithmetic: principles, architecture and design[J]. Wiley, 1979.

[3] VORONENKO Y, PUSCHEL M. Multiplierless Multiple Constant Multiplication[J]. ACM Transactions on Algorithms, 2007.

[4] GUSTAFSSON O, DEMPSTER A G, JOHANSSON K, et al.Simplified design of constant coefficient multipliers[J]. Circuits Systems and signal Processing. 2006, 25（2）：225-251.

[5] THONG J, NICOLICI N. An optimal and practical approach to single constant multiplication[J]. IEEE Transactions on Computer-Aided Design of Integrated Circuits and Systems, 2011, 30（9）：1373-1386.

[6] MEYER-BAESE U. Digital Signal Processing with Field Programmable Gate Arrays[M]. 4th ed. New York: Springer, 2014.

# 第5章
# 卷积运算优化

卷积运算是机器学习算法中常见的运算，比如在卷积神经网络中利用卷积运算提取输入数据中的特征。在数字图像处理中，使用二维高斯核对图像进行卷积实现图像平滑滤波，或者使用拉普拉斯卷积核对图像卷积实现图像边沿检测。对于卷积神经网络，卷积运算更是其核心运算，是制约深度神经网络运算速度的重要原因。可见降低卷积运算的复杂度对多种机器学习的算法在嵌入式系统中的实现有重要意义，我们在这一章会详细介绍各种卷积运算的优化方法。卷积运算在实际应用中会有各种变形，比如在卷积神经网络中将卷积转换成矩阵乘法等，这些和特定算法相结合的卷积在相应的章节补充介绍，本章侧重介绍卷积本身的算法优化。

本章介绍卷积算法时会用到几种不同的卷积表示形式，分别是传统的乘加表示形式、多项式的表示形式以及矩阵的表示形式。其中多项式表示形式是构造短序列卷积算法的基础。此外，利用多项式形式表示卷积运算便于以嵌套的形式构造长序列卷积。而卷积的矩阵表示形式能够帮助我们从一维卷积迅速扩展到高维卷积。不少机器学习应用对卷积的微小误差不敏感，因此可以通过降低运算精度换取运算效率的提升和内存的节省。我们在本章最后讨论了几种近似卷积算法，这些算法主要通过修改原先的卷积核，在损失一定精度的条件下尽可能地降低乘法和加法运算量。

本章所讨论的不少算法在原理上是相互关联的，并且可以组合使用达到最低的运算复杂度。但需要注意的是，在这些快速卷积算法中，有很多需要“非规则”的数据访问（相对传统卷积的顺序内存访问而言），为了能够体现算法的性能优势，需要在软件实现上根据处理器硬件的特性进行调整，包括内存对齐、缓存访问优化以及处理器的SIMD指令集特点等，需要读者根据所选用的硬件特性进一步适配和优化。另外，所讨论的算法也可以直接使用硬件实现，目前已经有不少算法被用于卷积神经网络专用加速芯片的设计中。

## 5.1 卷积运算的定义

卷积算法可以分为线性卷积和循环卷积，两者的差别在于对“边界”数据的处理，下面具体给出卷积运算的定义和运算过程。

### 5.1.1　一维线性卷积

我们把卷积输入序列和卷积核分别记作 $\{x_0, x_1, \cdots, x_{N-1}\}$ 和 $\{h_0, h_1, \cdots, k_{K-1}\}$，它们的一维线性卷积输出序列长度为 $K+N-1$，卷积结果 $\{y_0, y_1, \cdots, y_{K+N-2}\}$ 的计算表达式为

$$y_n = \sum_{k=0}^{K-1} x_{n-k} h_k \tag{5-1}$$

计算上述卷积时，如果 $x_i$ 的下标 $i$ 超出范围 0 ～ $N-1$ 时，对应的 $x_i$ 值用 0 代替。

线性卷积运算可以看成不断移动一个滑动窗口，计算每次移动后窗口内数据和卷积核的乘积并求和。图 5-1 给出了序列 $\{x_0, x_1, x_2\}$ 和卷积核 $\{h_0, h_1\}$ 的卷积运算过程。

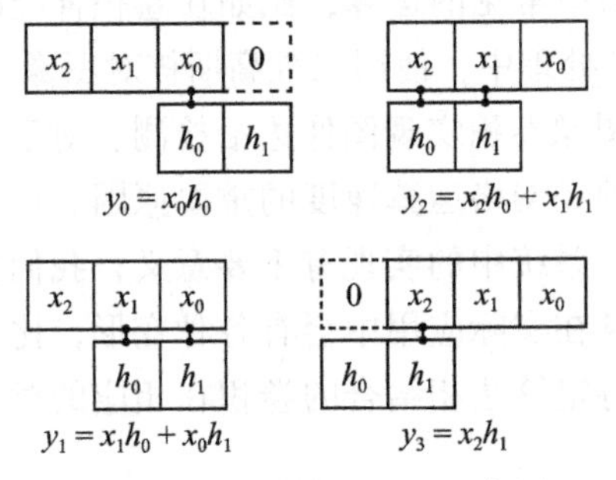


图 5-1　一维线性卷积示意图

对于线性卷积，当滑动窗口到达数据边界时，对数据进行补零拓展，这在图中用虚线格子表示。

上述一维线性卷积可以通过多项式的形式描述。分别用多项式 $x(p)$ 和 $h(p)$ 表示被卷积序列 $\{x_0, x_1, \cdots, x_{N-1}\}$ 和卷积核 $\{h_0, h_1, \cdots, k_{K-1}\}$，即

$$\begin{cases} x(p) = \sum_{n=0}^{N-1} x_n p^n \\ h(p) = \sum_{k=0}^{K-1} h_k p^k \end{cases} \tag{5-2}$$

它们的乘积记作多项式 $y(p)$：

$$y(p) = x(p)h(p) \tag{5-3}$$

可以验证多项式 $y(p)$ 的系数就是线性卷积结果 $\{y_0, y_1, \cdots, y_{K+N-2}\}$，即

$$y(p) = \sum_{i=0}^{K+N-2} y_i p^i \tag{5-4}$$

下面给出一个例子，用多项式表示序列 $\{x_0, x_1, x_2\}$ 和 $\{h_0, h_1\}$ 卷积运算：

$$\begin{cases} x(p) = x_0 + x_1 p + x_2 p^2 \\ h(p) = h_0 + h_1 p \end{cases} \tag{5-5}$$

上面两个多项式的乘积如下：

$$y(p)=x(p)h(p)=x_0h_0+(x_1h_0+x_0h_1)p+(x_2h_0+x_1h_1)p^2+x_2h_1p^3 \tag{5-6}$$

其中对应多项式变量$p$的 0、1、2、3 次方的系数分别是$x_0h_0$、$x_1h_0+x_0h_1$、$x_2h_0+x_1h_1$和$x_2h_1$，和之前图 5-1 给出的例子一样。

很多快速卷积算法的设计基于上述多项式表示形式，在下面解释的部分算法设计原理时会用到，如果希望了解这些快速算法的构建过程，需要熟悉这一表示方式。

## 5.1.2　一维循环卷积

循环卷积和线性卷积的不同点在于它们在计算数据边界时处理方式不同。线性卷积是“补零”，而循环卷积是“卷折回”。

考虑卷积输入序列$\{x_0,x_1,\cdots,x_{N-1}\}$，卷积核$\{h_0, h_1, \cdots, h_{N-1}\}$，它们的一维循环卷积输出序列长度为$N$，卷积结果$\{y_0,y_1,\cdots,y_{N-1}\}$的计算表达式为

$$y_n=\sum_{i=0}^{N-1}x_{(n-i)\bmod N}h_i \qquad n=0,1,\cdots,N-1 \tag{5-7}$$

上面给出的运算过程可以通过序列$\{x_0,x_1,x_2\}$和$\{h_0,h_1\}$的卷积过程示意图来说明，如图 5-2 所示。

在图 5-2 给出的卷积过程中，当卷积核$\{h_0,h_1,h_2\}$滑动到数据边界时，虚线格子给出数据拓展方式——将序列另一头的数据“卷折回”复制过来。另外，注意这里卷积结果只有 3 项，因为如果将$\{h_0,h_1,h_2\}$对应的卷积窗口继续向左移动时，对应的卷积结果和之前已经算出来的结果有重复。

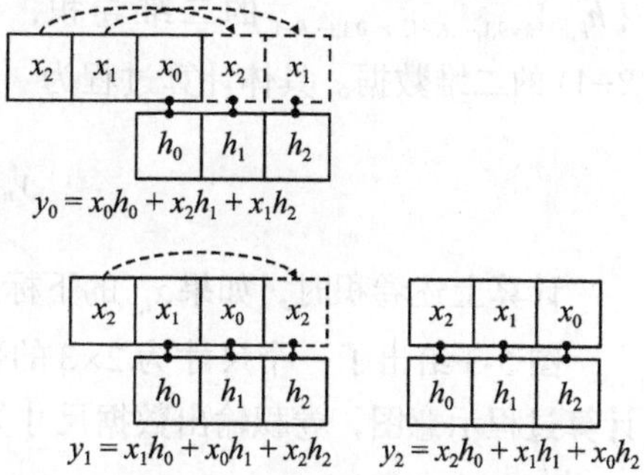

$y_0=x_0h_0+x_2h_1+x_1h_2$

$y_1=x_1h_0+x_0h_1+x_2h_2$　　$y_2=x_2h_0+x_1h_1+x_0h_2$

图 5-2　一维循环卷积示意图

上述一维循环卷积也可以通过多项式的形式描述。对于两个长度相同的序列$\{x_0,x_1,\cdots,x_{N-1}\}$和$\{h_0, h_1, \cdots, h_{N-1}\}$，分别用多项式$x(p)$和$h(p)$表示，它们的循环卷积结果可以通过计算下面的多项式得到：

$$y(p)=x(p)h(p)\bmod(p^N-1) \tag{5-8}$$

可以验证多项式$y(p)$的系数就是循环卷积结果$\{y_0,y_1,\cdots,y_{N-1}\}$，即

$$y(p)=\sum_{i=0}^{N-1}y_ip^i \tag{5-9}$$

下面是序列$\{x_0,x_1,x_2\}$和$\{h_0,h_1,h_2\}$用多项式计算循环卷积的例子（对应$N=3$），这两个序列的多项式形式为

$$\begin{cases} x(p) = x_0 + x_1 p + x_2 p^2 \\ h(p) = h_0 + h_1 p + h_2 p^2 \end{cases} \tag{5-10}$$

于是通过多项式乘积计算循环卷积为

$$\begin{aligned} & y(p) \\ &= x(p)h(p)\bmod(p^3-1) \\ &= [x_0h_0 + (x_0h_1 + x_1h_0)p + (x_1h_1 + x_0h_2 + x_2h_0)p^2 + (x_1h_2 + x_2h_1)p^3 + x_2h_2p^4]\bmod(p^3-1) \\ &= (x_0h_0 + x_1h_2 + x_2h_1) + (x_0h_1 + x_1h_0 + x_2h_2)p + (x_0h_2 + x_1h_1 + x_2h_0)p^2 \end{aligned} \tag{5-11}$$

其中对应多项式变量 $p$ 的 0、1、2、3 次方的系数分别是 $x_0h_0 + x_1h_2 + x_2h_1$、$x_0h_1 + x_1h_0 + x_2h_2$、$x_0h_2 + x_1h_1 + x_2h_0$，和之前图 5-2 给出的例子相同。注意，上面计算 $\bmod(p^3-1)$ 有快速算法，即将多项式中的 $p^i$ 替换成 $p^{i \bmod 3}$，比如将 $p^3$ 替换成 1，以及将 $p^4$ 替换成 $p$。

### 5.1.3 二维线性卷积

二维线性卷积通常用于二维图像处理，计算过程可以看成一个卷积核在二维数据上“滑动”，计算“滑到”每个位置时，卷积核和它所覆盖的数据的乘积之和。

考虑尺寸为 $N \times M$ 的二维数据 $\{x_{n,m}\}_{n=0,1,\cdots,N-1,\ m=0,1,\cdots,M-1}$ 和尺寸为 $K \times R$ 的卷积核 $\{h_{k,r}\}_{k=0,1,\cdots,K-1,\ r=0,1,\cdots,R-1}$ 的二维卷积，卷积结果记作 $\{y_{n,m}\}$，它是尺寸为 $(N+K-1)\times(M+R-1)$ 的二维数据。具体计算过程为

$$y_{n,m} = \sum_{k=0}^{K-1}\sum_{r=0}^{R-1} x_{n-k,m-r} h_{k,r} \tag{5-12}$$

计算上述卷积时，如果 $x_{i,j}$ 的下标超出范围，那么对应的 $x_{i,j}$ 值用 0 代替。

图 5-3 给出了一个尺寸为 2×3 的数据和一个尺寸为 2×2 的卷积核进行二维线性卷积的计算过程示意图，卷积输出数据尺寸为 3×4。

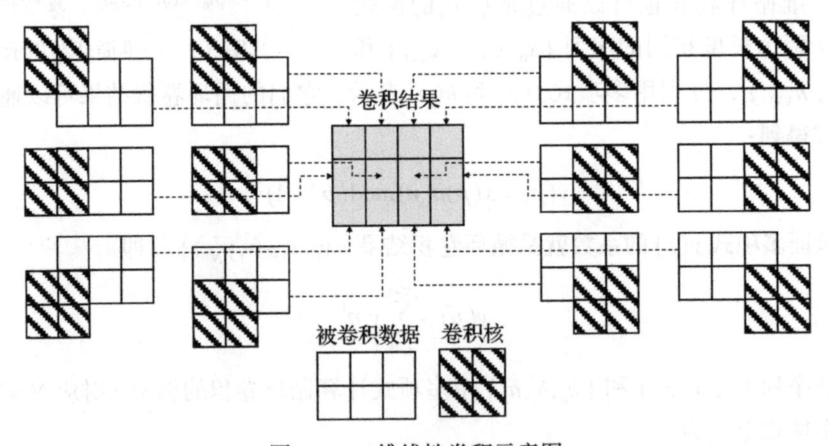


图 5-3 二维线性卷积示意图

二维线性卷积也可以通过多项式的形式描述。参与二维卷积的数据 $\{x_{n,m}\}_{n=0,1,\cdots,N-1,\ m=0,1,\cdots,M-1}$ 和 $\{h_{k,r}\}_{k=0,1,\cdots,K-1,\ r=0,1,\cdots,R-1}$ 可以用多项式 $x(p,q)$ 和 $h(p,q)$ 表示，即

$$\begin{cases} x(p,q)=\sum_{n=0}^{N-1}\sum_{m=0}^{M-1}x_{n,m}p^n q^m \\ h(p,q)=\sum_{k=0}^{K-1}\sum_{r=0}^{R-1}h_{k,r}p^k q^r \end{cases} \tag{5-13}$$

其中 $\{p,q\}$ 是两个多项式变量。上述多项式的乘积记作多项式 $y(p,q)$：

$$y(p,q)=x(p,q)h(p,q) \tag{5-14}$$

可以验证多项式 $y(p,q)$ 中和多项式变量 $p^n q^m$ 对应的系数就是线性卷积结果 $\{y_{n,m}\}$，即

$$y(p,q)=\sum_{n=0}^{N+K-2}\sum_{m=0}^{M+R-2}y_{n,m}p^n q^m \tag{5-15}$$

### 5.1.4 二维循环卷积

和一维循环卷积类似，二维循环卷积在卷积运算到达数据边界时，将另一边的数据“卷折回”去进行计算。考虑尺寸为 $N\times M$ 的二维数据 $\{x_{n,m}\}_{n=0,1,\cdots,N-1,\ m=0,1,\cdots,M-1}$ 和尺寸为 $K\times R$ 的卷积核 $\{h_{k,r}\}_{k=0,1,\cdots,K-1,\ r=0,1,\cdots,R-1}$ 的卷积，设 $N\geqslant K$ 和 $M\geqslant R$，二维循环卷积结果为 $(N+K-1)\times(M+R-1)$ 的二维数据 $\{y_{n,m}\}$。计算过程为

$$y_{n,m}=\sum_{k=0}^{K-1}\sum_{r=0}^{R-1}x_{(n-k)\bmod N,(m-r)\bmod M}h_{k,r} \quad n=0,1,\cdots,N-1,m=0,1,\cdots,M-1 \tag{5-16}$$

图 5-4 给出了一个 $2\times3$ 的数据和一个 $2\times2$ 的卷积核的二维循环卷积过程的示意图：

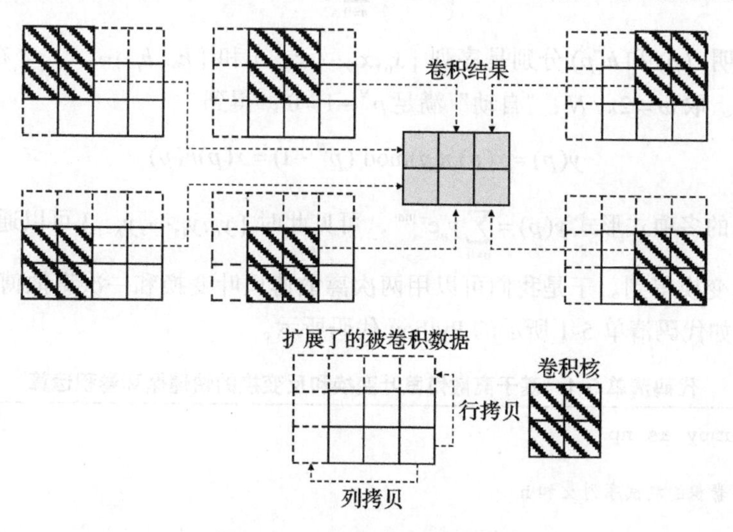


图 5-4 二维循环卷积示意图

如图 5-4 所示，卷积前先把原先的 2×3 数据扩展成 3×4 数据，然后执行卷积。卷积结果为 2×3 矩阵。

## 5.2 快速卷积算法

### 5.2.1 一维循环卷积频域快速算法

最常见的循环卷积优化是使用频域变换的方式实现的。前面介绍循环卷积时，提到可以用多项式表示循环卷积过程，基于频域变换的快速卷积算法可以通过多项式解释。考虑两个长度同为 $N$ 的序列 $\{x_0,x_1,\cdots,x_{N-1}\}$ 和 $\{h_0, h_1, \cdots, k_{N-1}\}$，它们的循环卷积结果是多项式 $y(p)$ 的系数：

$$y(p)=x(p)h(p)\text{mod}(p^N-1) \tag{5-17}$$

其中：

$$\begin{cases} x(p)=\sum_{n=0}^{N-1}x_n p^n \\ h(p)=\sum_{n=0}^{N-1}h_n p^n \end{cases} \tag{5-18}$$

令 $p=\mathrm{e}^{-\mathrm{j}\omega}$，于是有

$$\begin{cases} x(p)=\sum_{n=0}^{N-1}x_n \mathrm{e}^{-\mathrm{j}n\omega} \\ h(p)=\sum_{n=0}^{N-1}h_n \mathrm{e}^{-\mathrm{j}n\omega} \end{cases} \tag{5-19}$$

式（5-19）表明 $x(p)$ 和 $h(p)$ 分别是序列 $\{x_0,x_1,\cdots,x_{N-1}\}$ 和 $\{h_0, h_1, \cdots, k_{N-1}\}$ 在频点 $n\omega$ 的离散傅里叶变换。取 $\omega=2\pi/N$，“自动”满足 $p^N-1=0$，得到

$$y(p)=x(p)h(p)\text{mod}\ (p^N-1)=x(p)h(p) \tag{5-20}$$

根据 $y(p)$ 的多项式形式 $y(p)=\sum_{n=0}^{N-1}y_n\mathrm{e}^{-\mathrm{j}n\omega}$，可见此时 $\{y_0,y_1,\cdots,y_{N-1}\}$ 可以通过 $x(p)h(p)$ 的离散傅里叶反变换得到。于是我们可以用两次离散傅里叶变换和一次离散傅里叶反变换实现循环卷积，如代码清单 5-1 所示的 Python 代码所示。

**代码清单 5-1 基于离散傅里叶变换和反变换的快速循环卷积运算**

```
import numpy as np

# 生成循环卷积的测试序列 x 和 h
N=20
x=np.random.randint(-10,10,N).astype(float)
```

```
h=np.random.randint(-10,10,N).astype(float)

fx=np.fft.fft(x) # 序列 x 的 DFT
fh=np.fft.fft(h) # 序列 h 的 DFT
fy=fx*fh

y=np.fft.ifft(fy)# 序列 x 和 h 的循环卷积结果
```

当卷积序列长度 $N$ 是 2 的幂时，上述运算过程中两个卷积序列的离散傅里叶变换可以通过快速傅里叶变换（FFT）实现，如果选用基 2FFT 变换，每个序列的 FFT 以及 IFFT 运算量都为 $0.5N\log_2 N$ 次复数乘法和 $N\log_2 N$ 次复数加法。计算频域乘积需要进行 $N$ 次复数乘法，因此共需要 $N(1+1.5\log_2 N)$ 次复数乘法和 $3N\log_2 N$ 次复数加法。具体实现基于 FFT 的卷积算法时，乘法和加法次数可以进一步优化，比如对特定的常数乘法，可以使用第 4 章给出的加减法运算图实现，另外，对复数乘法需要的浮点数乘法次数可以由 4 次降低到 3 次，如算法 5-1 所示。

**算法 5-1　计算复数乘法**

计算复数 $(a+bi)$ 和 $(c+di)$ 的乘积，需要进行 3 次乘法运算。

步骤 1：计算 $\begin{cases} s_1 = ac \\ s_2 = bd \\ s_3 = (a+b)(c+d) \end{cases}$

步骤 2：计算 $\begin{cases} s_4 = s_1 - s_2 \\ s_5 = s_3 - s_1 - s_2 \end{cases}$

$s_4$ 和 $s_5$ 分别是复数乘积的实部和虚部，即 $(a+b\mathrm{i})(c+d\mathrm{i}) = s_4 + s_5\mathrm{i}$

基于傅里叶变换的循环卷积可以写成下面的矩阵方程形式：

$$\boldsymbol{y} = \sqrt{N}\boldsymbol{W}^*(\boldsymbol{Wx}) \odot (\boldsymbol{Wh}) \tag{5-21}$$

其中 $\boldsymbol{W}$ 是离散傅里叶变换矩阵（注意，该变换矩阵有几种不同的表示形式，相差一个比例因子 $N$ 或者 $\sqrt{N}$，本书使用定义使得 $\boldsymbol{W}$ 是酉矩阵）：

$$\boldsymbol{W} = \frac{1}{\sqrt{N}}\begin{bmatrix} 1 & 1 & 1 & \cdots & 1 \\ 1 & w^{-1} & w^{-2} & \cdots & w^{-(N-1)} \\ 1 & w^{-2} & w^{-4} & \cdots & w^{-2(N-1)} \\ \vdots & \vdots & \vdots & \ddots & \vdots \\ 1 & w^{-(N+1)} & w^{-2(N+1)} & \cdots & w^{-(N-1)(N-1)} \end{bmatrix}, \quad w = \mathrm{e}^{\frac{\mathrm{j}2\pi}{N}} \tag{5-22}$$

上面公式中 $\boldsymbol{W}^*$ 代表 $\boldsymbol{W}$ 的共轭，符号 $\odot$ 代表两个向量逐元素相乘，比如 $[1\quad 2]\odot[10\quad 100] = [10\quad 200]$；$(\boldsymbol{Wx})$ 和 $(\boldsymbol{Wh})$ 分别看成数据序列 $\boldsymbol{x}$ 和 $\boldsymbol{h}$ 的“频域”表示，而乘以 $\sqrt{N}\boldsymbol{W}^*$ 的运算

代表频域到时域的反变换运算。这一变换过程如图 5-5 所示。

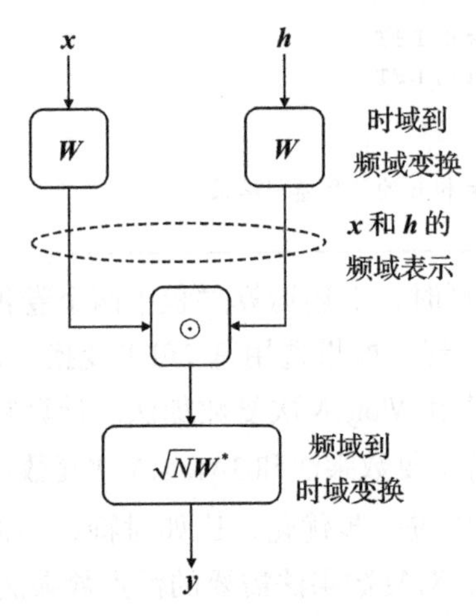


图 5-5　一维循环卷积的时频域快速算法示意图

我们后面介绍 Winograd 滤波算法时会用到类似的矩阵表示形式，这一表示形式有助于构建高维卷积算法。

上面的例子中两个卷积序列的长度相同，对于不等长序列，也可以用上述方法计算，但计算前需要将短序列补 0，使得两个序列等长，代码清单 5-2 的 Python 程序显示了这样的计算过程。

**代码清单 5-2　不等长序列循环卷积快速运算**

```
import numpy as np

N,M = 20, 7 # 两个卷积序列的长度

# 随机生成两个卷积序列
x=np.random.randint(-10,10,N).astype(float)
h=np.random.randint(-10,10,M).astype(float)
h=np.array(list(h)+[0]*(N-M))    # 补零，使得 h 和 x 等长

# 用 DFT 计算循环卷积
fx=np.fft.fft(x)
fh=np.fft.fft(h)
fy=fx*fh

y=np.fft.ifft(fy) # 序列 x 和 h 的循环卷积结果
```

基于频域变换的快速循环卷积算法可以进一步拓展，构造出比传统离散傅里叶变换更加高效的卷积算法，这些算法是基于卷积的多项式表示形式构建的。但这些算法一般作用于短序列卷积，而离散傅里叶变换方法能够适应不同长度的卷积算法。对于这些算法，读

者可以参考文献 [1]。

### 5.2.2 短序列一维线性卷积快速算法

对于长度分别为 $N$ 和 $K$ 的序列，它们的线性卷积运算需要 $N\times K$ 次乘法运算，对于很多处理器或者硬件，乘法运算占用大量时间，需要降低。我们通过重新排列各个数据的计算次序实现乘法运算次数的优化。比如考虑长度同为 2 的两个序列 $\{h_0,h_1\}$ 和 $\{x_0,x_1\}$ 的卷积，卷积结果为长度为 3 的序列 $\{y_0,y_1,y_2\}$。根据卷积定义，计算公式为

$$\begin{cases} y_0 = x_0h_0 \\ y_1 = x_1h_0 + x_0h_1 \\ y_2 = x_1h_1 \end{cases} \tag{5-23}$$

上述运算需要进行 4 次乘法，但可以用算法 5-2 所示的计算流程降低到 3 次。

**算法 5-2 (2,2) 快速线性卷积算法**

计算 $\{x_0,x_1\}$ 和 $\{h_0,h_1\}$ 的线性卷积，输出 $\{y_0,y_1,y_2\}$。需要 3 次乘法运算。

步骤 1：计算 $\begin{cases} H_0 = h_0 \\ H_1 = h_0 - h_1 \\ H_2 = h_1 \end{cases}$ 和 $\begin{cases} X_0 = x_0 \\ X_1 = x_0 - x_1 \\ X_2 = x_1 \end{cases}$

步骤 2：计算 $\begin{cases} Y_0 = H_0X_0 \\ Y_1 = H_1X_1 \\ Y_2 = H_2X_2 \end{cases}$

步骤 3：计算 $\begin{cases} y_0 = Y_0 \\ y_1 = Y_0 - Y_1 + Y_2 \\ y_2 = Y_2 \end{cases}$

我们可以对比之前的循环卷积快速算法来理解上面的算法步骤。循环卷积快速算法使用了频域进行过渡，将时域数据转换成频域数据，然后对频域数据进行逐元素乘积，最后将频域数据转换回时域数据。类似地，上述算法的步骤 1 将原始的数据序列 $\{h_0,h_1\}$ 和 $\{x_0,x_1\}$ 分别转成变换域序列 $\{H_0,H_1,H_2\}$ 和 $\{X_0,X_1,X_2\}$，步骤 2 是在变换域进行逐点乘积，得到卷积结果的变换域表示 $\{Y_0,Y_1,Y_2\}$，步骤 3 执行反变换，将变换域的序列 $\{Y_0,Y,Y_2\}$ 反变换到时域序列 $\{y_0,y_1,y_2\}$，如图 5-6 所示。

(2,2) 快速线性卷积还有第二种表示形式，即把步骤 1 中 $H_1$ 和 $X_1$ 的表达式分别改为 $H_1$=$h_0$+$h_1$ 和 $X_1$=$x_0$+$x_1$，并把步骤 3 中 $y_1$ 的表达式改为 $y_1$=$-Y_0$+$Y_1$$-Y_2$，读者可以验证修改后的快速卷积算法依然正确。

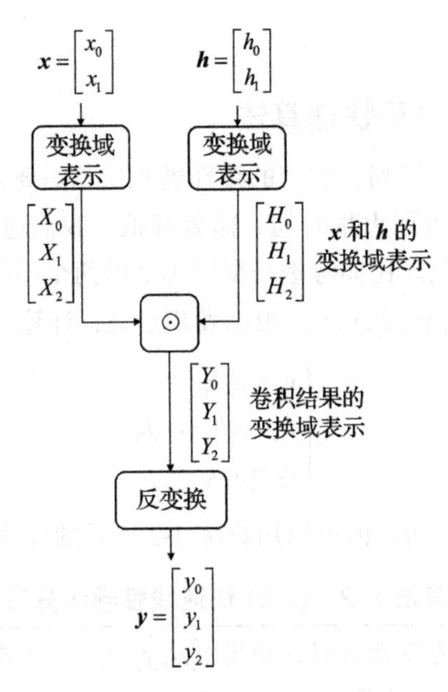


图 5-6 从变换域角度理解 (2,2) 快速线性卷积算法

上述算法还可以写成矩阵形式：

$$\boldsymbol{y}=\boldsymbol{A}(\boldsymbol{Bx})\odot(\boldsymbol{Ch}) \tag{5-24}$$

上式中出现的各个矩阵分别为

$$\boldsymbol{y}=\begin{bmatrix} y_0 \\ y_1 \\ y_2 \end{bmatrix},\quad \boldsymbol{x}=\begin{bmatrix} x_0 \\ x_1 \end{bmatrix},\quad \boldsymbol{h}=\begin{bmatrix} h_0 \\ h_1 \end{bmatrix},\quad \boldsymbol{A}=\begin{bmatrix} 1 & 0 & 0 \\ 1 & -1 & 1 \\ 0 & 0 & 1 \end{bmatrix},\quad \boldsymbol{B}=\boldsymbol{C}=\begin{bmatrix} 1 & 0 \\ 1 & -1 \\ 0 & 1 \end{bmatrix}$$

对比卷积运算的离散傅里叶变换表示形式，我们可以把 $(\boldsymbol{Bx})$ 和 $(\boldsymbol{Ch})$ 分别看成对数据序列 $\boldsymbol{x}$ 和 $\boldsymbol{h}$ 的“变换域”表示，$\boldsymbol{B}$ 和 $\boldsymbol{H}$ 分别是变换矩阵，即 $\boldsymbol{Bx}=\begin{bmatrix} X_0 \\ X_1 \\ X_2 \end{bmatrix}$，$\boldsymbol{Ch}=\begin{bmatrix} H_0 \\ H_1 \\ H_2 \end{bmatrix}$ 以及 $(\boldsymbol{Bx})\odot(\boldsymbol{Ch})=\begin{bmatrix} Y_0 \\ Y_1 \\ Y_2 \end{bmatrix}$，而公式中乘以 $\boldsymbol{A}$ 的运算看成对 $\begin{bmatrix} Y_0 \\ Y_1 \\ Y_2 \end{bmatrix}$ 进行反变换运算得到 $\begin{bmatrix} y_0 \\ y_1 \\ y_2 \end{bmatrix}$，如图 5-7 所示。

需要注意的是上述矩阵表示形式中的 $\boldsymbol{Bx}$ 不需要乘法运算，因为 $\boldsymbol{B}$ 中元素仅仅是 $\{+1,-1,0\}$，利用加减法就可以完成计算。上述运算过程用 Python 代码实现如代码清单 5-3 所示。程序代码和算法 5-2 等效，但对中间变量做了进一步精简。

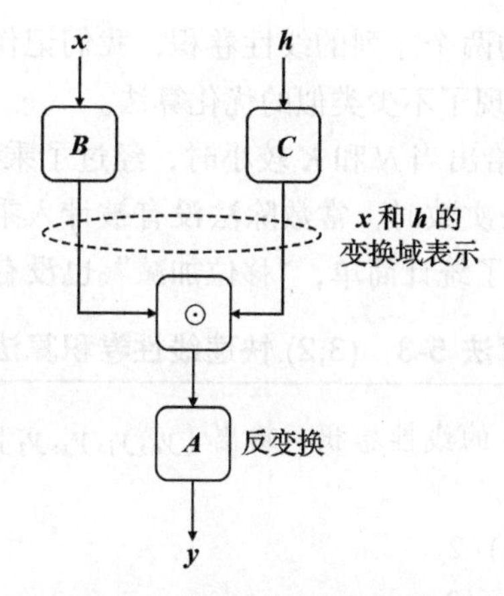


图 5-7　从变换域角度理解快速卷积算法的矩阵表示形式

**代码清单 5-3　(2,2) 快速线性卷积运算**

```
#    计算 {x[0],x[1]} 和 {h[0],h[1]} 的线性卷积，输出 {y0,y1,y2}
#    不考虑系数 h 的加法运算的话，需要进行 3 次乘法和 3 次加法
def conv_2_2(x,h):
    ha=h[1]-h[0]

    ya=(x[0]-x[1])*ha
    y0=x[0]*h[0]
    y2=x[1]*h[1]

    y1=y0+y2+ya

    return y0,y1,y2
```

可以验证根据上面的流程计算得到的 $\{y_0,y_1,y_2\}$ 满足一维线性卷积的定义。上述流程需要 3 乘法就能够完成卷积，相比之前给出的卷积公式，乘法减少了 1 次，但付出的代价是加法运算次数从原来的 1 次上升到了 4 次。

上述运算如果用硬件实现的话，框图如图 5-8 所示。

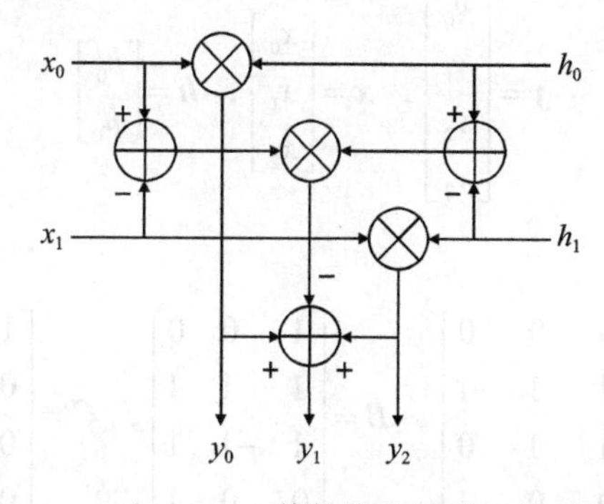


图 5-8　$\{x_0,x_1,x_2\}$ 和 $\{h_0,h_1\}$ 线性卷积快速运算的硬件实现框图

对于长度分别为 $N$ 和 $K$ 的两个序列的线性卷积，我们记作“$(N, K)$ 线性卷积”。对于不同序列长度，研究者已经发现了不少类似的优化算法。

算法 5-3 和算法 5-4 分别给出当 $N$ 和 $K$ 较小时，经过了乘法次数优化的卷积运算过程。给出的算法在统计乘法和加法次数时，常数除法没有被计入乘法次数，因为常数乘法可以用“移位加减”运算实现，为了统计简单，“移位加减”也没有计入加法次数。

**算法 5-3 (3,2) 快速线性卷积算法**

---

计算 $\{x_0,x_1,x_2\}$ 和 $\{h_0,h_1\}$ 的线性卷积，输出 $\{y_0,y_1,y_2,y_3\}$。需要进行 4 次乘法运算。

步骤 1：计算 $\begin{cases} H_0 = h_0 \\ H_1 = (h_0 + h_1)/2 \\ H_2 = (h_0 - h_1)/2 \\ H_3 = h_1 \end{cases}$

步骤 2：计算 $\begin{cases} X_0 = x_0 \\ X_1 = (x_0 + x_2) + x_1 \\ X_2 = (x_0 + x_2) - x_1 \\ X_3 = x_2 \end{cases}$

步骤 3：计算 $\begin{cases} Y_0 = H_0 X_0 \\ Y_1 = H_1 X_1 \\ Y_2 = H_2 X_2 \\ Y_3 = H_3 X_3 \end{cases}$

步骤 4：计算 $\begin{cases} y_0 = Y_0 \\ y_1 = Y_1 - Y_2 - Y_3 \\ y_2 = Y_1 + Y_2 - Y_0 \\ y_3 = Y_3 \end{cases}$

---

上述算法写成矩阵形式 $\boldsymbol{y} = \boldsymbol{A}(\boldsymbol{Bx}) \odot (\boldsymbol{Ch})$ 时，对应的矩阵分别为

$$\boldsymbol{y} = \begin{bmatrix} y_0 \\ y_1 \\ y_2 \\ y_3 \end{bmatrix}, \quad \boldsymbol{x} = \begin{bmatrix} x_0 \\ x_1 \\ x_2 \end{bmatrix}, \quad \boldsymbol{h} = \begin{bmatrix} h_0 \\ h_1 \end{bmatrix}$$

以及

$$\boldsymbol{A} = \begin{bmatrix} 1 & 0 & 0 & 0 \\ 0 & 1 & -1 & -1 \\ -1 & 1 & 1 & 0 \\ 0 & 0 & 0 & 1 \end{bmatrix}, \quad \boldsymbol{B} = \begin{bmatrix} 1 & 0 & 0 \\ 1 & 1 & 1 \\ 1 & -1 & 1 \\ 0 & 0 & 1 \end{bmatrix}, \quad \boldsymbol{C} = \begin{bmatrix} 1 & 0 \\ 0.5 & 0.5 \\ 0.5 & -0.5 \\ 0 & 1 \end{bmatrix}$$

对应上述运算过程的 Python 代码如代码清单 5-4 所示，其中加法次数经过了进一步优化。

**代码清单 5-4　(3,2) 快速线性卷积运算**

```
#    计算{x[0],x[1],x[2]}和{h[0],h[1]}的线性卷积，输出{y0,y1,y2,y3}
#    不考虑系数预计算的话，运算量是4次乘法和7次加法
def conv_3_2(x,h):
    ha=(h[0]+h[1])/2
    hb=(h[0]-h[1])/2

    xc=x[0]+x[2]
    xa=xc+x[1]
    xb=xc-x[1]

    m1=ha*xa
    m2=hb*xb

    y0=h[0]*x[0]
    y3=h[1]*x[2]

    y1=m1-m2-y3
    y2=m1+m2-y0

    return y0,y1,y2,y3
```

**算法 5-4　(3,3) 快速线性卷积算法**

计算 $\{h_0,h_1,h_2\}$ 和 $\{x_0,x_1,x_2\}$ 线性卷积，输出 $\{y_0,y_1,y_2,y_3,y_4\}$。使用 5 次乘法。

步骤 1：计算 $\begin{cases} H_0 = h_0/2 \\ H_1 = (h_0+h_1+h_2)/2 \\ H_2 = (h_0-h_1+h_2)/6 \\ H_3 = (h_0+2h_1+4h_2)/6 \\ H_4 = h_2 \end{cases}$

步骤 2：计算 $\begin{cases} X_0 = x_0 \\ X_1 = x_0+x_1+x_2 \\ X_2 = x_0-x_1+x_2 \\ X_3 = x_0+2x_1+4x_2 \\ X_4 = x_2 \end{cases}$

步骤 3：计算 $\begin{cases} Y_0 = H_0X_0 \\ Y_1 = H_1X_1 \\ Y_2 = H_2X_2 \\ Y_3 = H_3X_3 \\ Y_4 = H_4X_4 \end{cases}$

步骤 4：计算 $\begin{cases} y_0 = 2Y_0 \\ y_1 = -Y_0 + 2Y_1 - 2Y_2 - Y_3 + 2Y_4 \\ y_2 = -2Y_0 + Y_1 + 3Y_2 - Y_4 \\ y_3 = Y_0 - Y_1 - Y_2 + Y_3 - 2Y_4 \\ y_4 = Y_4 \end{cases}$

---

上述算法写成矩阵形式 $\boldsymbol{y} = \boldsymbol{A}(\boldsymbol{B}\boldsymbol{x}) \odot (\boldsymbol{C}\boldsymbol{h})$ 时，对应的矩阵分别为

$$\boldsymbol{y} = \begin{bmatrix} y_0 \\ y_1 \\ y_2 \\ y_3 \\ y_4 \end{bmatrix}, \quad \boldsymbol{x} = \begin{bmatrix} x_0 \\ x_1 \\ x_2 \end{bmatrix}, \quad \boldsymbol{h} = \begin{bmatrix} h_0 \\ h_1 \\ h_2 \end{bmatrix}$$

以及

$$\boldsymbol{A} = \begin{bmatrix} 2 & 0 & 0 & 0 & 0 \\ -1 & 2 & -2 & -1 & 2 \\ -2 & 1 & 3 & 0 & -1 \\ 1 & -1 & -1 & 1 & -2 \\ 0 & 0 & 0 & 0 & 1 \end{bmatrix}, \quad \boldsymbol{B} = \begin{bmatrix} 1 & 0 & 0 \\ 1 & 1 & 1 \\ 1 & -1 & 1 \\ 1 & 2 & 4 \\ 0 & 0 & 1 \end{bmatrix}, \quad \boldsymbol{C} = \begin{bmatrix} 0.5 & 0 & 0 \\ 0.5 & 0.5 & 0.5 \\ 1/6 & -1/6 & 1/6 \\ 1/6 & 1/3 & 2/3 \\ 0 & 0 & 1 \end{bmatrix}$$

实现上述运算过程的 Python 代码如代码清单 5-5 所示，其中加法次数经过了进一步优化，降低到 20 次（不考虑系数 $\boldsymbol{h}$ 的预处理运算）。

**代码清单 5-5 (3,3) 快速线性卷积运算**

```
#   计算 {x[0],x[1],x[2]} 和 {h[0],h[1],h[2]} 的线性卷积
#   输出 {y0,y1,y2,y3,y4}
#   不考虑系数预计算以及整数乘法的话，运算量是 5 次乘法和 20 次加法
def conv_3_3(x,h):
    # 当需要多次卷积时，g0 ~ g3 的值可以预先保存下来，不需要重复计算
    g0= h[0]/2
    g1=(h[0]+h[1]+h[2])/2
    g2=(h[0]-h[1]+h[2])/6
    g3=(h[0]+2*h[1]+4*h[2])/6

    d0=x[1]+x[2]
    d1=x[2]-x[1]
    d2=x[0]+d0
    d3=x[0]+d1
    d4=d0+d0+d1+d2

    m0=g0*x[0]
    m1=g1*d2
    m2=g2*d3
```

```
    m3=g3*d4

    y4=h[2]*x[2]

    u0=m1+m1
    u1=m2+m2
    u2=y4+y4-m0-m3
    u3=m1+m2

    y0= m0+m0
    y1= u0-u1+u2
    y2= u1+u3-y0-y4
    y3=-u2-u3

    return y0,y1,y2,y3,y4
```

以上 (3,3) 线性卷积算法需要 5 次乘法和 20 次加法，但如果将乘法次数增加到 6 次，则加法次数能够减少到 10 次，代码清单 5-6 给出了对应的 Python 程序。

**代码清单 5-6　(3,3) 线性卷积快速运算，使用 6 次乘法**

```
#    计算 {x[0],x[1],x[2]} 和 {h[0],h[1],h[2]} 的线性卷积
#    输出 {y0,y1,y2,y3,y4}
#    不考虑系数预计算以及整数乘法的话，运算量是 6 次乘法和 10 次加法
def conv_3_3a(x,h):
    # 当需要多次卷积时，g0 ~ g2 的值可以预先保存下来，不需要重复计算
    g0=h[0]+h[1]
    g1=h[0]+h[2]
    g2=h[1]+h[2]

    d0=x[0]+x[1]
    d1=x[0]+x[2]
    d2=x[1]+x[2]

    m0=h[1]*x[1]
    m1=g0*d0
    m2=g1*d1
    m3=g2*d2

    y0=h[0]*x[0]
    y4=h[2]*x[2]

    y1=m1-m0-y0
    y2=m2+m0-y0-y4
    y3=m3-m0-y4

    return y0,y1,y2,y3,y4
```

### 5.2.3 长序列一维线性卷积的构建

前面给出的卷积优化算法针对短序列的卷积，即参与卷积的两个序列都不长，对应实际应用可能需要更加长的序列卷积。下面介绍通过短序列卷积算法构造更长序列卷积的方法。

**1. 基于“拼接”的长序列卷积算法构建**

构造长序列快速卷积算法的一个途径是采用卷积“拼接”的方法。下面通过一个例子说明具体做法。考虑序列 $\{x_0,x_1,x_2,x_3\}$ 和 $\{h_0,h_1\}$ 的 4×2 卷积，卷积结果是

$$\begin{cases} y_0 = x_0h_0 \\ y_1 = x_0h_1 + x_1h_0 \\ y_2 = x_1h_1 + x_2h_0 \\ y_3 = x_2h_1 + x_3h_0 \\ y_4 = x_3h_1 \end{cases} \tag{5-25}$$

我们可以将这个卷积问题拆成两组 (2,2) 卷积，第一组是 $\{x_0,x_1\}$ 和 $\{h_0,h_1\}$ 的卷积，第二组是 $\{x_2,x_3\}$ 和 $\{h_0,h_1\}$ 的卷积。根据前面的快速算法，这两组卷积共需要 6 次乘法和 6 次加法，计算结果分别是

$$\begin{cases} y_0^{(1)} = x_0h_0 \\ y_1^{(1)} = x_0h_1 + x_1h_0 \\ y_2^{(1)} = x_1h_1 \end{cases} \text{和} \begin{cases} y_0^{(2)} = x_2h_0 \\ y_1^{(2)} = x_2h_1 + x_3h_0 \\ y_2^{(2)} = x_3h_1 \end{cases} \tag{5-26}$$

比较前面期望得到的 4×2 卷积结果可以发现：

$$\begin{cases} y_0 = y_0^{(1)} \\ y_1 = y_1^{(1)} \\ y_2 = y_2^{(1)} + y_2^{(2)} \\ y_3 = y_2^{(1)} \\ y_4 = y_2^{(2)} \end{cases} \tag{5-27}$$

可见两组 (2,2) 卷积结果几乎覆盖了 (4,2) 卷积的所有结果，只有 $y_2$ 的计算要额外增加一次加法。因此得到了需要 6 次乘法和 7 次加法的 (4,2) 快速卷积算法。相比之下，传统的卷积算法需要 8 次乘法和 3 次加法。代码清单 5-7 所示的 Python 程序可实现上述 (4,2) 线性卷积算法。

**代码清单 5-7 (4,2) 快速线性卷积算法**

```
#   计算 {x[0],x[1],x[2],x[3]} 和 {h[0],h[1]} 的线性卷积
#   输出 {y0,y1,y2,y3,y4}
#   不考虑系数预计算的话，运算量是 6 次乘法和 7 次加法
def conv_4_2(x,h):
```

```
    y0,y1,y2a=conv_2_2(x[:2],h)
    y2b,y3,y4 =conv_2_2(x[2:],h)
    y2=y2a+y2b
    return y0,y1,y2,y3,y4
```

利用这一方法，能够将两个尺寸分别为 $(N_1,K)$ 和 $(N_2,K)$ 的快速卷积算法拼接得到尺寸为 $(N_1+N_2,K)$ 的快速卷积算法。参与卷积算法的两个序列分别记作 $\{x_0,x_1,\cdots,x_{N_1+N_2-1}\}$ 和 $\{h_0,h_1,\cdots,h_{K-1}\}$。具体拼接方法如算法 5-5 所示。

**算法 5-5 拼接构成的快速卷积算法**

步骤 1：把输入序列的前 $N_1$ 个点 $\{x_0,x_1,\cdots,x_{N_1-1}\}$ 送入 $(N_1,K)$ 卷积算法，卷积结果记作

$$\{y_0^{(1)},y_1^{(1)},y_2^{(1)},\cdots,y_{N_1+K-2}^{(1)}\}$$

步骤 2：把 $\{x_{N_1},x_{N_1+1},\cdots,x_{N_1+N_2-1}\}$ 送入 $N_2\times K$ 卷积算法，卷积结果记作

$$\{y_0^{(2)},y_1^{(2)},\cdots,y_{N_2+K-2}^{(2)}\}$$

步骤 3：拼接上述结果得到最终的卷积输出，拼接的序列依次分三段：

第一段有 $N_1$ 个数据，即

$$\{y_0^{(1)},y_1^{(1)},y_2^{(1)},\cdots,y_{N_1-1}^{(1)}\}$$

第二段有 $K-1$ 个数据，即

$$\{y_{N_1}^{(1)}+y_0^{(2)},y_{N_1+1}^{(1)}+y_1^{(2)},\cdots,y_{N_1+K-2}^{(1)}+y_{K-2}^{(2)}\}$$

第三段有 $N_2$ 个数据，即

$$\{y_{K-1}^{(2)},y_K^{(2)},\cdots,y_{N_2+K-2}^{(2)}\}$$

其中计算的第二段需要额外使用 $K-1$ 次加法，因此总的加法运算量是 $(N_1,K)$ 和 $(N_2,K)$ 这两个快速卷积算法的加法运算量之和加 $K-1$，而乘法运算量是它们的乘法运算量之和。以上运算的示意图如图 5-9 所示。

下面再给一个例子，通过拼接 (3,2) 和 (3,3) 线性卷积算法得到 (5,3) 线性卷积算法。其中 (5,3) 线性卷积算法计算序列 $\{x_0,x_1,x_2,x_3,x_4\}$ 和卷积核 $\{h_0,h_1,h_2\}$ 的线性卷积。我们首先计算 $\{x_0,x_1\}$ 和 $\{h_0,h_1,h_2\}$ 的卷积（使用 (3,2) 快速线性卷积算法），运算结果记作 $\{y_0^{(1)},y_1^{(1)},y_2^{(1)},y_3^{(1)}\}$；然后计算 $\{x_2,x_3,x_4\}$ 和 $\{h_0,h_1,h_2\}$ 的卷积（使用 (3,3) 快速线性卷积算法），运算结果记作 $\{y_0^{(2)},y_1^{(2)},y_2^{(2)},y_3^{(2)},y_4^{(2)}\}$，于是拼接得到的 (5,3) 线性卷积算法的结果为

$$\{y_0^{(1)},y_1^{(1)},y_2^{(1)}+y_0^{(2)},y_3^{(1)}+y_1^{(2)},y_2^{(2)},y_3^{(2)},y_4^{(2)}\}$$

上述例子的 Python 代码实现可参考代码清单 5-8。

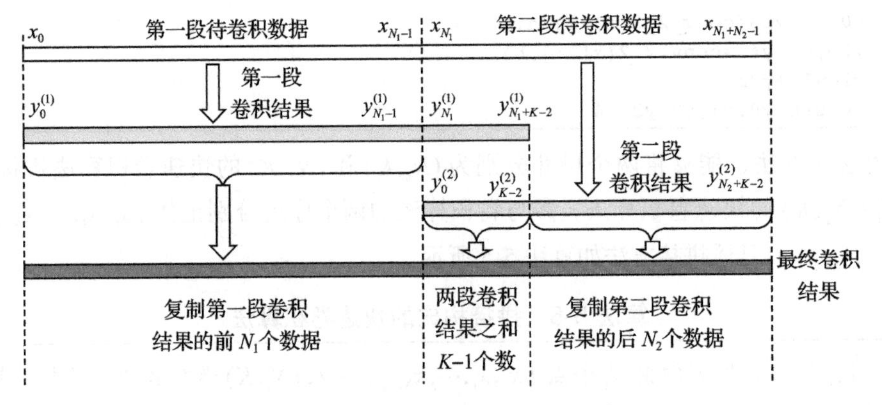


图 5-9 通过拼接构成长列卷积的示意图

**代码清单 5-8 (5,3) 线性卷积快速算法**

```
#   计算 {x[0],x[1],x[2],x[3],x[4]} 和 {h[0],h[1],h[2]} 的线性卷积
#   输出 {y0,y1,y2,y3,y4,y5,y6}
#   不考虑系数预计算的话，运算量是 9 次乘法和 29 次加法
def conv_5_3(x,h):
    y10,y11,y12,y13=conv_3_2(h,x[:2])
    y20,y21,y22,y23,y24=conv_3_3(x[2:],h)

    y0,y1    = y10,y11
    y2,y3    = y12+y20,y13+y21
    y4,y5,y6= y22,y23,y24
    return y0,y1,y2,y3,y4,y5,y6
```

**2. 基于“多项式嵌套”的长序列卷积算法构建**

得到更长序列快速卷积的另一个途径是通过多项式嵌套的方法。我们首先通过一个例子说明具体构造方法。考虑序列 $\{x_0,x_1,x_2,x_3\}$ 和 $\{h_0,h_1,h_2,h_3\}$ 的卷积，它们可以用多项式乘积表示，即 $y(p)=x(p)h(p)$。其中：

$$\begin{cases}x(p)=x_0+x_1p+x_2p^2+x_3p^3\\h(p)=h_0+h_1p+h_2p^2+h_3p^3\end{cases} \tag{5-28}$$

它们的乘积是阶数为 6 的多项式，多项式系数就是卷积结果，即

$$y(p)=\sum_{n=0}^{6}y_np^n \tag{5-29}$$

上述多项式乘积可以用下面的形式重写：

$$\begin{aligned}y(p)&=(x_0+x_1p+x_2p^2+x_3p^3)(h_0+h_1p+h_2p^2+h_3p^3)\\&=[\,x^{(0)}(p)+x^{(1)}(p)q\,][\,h^{(0)}(p)+h^{(1)}(p)q\,]\#\end{aligned} \tag{5-30}$$

其中 $q=p^2$；$x^{(0)}(p)$，$x^{(1)}(p)$，$h^{(0)}(p)$ 和 $h^{(1)}(p)$ 是 4 个子多项式：

$$\begin{cases} x^{(0)}(p)=(x_0+x_1 p) \\ x^{(1)}(p)=(x_2+x_3 p) \\ h^{(0)}(p)=(h_0+h_1 p) \\ h^{(1)}(p)=(h_2+h_3 p) \end{cases} \tag{5-31}$$

计算 $[x^{(0)}(p)+x^{(1)}(p)q][h^{(0)}(p)+h^{(1)}(p)q]$ 的过程可以看成两个多项式序列 $\{x^{(0)}(p), x^{(1)}(p)\}$ 和 $\{h^{(0)}(p),h^{(1)}(p)\}$ 的线性卷积（之前定义的卷积作用在实数序列上，这里拓展到作用在多项式上）。应用之前的 2×2 快速线性卷积算法（第二种表示形式）得到：

$$\begin{cases} a_0(p)=x^{(0)}(p) \\ a_1(p)=x^{(0)}(p)+x^{(1)}(p) \\ a_2(p)=x^{(1)}(p) \end{cases},\begin{cases} b_0(p)=h^{(0)}(p) \\ b_1(p)=h^{(0)}(p)+h^{(1)}(p) \\ b_2(p)=h^{(1)}(p) \end{cases},\begin{cases} m_0(p)=a_0(p)b_0(p) \\ m_1(p)=a_1(p)b_1(p) \\ m_2(p)=a_2(p)b_2(p) \end{cases}$$

$$和\begin{cases} y_0(p)=m_0(p) \\ y_1(p)=m_1(p)-m_0(p)-m_2(p) \\ y_2(p)=m_2(p) \end{cases} \tag{5-32}$$

然后计算 $y(p)=y_0(p)+y_1(p)q+y_2(p)q^2$，将 $q=p^2$ 代入后重新按多项式变量 $p$ 的指数排列系数就能得到卷积结果。

上述算法中只有计算 $\{m_0(p),m_1(p),m_2(p)\}$ 需要乘法（多项式乘法），这 3 个 1 阶多项式乘法直接可以使用 2×2 快速卷积算法优化。如果不考虑卷积核 $\{h_0,h_1,h_2,h_3\}$ 参与的计算，共需要 9 次乘法，而其他的运算只需要加减法。总的运算过程由算法 5-6 给出。

**算法 5-6　多项式嵌套构成的 (4,4) 快速卷积算法**

计算 $\{x_0,x_1,x_2,x_3\}$ 和 $\{h_0,h_1,h_2,h_3\}$ 的卷积。如果不考虑卷积核 $\{h_0,h_1,h_2,h_3\}$ 参与的计算，则共需要 9 次乘法和 19 次加减法。

步骤 1：分别计算多项式 $a_0(p)$、$b_0(p)$、$m_0(p)$ 的系数（基于 2×2 快速线性卷积算法，$m_0(p)=y_{00}+y_{01}p+y_{02}p^2$）

$$\begin{cases} a_{00}=x_0 \\ a_{01}=x_0+x_1 \\ a_{02}=x_1 \end{cases},\begin{cases} b_{00}=h_0 \\ b_{01}=h_0+h_1 \\ b_{02}=h_1 \end{cases},\begin{cases} m_{00}=a_{00}b_{00} \\ m_{01}=a_{01}b_{01} \\ m_{02}=a_{02}b_{02} \end{cases},\begin{cases} y_{00}=m_{00} \\ y_{01}=m_{01}-m_{00}-m_{02} \\ y_{02}=m_{02} \end{cases}$$

步骤 2：分别计算多项式 $a_1(p)$、$b_1(p)$、$m_1(p)$ 的系数（基于 2×2 快速线性卷积算法，$m_1(p)=y_{10}+y_{11}p+y_{12}p^2$）

$$\begin{cases} a_{10}=x_0+x_2 \\ a_{12}=x_1+x_3 \\ a_{11}=a_{10}+a_{12} \end{cases},\begin{cases} b_{10}=h_0+h_2 \\ b_{12}=h_1+h_3 \\ b_{11}=b_{10}+b_{12} \end{cases},\begin{cases} m_{10}=a_{10}b_{10} \\ m_{11}=a_{11}b_{11} \\ m_{12}=a_{12}b_{12} \end{cases},\begin{cases} y_{10}=m_{10} \\ y_{11}=m_{11}-m_{10}-m_{12} \\ y_{12}=m_{12} \end{cases}$$

步骤 3：分别计算多项式 $a_2(p)$、$b_2(p)$、$m_2(p)$ 的系数（基于 2×2 快速线性卷积算法，

$m_2(p)=y_{20}+y_{21}p+y_{22}p^2$）

$$\begin{cases}a_{20}=x_2\\a_{21}=x_2+x_3\\a_{22}=x_3\end{cases},\quad\begin{cases}b_{20}=h_2\\b_{21}=h_2+h_3\\b_{22}=h_3\end{cases},\quad\begin{cases}m_{20}=a_{20}b_{20}\\m_{21}=a_{21}b_{21}\\m_{22}=a_{22}b_{22}\end{cases},\quad\begin{cases}y_{20}=m_{20}\\y_{21}=m_{21}-m_{20}-m_{22}\\y_{22}=m_{22}\end{cases}$$

步骤 4：将 $q=p^2$ 代入多项式 $y(p)=y_0(p)+y_1(p)q+y_2(p)q^2$，按多项式变量 $p$ 整理系数得到卷积结果

$$\begin{cases}y_0=y_{00}\\y_1=y_{01}\\y_2=y_{10}-y_{00}+(y_{02}-y_{20})\\y_3=y_{11}-y_{01}-y_{21}\\y_4=y_{12}-y_{22}-(y_{02}-y_{20})\\y_5=y_{21}\\y_6=y_{22}\end{cases}$$

---

实现上述运算过程的 Python 代码参见代码清单 5-9，其中加法次数经过了进一步优化，降低到 18 次。

**代码清单 5-9 (4,4) 线性卷积快速运算**

```
#   计算 {x[0],x[1],x[2],x[3]} 和 {h[0],h[1],h[2],h[3]} 的线性卷积
#   输出 {y0,y1,y2,y3,y4,y5,y6}
#   不考虑系数预计算以及整数乘法的话，运算量是 9 次乘法和 18 次加法
def conv_4_4(x,h):
    a01,a10,a12,a21 = x[0]+x[1], x[0]+x[2], x[1]+x[3], x[2]+x[3]
    a11 = a10+a12

    # b 可以预先计算保留
    b01,b10,b12,b21 = h[0]+h[1], h[0]+h[2], h[1]+h[3], h[2]+h[3]
    b11 = b10+b12

    y0 ,m01,m02 = x[0]*h[0], a01*b01, x[1]*h[1]
    m20,m21,y6  = x[2]*h[2], a21*b21, x[3]*h[3]
    m10,m11,m12 = a10*b10, a11*b11, a12*b12

    u0 = m02-m20
    u1 = m11-m10-m12

    y1 = m01-m02-y0
    y2 = m10-y0+u0
    y5 = m21-m20-y6
    y3 = u1-y1-y5
    y4 = m12-y6-u0

    return y0,y1,y2,y3,y4,y5,y6
```

### 5.2.4　快速 FIR 滤波器算法

FIR 滤波和卷积在本质上是相同的，即下面形式的运算：

$$y_n = \sum_{k=0}^{K-1} x_{n-k} h_k \tag{5-33}$$

FIR 滤波算法中参与滤波的序列 $\{x_0, x_1, x_2, \cdots\}$ 滤波往往不限定长度，而之前的快速卷积算法应用在有限的序列长度。

比如用一个抽头系数为 $\{h_0, h_1\}$ 的 2 抽头的 FIR 滤波器对一个不限长度的数据 $\{x_0, x_1, x_2, \cdots\}$ 滤波。对于 2 抽头的 FIR 滤波器的算法，我们首先考虑下面这个运算。它的输入是 3 个数据 $\{x_0, x_1, x_2\}$，输出是 $\{y_1, y_2\}$，输出和输入的运算表达式以矩阵形式给出：

$$\begin{bmatrix} y_1 \\ y_2 \end{bmatrix} = \begin{bmatrix} x_0 & x_1 \\ x_1 & x_2 \end{bmatrix} \begin{bmatrix} h_1 \\ h_0 \end{bmatrix} \tag{5-34}$$

上面的运算过程可以看成对 3 个连续的数据 $\{x_0, x_1, x_2\}$ 经过滤波得到输出的过程。这一运算过程需要进行 4 次乘法计算和 2 次加法计算，即

$$\begin{cases} y_1 = x_0 h_1 + x_1 h_0 \\ y_2 = x_1 h_1 + x_2 h_0 \end{cases} \tag{5-35}$$

但研究发现可以用 3 次乘法和 5 次加法实现上述矩阵方程的计算，即

$$\begin{bmatrix} x_0 & x_1 \\ x_1 & x_2 \end{bmatrix} \begin{bmatrix} h_1 \\ h_0 \end{bmatrix} = \begin{bmatrix} m_1 + m_2 \\ m_2 - m_3 \end{bmatrix} \tag{5-36}$$

其中：

$$\begin{cases} m_1 = (x_0 - x_1) h_1 \\ m_2 = x_1 (h_0 + h_1) \\ m_3 = (x_1 - x_2) h_0 \end{cases} \tag{5-37}$$

于是有

$$\begin{cases} y_1 = m_1 + m_2 \\ y_2 = m_2 - m_3 \end{cases} \tag{5-38}$$

对于长序列滤波，即输入无穷长序列 $\{x_0, x_1, \cdots, x_n, x_{n+1}, x_{n+2}, \cdots\}$ 时，上述滤波算法可以写成算法 5-7 所示形式。

**算法 5-7　2 抽头 FIR 滤波算法，输出 2 个结果**

---

步骤 1：计算 $\begin{cases} m_1 = (x_n - x_{n+1}) h_1 \\ m_2 = x_{n+1} (h_0 + h_1) \\ m_3 = (x_{n+1} - x_{n+2}) h_0 \end{cases}$

步骤 2：计算 $\begin{cases} y_{n+1} = m_1 + m_2 \\ y_{n+2} = m_2 - m_3 \end{cases}$

---

比如用抽头系数为 $\{h_0, h_1\}$ 的滤波器对序列 $\{x_0, x_1, x_2, x_3, x_4, x_5, x_6, \cdots\}$ 滤波，步骤为：先根据上述算法计算 $\{x_0, x_1, x_2\}$ 滤波输出 $\{y_1, y_2\}$，然后计算 $\{x_2, x_3, x_4\}$ 的滤波结果 $\{y_3, y_4\}$，接着计算 $\{x_4, x_5, x_6\}$ 的滤波输出 $\{y_5, y_6\}$ ……，以此类推。卷积滑动窗口每次“滑动”两格，每次滑动过后输出两个卷积结果。这一过程的示意图如图 5-10 给出。

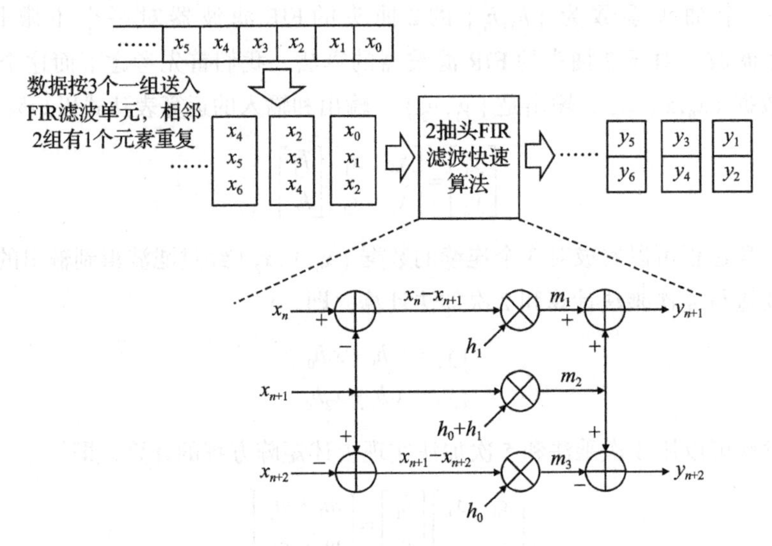


图 5-10　2 抽头滤波器快速计算过程

当滤波器系数 $\{h_0, h_1\}$ 固定时，图 5-10 中 $h_0 + h_1$ 的加法运算只需要计算一次，之后就一直复用。

代码清单 5-10 中是实现上述算法的 Python 程序。

**代码清单 5-10　2 抽头 FIR 滤波算法，输出 2 个结果**

```
def fir_2_2(x0,x1,x2,h0,h1):
    m1=(x0-x1)*h1
    m2=x1*(h0+h1)
    m3=(x1-x2)*h0
    y1=m1+m2
    y2=m2-m3
    return y1,y2

# 测试
import numpy as np
N=100
x=np.random.randint(-10,10,100).astype(float)
h=np.random.randint(-10,10,2).astype(float)
```

```
y=[]
for n in range(0,N-2,2):
    y+=fir_3_2(x[n],x[n+1],x[n+2],h[0],h[1])
```

上面程序中函数 fir_2_2 实现图 5-10 的算法，在程序最后的循环程序将数据送给函数 fir_2_2 计算滤波结果，每次送 3 个连续数据，每次循环中循环变量 n 递增 2。

上述快速滤波算法，平均每输出一个数据需要的运算量是 1.5 次乘法和 2 次加法。相比传统的 FIR 滤波器架构，平均每输出一个样本需要 2 次乘法和 1 次加法。

上述算法写成矩阵形式 $\boldsymbol{y}=\boldsymbol{A}(\boldsymbol{Bx})\odot(\boldsymbol{Ch})$ 时，对应的矩阵分别为

$$\boldsymbol{y}=\begin{bmatrix} y_{n+1} \\ y_{n+2} \end{bmatrix},\ \boldsymbol{x}=\begin{bmatrix} x_n \\ x_{n+1} \\ x_{n+2} \end{bmatrix},\ \boldsymbol{h}=\begin{bmatrix} h_0 \\ h_1 \end{bmatrix},\ \boldsymbol{A}=\begin{bmatrix} 1 & 1 & 0 \\ 0 & 1 & -1 \end{bmatrix},\ \boldsymbol{B}=\begin{bmatrix} 1 & -1 & 0 \\ 0 & 1 & 0 \\ 0 & 1 & -1 \end{bmatrix},\ \boldsymbol{C}=\begin{bmatrix} 0 & 1 \\ 1 & 1 \\ 1 & 0 \end{bmatrix} \tag{5-39}$$

下面再给出 3 抽头 FIR 滤波器的快速算法：

$$\begin{bmatrix} x_0 & x_1 & x_2 \\ x_1 & x_2 & x_3 \end{bmatrix}\begin{bmatrix} h_2 \\ h_1 \\ h_0 \end{bmatrix}=\begin{bmatrix} m_1+m_2+m_3 \\ m_2-m_3-m_4 \end{bmatrix} \tag{5-40}$$

其中：

$$\begin{cases} m_1=(x_0-x_2)h_2 \\ m_2=(x_1+x_2)\dfrac{h_0+h_1+h_2}{2} \\ m_3=(x_2-x_1)\dfrac{h_0-h_1+h_2}{2} \\ m_4=(x_1-x_3)h_0 \end{cases} \tag{5-41}$$

上述算法对输入的连续 4 个数据 $\{x_0,x_1,x_2,x_3\}$ 计算输出两个滤波结果。对于长序列滤波时，将数据序列分为每 4 个数据一组，相邻两组数据有 2 个数据重叠，送入滤波算法得到两个输出，如图 5-11 所示。

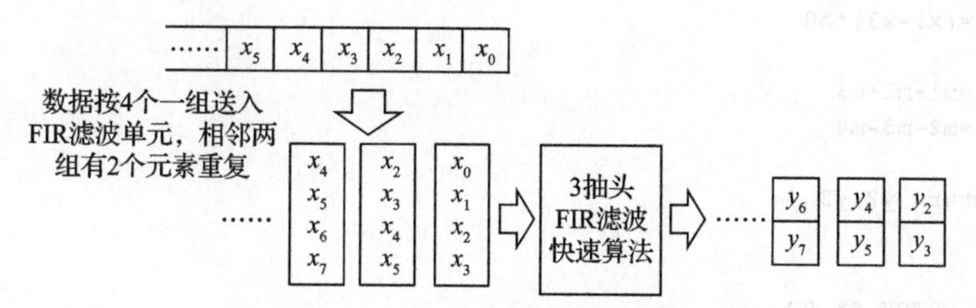

图 5-11　3 抽头滤波器快速计算过程

当输出无穷长序列 $\{x_0,x_1,\cdots,x_n,x_{n+1},x_{n+2},x_{n+3}\cdots\}$ 时，上述滤波算法参见算法 5-8。

**算法 5-8　3 抽头 FIR 滤波算法，输出 2 个结果**

步骤 1：计算
$$\begin{cases} m_1 = (x_n - x_{n+2})h_2 \\ m_2 = (x_{n+1} + x_{n+2})\dfrac{h_0 + h_1 + h_2}{2} \\ m_3 = (x_{n+2} - x_{n+1})\dfrac{h_0 - h_1 + h_2}{2} \\ m_4 = (x_{n+1} - x_{n+3})h_0 \end{cases}$$

步骤 2：计算
$$\begin{cases} y_{n+2} = m_1 + m_2 + m_3 \\ y_{n+3} = m_2 - m_3 - m_4 \end{cases}$$

上述滤波算法也写成矩阵形式 $\boldsymbol{y} = \boldsymbol{A}(\boldsymbol{Bx}) \odot (\boldsymbol{Ch})$ 时，对应的矩阵分别为

$$\boldsymbol{y} = \begin{bmatrix} y_{n+2} \\ y_{n+3} \end{bmatrix}, \quad \boldsymbol{x} = \begin{bmatrix} x_n \\ x_{n+1} \\ x_{n+2} \\ x_{n+3} \end{bmatrix}, \quad \boldsymbol{h} = \begin{bmatrix} h_0 \\ h_1 \\ h_2 \end{bmatrix}$$

以及

$$\boldsymbol{A} = \begin{bmatrix} 1 & 1 & 1 & 0 \\ 0 & 1 & -1 & -1 \end{bmatrix}, \quad \boldsymbol{B} = \begin{bmatrix} 1 & 0 & -1 & 0 \\ 0 & 1 & 1 & 0 \\ 0 & -1 & 1 & 0 \\ 0 & 1 & 0 & -1 \end{bmatrix}, \quad \boldsymbol{C} = \begin{bmatrix} 0 & 0 & 1 \\ 0.5 & 0.5 & 0.5 \\ 0.5 & -0.5 & 0.5 \\ 1 & 0 & 0 \end{bmatrix}$$

代码清单 5-11 所示是这一滤波器的 Python 程序实现。

**代码清单 5-11　3 抽头 FIR 滤波算法，输出 2 个结果实现代码**

```
def fir_2_3(x0,x1,x2,x3,h0,h1,h2):
    m1=(x0-x2)*h2
    m2=(x1+x2)*(h0+h1+h2)/2.
    m3=(x2-x1)*(h0-h1+h2)/2.
    m4=(x1-x3)*h0

    y2=m1+m2+m3
    y3=m2-m3-m4

    return y2,y3

# 测试
import numpy as np

N=100
x=np.random.randint(-10,10,100).astype(float)
h=np.random.randint(-10,10,3).astype(float)
```

```
y=[]
for n in range(0,N-3,2):
    y+=fir_2_3(x[n],x[n+1],x[n+2],x[n+3],h[0],h[1],h[2])
```

我们最后以矩阵 $\boldsymbol{y}=\boldsymbol{A}(\boldsymbol{Bx})\odot(\boldsymbol{Ch})$ 的形式分别给出 2 抽头 FIR 滤波器输出 3 个滤波结果的快速算法和 3 抽头滤波器输出 4 个滤波结果的快速算法。

- 2 抽头 FIR 快速滤波，输出 3 个结果：

$$\boldsymbol{y}=\begin{bmatrix} y_{n+1} \\ y_{n+2} \\ y_{n+3} \end{bmatrix},\quad \boldsymbol{x}=\begin{bmatrix} x_n \\ x_{n+1} \\ x_{n+2} \\ x_{n+3} \end{bmatrix},\quad \boldsymbol{h}=\begin{bmatrix} h_0 \\ h_1 \end{bmatrix}$$

$$\boldsymbol{A}=\begin{bmatrix} 1 & 1 & 1 & 0 \\ 0 & 1 & -1 & 0 \\ 0 & 1 & 1 & 1 \end{bmatrix},\quad \boldsymbol{B}=\begin{bmatrix} 1 & 0 & -1 & 0 \\ 0 & 1 & 1 & 0 \\ 0 & -1 & 1 & 0 \\ 0 & -1 & 0 & 1 \end{bmatrix},\quad \boldsymbol{C}=\begin{bmatrix} 0 & 1 \\ 0.5 & 0.5 \\ -0.5 & 0.5 \\ 1 & 0 \end{bmatrix}$$

- 3 抽头 FIR 快速滤波，输出 4 个结果：

$$\boldsymbol{y}=\begin{bmatrix} y_{n+2} \\ y_{n+3} \\ y_{n+4} \end{bmatrix},\quad \boldsymbol{x}=\begin{bmatrix} x_n \\ x_{n+1} \\ x_{n+2} \\ x_{n+3} \\ x_{n+4} \\ x_{n+5} \end{bmatrix},\quad \boldsymbol{h}=\begin{bmatrix} h_0 \\ h_1 \\ h_2 \end{bmatrix},\quad \boldsymbol{A}=\begin{bmatrix} 1 & 1 & 1 & 1 & 1 & 0 \\ 0 & 1 & -1 & 2 & -2 & 0 \\ 0 & 1 & 1 & 4 & 4 & 0 \\ 0 & 1 & -1 & 8 & -8 & 1 \end{bmatrix}$$

$$\boldsymbol{B}=\begin{bmatrix} 4 & 0 & -5 & 0 & 1 & 0 \\ 0 & -4 & -4 & 1 & 1 & 0 \\ 0 & 4 & -4 & -1 & 1 & 0 \\ 0 & -2 & -1 & 2 & 1 & 0 \\ 0 & 2 & -1 & -2 & 1 & 0 \\ 0 & 4 & 0 & -5 & 0 & 1 \end{bmatrix},\quad \boldsymbol{C}=\begin{bmatrix} 0 & 0 & 1/4 \\ -1/6 & -1/6 & -1/6 \\ -1/6 & 1/6 & -1/6 \\ 1/6 & 1/12 & 1/24 \\ 1/6 & -1/12 & 1/24 \\ 1 & 0 & 0 \end{bmatrix}$$

上面给出的两个 FIR 滤波器抽头数很少，对于更多抽头数的 FIR 滤波器，可以使用“拼接”和“嵌套”方式构成，下面分别介绍。需要注意的是，不同的构造方法得到的乘法和加法运算量是不同的，需要根据实际应用情况选择，在程序对内存访问的非规则性以及乘法和加法数量上进行平衡。

**1. 基于多个 FIR 滤波器“拼接”构造快速 FIR 滤波算法**

对于已有的抽头数量较少的 FIR 快速滤波算法，我们可以通过拼接得到抽头数量更多的 FIR 滤波算法。对于抽头长度为 $P+Q$ 的 FIR 滤波器，抽头记作 $\{h_0,h_1,\cdots,h_{P-1},h_P,\cdots,h_{P+Q-1}\}$，

对于输入数据序列$\{x_0,x_1,x_2,\cdots\}$，我们需要设计的滤波器输出为

$$y_{n+P+Q-1}=x_n h_{P+Q-1}+x_{n+1}h_{P+Q-2}+\cdots+x_{n+P+Q-1}h_0 \tag{5-42}$$

我们通过两个 FIR 滤波器拼接的方式设计，首先把滤波器抽头系数分成两部分：$\{h_0,h_1,\cdots,h_{P-1}\}$和$\{h_P,h_{P+1},\cdots,h_{Q+P-1}\}$，分别交由两个 FIR 滤波器对数据$\{x_0,x_1,x_2,\cdots\}$滤波，两个滤波器滤波输出记作$y_n^{(0)}$和$y_n^{(1)}$，根据 FIR 滤波功能的定义可以得到

$$\begin{cases}y_{n+Q-1}^{(0)}=x_n h_{P+Q-1}+x_{n+1}h_{P+Q-2}+\cdots+x_{n+Q-1}h_P\\ y_{n+P+Q-1}^{(1)}=x_{n+Q}h_{P-1}+x_{n+Q+1}h_{P-2}+\cdots+x_{n+Q+P-1}h_0\end{cases} \tag{5-43}$$

对比设计目标$y_{n+P+Q-1}$的表达式可以发现

$$y_{n+P+Q-1}=y_{n+Q-1}^{(0)}+y_{n+P+Q-1}^{(1)} \tag{5-44}$$

即只要将两个滤波器的输出经过特定的时间错位再相加即可。

下面我们通过拼接两个 2 抽头 FIR 快速滤波算法构成 4 抽头 FIR 滤波算法。所设计的滤波器系数为$\{h_0,h_1,h_2,h_3\}$，该滤波器的输入为连续 5 个时刻的输入数据$\{x_n,x_{n+1},x_{n+2},x_{n+3},x_{n+4}\}$，每次计算输出两个滤波结果$\{y_{n+3},y_{n+4}\}$，根据 FIR 滤波器的定义，这两个滤波结果满足：

$$\begin{cases}y_{n+3}=x_n h_3+x_{n+1}h_2+x_{n+2}h_1+x_{n+3}h_0\\ y_{n+4}=x_{n+1}h_3+x_{n+2}h_2+x_{n+3}h_1+x_{n+4}h_0\end{cases} \tag{5-45}$$

下面给出式（5-45）的快速算法。根据 2 抽头 FIR 滤波器的算法，我们先分别计算两个 2 抽头 FIR 滤波输出：

$$\begin{bmatrix}x_n & x_{n+1}\\ x_{n+1} & x_{n+2}\end{bmatrix}\begin{bmatrix}h_3\\ h_2\end{bmatrix}=\begin{bmatrix}y_{n+1}^{(0)}\\ y_{n+2}^{(0)}\end{bmatrix} \text{ 和 } \begin{bmatrix}x_{n+2} & x_{n+3}\\ x_{n+3} & x_{n+4}\end{bmatrix}\begin{bmatrix}h_1\\ h_0\end{bmatrix}=\begin{bmatrix}y_{n+3}^{(1)}\\ y_{n+4}^{(1)}\end{bmatrix} \tag{5-46}$$

其中，$y_{n+1}^{(0)}=x_n h_3+x_{n+1}h_2$，$y_{n+2}^{(0)}=x_{n+1}h_3+x_{n+2}h_2$，$y_{n+3}^{(1)}=x_{n+2}h_1+x_{n+3}h_0$，$y_{n+4}^{(1)}=x_{n+3}h_1+x_{n+4}h_0$。比较设计目标（式（5-45）），就能发现$y_{n+3}=y_{n+1}^{(0)}+y_{n+3}^{(1)}$以及$y_{n+4}=y_{n+2}^{(0)}+y_{n+4}^{(1)}$。上述过程的 Python 程序在代码清单 5-12 中给出。

**代码清单 5-12　拼接算法得到的 4 抽头 FIR 快速滤波，输出 2 个结果**

```
def fir_2_4(x0,x1,x2,x3,x4,h0,h1,h2,h3):
    y0=fir_2_2(x0,x1,x2,h2,h3)
    y1=fir_2_2(x2,x3,x4,h0,h1)
    return y0[0]+y1[0],y0[1]+y1[1]

## 测试
import numpy as np

N=100
```

```
x=np.random.randint(-10,10,100).astype(float)
h=np.random.randint(-10,10,4).astype(float)
y=[]
for n in range(0,N-4,2):
    y+=fir_2_4(x[n],x[n+1],x[n+2],x[n+3],x[n+4],\
               h[0],h[1],h[2],h[3])
```

上面程序里的函数 fir_2_4 通过调用两次 2 抽头滤波函数 fir_2_2 实现一个 4 抽头滤波器的滤波功能。滤波算法将数据序列分为每 5 个数据一组，相邻两组数据有 3 个数据重叠，送入滤波算法得到 2 个输出，如图 5-12 所示。

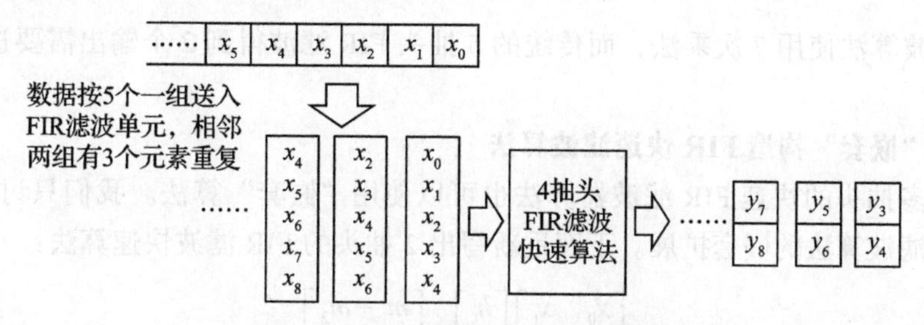


图 5-12　4 抽头滤波器快速计算过程

该滤波器每输出 2 个滤波结果需要进行 6 次乘法运算，相比之下，传统的 4 抽头 FIR 滤波器得到 2 个输出需要进行 8 次乘法运算。

代码清单 5-13 中给出的 Python 程序通过一个 3 抽头滤波器和一个 2 抽头滤波器构造出一个 5 抽头的滤波器。

**代码清单 5-13　5 抽头 FIR 快速滤波算法，输出 2 个结果**

```
def fir_2_5(x0,x1,x2,x3,x4,x5,h0,h1,h2,h3,h4):
    y0=fir_2_2(x0,x1,x2,h3,h4)
    y1=fir_2_3(x2,x3,x4,x5,h0,h1,h2)
    return y0[0]+y1[0],y0[1]+y1[1]

## 测试
import numpy as np

N=100
x=np.random.randint(-10,10,100).astype(float)
h=np.random.randint(-10,10,5).astype(float)

y=[]
for n in range(0,N-5,2):
    y+=fir_2_5(x[n],x[n+1],x[n+2],x[n+3],x[n+4],x[n+5],\
               h[0],h[1],h[2],h[3],h[4])
```

上面程序对应的算法将数据序列分为每 6 个数据一组，相邻两组数据有 4 个数据重叠，送入滤波算法得到 2 个输出，如图 5-13 所示。

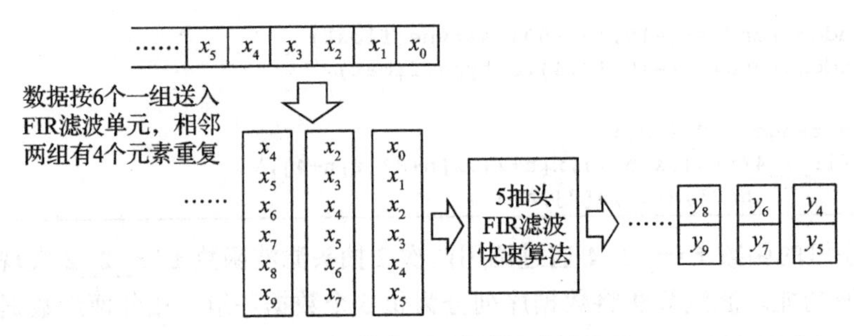


图 5-13　5 抽头滤波器快速计算过程

整个滤波算法使用 7 次乘法，而传统的 5 抽头 FIR 滤波得到 2 个输出需要进行 10 次乘法运算。

**2. 基于“嵌套”构造 FIR 快速滤波算法**

构造更多抽头的快速 FIR 滤波器算法也可以使用“嵌套”算法。我们只讨论基于 2 抽头快速 FIR 滤波算法的嵌套扩展。下面重新写出 2 抽头的 FIR 滤波快速算法：

$$\begin{bmatrix} x_0 & x_1 \\ x_1 & x_2 \end{bmatrix}\begin{bmatrix} h_1 \\ h_0 \end{bmatrix}=\begin{bmatrix} m_1+m_2 \\ m_2-m_3 \end{bmatrix} \tag{5-47}$$

其中：

$$\begin{cases} m_1=(x_0-x_1)h_1 \\ m_2=x_1(h_0+h_1) \\ m_3=(x_1-x_2)h_0 \end{cases} \tag{5-48}$$

上述形式中出现的实数 $\{x_0,x_1,x_2,h_0,h_1,m_1,m_2,m_3\}$ 都可以用矩阵取代，比如考虑 4 抽头 FIR 滤波运算，滤波输入为数据序列 $\{x_0,x_1,x_2,x_3,x_4,x_5,x_6\}$，滤波器抽头为 $\{h_0,h_1,h_2,h_3\}$，有效滤波输出 $\{y_3,y_4,y_5,y_6\}$。滤波输出用矩阵表示为

$$\begin{bmatrix} y_3 \\ y_4 \\ y_5 \\ y_6 \end{bmatrix}=\begin{bmatrix} x_0 & x_1 & x_2 & x_3 \\ x_1 & x_2 & x_3 & x_4 \\ x_2 & x_3 & x_4 & x_5 \\ x_3 & x_4 & x_5 & x_6 \end{bmatrix}\begin{bmatrix} h_3 \\ h_2 \\ h_1 \\ h_0 \end{bmatrix} \tag{5-49}$$

上述矩阵方程可以写成分块矩阵形式，即

$$\begin{bmatrix} \boldsymbol{Y}_0 \\ \boldsymbol{Y}_1 \end{bmatrix}=\begin{bmatrix} \boldsymbol{X}_0 & \boldsymbol{X}_1 \\ \boldsymbol{X}_1 & \boldsymbol{X}_2 \end{bmatrix}\begin{bmatrix} \boldsymbol{H}_1 \\ \boldsymbol{H}_0 \end{bmatrix} \tag{5-50}$$

其中：

$$\boldsymbol{X}_0=\begin{bmatrix} x_0 & x_1 \\ x_1 & x_2 \end{bmatrix},\ \boldsymbol{X}_1=\begin{bmatrix} x_2 & x_3 \\ x_3 & x_4 \end{bmatrix},\ \boldsymbol{X}_2=\begin{bmatrix} x_4 & x_5 \\ x_5 & x_6 \end{bmatrix},\ \boldsymbol{H}_1=\begin{bmatrix} h_3 \\ h_2 \end{bmatrix},\ \boldsymbol{H}_0=\begin{bmatrix} h_1 \\ h_0 \end{bmatrix},\ \boldsymbol{Y}_0=\begin{bmatrix} y_3 \\ y_4 \end{bmatrix},$$

$$\boldsymbol{Y}_1=\begin{bmatrix} y_5 \\ y_6 \end{bmatrix}$$

之前的快速算法可以直接作用于上述子矩阵，即

$$\begin{cases} \boldsymbol{M}_1=(\boldsymbol{X}_0-\boldsymbol{X}_1)\boldsymbol{H}_1=\begin{bmatrix} x_0-x_2 & x_1-x_3 \\ x_1-x_3 & x_2-x_4 \end{bmatrix}\begin{bmatrix} h_3 \\ h_2 \end{bmatrix} \\ \boldsymbol{M}_2=\boldsymbol{X}_1(\boldsymbol{H}_0+\boldsymbol{H}_1)=\begin{bmatrix} x_2 & x_3 \\ x_3 & x_4 \end{bmatrix}\begin{bmatrix} h_1+h_3 \\ h_0+h_2 \end{bmatrix} \\ \boldsymbol{M}_3=(\boldsymbol{X}_1-\boldsymbol{X}_2)\boldsymbol{H}_0=\begin{bmatrix} x_2-x_4 & x_3-x_5 \\ x_3-x_5 & x_4-x_6 \end{bmatrix}\begin{bmatrix} h_1 \\ h_0 \end{bmatrix} \end{cases} \tag{5-51}$$

观察上面矩阵元素之间的关系可以看到，这三个矩阵乘法可以“嵌套”使用 2 抽头的 FIR 滤波快速算法，这 3 个矩阵乘法需要进行 9 次乘法运算。最后通过 $(\boldsymbol{M}_1,\boldsymbol{M}_2,\boldsymbol{M}_3)$ 得到最终滤波结果：

$$\begin{bmatrix} y_3 \\ y_4 \\ y_5 \\ y_6 \end{bmatrix}=\begin{bmatrix} \boldsymbol{Y}_0 \\ \boldsymbol{Y}_1 \end{bmatrix}=\begin{bmatrix} \boldsymbol{M}_1+\boldsymbol{M}_2 \\ \boldsymbol{M}_2-\boldsymbol{M}_3 \end{bmatrix} \tag{5-52}$$

使用上述 4 抽头 FIR 快速滤波算法构成的滤波器将输入数据按 7 个一组排列，相邻两组有 3 个元素相同 ( 交叠)，每组输入对应一组 4 个元素的输出，如图 5-14 所示。

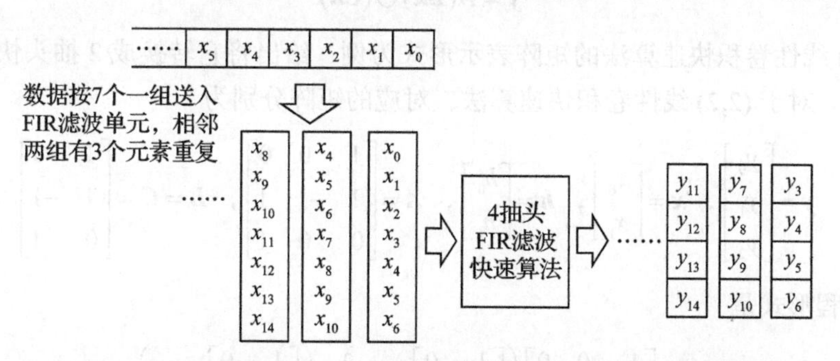


图 5-14　利用“嵌套法”构造的 4 抽头滤波器快速计算过程示意图

上述算法平均每个输入数据需要 2.25 次乘法，相比之下，传统卷积算法需要 4 次乘法。另外，相比之前用拼接方法构成的 4 抽头滤波器，拼接法平均每输出一个滤波结果需要 3 次乘法。

代码清单 5-14 中是上述运算对应的 Python 代码。

**代码清单 5-14　嵌套法构造的 4 抽头 FIR 快速滤波算法，输出 4 个结果**

```
def fir_4_4(x0,x1,x2,x3,x4,x5,x6,h0,h1,h2,h3):
```

```
    M1=fir_2_2(x0-x2,x1-x3,x2-x4,h2    ,h3    )
    M2=fir_2_2(x2    ,x3    ,x4    ,h0+h2,h1+h3)
    M3=fir_2_2(x2-x4,x3-x5,x4-x6,h0    ,h1    )

    y3=M1[0]+M2[0]
    y4=M1[1]+M2[1]
    y5=M2[0]-M3[0]
    y6=M2[1]-M3[1]

    return y3,y4,y5,y6

## 测试
N=100
x=np.random.randint(-10,10,100).astype(float)
h=np.random.randint(-10,10,4).astype(float)

y=[]
for n in range(0,N-6,4):
    y+=fir_4_4(x[n],x[n+1],x[n+2],x[n+3],x[n+4],x[n+5],x[n+6],\
               h[0],h[1],h[2],h[3])
```

**3. 从快速线性卷积算法构建快速 FIR 算法**

前面给出的多种短序列快速滤波算法中，有一部分实际上是基于短序列线性卷积快速算法通过简单的矩阵变换得到的。前面介绍短序列线性卷积快速算法时给出了它的矩阵形式描述：

$$\boldsymbol{y}=\boldsymbol{A}(\boldsymbol{B}\boldsymbol{x})\odot(\boldsymbol{C}\boldsymbol{h}) \tag{5-53}$$

我们以 (2,2) 线性卷积快速算法的矩阵表示形式为例，给出将它转换成 2 抽头快速 FIR 滤波算法的过程。对于 (2,2) 线性卷积快速算法，对应的矩阵分别为

$$\boldsymbol{y}=\begin{bmatrix} y_0 \\ y_1 \\ y_2 \end{bmatrix},\ \boldsymbol{x}=\begin{bmatrix} x_0 \\ x_1 \end{bmatrix},\ \boldsymbol{h}=\begin{bmatrix} h_0 \\ h_1 \end{bmatrix},\ \boldsymbol{A}=\begin{bmatrix} 1 & 0 & 0 \\ 1 & -1 & 1 \\ 0 & 0 & 1 \end{bmatrix},\ \boldsymbol{B}=\boldsymbol{C}=\begin{bmatrix} 1 & 0 \\ 1 & -1 \\ 0 & 1 \end{bmatrix}$$

写成矩阵方程形式是

$$\begin{aligned}\boldsymbol{y}&=\begin{bmatrix} 1 & 0 & 0 \\ 1 & -1 & 1 \\ 0 & 0 & 1 \end{bmatrix}\left(\begin{bmatrix} 1 & 0 \\ 1 & -1 \\ 0 & 1 \end{bmatrix}\begin{bmatrix} x_0 \\ x_1 \end{bmatrix}\right)\odot\left(\begin{bmatrix} 1 & 0 \\ 1 & -1 \\ 0 & 1 \end{bmatrix}\begin{bmatrix} h_0 \\ h_1 \end{bmatrix}\right)\\ &=\begin{bmatrix} 1 & 0 & 0 \\ 1 & -1 & 1 \\ 0 & 0 & 1 \end{bmatrix}\begin{bmatrix} h_0 & 0 & 0 \\ 0 & h_0-h_1 & 0 \\ 0 & 0 & h_1 \end{bmatrix}\begin{bmatrix} 1 & 0 \\ 1 & -1 \\ 0 & 1 \end{bmatrix}\begin{bmatrix} x_0 \\ x_1 \end{bmatrix}\end{aligned} \tag{5-54}$$

注意，上式第二项将向量逐元素乘积运算 $\odot$ 写成了对角矩阵乘积的形式。根据线性卷积的定义，上式左边可以写成

$$y=\begin{bmatrix}h_0 & 0\\ h_1 & h_0\\ 0 & h_1\end{bmatrix}\begin{bmatrix}x_0\\ x_1\end{bmatrix} \tag{5-55}$$

比较上面两式得到

$$\begin{bmatrix}h_0 & 0\\ h_1 & h_0\\ 0 & h_1\end{bmatrix}=\begin{bmatrix}1 & 0 & 0\\ 1 & -1 & 1\\ 0 & 0 & 1\end{bmatrix}\begin{bmatrix}h_0 & 0 & 0\\ 0 & h_0-h_1 & 0\\ 0 & 0 & h_1\end{bmatrix}\begin{bmatrix}1 & 0\\ 1 & -1\\ 0 & 1\end{bmatrix} \tag{5-56}$$

两边经过转置得到

$$\begin{bmatrix}h_0 & h_1 & 0\\ 0 & h_0 & h_1\end{bmatrix}=\begin{bmatrix}1 & 1 & 0\\ 0 & -1 & 1\end{bmatrix}\begin{bmatrix}h_0 & 0 & 0\\ 0 & h_0-h_1 & 0\\ 0 & 0 & h_1\end{bmatrix}\begin{bmatrix}1 & 1 & 0\\ 0 & -1 & 0\\ 0 & 1 & 1\end{bmatrix} \tag{5-57}$$

最后在上式两边乘以$\begin{bmatrix}x_{n+2}\\ x_{n+1}\\ x_n\end{bmatrix}$得到

$$\begin{bmatrix}h_0 & h_1 & 0\\ 0 & h_0 & h_1\end{bmatrix}\begin{bmatrix}x_{n+2}\\ x_{n+1}\\ x_n\end{bmatrix}=\begin{bmatrix}1 & 1 & 0\\ 0 & -1 & 1\end{bmatrix}\begin{bmatrix}h_0 & 0 & 0\\ 0 & h_0-h_1 & 0\\ 0 & 0 & h_1\end{bmatrix}\begin{bmatrix}1 & 1 & 0\\ 0 & -1 & 0\\ 0 & 1 & 1\end{bmatrix}\begin{bmatrix}x_{n+2}\\ x_{n+1}\\ x_n\end{bmatrix} \tag{5-58}$$

其中左边根据 FIR 滤波的定义就是 2 抽头滤波器的两个连续输出 $\{y_{n+1}, y_{n+2}\}$，即

$$\begin{bmatrix}h_0 & h_1 & 0\\ 0 & h_0 & h_1\end{bmatrix}\begin{bmatrix}x_{n+2}\\ x_{n+1}\\ x_n\end{bmatrix}=\begin{bmatrix}x_{n+2}h_0+x_{n+1}h_1\\ x_{n+1}h_0+x_nh_1\end{bmatrix}=\begin{bmatrix}y_{n+2}\\ y_{n+1}\end{bmatrix} \tag{5-59}$$

于是从式（5-58）的右边得到 2 抽头 FIR 滤波器输出 2 个结果的快速算法，参见算法 5-9。

**算法 5-9　2 抽头 FIR 滤波算法 2，输出 2 个结果**

步骤 1：计算 $\begin{cases}X_0=x_{n+2}+x_{n+1}\\ X_1=-x_{n+1}\\ X_2=x_{n+1}+x_n\end{cases}$ 和 $\begin{cases}H_0=h_0\\ H_1=h_0-h_1\\ H_2=h_1\end{cases}$

步骤 2：计算 $\begin{cases}Y_0=H_0X_0\\ Y_1=H_1X_1\\ Y_2=H_2X_2\end{cases}$

步骤 3：计算 $\begin{cases}y_{n+1}=-Y_1+Y_2\\ y_{n+2}=Y_0+Y_1\end{cases}$

图 5-15 具体说明了上面算法和公式的对应关系。

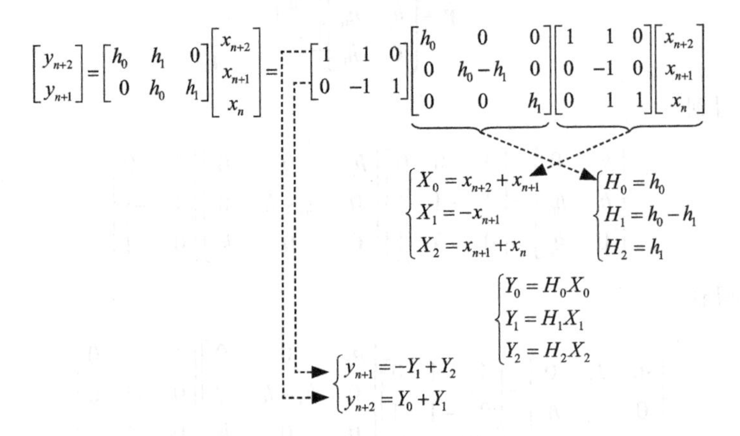

图 5-15　从式（5-58）得到算法 5-9

对比算法 5-7，上述算法给出的是另一种快速算法，但乘法次数和加减法次数没有增加。

读者可以参照上面的流程将其他长度的线性卷积快速算法转换成相同运算复杂度（乘法运算量）的 FIR 快速滤波算法。

## 5.2.5　二维快速卷积算法

前文中给出了一维卷积的快速算法，但对于众多图像处理算法，需要进行二维卷积运算。对于二维卷积的快速算法可以从一维卷积快速算法直接获得。下面从两个角度解释如何通过一维快速算法得到二维快速算法。

**1. 基于嵌套实现二维线性卷积优化算法**

基于嵌套实现二维线性卷积算法用到了 5.1.3 节给出的二维线性卷积的多项式表示形式，即把参与卷积的二维数据（矩阵）写成多项式形式：

$$\begin{cases} x(p,q)=\sum_{n=0}^{N-1}\sum_{m=0}^{M-1}x_{n,m}p^nq^m \\ h(p,q)=\sum_{k=0}^{K-1}\sum_{r=0}^{R-1}h_{k,r}p^kq^r \end{cases} \tag{5-60}$$

其中 $\{p,q\}$ 是两个多项式变量，卷积结果对应上述两个多项式的乘积：

$$y(p,q)=x(p,q)h(p,q) \tag{5-61}$$

其中多项式变量 $p^nq^m$ 对应的系数就是线性卷积结果 $\{y_{n,m}\}$，即

$$y(p,q)=\sum_{n=0}^{N+K-2}\sum_{m=0}^{M+R-2}y_{n,m}p^nq^m \tag{5-62}$$

一维快速线性卷积算法能够以“嵌套”的形式使用。将之前两个参与卷积的数值序列 $\{x_1,x_2,\cdots,x_{N-1}\}$ 和 $\{h_1,h_2,\cdots,h_{K-1}\}$ 替换成多项式序列 $\{x_1(q),x_2(q),\cdots,x_{N-1}(q)\}$ 和 $\{h_1(q),h_2(q),\cdots,h_{K-1}(q)\}$，并将原先的一维快速算法直接应用其中，得到以变量 $q$ 的多项式乘积形式给出的卷积结果，然后对于变量 $q$ 的多项式乘积再次使用一维快速卷积算法，得到二维卷积结果。下面通过 $(2\times2,2\times2)$ 的两个矩阵的二维线性卷积算法来说明。

考虑计算两个矩阵 $\begin{bmatrix} x_{0,0} & x_{0,1} \\ x_{0,1} & x_{1,1} \end{bmatrix}$ 和 $\begin{bmatrix} h_{0,0} & h_{0,1} \\ h_{0,1} & h_{1,1} \end{bmatrix}$，我们利用 $(2,2)$ 一维快速卷积构建这一算法。首先回忆一维快速线性卷积算法，它通过下面的步骤计算 $\{x_0,x_1\}$ 和 $\{h_0,h_1\}$ 的线性卷积，输出 $\{y_0,y_1,y_2\}$，步骤如下：

1）计算 $\begin{cases} H_0=h_0 \\ H_1=h_0-h_1 \\ H_2=h_1 \end{cases}$ 和 $\begin{cases} X_0=x_0 \\ X_1=x_0-x_1 \\ X_2=x_1 \end{cases}$；

2）计算 $\begin{cases} Y_0=H_0X_0 \\ Y_1=H_1X_1 \\ Y_2=H_2X_2 \end{cases}$；

3）计算 $\begin{cases} y_0=Y_0 \\ y_1=Y_0-Y_1+Y_2 \\ y_2=Y_2 \end{cases}$。

我们把 $\{x_0,x_1\}$ 和 $\{h_0,h_1\}$ 替换成 $\{x_0(q),x_1(q)\}$ 和 $\{h_0(q),h_1(q)\}$，其中：

$$\begin{cases} x_0(q)=x_{0,0}+x_{0,1}q \\ x_1(q)=x_{1,0}+x_{1,1}q \\ h_0(q)=h_{0,0}+h_{0,1}q \\ h_1(q)=h_{1,0}+h_{1,1}q \end{cases} \tag{5-63}$$

将移位线性卷积算法直接应用到多项式得到算法 5-10。

**算法 5-10 基于嵌套的 $(2\times2,2\times2)$ 二维线性卷积快速算法**

步骤 1：计算 $\begin{cases} H_0(q)=h_0(q) \\ H_1(q)=h_0(q)-h_1(q) \\ H_2(q)=h_1(q) \end{cases}$ 和 $\begin{cases} X_0(q)=x_0(q) \\ X_1(q)=x_0(q)-x_1(q) \\ X_2(q)=x_1(q) \end{cases}$

步骤 2：计算 $\begin{cases} Y_0(q)=H_0(q)X_0(q) \\ Y_1(q)=H_1(q)X_1(q) \\ Y_2(q)=H_2(q)X_2(q) \end{cases}$，这一步可以一维快速卷积算法进一步展开

步骤 3：计算 $\begin{cases} y_0(q) = Y_0(q) \\ y_1(q) = Y_0(q) - Y_1(q) + Y_2(q) \\ y_2(q) = Y_2(q) \end{cases}$

---

其中步骤 2 是多项式乘法，等效为 (2,2) 一维卷积，因此可以进一步嵌套使用 (2,2) 一维快速卷积算法展开，具体的实现方法可以通过代码清单 5-15 所示的 Python 程序理解。

**代码清单 5-15 (2×2,2×2) 二维线性卷积快速运算**

```
import numpy as np

# (2,2) 线性卷积快速算法
def conv_2_2(x,h):
    H0,H1,H2 = h[0],h[0]-h[1],h[1]
    X0,X1,X2 = x[0],x[0]-x[1],x[1]
    Y0,Y1,Y2 = H0*X0,H1*X1,H2*X2
    y0,y1,y2 = Y0,Y0-Y1+Y2,Y2
    return y0,y1,y2

# (2×2,2×2) 二维线性卷积
def conv_2x2_2x2(x,h):
    H0 = h[0,:]
    H1 = h[0,:]-h[1,:]
    H2 = h[1,:]

    X0 = x[0,:]
    X1 = x[0,:]-x[1,:]
    X2 = x[1,:]

    Y0 = np.array(conv_2_2(X0,H0)) # H0*X0
    Y1 = np.array(conv_2_2(X1,H1)) # H1*X1
    Y2 = np.array(conv_2_2(X2,H2)) # H2*X2

    y = np.array([Y0,Y0-Y1+Y2,Y2])
    return y

# (2×2,2×2) 二维线性卷积使用例程
x=np.random.randint(-10,10,(2,2)).astype(float)
h=np.random.randint(-10,10,(2,2)).astype(float)
y=conv_2x2_2x2(x,h)
```

上面程序中 `conv_2x2_2x2` 实现二维卷积算法，其中计算 `Y0`、`Y1` 和 `Y2` 时使用了上面讨论的步骤 2 的多项式乘积，即通过调用一维快速线性卷积算法 `conv_2_2` 实现。另外，上面代码中使用了向量加法（比如 `H1 = h[0,:]-h[1,:]`）实现多项式系数的相加。最后注意，这里使用的一维快速卷积算法 `conv_2_2` 和之前的代码有所不同，这是为了能更清晰地表现出二维和一维卷积结构的相似性。

下面继续以 Python 程序的形式给出 (3×3,3×3) 的二维卷积算法，如代码清单 5-16 所

示，它嵌套了 (3,3) 的快速线性卷积。

**代码清单 5-16　(3×3,3×3) 二维线性卷积快速运算**

```
import numpy as np

# (3,3) 一维线性卷积快速算法
def conv_3_3(x,h):
    H0= h[0]/2
    H1=(h[0]+h[1]+h[2])/2
    H2=(h[0]-h[1]+h[2])/6
    H3=(h[0]+2*h[1]+4*h[2])/6
    H4= h[2]

    X0=x[0]
    X1=x[0]+x[1]+x[2]
    X2=x[0]-x[1]+x[2]
    X3=x[0]+2*x[1]+4*x[2]
    X4=x[2]

    Y0=H0*X0
    Y1=H1*X1
    Y2=H2*X2
    Y3=H3*X3
    Y4=H4*X4

    y0= 2*Y0
    y1=-Y0+2*Y1-2*Y2-Y3+2*Y4
    y2=-2*Y0+Y1+3*Y2-Y4
    y3= Y0-Y1-Y2+Y3-2*Y4
    y4= Y4

    return np.array([y0,y1,y2,y3,y4])

# (3×3,3×3) 二维线性卷积
def conv_3x3_3x3(x,h):
    H0= h[0,:]/2
    H1=(h[0,:]+h[1,:]+h[2,:])/2
    H2=(h[0,:]-h[1,:]+h[2,:])/6
    H3=(h[0,:]+2*h[1,:]+4*h[2,:])/6
    H4= h[2,:]

    X0=x[0,:]
    X1=x[0,:]+x[1,:]+x[2,:]
    X2=x[0,:]-x[1,:]+x[2,:]
    X3=x[0,:]+2*x[1,:]+4*x[2,:]
    X4=x[2,:]

    Y0 = conv_3_3(X0,H0) # H0*X0
    Y1 = conv_3_3(X1,H1) # H1*X1
    Y2 = conv_3_3(X2,H2) # H2*X2
```

```
    Y3 = conv_3_3(X3,H3) # H3*X3
    Y4 = conv_3_3(X4,H4) # H4*X4

    y0= 2*Y0
    y1=-Y0+2*Y1-2*Y2-Y3+2*Y4
    y2=-2*Y0+Y1+3*Y2-Y4
    y3= Y0-Y1-Y2+Y3-2*Y4
    y4= Y4

    return np.array([y0,y1,y2,y3,y4])

# (3×3,3×3)二维线性卷积使用例程
x=np.random.randint(-10,10,(3,3)).astype(float)
h=np.random.randint(-10,10,(3,3)).astype(float)
y=conv_3x3_3x3(x,h)
```

上面代码中 conv_3x3_3x3 计算二维卷积，而 conv_3_3 计算一维卷积，比较两个函数的代码，可以看到计算结构是相同的，即二维卷积使用了和一维卷积相同的算法结构，但在 conv_3x3_3x3 中计算 Y0 ～ Y4 时嵌套调用了一维卷积的计算函数 conv_3_3。

以上两个例子对应的被卷积数据是两个相同尺寸的方形矩阵的情况，下面分别给出两个不同尺寸且非方形矩阵二维卷积的代码实现例子，如代码清单 5-17 所示。

**代码清单 5-17 (3 × 2,2 × 3) 二维线性卷积快速算法**

```
import numpy as np

# (3,2)线性卷积
def conv_3_2(x,h):
    H0 =  h[0]
    H1 = (h[0]+h[1])/2
    H2 = (h[0]-h[1])/2
    H3 =  h[1]

    X0 = x[0]
    X1 = x[0]+x[2]+x[1]
    X2 = x[0]+x[2]-x[1]
    X3 = x[2]

    Y0 = H0*X0
    Y1 = H1*X1
    Y2 = H2*X2
    Y3 = H3*X3

    y0 = Y0
    y1 = Y1-Y2-Y3
    y2 = Y1+Y2-Y0
    y3 = Y3

    return np.array([y0,y1,y2,y3])
```

```
# (3×2,2×3) 二维线性卷积
def conv_3x2_2x3(x,h):
    H0 =  h[0,:]
    H1 = (h[0,:]+h[1,:])/2
    H2 = (h[0,:]-h[1,:])/2
    H3 =  h[1,:]

    X0 = x[0,:]
    X1 = x[0,:]+x[2,:]+x[1,:]
    X2 = x[0,:]+x[2,:]-x[1,:]
    X3 = x[2,:]

    Y0 = conv_3_2(H0,X0)  # H0*X0
    Y1 = conv_3_2(H1,X1)  # H1*X1
    Y2 = conv_3_2(H2,X2)  # H2*X2
    Y3 = conv_3_2(H3,X3)  # H3*X3

    y0 = Y0
    y1 = Y1-Y2-Y3
    y2 = Y1+Y2-Y0
    y3 = Y3

    return np.array([y0, y1, y2, y3])

# (3×2,2×3) 二维线性卷积使用例程
x=np.random.randint(-10,10,(3,2)).astype(float)
h=np.random.randint(-10,10,(2,3)).astype(float)
y=conv_3x2_2x3(x,h)
```

上面的基于嵌套的二维快速卷积算法也可以通过矩阵形式给出。如果有了矩阵形式给出的一维卷积快速算法 $\boldsymbol{y}=\boldsymbol{A}(\boldsymbol{Bx})\odot(\boldsymbol{Ch})$，可以立即写出对应的二维卷积快速算法：

$$\boldsymbol{Y}=\boldsymbol{A}_1((\boldsymbol{B}_1\boldsymbol{X}\boldsymbol{B}_2^{\mathrm{T}})\odot(\boldsymbol{C}_1\boldsymbol{H}\boldsymbol{C}_2^{\mathrm{T}}))\boldsymbol{A}_2^{\mathrm{T}} \tag{5-64}$$

这里的 $\boldsymbol{X}$ 和 $\boldsymbol{H}$ 是参与卷积的两个二维矩阵，$\boldsymbol{B}_1\boldsymbol{X}\boldsymbol{B}_2^{\mathrm{T}}$ 和 $\boldsymbol{C}_1\boldsymbol{H}\boldsymbol{C}_2^{\mathrm{T}}$ 分别看作它们的变换域表示，最后对 $(\boldsymbol{B}_1\boldsymbol{X}\boldsymbol{B}_2^{\mathrm{T}})\odot(\boldsymbol{C}_1\boldsymbol{H}\boldsymbol{C}_2^{\mathrm{T}})$ 左右分别乘以 $\boldsymbol{A}_1$ 和 $\boldsymbol{A}_2^{\mathrm{T}}$ 对应了反变换。两组矩阵 $\{\boldsymbol{A}_1,\boldsymbol{B}_1,\boldsymbol{C}_1\}$ 和 $\{\boldsymbol{A}_2,\boldsymbol{B}_2,\boldsymbol{C}_2\}$ 分别对应被卷积矩阵“垂直”方向和“水平”方向使用的快速卷积算法的变换矩阵。图 5-16 显示了这一构建过程，以及构建二维卷积所使用的一维线性卷积算法的尺寸。

上述矩阵的表示形式并不是一目了然的，需要读者通过手动计算实际的例子去体会。下面我们从感性认识上给出一些提示。首先对于二维卷积数据的矩阵形式，第 $i$ 行第 $j$ 列元素对应多项式项表示是 $x_{i,j}p^iq^j$。从一维转换成二维的过程可以看成对快速卷积算法分别作用于矩阵的行和列，比如检查 $\boldsymbol{BXB}^{\mathrm{T}}$，可以看到矩阵 $\boldsymbol{X}$ 左乘矩阵 $\boldsymbol{B}$ 等效为对 $\boldsymbol{X}$ 的每一列转成变换域向量并构成新矩阵，作用在多项式变量 $p$ 上，矩阵 $\boldsymbol{X}$ 右乘矩阵 $\boldsymbol{B}$ 等效为对 $\boldsymbol{X}$ 的每一行转成变换域向量并构成新矩阵，作用在多项式变量 $q$ 上，如图 5-17 所示。

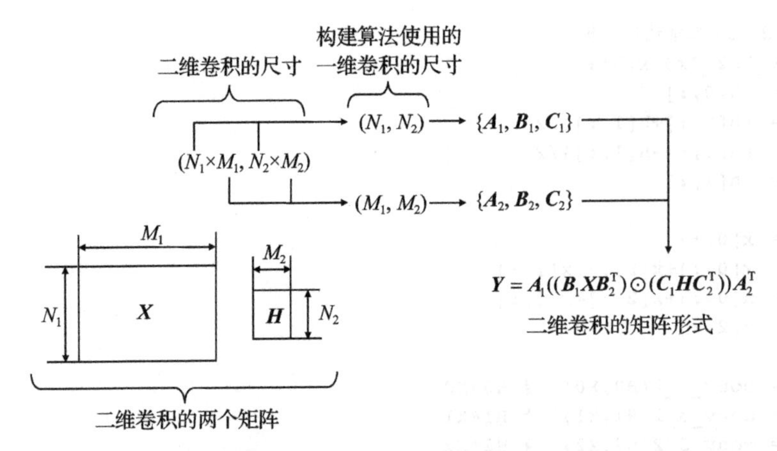


图 5-16　通过一维线性卷积快速算法构建二维线性卷积快速算法

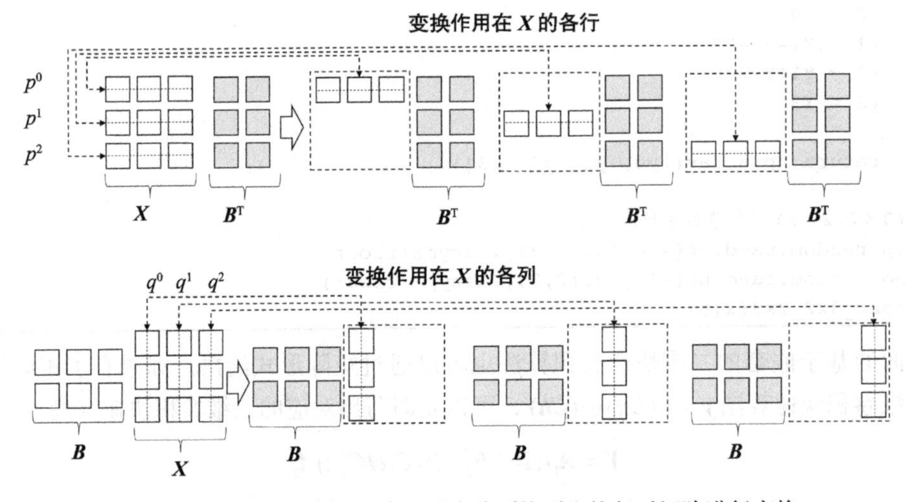


图 5-17　矩阵 *X* 左乘和右乘 *B* 看成分别按列和按行对矩阵进行变换

图 5-18 以 (2,2) 快速线性卷积算法为例，说明了如何实现 $(2 \times 2, 2 \times 2)$ 快速二维卷积。代码清单 5-18 中的 Python 代码以矩阵表示形式计算二维卷积。

**代码清单 5-18　二维线性卷积的矩阵形式计算**

```
import numpy as np

# 二维线性卷积的矩阵形式：y=A1((B1xB2’).*(C1hC2’))A2’
def conv_mat_2d(x,h,A1,B1,C1,A2,B2,C2):
    X=np.dot(np.dot(B1,x),B2.T)
    H=np.dot(np.dot(C1,h),C2.T)
    Y=H*X
    y=np.dot(np.dot(A1,Y),A2.T)
    return y
```

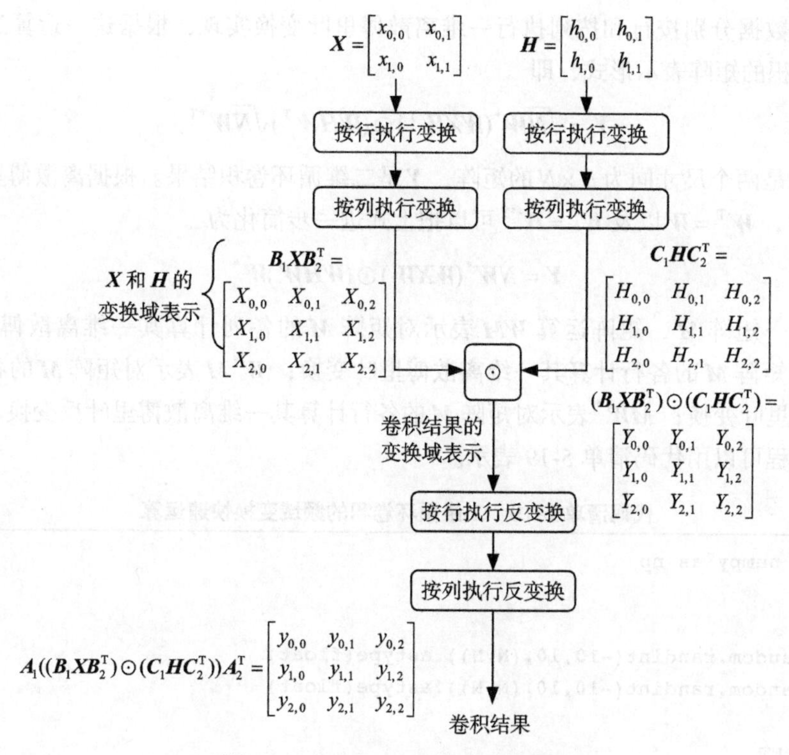


图 5-18　$(2\times 2,2\times 2)$ 快速二维卷积

用上面的代码计算二维卷积时只需要提供对应的矩阵即可。对于前面 $(2\times 2,2\times 2)$ 快速二维卷积的例子，把对应的矩阵

$$A_1=A_2=\begin{bmatrix}1 & 0 & 0\\ 1 & -1 & 1\\ 0 & 0 & 1\end{bmatrix},\quad B_1=B_2=C_1=C_2=\begin{bmatrix}1 & 0\\ 1 & -1\\ 0 & 1\end{bmatrix}$$

作为输入参数给函数 `conv_mat_2d` 的输入参数 `A1`、`B1`、`C1`、`A2`、`B2`、`C2` 即可。由于这里涉及的矩阵内的元素是简单的常数，因此矩阵乘法可以用加减法实现。

之前介绍的二维卷积由于是从短序列线性卷积构造的，应用于尺寸较小的两个卷积矩阵。在实际应用中会遇到一个小卷积核和一个大的数据矩阵卷积，这可以仿照 5.2.3 节介绍的几种方法实现，比如使用卷积拼接方案，这里不具体展开。在 5.2.5 节我们会介绍二维滤波算法，该算法也可以用于解决这一条件下的卷积问题。

**2. 二维循环卷积**

前面我们给出基于频域变换的一维循环卷积算法，下面是它的矩阵形式：

$$y=\sqrt{N}W^*(Wx)\odot(Wh)\tag{5-65}$$

其中 $W$ 由式（5-22）给出，是离散傅里叶变换矩阵。二维离散傅里叶变换可以通过对计算

卷积的二维数据分别按行和按列执行一维离散傅里叶变换实现，根据这一运算过程，得到二维循环卷积的矩阵表示形式，即

$$Y=\sqrt{N}W^{*}(WXW^{\mathrm{T}})\odot(WHW^{\mathrm{T}})\sqrt{N}W^{*\mathrm{T}} \tag{5-66}$$

其中$X$和$H$是两个尺寸同为$N\times N$的矩阵，$Y$是二维循环卷积结果。根据离散傅里叶变换矩阵$W$的特性，$W^{\mathrm{T}}=W$以及$W^{*}=W^{*\mathrm{T}}$可以把上式进一步简化为

$$Y=NW^{*}(WXW)\odot(WHW)W^{*} \tag{5-67}$$

对于某一矩阵$M$，矩阵运算$WM$表示对矩阵$M$的各列计算其一维离散傅里叶变换；$MW$表示对矩阵$M$的各行计算其一维离散傅里叶变换；$W^{*}M$表示对矩阵$M$的各列计算其一维离散傅里叶变换；$MW^{*}$表示对矩阵$M$的各行计算其一维离散傅里叶反变换。因此，上面的矩阵方程可以用代码清单 5-19 表示。

**代码清单 5-19　二维循环卷积的频域变换快速运算**

```
import numpy as np

N=10
X=np.random.randint(-10,10,(N,N)).astype(float)
H=np.random.randint(-10,10,(N,N)).astype(float)

# 逐列 DFT
WX=np.array([np.fft.fft( X[:,n]).ravel() for n in range(N)]).T
# 逐行 DFT
WX=np.array([np.fft.fft(WX[n,:]).ravel() for n in range(N)])

# 逐列 DFT
WH=np.array([np.fft.fft( H[:,n]).ravel() for n in range(N)]).T
# 逐行 DFT
WH=np.array([np.fft.fft(WH[n,:]).ravel() for n in range(N)])

# 频域逐元素乘积
WY=WX*WH

# 逐列逆 DFT
Y=np.array([np.fft.ifft(WY[:,n]).ravel() for n in range(N)]).T
# 逐行逆 DFT
Y=np.array([np.fft.ifft( Y[n,:]).ravel() for n in range(N)])
```

上面的代码和之前和公式相差一个比例因子$N$，这和 Numpy 库内部的离散傅里叶等效的变换矩阵是否归一化有关。

**3. 正方形卷积核的二维滤波算法**

参照从一维线性卷积构造二维线性卷积的过程，我们能够快速从一维的 FIR 滤波快速

算法构造出二维 FIR 滤波快速算法。对于以矩阵形式表示的一维 FIR 滤波算法

$$\boldsymbol{y}=\boldsymbol{A}(\boldsymbol{Bx})\odot(\boldsymbol{Ch}) \tag{5-68}$$

我们能够立刻得到二维 FIR 滤波算法

$$\boldsymbol{Y}=\boldsymbol{A}((\boldsymbol{BXB}^{\mathrm{T}})\odot(\boldsymbol{CHC}^{\mathrm{T}}))\boldsymbol{A}^{\mathrm{T}} \tag{5-69}$$

上述构建二维线性滤波器快速算法的原理可以参照图 5-17 理解。这里的公式和式（5-64）在符号上有所差异（矩阵没有下标），这是因为我们假设卷积核 $\boldsymbol{H}$ 是正方形的，因此行变换和列变换使用相同的变换矩阵和反变换矩阵。

对于尺寸为 3×3 的卷积核，用矩阵 $\boldsymbol{H}$ 表示，对应的矩阵 $\boldsymbol{A}$ 、$\boldsymbol{B}$ 和 $\boldsymbol{C}$ 和之前 3 抽头 FIR 滤波器的快速算法一样，分别为

$$\boldsymbol{A}=\begin{bmatrix}1&1&1&0\\0&1&-1&-1\end{bmatrix},\quad \boldsymbol{B}=\begin{bmatrix}1&0&-1&0\\0&1&1&0\\0&-1&1&0\\0&1&0&-1\end{bmatrix},\quad \boldsymbol{C}=\begin{bmatrix}0&0&1\\0.5&0.5&0.5\\0.5&-0.5&0.5\\1&0&0\end{bmatrix}$$

而矩阵 $\boldsymbol{X}$、$\boldsymbol{Y}$ 和 $\boldsymbol{H}$ 分别为

$$\boldsymbol{Y}=\begin{bmatrix}y_{k+2,p+2}&y_{k+2,p+3}\\y_{k+3,p+2}&y_{k+3,p+3}\end{bmatrix}$$

$$\boldsymbol{X}=\begin{bmatrix}x_{k,p}&x_{k,p+1}&x_{k,p+2}&x_{k,p+3}\\x_{k+1,p}&x_{k+1,p+1}&x_{k+1,p+2}&x_{k+1,p+3}\\x_{k+2,p}&x_{k+2,p+1}&x_{k+2,p+2}&x_{k+2,p+3}\\x_{k+3,p}&x_{k+3,p+1}&x_{k+3,p+2}&x_{k+3,p+3}\end{bmatrix}$$

$$\boldsymbol{H}=\begin{bmatrix}h_{0,0}&h_{0,1}&h_{0,2}\\h_{1,0}&h_{1,1}&h_{1,2}\\h_{2,0}&h_{2,1}&h_{2,2}\end{bmatrix}$$

对应的运算模式是二维滑动窗口尺寸为 4×4（矩阵 $\boldsymbol{X}$ 的尺寸），每次水平或者垂直移动 2 个元素，每次移动后通过矩阵运算（式（5-69））计算得到 2×2 的二维滤波（线性卷积）输出。图 5-19 给出了对 6×8 矩阵 $\boldsymbol{X}$ 计算二维滤波的示意图，图中灰色部分是滤波滑动窗口。

图 5-19 中间是滤波结果，分为 6 个 2×2 子矩阵，四周画出了和每个滤波结果子矩阵对应的滑动窗口（灰色底色表示）在数据矩阵中的位置。注意，上面提到的“滑动窗口”的尺寸是 4×4，比滤波核（卷积核）$\boldsymbol{H}$ 的尺寸 (3×3) 大，这是因为计算滤波的快速算法需要每次处理 4×4 的数据，即矩阵 $\boldsymbol{X}$ 的尺寸。

代码清单 5-20 是实现上述算法的 Python 程序。

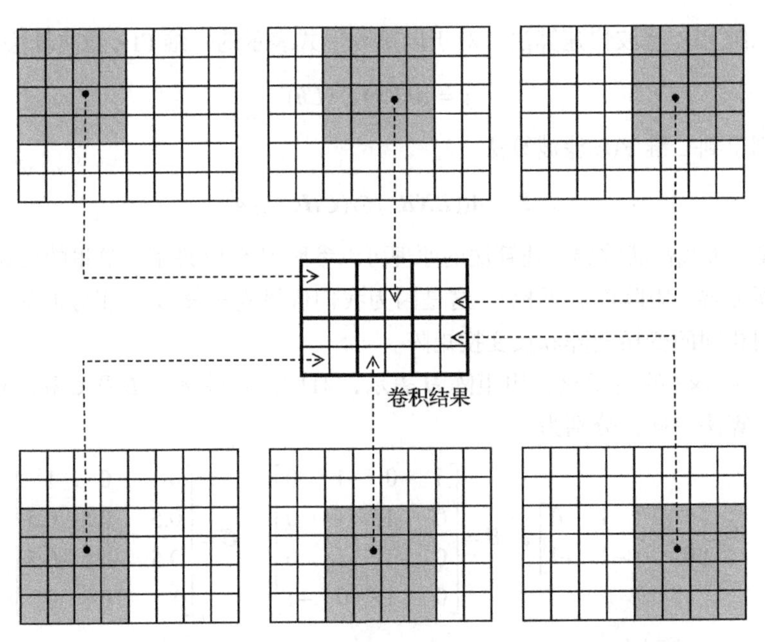


图 5-19 6×8矩阵 $X$ 计算二维滤波过程的示意图

**代码清单 5-20 矩阵乘法形式表示的快速二维滤波算法代码**

```
# 二维滤波运算（使用矩阵乘法）
def fir_2D_k3x3_fast_mmul(X,H):
    A=np.array([[1,1, 1, 0],
                [0,1,-1,-1]])

    B=np.array([[1, 0,-1, 0],
                [0, 1, 1, 0],
                [0,-1, 1, 0],
                [0, 1, 0,-1]])

    C=np.array([[  0,    0,  1],
                 [0.5, 0.5,0.5],
                 [0.5,-0.5,0.5],
                 [  1,    0,  0]])

    num_row,num_col=X.shape                                  # 数据尺寸

    # 处理行列不是偶数的情况
    if num_row%2==1:
        X_extend=np.vstack((X,np.zeros((1,num_col))))
        Y_extend=fir_2D_k3x3_fast_mmul(X_extend,H)
        return Y_extend[:-1,:]
    elif num_col%2==1:
        X_extend=np.hstack((X,np.zeros((num_row,1))))
        Y_extend=fir_2D_k3x3_fast_mmul(X_extend,H)
```

```
        return Y_extend[:,:-1]

    # 滤波核（卷积核）变换（得到它的变换域表示）
    CHCt=np.dot(np.dot(C,H),C.T)

    # 二维滤波，滑动窗口尺寸是4×4，每次沿水平或者垂直方向滑动2个元素
    Y=np.zeros((num_row-3+1,num_col-3+1))           # 存放滤波结果
    for k in range(0,num_row-4+1,2):
        for p in range(0,num_col-4+1,2):
            # 提取等待处理的4×4数据块
            Xsub=X[k:k+4,p:p+4]

            # 输入数据变换（得到它的变换域表示）
            BXBt=np.dot(np.dot(B,Xsub),B.T)

            # 变换域乘法
            W=BXBt*CHCt

            # 输出数据反变换
            Ysub=np.dot(np.dot(A,W),A.T)

            # 保存滤波分块结果
            Y[k:k+2,p:p+2]=Ysub
    return Y
```

上面的代码中使用了矩阵乘法运算，由于矩阵 ***A***、***B*** 和 ***C*** 的形式很简单，因此这些矩阵乘法可以用加减法取代，如代码清单 5-21 所示。

**代码清单 5-21　经过常数乘法精简的快速二维滤波算法**

```
def fir_2D_k3x3_fast(X,H):
    num_row,num_col=X.shape                                   # 数据尺寸

    # 处理行列不是偶数的情况
    if num_row%2==1:
        X_extend=np.vstack((X,np.zeros((1,num_col))))
        Y_extend=fir_2D_k3x3_fast(X_extend,H)
        return Y_extend[:-1,:]
    elif num_col%2==1:
        X_extend=np.hstack((X,np.zeros((num_row,1))))
        Y_extend=fir_2D_k3x3_fast(X_extend,H)
        return Y_extend[:,:-1]

    # 滤波核（卷积核）变换（得到它的变换域表示）
    tmp=np.array([ H[2],
                  (H[0]+H[1]+H[2])*0.5,
                  (H[0]-H[1]+H[2])*0.5,
                   H[0]]).T
    CHCt=np.array([tmp[2],
                  (tmp[0]+tmp[1]+tmp[2])*0.5,
```

```
                (tmp[0]-tmp[1]+tmp[2])*0.5,
                 tmp[0]]).T

    # 滤波，滑动窗口尺寸是 4×4，每次沿水平或者垂直方向滑动 2 个元素
    Y=np.zeros((num_row-3+1,num_col-3+1))                # 存放滤波结果
    for k in range(0,num_row-4+1,2):
        for p in range(0,num_col-4+1,2):
            # 提取等待处理的 4×4 数据块
            Xsub=X[k:k+4,p:p+4]

            # 输入数据变换（得到它的变换域表示）
            tmp=np.array([ Xsub[0]-Xsub[2],
                           Xsub[1]+Xsub[2],
                          -Xsub[1]+Xsub[2],
                           Xsub[1]-Xsub[3]]).T   # =(B*Xsub)'
            BXBt=np.array([ tmp[0]-tmp[2],
                            tmp[1]+tmp[2],
                           -tmp[1]+tmp[2],
                            tmp[1]-tmp[3]]).T    # =B*Xsub*B'

            # 变换域乘法
            W=BXBt*CHCt

            # 输出数据反变换
            tmp=np.array([W[0]+W[1]+W[2],
                          W[1]-W[2]-W[3]]).T
            Ysub=np.array([tmp[0]+tmp[1]+tmp[2],
                           tmp[1]-tmp[2]-tmp[3]]).T

            Y[k:k+2,p:p+2]=Ysub                  # 保存滤波分块结果
    return Y
```

另外需要注意，上面两部分代码考虑了滤波输入数据矩阵$\boldsymbol{X}$的行数或者列数不是偶数的情况，这时需要在$\boldsymbol{X}$后面补充 0 行或者 0 列，使之成为行列数都为偶数的矩阵$\boldsymbol{X}_{extend}$，然后使用快速算法计算二维滤波得到输出$\boldsymbol{Y}_{extend}$，并根据$\boldsymbol{X}$扩充行列的情况删除结果$\boldsymbol{Y}_{extend}$中的最后一行或最后一列，得到正确的输出$\boldsymbol{Y}$。

上面给出的 3×3 滤波核的快速算法一次计算 4 个滤波结果，使用 16 次乘法运算，平均得到每个计算结果需要进行 4 次乘法运算，相比之下，原始滤波运算得到每个运算结果需要进行 9 次乘法运算。

## 5.3 近似卷积算法

前面的卷积算法确保卷积结果的精确性，对于大的卷积核，构造出来的快速卷积算法往往“不快速”，因为构造大卷积和的快速算法中会带来大量的加法和难以简化的常数乘法。下面我们介绍几种近似卷积算法，它们用计算精度换取运算速度和存储空间。

### 5.3.1　基于卷积核低秩分解的二维快速卷积

二维卷积的卷积核通常使用矩阵表示，当该矩阵非满秩时可以通过矩阵分解构造快速卷积算法。考虑下面的卷积核矩阵 $\boldsymbol{H}$，当它的秩为 1 时，可以表示为下面形式：

$$\boldsymbol{H} = \boldsymbol{u}\boldsymbol{v}^{\mathrm{T}} \tag{5-70}$$

其中 $\boldsymbol{u}$ 和 $\boldsymbol{v}$ 是两个一维向量。使用 $\boldsymbol{H}$ 对二维数据进行卷积可以通过两次一维卷积实现，第一次对数据逐列用一维卷积核 $\boldsymbol{u}$ 计算卷积，接着对计算结果逐行用一维卷积核 $\boldsymbol{v}$ 进行卷积。可以验证这一方式得到的卷积结果和用 $\boldsymbol{H}$ 直接计算二维卷积的结果是一致的，但运算量大大下降。对于尺寸为 $K\times K$ 的秩为 1 的卷积核，生成二维卷积结果时，平均每输出一个卷积数据需要大约 $2K$ 次乘法，而传统二维卷积算法需要 $K^2$ 次乘法。代码清单 5-22 是使用这一方式卷积的 Python 程序。

**代码清单 5-22　秩为 1 的卷积核的二维卷积快速运算**

```
import numpy as np

## 图像沿水平方向卷积
def conv_row(img,ker_row):
    hgt,wid=img.shape
    img_out=np.zeros((hgt,wid+len(ker_row)-1))
    for n in range(hgt):
        img_out[n,:]=np.convolve(img[n,:],ker_row)
    return img_out

## 图像沿垂直方向卷积
def conv_col(img,ker_col):
    hgt,wid=img.shape
    img_out=np.zeros((hgt+len(ker_col)-1,wid))
    for n in range(wid):
        img_out[:,n]=np.convolve(img[:,n],ker_col)
    return img_out


## 图像分别沿水平和垂直方向卷积
def conv_2d_sep(img, ker_col, ker_row):
    img_tmp=conv_col(img ,ker_col)
    return conv_row(img_tmp,ker_row)
```

上面程序中 `conv_2d_sep` 实现二维卷积，它的输入 `ker_col` 和 `ker_row` 分别对应式（5-70）中的 $\boldsymbol{u}$ 和 $\boldsymbol{v}$ 向量。使用上面程序的例子如下：

```
img_out=conv_2d_sep(img,ker_col,ker_row)
```

当卷积核矩阵 $\boldsymbol{H}$ 的秩为 $R$ 时，可以把它表示为

$$\boldsymbol{H} = \sum_{r=1}^{R} \boldsymbol{u}_r \boldsymbol{v}_r^{\mathrm{T}} \tag{5-71}$$

这可以看成$R$个秩为1的矩阵$\boldsymbol{u}_r\boldsymbol{v}_r^{\mathrm{T}}$的和，因此用该矩阵对图像卷积时，可以分别使用这$R$个秩为1的矩阵对原图进行卷积并求和，每个秩为1的矩阵的卷积使用之前提到的逐行逐列分别执行一维卷积的方案。这样对于$K\times K$的秩$R$的卷积核，生成二维卷积结果时，平均每个卷积输出数据需要进行大约$2RK$次乘法，而传统二维卷积算法需要$K^2$次乘法，即乘法次数减少到原先的$2R/K$，当$R\ll K$时，运算效率会有很大提升。这一方法在后面近似两维卷积算法中还会提到，相关的程序可以参照之后章节的代码。

使用低秩卷积核矩阵实现快速卷积的一个常见例子就是二维高斯卷积核滤波，它的卷积个矩阵$\boldsymbol{G}$中的元素$g_{n,m}$有如下形式：

$$g_{n,m}=\mathrm{e}^{-\frac{(m-m_0)^2+(n-n_0)^2}{2\sigma^2}} \tag{5-72}$$

其中$\sigma^2$对应高斯形状的“方差”，它决定了卷积核的“平坦程度”，$\sigma^2$越大，卷积核就越平坦。$(m_0,n_0)$决定了卷积核对应的高斯形状的中心在矩阵中的行列位置。上面的卷积核能够分解为两个函数的乘积，即

$$g_{n,m}=u_m v_n \tag{5-73}$$

其中：

$$u_m=\mathrm{e}^{-\frac{(m-m_0)^2}{2\sigma^2}},\quad v_n=\mathrm{e}^{-\frac{(n-n_0)^2}{2\sigma^2}} \tag{5-74}$$

$u_m$和$v_n$可以分别看作两个向量$\boldsymbol{u}$和$\boldsymbol{v}$的第$m$个和第$n$个元素。于是有高斯卷积核对应的矩阵$\boldsymbol{G}$可以下面的形式分解：$\boldsymbol{G}=\boldsymbol{u}\boldsymbol{v}^{\mathrm{T}}$。图5-20所示是一个二维高斯卷积核及其一维分解形式的例子。

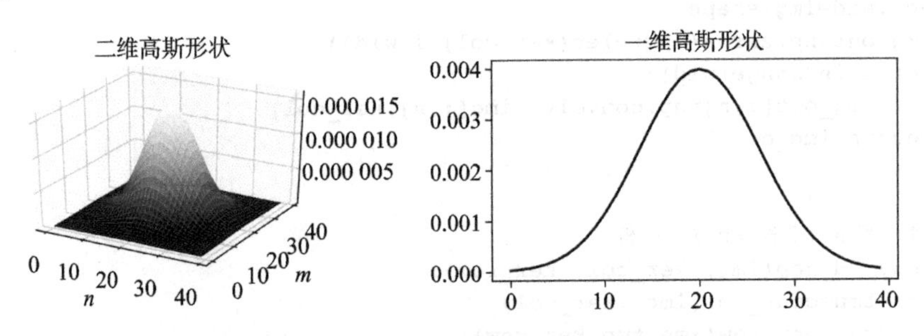


图5-20　二维高斯形状及其分解对应的一维高斯形状

于是对图像进行二维高斯滤波，就可以逐行逐列进行一维高斯滤波实现。

## 5.3.2　矩形卷积核近似卷积

“矩形”卷积核是指形如$\{c,c,c,\cdots,c\}$的卷积核，它的每个元素都是固定值$c$，如图5-21所示。

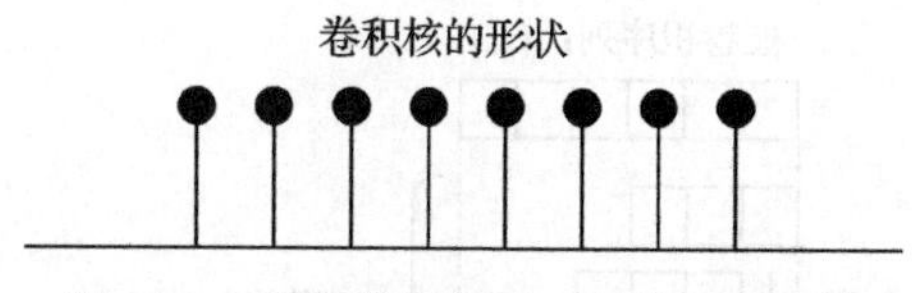


图 5-21 元素值相同的"矩形"卷积核

它和给定序列的卷积运算只用一次乘法，其他主要运算是加法实现。使用这样的卷积核得到卷积结果的第 $n$ 个数据为

$$y_n=\left(\sum_{k=0}^{K-1}x_{n-k}\right)c \tag{5-75}$$

上面的公式中，每得到一个卷积结果需要用到 $K-1$ 次加法。当序列 $\{x_n\}$ 的长度远大于卷积核长度 $K$ 时，所需要的加法次数可以进一步降低，这可以从 $y_n$ 和 $y_{n-1}$ 的差别看出来：

$$y_n=\left(\sum_{k=0}^{K-1}x_{n-k}\right)c=y_{n-1}+(x_n-x_{n-K})c \tag{5-76}$$

可见计算 $y_{n+1}$ 只需要在 $y_n$ 的基础上经过两次额外的加法和一次乘法。

算法 5-11 中给出了具体的算法步骤。

**算法 5-11 矩形卷积快速算法**

步骤 1：计算 $y_{K-1}=c\sum_{k=0}^{K-1}x_k$，并设置 $n=K-1$

步骤 2：计算 $y_{n+1}=y_n+\left(x_{n+1}-x_{n-K+1}\right)c$

步骤 3：设置 $n\leftarrow n+1$，然后返回步骤 2

代码清单 5-23 是这一算法的 Python 程序实现。

**代码清单 5-23 矩形卷积核快速卷积运算**

```
def const_ker_conv_valid(x,K,c=1.0):
    y=np.zeros(N-K+1)
    y[0]=np.sum(x[:K])*c
    for n in range(1,N-K+1):
        y[n]=y[n-1]+(x[n+K-1]-x[n-1])*c
    return y
```

上面的代码计算长度为 $K$ 的元素全部为 $c$ 的卷积核和长度为 $N$ 的数据序列 $\{x_n\}$ 的线性卷积，需要注意的是上面的程序只计算卷积核完全在卷积序列中的情况，如图 5-22 所示，因此语句 `y[n]=y[n-1]+(x[n+K-1]-x[n-1])*c` 和之前公式给的下标不同。

如果希望增加计算线性卷积头尾部分的内容，可参考代码清单 5-24。

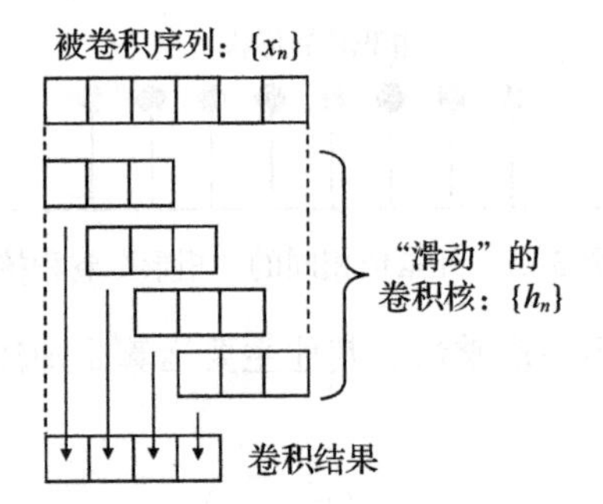


图 5-22 只保留卷积核滑动窗口全部在被卷积序列内部时的卷积运算示意图

**代码清单 5-24 矩形卷积核线性卷积快速算法**

```
def const_ker_conv_loop(x,K,c=1.0):
    N=np.size(x)
    y=np.zeros(N+K-1)
    y[:K]=np.cumsum(x[:K])*c
    for n in range(K,N):
        y[n]=y[n-1]+(x[n]-x[n-K])*c
    y[N+K-2:N-1:-1]=np.cumsum(x[N-1:N-K:-1])*c
    return y
```

相比前一段代码，这里主要增加了两句话：

```
y[:K]=np.cumsum(x[:K])*c
```

和

```
y[N+K-2:N-1:-1]=np.cumsum(x[N-1:N-K:-1])*c
```

分别计算线性卷积的边界部分值。

"矩形"卷积核的快速卷积运算每输出一个卷积结果，需要的乘法运算量是 1，加减法运算量是 2，相比之下，传统卷积算法需要 $K$ 次乘法和 $K-1$ 次加法。

上面给出的算法仅仅用于卷积核元素全部相同的情况，但它可以用于近似其他形状的卷积。比如图 5-23 显示的卷积核 $\{1.0,0.9,2.1,4.2,3.8,2.2,2.0,1.8,2.0\}$，它可以近似分解为 4 个矩形卷积核 $\{1,1,1,1,1,1,1,1,1\}$，$\{1,1,1,1,1,1,1\}$，$\{2,2,2,2,2,2\}$ 和 $\{-2,-2\}$。这 4 个矩形卷积的和是 $\{1,1,2,4,4,2,2,2,2\}$，接近原始卷积核。

对于上面的例子，卷积计算的 Python 程序如代码清单 5-25 所示。

**代码清单 5-25 使用矩形卷积核计算近似卷积的例子**

```
K1,c1 = 9, 1
K2,c2 = 7, 1
K3,c3 = 6, 2
K4,c4 = 4,-2

y1=const_ker_conv_valid(x,K1,c1)
```

```
    y2=const_ker_conv_valid(x,K2,c2)
    y3=const_ker_conv_valid(x,K3,c3)
    y4=const_ker_conv_valid(x,K4,c4)

    N1=np.size(y1)
    N2=np.size(y2)
    N3=np.size(y3)
    N4=np.size(y4)

    K=len(h)
    y=np.zeros(N-K+1)
    for n in range(N-K+1):
        y[n]+=y1[n]
        y[n]+=y2[n]
        y[n]+=y3[n]
        y[n]+=y4[n]
```

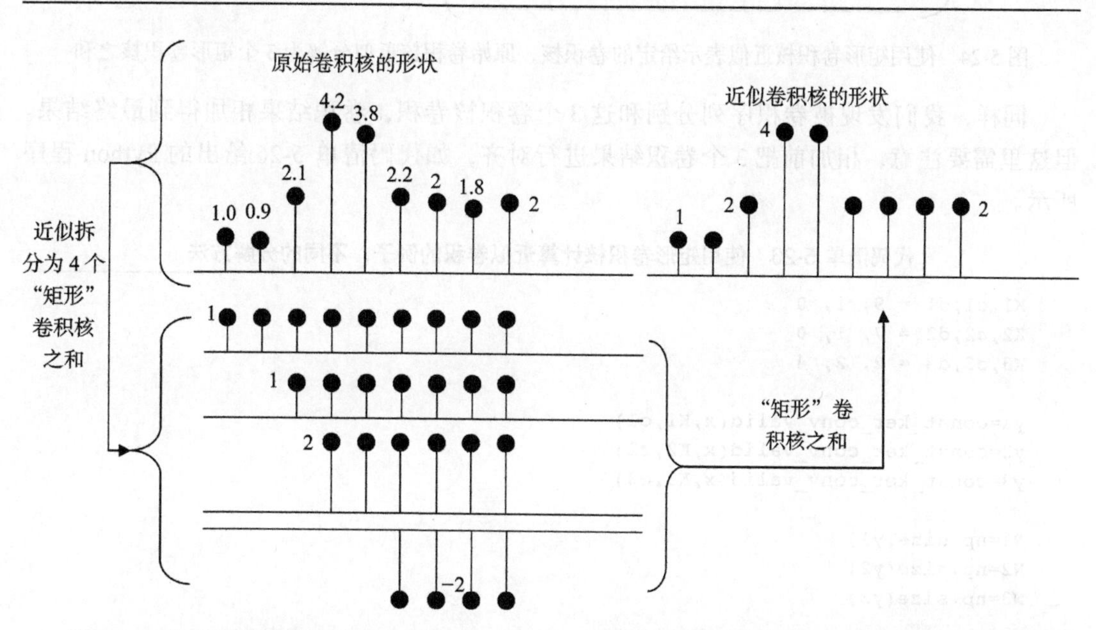


图 5-23　使用矩形卷积核近似表示给定的卷积核，原始卷积核近似分解为 4 个矩形卷积核之和

上面的程序中，计算结果由数组 y 给出，它由 4 个“矩形”卷积核的卷积结果 `y1` ～ `y4` 相加得到。程序中 `K1` ～ `K4` 分别是 4 个矩形卷积核的长度，`c1` ～ `c4` 分别是 4 个矩形卷积核的“高度”。注意，上面的运算程序使用了 `const_ker_conv_valid` 函数，计算结果只包括了卷积核滑动窗口完全在被卷积序列内部的情况。

上面的卷积核 {1.0,0.9,2.1,4.2,3.8,2.2,2.0,1.8,2.0} 近似分解得到的 4 个矩形卷积核是“右”对齐的，通过观察可以发现，它也可以按下面的形式分解为 3 个矩形卷积核 {1,1,1,1,1,1,1,1,1}，{1,1,1,1,1,1,1} 和 {2,2}，如图 5-24 所示。

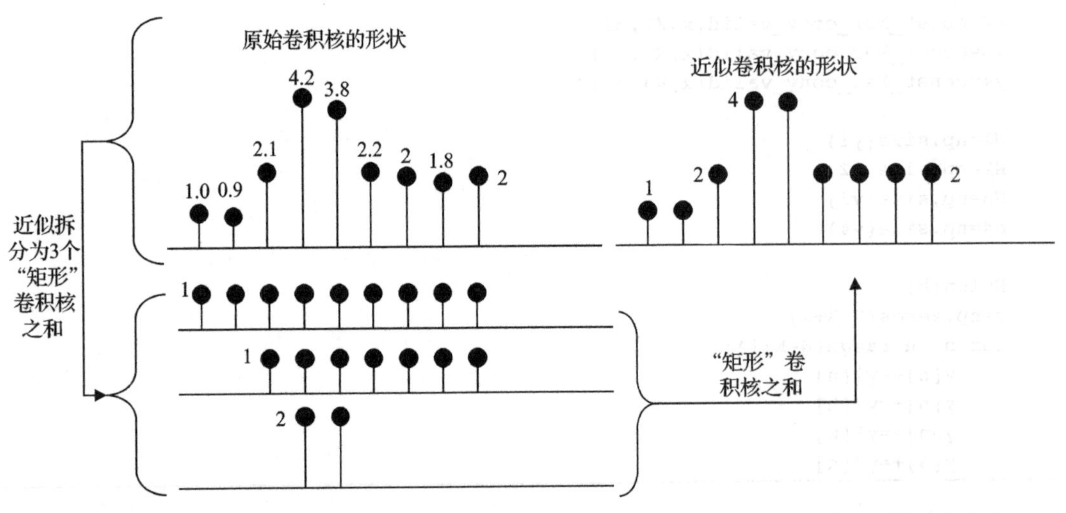


图 5-24　使用矩形卷积核近似表示给定的卷积核，原始卷积核近似分解为 3 个矩形卷积核之和

同样，我们发现被卷积序列分别和这 3 个卷积核卷积，卷积结果相加得到最终结果。但这里需要注意，相加前把 3 个卷积结果进行对齐，如代码清单 5-26 给出的 Python 程序所示。

**代码清单 5-26　使用矩形卷积核计算近似卷积的例子，不同的分解方法**

```
K1,c1,d1 = 9, 1, 0
K2,c2,d2 = 7, 1, 0
K3,c3,d3 = 2, 2, 4

y1=const_ker_conv_valid(x,K1,c1)
y2=const_ker_conv_valid(x,K2,c2)
y3=const_ker_conv_valid(x,K3,c3)

N1=np.size(y1)
N2=np.size(y2)
N3=np.size(y3)

K=len(h)
y=np.zeros(N-K+1)
for n in range(N-K+1):
    if n>=d1: y[n-d1]+=y1[n]
    if n>=d2: y[n-d2]+=y2[n]
    if n>=d3: y[n-d3]+=y3[n]
```

上述代码中 d1 ～ d4 分别是 4 个矩形卷积核右对齐的时移量，在程序最后把它们进行相加得到最终结果时使用了这些时移。

对于任意的卷积核，上述方法实际上就是用分段“阶梯”近似表示原始卷积，如图 5-25 所示。

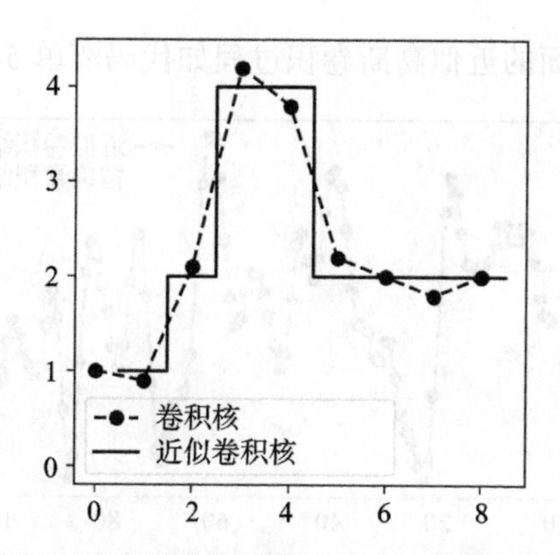


图 5-25　使用矩形卷积核以分段阶梯来近似表示给定的卷积核

当我们用 $L$ 个矩形卷积核近似表示原始卷积核时，利用上述方法计算近似卷积的每个输出值需要 $L$ 次乘法和 $3L-1$ 次加减法。

关于“矩形”卷积的一个“特殊”应用是用它近似高斯卷积核。高斯卷积核的元素幅度如下所示：

$$h_k = s\mathrm{e}^{-\frac{(k-\mu)^2}{2\sigma^2}} \tag{5-77}$$

其中 $s$ 是卷积核幅度因子（对应最大元素值），$\mu$ 是卷积核的对称中心，$\sigma$ 代表高斯卷积核的“宽度”。根据信号卷积的特性，一个（任意的）卷积核和它自身多次重复卷积，得到的结果会不断“逼近”高斯形状，比如考虑卷积核 $\{1,1\}$，它和自身重复 7 次卷积后再归一化（除以 70）后得到的波形和高斯卷积核 $h_k = \mathrm{e}^{-\frac{(k-4)^2}{4.224}}\ (k=0,1,\cdots,8)$ 对应的波形对比如图 5-26 所示。

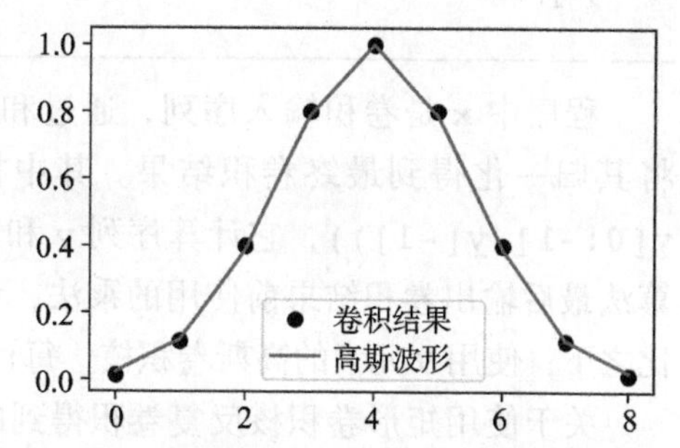


图 5-26　卷积核 $\{1,1\}$ 和自身重复卷积多次得到的结果与高斯波形比较，图中波形幅度进行了归一化

图中折线交点对应的元素值是高斯卷积核：

$$\{0.023, 0.119, 0.388, 0.789, 1, 0.789, 0.388, 0.119, 0.023\}$$

通过比较可以看出，两者相差无几。

这就给出了一种近似高斯卷积的方法，对于一个序列 $\{x_n\}$ 和同一个简单卷积核（比如 $\{1,1\}$）反复卷积，得到的结果近似等于该序列和某个高斯形状卷积核卷积的结果（幅度相差一个比例因子）。图 5-27 比较了用这一方法对以随机信号卷积的结果和用高斯卷积核卷积的结果。

黑色带圆点的信号波形是近似卷积结果，即自原始信号 $\{x_n\}$ 和卷积核 $\{1,1\}$ 反复卷积 8 次后，再乘以缩放因子 1/70 得到的。虚线是 $\{x_n\}$ 和高斯卷积核卷积的精确结果，两种方式得到的结果几乎相同。上面的近似高斯卷积过程如代码清单 5-27 所示。

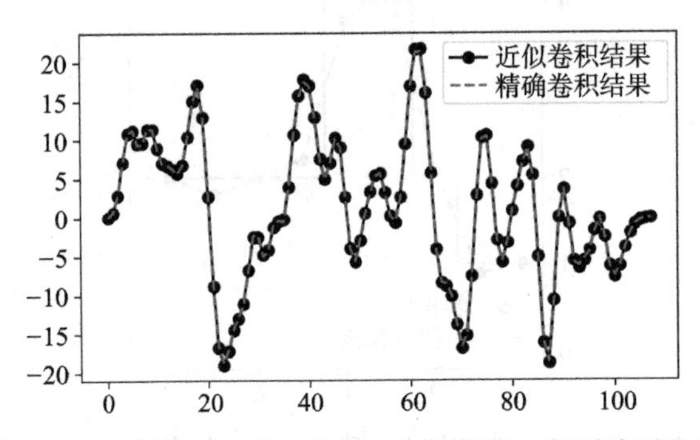


图 5-27　信号序列 $\{x_n\}$ 和卷积核 {1,1} 重复执行 8 次卷积后，得到波形和 $\{x_n\}$ 同高斯卷积核 $h_k=\mathrm{e}^{-\frac{(k-4)^2}{4.224}}$ 的卷积结果的对比

**代码清单 5-27　使用迭代矩形卷积核计算近似高斯卷积的例子**

```
y=x.copy()
for _ in range(8):
    y=np.hstack((y[0],y[1:]+y[0:-1],y[-1]))
y=y/70
```

程序中 x 是卷积输入序列，通过和卷积核 {1,1} 反复卷积 8 次得到输出结果 y，然后将其归一化得到最终卷积结果。其中核心部分代码是 `y=np.hstack((y[0],y[1:]+y[0:-1],y[-1]))`，它计算序列 y 和卷积核 {1,1} 进行一次线性卷积得到的结果。这一算法最后输出卷积结果前使用的乘法，计算每个卷积输出值，所需要的乘法仅有 1 次。相比之下，使用 9 元素的高斯卷积核，每计算一个卷积输出需要进行 9 次乘法运算。

关于使用矩形卷积核反复卷积得到的近似高斯卷积核的“宽度”与所使用的矩形卷积核的宽度相关，该值可以通过数值仿真得到，也可以尝试通过理论方法计算，这里不再展开介绍。

### 5.3.3　分段线性卷积核近似

之前的矩形卷积核近似方法可以看成使用“阶梯”波形近似表示原始卷积核，这通常会带来较大误差，一个更精确的近似方案是用分段线性来近似表示原始卷积核。比如图 5-28 所示的卷积核，可以用分段线性较好地近似。

给定一个分段线性卷积核，可以进一步分解为梯形和三角形卷积核，如图 5-29 所示。其中“梯形”卷积核能够进一步分解为三角形卷积核和矩形卷积核之和，如图 5-30 所示。

从上面的分解可见，我们只需要额外设计计算“三角形”卷积核的快速卷积算法，就可以实现分段线性卷积核的快速卷积算法了。

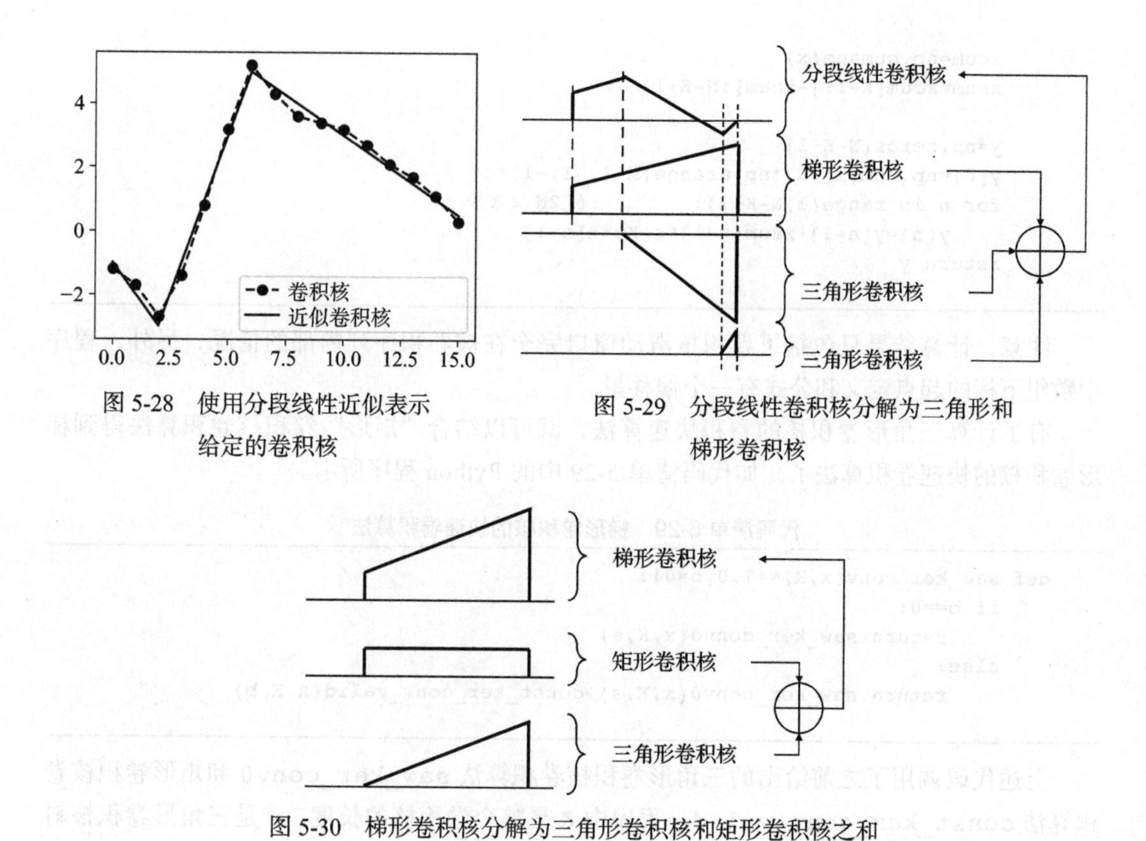


图 5-28　使用分段线性近似表示给定的卷积核

图 5-29　分段线性卷积核分解为三角形和梯形卷积核

图 5-30　梯形卷积核分解为三角形卷积核和矩形卷积核之和

下面把三角形卷积核记作 $\{0,s,2s,3s,\cdots,(K-1)s\}$，其中 $s$ 是三角形卷积核的“斜率”，$K$ 是它的长度。计算它和数据序列 $\{x_n\}$ 的卷积结果，如下所示：

$$y_n=\sum_{k=0}^{K-1}x_{n-k}ks \tag{5-78}$$

通过比较 $y_n$ 和 $y_{n+1}$ 的表达式可以看到：

$$y_{n+1}=y_n-(K-1)sx_{n-K+1}+s\sum_{k=0}^{K-2}x_{n-k} \tag{5-79}$$

即卷积每输出一个结果，需要计算 2 次和“斜率” $s$ 的乘法。注意，这里三角形卷积核的第一个元素是 0，可以看成“冗余”的，但为了后面方便描述算法，我们还是保留这个 0 元素。

代码清单 5-28 所示的 Python 代码显示了三角形卷积核的快速卷积计算过程。

代码清单 5-28　三角形卷积核的快速卷积算法

```
def saw_ker_conv0(x,K,s=1.0):
    N=np.size(x)
    Ks=(K-1)*s
```

```
    xcum=np.cumsum(x)
    xsum=xcum[K-1:]-xcum[:N-K+1]

    y=np.zeros(N-K+1)
    y[0]=np.sum(x[:K]*np.arange(K-1,-1,-1)*s)
    for n in range(1,N-K+1):            # 2N 次乘法
        y[n]=y[n-1]+xsum[n-1]*s-Ks*x[n-1]
    return y
```

注意，计算结果只包括了卷积核滑动窗口完全在被卷积序列内部的情况，另外，程序中数组下标的起点定义和公式有一个偏移量。

有了计算三角形卷积核的卷积快速算法，就可以结合“矩形”卷积核卷积算法得到梯形卷积核的快速卷积算法了，如代码清单 5-29 中的 Python 程序所示。

**代码清单 5-29　梯形卷积核的快速卷积算法**

```
def saw_ker_conv(x,K,s=1.0,b=0):
    if b==0:
        return saw_ker_conv0(x,K,s)
    else:
        return saw_ker_conv0(x,K,s)+const_ker_conv_valid(x,K,b)
```

上述代码调用了之前给出的三角形卷积核卷积算法 `saw_ker_conv0` 和矩形卷积核卷积算法 `const_ker_conv_valid`。程序中 `K` 是整个卷积核的长度，`s` 是三角形卷积核斜边的“斜率”，`b` 是矩形卷积核的高度，即梯形卷积核最左侧元素值。对于每一个卷积输出，需要的乘法次数是 3 次。

有了上述计算矩形卷积核、三角形卷积核和梯形卷积核的算法模块后，就能够将它们应用于计算分段线性近似的卷积核卷积。比如考虑下面的分段线性卷积核（该卷积核在图 5-28 给出）：

$$\{-1,-2,-3,-1,1,3,5,4.5,4,3.5,3,2.5,2,1.5,1,0.5\}$$

它可以分解成三部分，分别是梯形卷积核：

$$\{-1,-2,-3,-4,-5,-6,-7,-8,-9,-10,-11,-12,-13,-14,-15,-16\}$$

第一个三角形卷积核：

$$\{0,3,6,9,12,15,18,21,24,27,30,33,36,39\}$$

以及第二个三角形卷积核：

$$\{0,-2.5,-5,-7.5,-10,-12.5,-15,-17.5,-20,-22.5\}$$

图 5-31 是上面的分解的示意图。

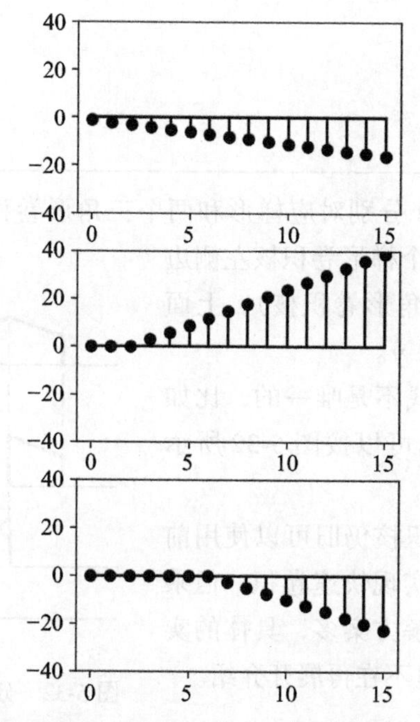


图 5-31　使用梯形和三角形卷积核之和来表示分段线性卷积核，注意，第一个图是梯形卷积核，它的梯形左侧边较短，但不是 0

可以验证将图 5-31 中所显示的 3 个卷积核的值，按“右对齐”相加，可以得到与图 5-28 对应的分段线性卷积核。基于上述分解，计算卷积的程序代码如代码清单 5-30 所示。

**代码清单 5-30　分段线性卷积核快速算法的例子**

```
import numpy as np

x=np.random.randint(-10,10,N).astype(float)

K1,K2,K3= 16, 14, 10
s1,s2,s3=-1, 3,-2.5
b1,b2,b3=-1, 0,   0

# 分段线性卷积
y1=saw_ker_conv(x,K1,s1,b1)
y2=saw_ker_conv(x,K2,s2,b2)
y3=saw_ker_conv(x,K3,s3,b3)

# 分段合成
N1=np.size(y1)
N2=np.size(y2)
N3=np.size(y3)

K=len(h)     # 原始卷积核长度
```

```
    y=np.zeros(N-K+1)
    for n in range(N-K+1):
        y[n]+=y1[n]
        y[n]+=y2[n]
        y[n]+=y3[n]
```

上述程序中 K1，K2，K3 分别对应梯形和两个三角形卷积核的长度，s1，s2，s3 是它们的斜边斜率，b1 是第一个梯形卷积核左侧边的高度（b2=b3=0，对应三角形卷积核）。上面通过简单的加法得到卷积结果 y。

分解分段线性卷积的方式不是唯一的，比如之前图 5-29 中给出的例子也可以按图 5-32 所示的形式分解。

上面分解得到的各个卷积核仍旧可以使用前面讨论的梯形卷积核的算法实现快速卷积，但乘法和加法运算量比之前的分解方案多，具体的实现代码留给读者实践，在这里不在再展开介绍。

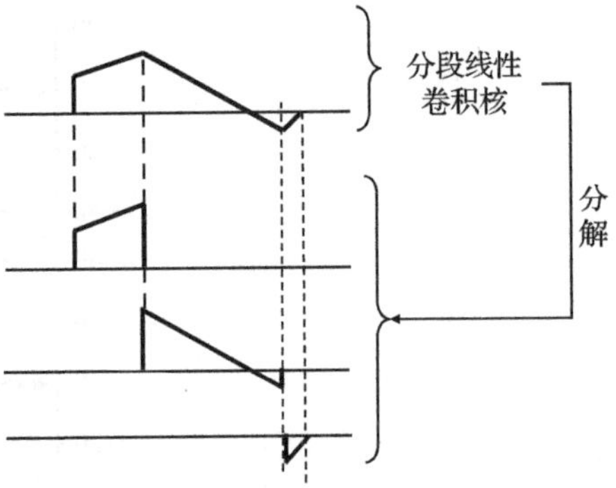

图 5-32　分段线性卷积核的另一种分解方案

## 5.3.4　卷积核的分段近似

对于较长的卷积核，降低卷积运算复杂度的另一个途径是利用卷积核各个片段的相似性，比如观察图 5-33 所示的卷积核的数值波形可以看到，图中标出的两段卷积核形状几乎相同，仅仅相差一个平移和幅度缩放。

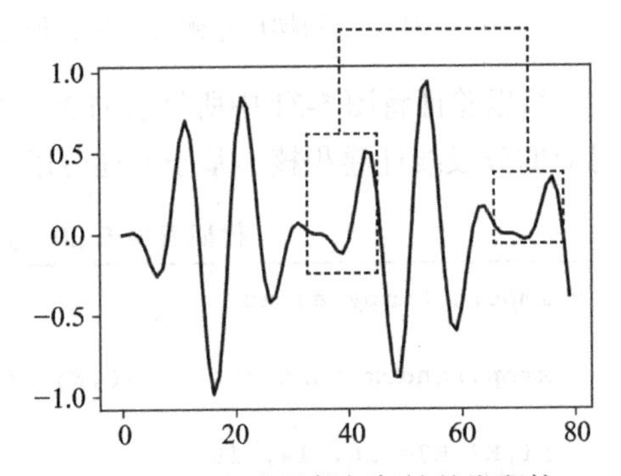

图 5-33　具有局部相似性的卷积核

如果仔细观察，可以从图 5-33 给出的卷积核中找出很多形状相似的地方，这些局部的形状相似性可以被用于降低卷积的运算复杂度。通过肉眼一一查找这些相似区间是很困难的，我们可以用矩阵分解的方式来查找，它能够构建出少数几个波形片段，用它们的线性组合来近似表示整个卷积核。这一方法比简单比较波形相似分段得到更精确的近似卷积结果，在具体介绍近似算法前，我们先在图 5-34 中给出利用卷积核分段进行卷积的并行卷积算法结构。

图 5-34 中的结构利用了 $P$ 个 FIR 滤波器（就是卷积器），每一个对应一个卷积核的片段，各个滤波器输出通过延迟对齐后相加得到最终卷积结果。并行卷积结构得到的输出与直接使用原始的长序列卷积核卷积结果相同，并且所需要的总运算量也是相同的。当这一结构用于多个卷积器硬件并行计算时，能够提高执行速度。

下面我们讨论如何更改上面的滤波算法结构，降低乘法运算量，所介绍算法来自文献[2]。它的基本思想是将 $P$ 个并行的卷积器替换成另一组 $R$ 个 $(R<P)$ 卷积器，然后用这新的

$R$ 个卷积器的输出的线性加权来替代（近似表示）之前 $P$ 个卷积器的输出，如图 5-35 所示。

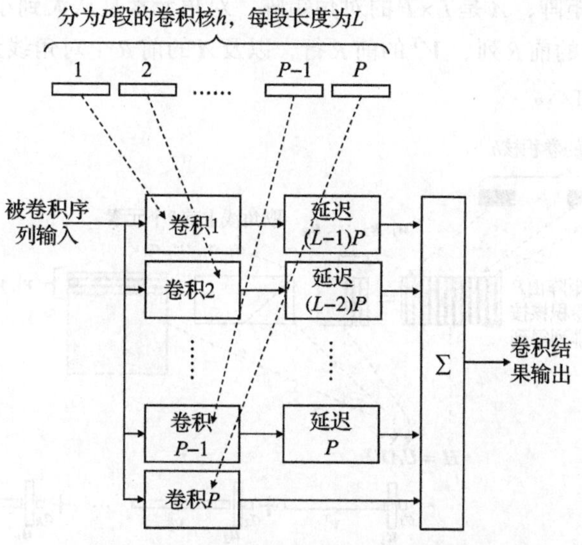


图 5-34 将长卷积序列分段并行卷积的过程

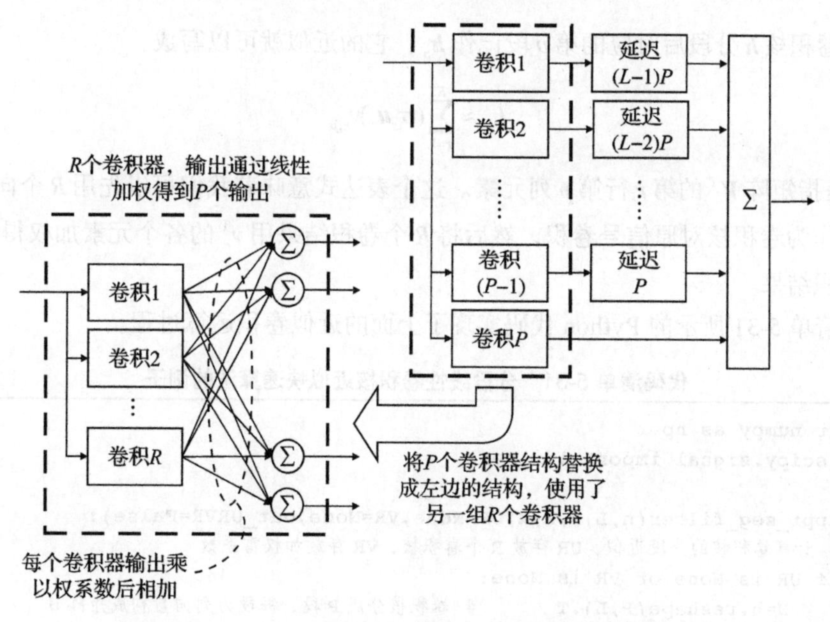


图 5-35 $P$ 个卷积器用 $R$ 个卷积器输出的线性加权取代

获得上述 $R$ 个卷积核以及对应的加权重系数的方法是利用矩阵的低秩近似算法。我们通过矩阵的 SVD 找到它的低秩表示，具体方法在 6.6.1 节中有介绍，我们在这里简单重复一下具体方法：首先将原始卷积核切分为长度为 $L$ 的 $P$ 段，然后将这些分段按列排成尺寸

为 $L\times P$ 矩阵 $\boldsymbol{H}$；接着通过对这个矩阵进行奇异值分解，有 $\boldsymbol{H}=\boldsymbol{U}\boldsymbol{\Lambda}\boldsymbol{V}^{\mathrm{T}}$，其中 $\boldsymbol{U}$ 和 $\boldsymbol{V}^{\mathrm{T}}$ 分别是 $L\times L$ 和 $P\times P$ 的正交矩阵，$\boldsymbol{\Lambda}$ 是 $L\times P$ 的对角矩阵，对角元素是从大到小排列的矩阵奇异值。于是我们可以截取 $\boldsymbol{U}$ 的前 $R$ 列、$\boldsymbol{V}^{\mathrm{T}}$ 的前 $R$ 行，以及 $\boldsymbol{\Lambda}$ 的前 $R$ 个对角线元素构成矩阵 $\boldsymbol{H}$ 的近似表示，如图 5-36 所示。

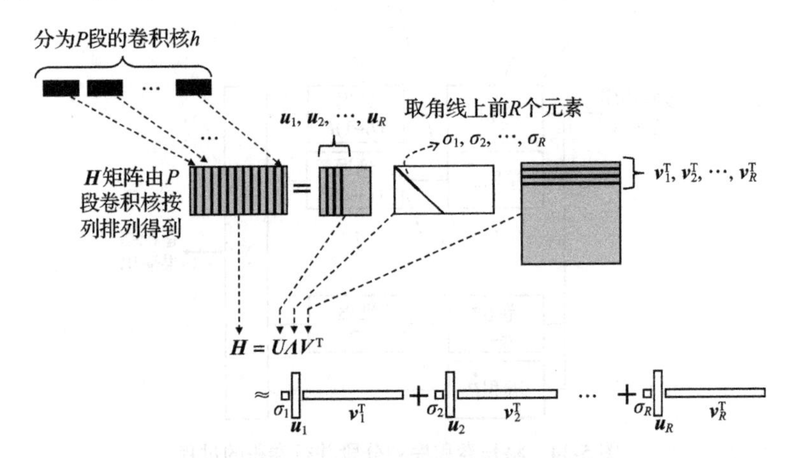


图 5-36　卷积核分段构成矩阵的秩 $R$ 近似

原始卷积核 $\boldsymbol{h}$ 分段后对应的第 $p$ 段记作 $\boldsymbol{h}_p$，它的近似就可以写成：

$$\boldsymbol{h}_p \approx \sum_{r=1}^{R}(\sigma_r \boldsymbol{u}_r)v_{r,p}$$

其中 $v_{r,p}$ 是指矩阵 $\boldsymbol{V}^{\mathrm{T}}$ 的第 $r$ 行第 $p$ 列元素。这个表达式意味着我们可以先用 $R$ 个向量 $\sigma_r\boldsymbol{u}$ 对应的元素作为卷积核对原信号卷积，然后将 $R$ 个卷积结果用 $\boldsymbol{v}_r^{\mathrm{T}}$ 的各个元素加权得到对应 $\boldsymbol{h}_p$ 的近似卷积结果。

代码清单 5-31 所示的 Python 代码实现了上面的近似卷积运算过程。

**代码清单 5-31　分段线性卷积核近似快速算法的例子**

```
import numpy as np
from scipy.signal import lfilter

def appr_seg_filter(h,L,P,R,x,UR=None,VR=None,out_URVR=False):
    # 计算卷积核的分段近似，UR 存放 R 个卷积核，VR 存放加权重系数
    if UR is None or VR is None:
        H=h.reshape(P,L).T        # 卷积核分成 P 段，每段为列向量构成矩阵 H
        U,S,Vh=np.linalg.svd(H)# SVD 分解
        UR=[(U[:,r]*S[r]).ravel() for r in range(R)]
        VR=[(Vh.T[:,r]).ravel()  for r in range(R)]

    # 用 SVD 分解得到的 R 个卷积核（存放于 UR 中）对原信号分别滤波
    y_appr_seg=[]
    for r in range(R):
```

```
        y_appr_seg.append(lfilter(UR[r],[1],x))

    # 通过线性组合R个卷积结果构造出P个滤波结果的近似
    y_mix=[]
    for p in range(P):
        tmp=y_appr_seg[0]*VR[0][p]
        for r in range(1,R):
            tmp+=y_appr_seg[r]*VR[r][p]
        y_mix.append(tmp)

    # 延迟相加合并得到最终的近似卷积
    y_comb=np.zeros(N)
    for p in range(P):
        y_comb[p*L:N]+=y_mix[p][:N-p*L]

    return y_comb if not out_URVR else (y_comb,UR,VR)
```

上述代码实现对原始长卷积核 $h$ 的分解，将其分成 $P$ 段，并用 SVD 得到 $R$ 个长度为 $L$ 的卷积核及其加权重系数，其中 $R$ 个长度为 $L$ 的卷积核存放于 UR 中，加权重系数存放于 VR 中。函数的输入参数 `out_URVR` 指示是否输出分解得到的 `UR` 和 `VR`，用于对其他多个数据序列滤波（如果调用该函数的输入提供了 `UR` 和 `VR`，就可以省去 SVD 运算）。程序中 `lfilter` 函数来自 Scipy 的 signal 库。对于特定的短序列，读者也可以尝试使用之前介绍的短序列快速 FIR 滤波算法实现 `lfilter` 函数功能，进一步降低乘法运算量。

上面算法中的 $L$、$P$ 和 $R$ 的值由使用者指定，要求原始卷积核长度等于 $L\times P$，并且 $R<P$。如果实际卷积核尺寸不能恰好分解为某个给定的 $P$ 值的倍数，我们可以通过对原始卷积核补零的方式延长这个卷积核，使得它的长度成为 $P$ 的倍数。

基于上述分段近似卷积算法，每输出一个卷积结果需要进行 $(L+P)\times R$ 次乘法运算，相比之下原始的长序列卷积需要 $LP$ 次乘法。代码清单 5-32 是使用上述算法进行滤波的例子。

**代码清单 5-32 使用分段线性卷积核近似快速算法的例子**

```
x=np.random.randint(-10,10,N).astype(float)
y1,UR,VR=appr_seg_filter(h,L,P,R,x,out_URVR=True)

x=np.random.randint(-10,10,N).astype(float)
y2=appr_seg_filter(h,L,P,R,x,UR,VR)
```

上面的程序计算了两次卷积，第一次作用于随机信号上，第二次作用于单位冲击信号。其中第二次卷积使用了前一次近似卷积时计算得到的近似的卷积核 `UR` 和加权重系数 `VR`，避免重复运算。把原始的长卷积核和基于近似算法得到的滤波器分别作用于单位冲击信号，可以得到它们的冲激响应，我们可以比较两个冲激响应来了解近似算法的性能，如图 5-37 所示。

图中两个波形分别是某个长度 80 的卷积核及其分段近似表示的冲激响应。所用算法取 $L=8$，$P=10$，$R=2$，使用近似卷积的乘法运算量为 36 次，而传统卷积需要 80 次。

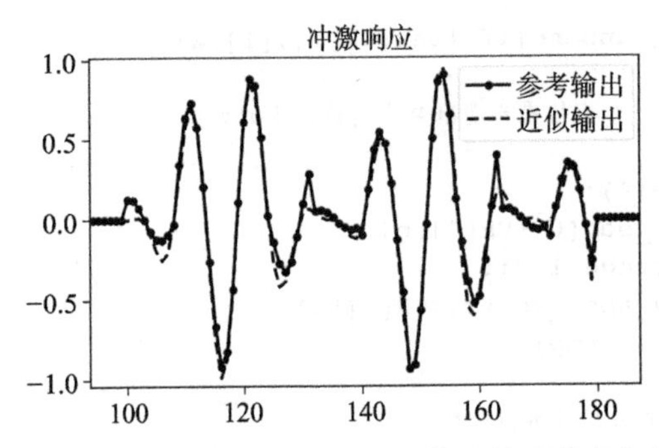


图 5-37 近似卷积算法和原始卷积算法的冲激响应比较

## 5.3.5 基于 IIR 滤波器的近似卷积

一个给定卷积核和数据序列卷积的过程与 FIR 滤波器等效。对于 $K$ 个抽头系数的 FIR 滤波器，每计算输出一个元素需要进行 $K$ 次乘法运算。降低运算量的一个策略是使用 IIR 滤波器近似表示 FIR 滤波器。

我们考虑使用高斯滤波器，这一滤波器经常在图像处理中被用到，比如边沿检测、去噪等。图 5-38 给出了一个 40 抽头的 FIR 高斯滤波器的冲激响应。

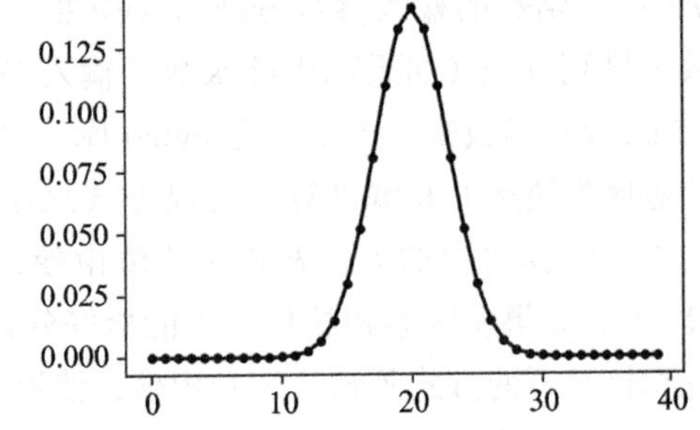


图 5-38 40 抽头的 FIR 高斯滤波器的冲激响应

这一滤波器在计算时，每输出一个滤波结果需要进行 40 次乘法运算。我们可以通过设计特定的 IIR 滤波器来取代它。考虑到滤波器的冲激响应是对称的，即信号群延迟固定，我们使用双向 IIR 滤波的方法来确保这一特性，即用 IIR 滤波器对信号进行正向和反向两次滤波，得到滤波输出，如图 5-39 所示。

图 5-39 中先对信号 $x$ 进行一次反向滤波，再执行一次正向滤波。这一过程也可以改成先执行正向滤波，再进行反向滤波，两种方案得到的结果一致（不考虑滤波序列长度有限带来的截断误差）。需要注意的是，这一方法只有当滤波序列长度有限，并在滤波前给定的情况下才能进行。

为了使 IIR 滤波器双向两次滤波的输出和需要近似的 FIR 滤波器冲激响应相同，我们可以使用数学优化工具进行滤波器设计。对之前讨论的高斯滤波器，可以下面形式的二阶 IIR 滤波器实现，该滤波器有 5 个待定参数 $\{b_0, b_1, b_2, a_1, a_2\}$，传递函数为

$$H(z)=\frac{b_0+b_1z^{-1}+b_2z^{-2}}{1+a_1z^{-1}+a_2z^{-2}} \tag{5-80}$$

这一形式的滤波器滤波计算公式如下（直接 1 型）：

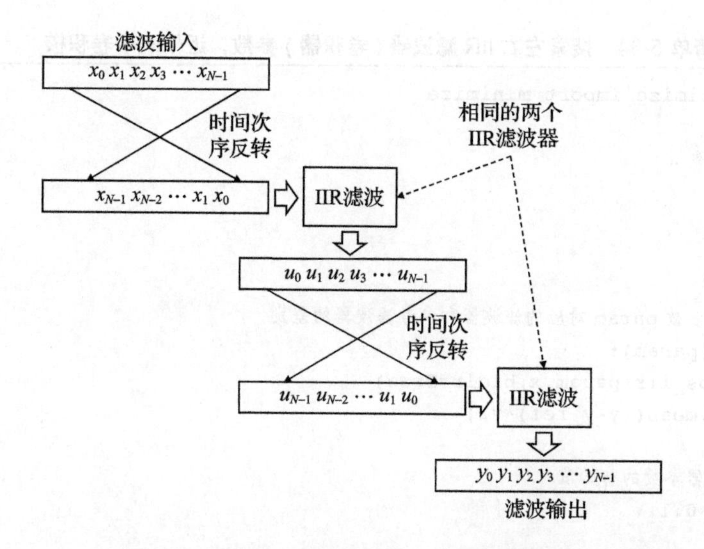


图 5-39　通过双向两次滤波，实现相同群延迟的滤波器

$$y_n = b_0 x_n + b_1 x_{n-1} + b_2 x_{n-2} - a_1 y_{n-1} - a_2 y_{n-2} \tag{5-81}$$

对应的滤波程序如代码清单 5-33 所示。

**代码清单 5-33　IIR 滤波器 ( 卷积器 ) 双向两次滤波算法**

```
import numpy as np

def calc_sos_iir(param,x,bidir):
    if bidir:
        y=calc_sos_iir(param,x[::-1],bidir=False)
        y=calc_sos_iir(param,y[::-1],bidir=False)
        return y

    s,b0,b1,b2,a1,a2=param
    y=np.zeros_like(x)
    for n in range(2,len(x)):
        y[n]=b0*x[n]+b1*x[n-1]+b2*x[n-2]-a1*y[n-1]-a2*y[n-2]
        return y*s
```

上面的代码中，输入标志 `bidir` 用于决定是否执行双向两次滤波。对于近似高斯滤波器，我们选用 `bidir=True`，实现 0 群延迟以及对称冲激响应的效果。输入参数 `param` 是存放滤波器参数的数组，它的第一个元素是缩放因子，后面的 5 个元素是二阶 IIR 滤波器的传输函数系数。对于上述 IIR 滤波算法，每输出一个滤波结果需要进行 6 次（当 `bidir=False` 时）或者 11 次（当 `bidir=True` 时）乘法运算。

利用上面的 IIR 滤波函数搜索最优滤波器参数 `param` 的 Python 代码如代码清单 5-34 所示。

代码清单 5-34　搜索左右 IIR 滤波器（卷积器）参数，近似表示卷积核

```
from scipy.optimize import minimize

# 构造单位冲击序列 x
N=40
x=np.zeros(N)
x[N//2]=1

# 代价函数，评价参数 param 对应的滤波器和参考滤波器的差别
def cost_func(param):
    y= calc_sos_iir(param,x,bidir=True)
    return np.mean((y-y_ref)**2)

# 需要优化的滤波器参数的初始值
p0=np.ones(6)*0.1

# 执行优化 API，搜索最优滤波器参数
res = minimize(cost_func, p0,
            method='nelder-mead',#'nelder-mead', # 'powell',#
            options={'xtol': 1e-8, 'disp': False})

# p_opt 存放优化后得到的滤波器参数，分别是 s,b0,b1,b2,a1,a2
p_opt=res.x
```

上述代码通过使用 scipy 库的优化函数 `minimize`，将搜索结果保存于 `res.x`，对应了 IIR 滤波器的参数 `param`，其中函数 `cost_func` 计算输入参数 `param` 构造的滤波器的滤波输出 `y` 和目标滤波结果 `y_ref` 的差别。程序开头几行给出的 `x` 是单位冲击响应信号，`p0` 是优化的初始值。

运行上面给的优化程序会输出下面的滤波器参数：

$$\begin{cases} s = 0.100\,653\,36 \\ b_0 = 0.975\,429\,44 \\ b_1 = 0.078\,029\,41 \\ b_2 = 0.955\,192\,83 \\ a_1 = -1.180\,114\,63 \\ a_2 = 0.383\,100\,12 \end{cases}$$

根据上面的 IIR 滤波器参数对冲激信号进行双向两次 IIR 滤波，得到如图 5-40 所示的冲激响应，对比设计目标——高斯型冲激响应，两者的差别很小。

对上述 IIR 双向两次滤波运算，平均每个滤波输出样本需要 11 次乘法，相比之下，之前的 40 抽头的 FIR 滤波器需要 40 次乘法。

对于上述算法，需要补充说明以下几点：

1）上述算法中使用了双向两次滤波，这样的滤波器不是“因果”型的，适用于在完整数据序列给定的情况下实现快速近似卷积。

2）对于 IIR 滤波器设计需要额外考虑稳定性问题，确保滤波器极点在单位圆内，这可以通过在代价函数内加入对落在单位圆外的极点的“惩罚项”来实现。

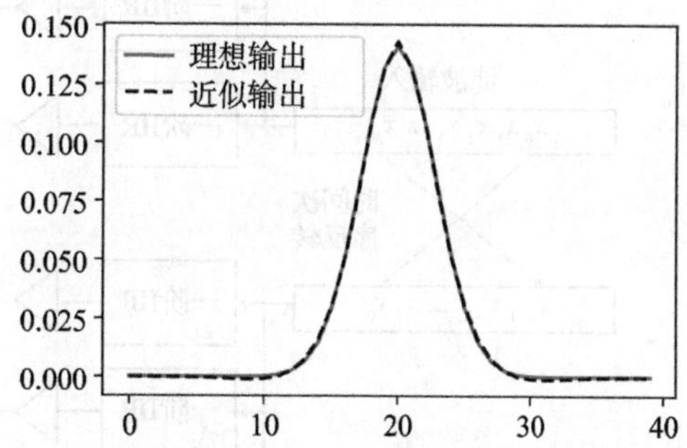


图 5-40 使用二阶 SOS 结构 IIR 滤波器双向滤波得到的冲激响应

3）对于代价函数的非凸性，直接调用现成的优化函数可能得到非全局最优的结果，可以通过将初始值设为随机数，并多次重复执行优化计算来得到最优的结果。

4）所使用的 IIR 滤波器的形式可以不限于之前例程的结构（SOS 结构），不同的 IIR 滤波器结构在稳定性上也会有所不同，读者可以尝试其他不同的 IIR 滤波器结构。

5）之前给出的程序通过双向两次滤波实现对称的冲激响应，对于非对称冲激响应，可以考虑多种滤波形式，比如 IIR 单向滤波加上低阶 FIR 滤波器等。

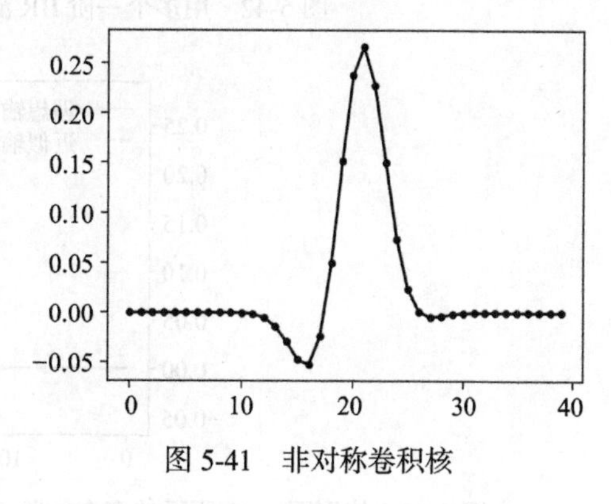


图 5-41 非对称卷积核

对于上述补充说明 5，我们最后给出一个例子——用一阶 IIR 滤波器近似表示图 5-41 所示的卷积核。

我们使用图 5-42 所示的结构计算上面卷积核对应的近似卷积，其中一阶 IIR 滤波器环节计算内容为

$$y_{n+1} = \alpha y_n + x_n$$

图 5-42 中 6 个一阶 IIR 滤波器对应的 $\alpha$ 值通过优化算法搜索获得，三角形代表幅度缩放单元，缩放系数为 $s$，它也是通过优化算法搜索获得的。

用图 5-42 所示结构计算近似卷积时，对每个输出样本需要进行 12 次乘法运算。通过参数搜索得到的上述 IIR 滤波器实现的近似卷积核和原始卷积核的比较如图 5-43 所示。

基于 IIR 的近似卷积可以看成根据时域冲激响应匹配设计滤波器的过程，滤波器设计在很多数字信号处理文献中有介绍，但很多是从频域角度进行设计，读者可以参考响应文献尝试其他可能的设计方法。

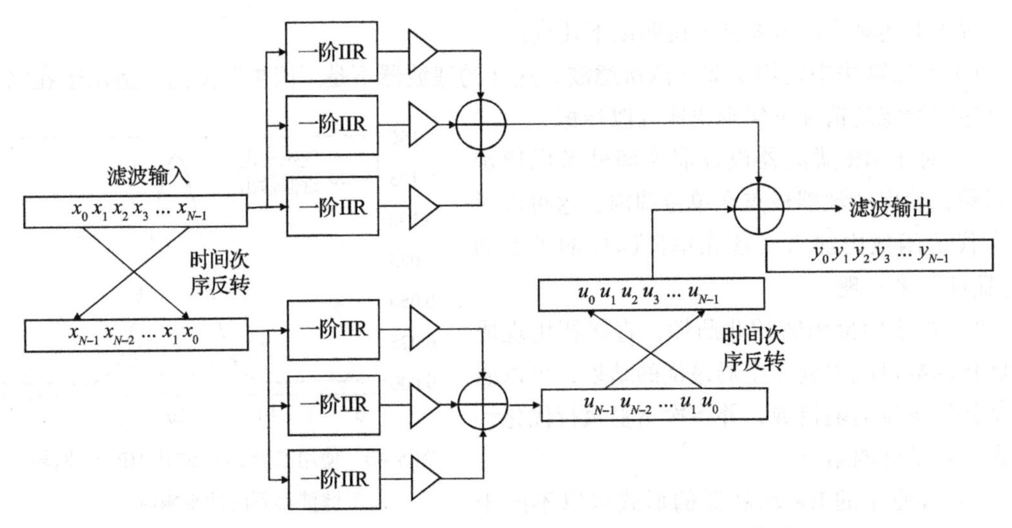


图 5-42　用多个一阶 IIR 滤波器构成非对称卷积核的近似卷积

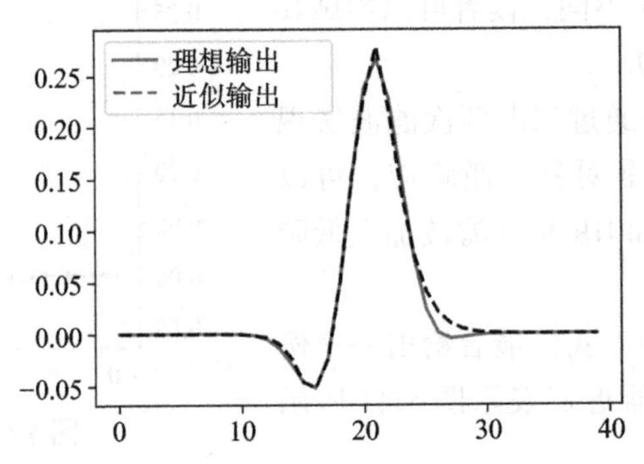


图 5-43　使用图 5-42 所示的多个一阶 IIR 滤波器构成的近似卷积运算对应的等效卷积核

## 5.3.6　基于卷积核低秩近似的二维近似快速卷积

前面介绍过当卷积核矩阵的秩小于它的尺寸时，可以使用快速算法降低乘法运算量。我们可以使用这个方法实现近似二维卷积。具体的方案就是用低秩矩阵取代原始的卷积核，并使用低秩矩阵分解得到逐行逐列分别卷积的快速算法。这里算法的第一步是得到卷积核矩阵的低秩近似。我们可以通过奇异值分解（SVD）实现这一步骤。具体过程在矩阵乘法优化部分（第 6 章）有具体介绍，为保证完整性，我们在下面先介绍一下。

考虑尺寸为 $K\times K$ 的卷积核矩阵 $\boldsymbol{H}$，它的 SVD 式将其写成 $\boldsymbol{H}=\boldsymbol{U\Lambda V}^{\mathrm{T}}$ 的形式，其中 $\boldsymbol{U}$ 和 $\boldsymbol{V}$ 是 $K\times K$ 的两个正交矩阵，$\boldsymbol{\Lambda}$ 是尺寸为 $K\times K$ 的对角矩阵，对角元素 $\boldsymbol{\Lambda}(1,1)=\sigma_1,\boldsymbol{\Lambda}(2,2)=\sigma_2,\cdots,\boldsymbol{\Lambda}(K,K)=\sigma_K$，这些奇异值在矩阵 $\boldsymbol{\Lambda}$ 中按从大到小的顺序排列，即 $\sigma_1\geqslant\sigma_2\geqslant\cdots\geqslant\sigma_K\geqslant 0$。我们可以根据 $\boldsymbol{H}$ 的最大 $R$ 个奇异值构造出 $\boldsymbol{H}$ 的秩为 $R$ 的近似矩阵：

$$H=\sum_{r=1}^{R}\sigma_r \boldsymbol{u}_r \boldsymbol{v}_r^{\mathrm{T}} \tag{5-82}$$

这表示原始卷积核矩阵 $\boldsymbol{H}$ 能够近似表示为 $R$ 个秩为 1 的矩阵 $\sigma_r \boldsymbol{u}_r \boldsymbol{v}_r^{\mathrm{T}}$ 的和。于是计算 $\boldsymbol{H}$ 和图像数据的卷积输出可以近似表示为 $R$ 个秩为 1 的矩阵 $\sigma_r \boldsymbol{u}_r \boldsymbol{v}_r^{\mathrm{T}}$ 和图像卷积结果的和，而秩为 1 的矩阵卷积可以使用之前提到的逐行逐列执行一维卷积的快速算法，即先用向量 $\sigma_r \boldsymbol{u}_r$ 对应的卷积核沿着被卷积数据矩阵列方向逐列执行一维卷积，再使用 $\boldsymbol{v}_r^{\mathrm{T}}$ 对应的卷积核沿行方向对之前计算结果逐行执行一维卷积。上述对矩阵 $\boldsymbol{H}$ 的 SVD 低秩近似算法以及基于分解结果计算近似卷积的程序如代码清单 5-35 所示。

**代码清单 5-35　基于卷积核分段近似的近似卷积运算**

```
def approx_conv_2d(H,R,img,UR=None,VR=None,ret_SVD=False):
    # H 的 SVD
    if UR is None or VR is None:
        U,S,Vh=np.linalg.svd(H)
        UR=[(U[:,r]*S[r]).ravel() for r in range(R)]
        VR=[(Vh.T[:,r]).ravel()   for r in range(R)]

    # 计算近似二维卷积
    img_out=np.zeros((np.size(img,0)+np.size(H,0)-1,\
               np.size(img,1)+np.size(H,1)-1))
    for ker_col,ker_row in zip(UR,VR):
        img_out+=conv_2d_sep(img, ker_col, ker_row)
    return img_out if not ret_SVD else (img_out,UR,VR)
```

上述程序调用了之前计算秩为 1 的矩阵卷积的快速算法 `conv_2d_sep`（见代码清单 5-22），输入是需要卷积的图像 `img` 和构成秩为 1 的矩阵的两个向量 `ker_col` 和 `ker_row`，其中 `ker_col` 是式（5-82）中的 $\sigma_r \boldsymbol{u}_r$，而 `ker_row` 是式（5-82）中的 $\boldsymbol{v}_r$。一般应用时卷积核矩阵 $\boldsymbol{H}$ 是固定的，而被卷积图像 `img` 一直改变，因此可以将 $\boldsymbol{H}$ 的低秩近似结果保存下来，不需要在每次卷积时重复计算，这里通过函数输入参数 `UR` 和 `VR` 传入之前计算的 $\boldsymbol{H}$ 的低秩近似结果，其中 `UR` 存放 $R$ 个向量 $\{\sigma_r \boldsymbol{u}_r\}_{r=1,2,\cdots,R}$ 而 `VR` 存放 $R$ 个向量 $\{\boldsymbol{v}_r\}_{r=1,2,\cdots,R}$。最后标志 `ret_SVD` 用于指示是否返回矩阵 $\boldsymbol{H}$ 的低秩近似结果 `UR` 和 `VR`。

### 5.3.7　基于二维矩形卷积核的近似快速卷积

前面介绍一维近似卷积时，提到用矩形卷积核近似表示可以大大降低乘法次数。相同的方法也可以用于二维卷积。考虑尺寸为 $K_1 \times K_2$ 的二维矩形卷积核 $\boldsymbol{H}$：

$$\boldsymbol{H}=\begin{bmatrix} c & c & \cdots & c \\ c & c & \cdots & c \\ \vdots & \vdots & \ddots & \vdots \\ c & c & \cdots & c \end{bmatrix} \tag{5-83}$$

其中 $c$ 是常量，用该卷积核对图像卷积，可以看成在一个长方形区间的图像值取和并乘以 $c$。根据常规的二维卷积算法，对于尺寸为 $K_1 \times K_2$ 的卷积核，每计算一个卷积输出需要 $K_1K_2-1$ 次加法和 1 次乘法。乘法次数已经降到最低了，但我们可以针对里面的加法次数进一步优化。可以按下面的方法降低加法运算量。首先针对待卷积的图像计算“积分图”。把需要卷积的图像记作 $M \times N$ 的矩阵 $\boldsymbol{X}$，我们首先计算相同尺寸的另一个矩阵 $\boldsymbol{D}$，它的第 $m$ 行第 $n$ 列的元素值 $d_{m,n}$ 为

$$d_{m,n} = \sum_{i=0}^{m}\sum_{j=0}^{n} x_{i,j} \tag{5-84}$$

于是可以看到对于矩阵 $\boldsymbol{X}$ 中间 $K_1 \times K_2$ 的矩形区域：

$$\begin{bmatrix} x_{p-K_1+1,q-K_2+1} & x_{p-K_1+1,q-K_2+2} & \cdots & x_{p-K_1+1,q} \\ x_{p-K_1+2,q-K_2+1} & x_{p-K_1+2,q-K_2+2} & \cdots & x_{p-K_1+2,q} \\ \vdots & \vdots & \ddots & \vdots \\ x_{p,q-K_2+1} & x_{p,q-K_2+2} & \cdots & x_{p,q} \end{bmatrix} \tag{5-85}$$

这对应了卷积滑动窗口右下角在 $(p,q)$ 位置时卷积核覆盖的区域，在这个位置对应的卷积输出为

$$y_{p,q} = s_{p,q}c \tag{5-86}$$

其中 $s_{p,q}$ 是滑动窗口内的元素和：

$$s_{p,q} = \sum_{i=0}^{K_1-1}\sum_{j=0}^{K_2-1} x_{p-i,q-j} \tag{5-87}$$

根据上面的表达式计算 $s_{p,q}$ 需要进行 $K_1K_2-1$ 次加法运算，但我们可以用下面的公式实现快速计算：

$$s_{p,q} = d_{p,q} - d_{p-K_1,q} - d_{p,q-K_2} + d_{p-K_1,q-K_2} \tag{5-88}$$

这样，计算 $s_{p,q}$ 只需要 3 次加或减法，大大提高了运算速度。而计算矩阵 $\boldsymbol{D}$ 需要不超过 $2MN$ 次加法。当 $N,M \gg K_1,K_2$ 时，平均每个卷积输出值需要大约 5 次加法，而之前需要 $K_1K_2-1$ 次加法。代码清单 5-36 所示的 Python 程序实现了上述计算。

**代码清单 5-36 基于二维矩形卷积核的快速卷积运算**

```
def box_conv_2D(X,K1,K2,c=1):
    M,N=X.shape

    D=np.cumsum(X,axis=0)
    D=np.cumsum(D,axis=1)

    Y=D[K1-1:M,K2-1:N].copy()
```

```
    Y[1:, :]-=D[0:M-K1,K2-1:N]
    Y[ :,1:]-=D[K1-1:M,0:N-K2]
    Y[1:,1:]+=D[0:M-K1,0:N-K2]

    return Y*c
```

上面的程序中函数 box_conv_2D 实现对 $M \times N$ 的数据矩阵 $\boldsymbol{X}$ 的卷积，卷积核是 $K_1 \times K_2$ 的矩阵，元素值固定为 $c$。注意程序中矩阵 $\boldsymbol{Y}$ 的下标和式（5-86）相比，相差一个常量。

基于“矩形”卷积核的快速算法，能够对简单形状的卷积核实现近似卷积计算。比如图 5-44 左边给出的卷积核，我们可以将其用 3 个矩形卷积核之和近似表示，如图 5-44 右边所示。

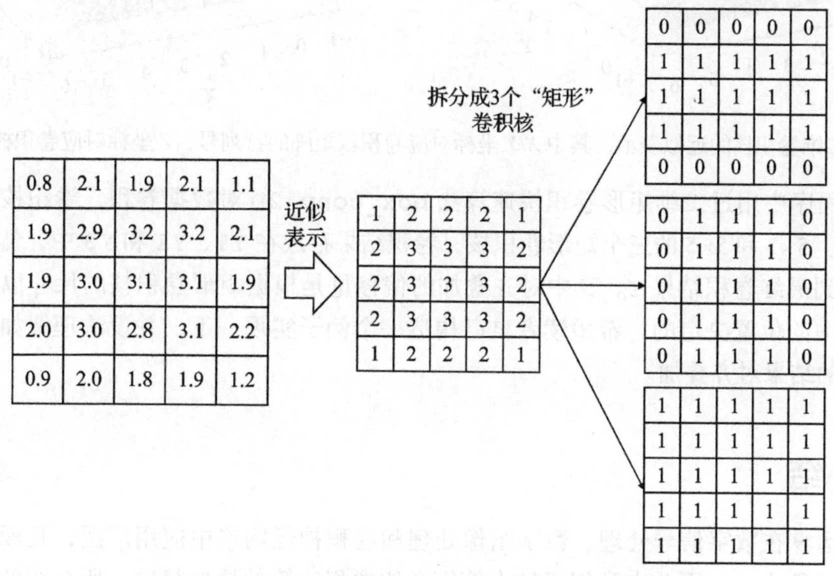


图 5-44　用二维矩形卷积核近似表示给定的二维卷积核

上述简化过程可以看成原先的卷积核用下面“阶梯”形状的卷积核近似，并进一步拆分成多个矩形卷积核。

图 5-45 中给出的卷积核可以用尺寸分别为 3×5 、5×3 和 5×5 的三个矩形卷积核近似表示，使用之前的矩形卷积实现近似卷积的代码如代码清单 5-37 所示。

**代码清单 5-37　基于二维矩形卷积核的近似快速卷积**

```
M,N=80,80
X=np.random.randint(-10,10,(M,N)).astype(float)

Y1=box_conv_2D(X,5,5)
Y2=box_conv_2D(X,5,3)
Y3=box_conv_2D(X,3,5)
```

```
Y=Y1
Y+=Y2[:,1:-1]
Y+=Y3[1:-1,:]
```

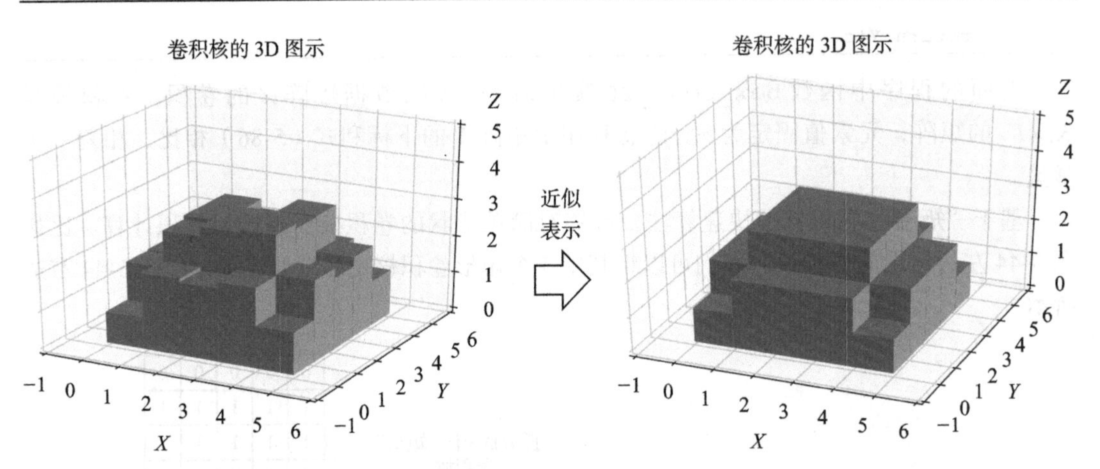


图 5-45　二维卷积核的近似表示，其中 X/Y 坐标对应卷积核矩阵的行列号，Z 坐标对应卷积核元素大小

上面程序中用过二维矩形卷积快速算法 `box_conv_2D` 对数据卷积，卷积核分别是尺寸为 3×5 、5×3 和 5×5 的三个矩形卷积核，卷积结果存放在 `Y1`、`Y2` 和 `Y3` 中，然后通过对齐叠加得到最终卷积结果 `Y`。其中对齐叠加的偏移量是根据矩形卷积核的尺寸以及在近似的卷积核中的位置决定的，希望读者自己构造一个例子实现一下，并设法理解如何将多个矩形卷积的结果对齐叠加。

## 5.4 小结

卷积运算在数字信号处理、数字图像处理和卷积神经网络中应用广泛，是深度神经网络的重要运算之一，因此本章用了较大篇幅介绍卷积运算的快速算法。所介绍的几种方法可以单独使用，也可以联合使用。比如介绍二维近似卷积时，可以使用二维卷积核的低秩近似将其转成多个一维卷积，而一维卷积能够用分段近似实现快速算法，其中分段近似得到的短序列卷积还可以用短序列 FIR 快速算法实现。另外，也可以将卷积运算和之前介绍的常数乘法运算相结合实现速度优化。需要注意的是使用本章的运算量优化算法时，需要考虑算法造成的程序结构的改变。本章一开始介绍的短序列快速算法对内存存取操作不像传统卷积那样有规律性，这会带来和高速缓存器、硬件内存访问模式有关的效率问题。此外，不少算法虽然使乘法运算量降低了，但大加法运算大大提升，在使用时需要进行平衡。最后需要注意的是，不同的算法对运算过程中的舍入误差敏感度不同，也需要读者在实际应用过程中仔细评估。在附录 A 中列出了本章讨论的几种短序列卷积的运算量比较，读者可以对比里面的运算量选择合适的算法。

本章介绍的短序列卷积算法和快速滤波算法是利用多项式的中国余数定理构造出来的，它们可以看成基于傅里叶变换构建的快速卷积算法的推广，对于这些算法的具体构建方法，读者可以参考本章文献 [1]，其中给出了卷积运算理论上能达到的最小乘法次数以及构造达到这一最低乘法次数的卷积算法的方法。

## 参考文献


[1] WINOGRAD S. Arithmetic complexity of computations[J]. Society for Industrial & Applied Mathematics Philadelphia. Pa,1980.

[2] ATKINS J, STRAUSS A, ZHANG C. Approximate convolution using partitioned truncated singular value decomposition filtering[J]. IEEE International Conference on Acoustics, Speech and Signal Processing, 2013.

[3] PARHI K K. VLSI Digital Signal Processing Systems: Design and Implementation [M]. Beijing : Chinese Machine Press, 2003.

[4] BLAHUT R E. Fast Algorithms for Signal Processing [J]. Cambridge University Press, 2010.

# 第 6 章
# 矩阵乘法优化

矩阵乘法在机器学习算法中应用频繁，对运算效率有重要影响。但对快速矩阵乘法的研究进展缓慢，对于两个尺寸同为 $N \times N$ 的矩阵，传统的矩阵乘法需要 $N^3$ 次乘法，1969 年 Volker Strassen 提出了能够将乘法运算量降低到 $O(N^{2.807\,355})$ 的算法，1990 年 Don Coppersmith 和 Shmuel Winograd 的论文给出乘法运算量为 $O(N^{2.375\,477})$ 的快速算法，之后直到 2010 年才开始出现更快速的算法，Josh Alman 给出了乘法运算量为 $O(N^{2.372\,86})$ 的算法 [1]。以上算法中 Strassen 和 Winograd 提出的方法相对简单，得到了实际应用。最新的更低运算量的矩阵乘法只有在矩阵尺寸非常大时才体现出优势，而这样大的矩阵在嵌入式机器学习应用中没有出现。

本章首先介绍矩阵乘法在机器学习算法中的应用，然后给出几种实际可用的降低矩阵运算复杂度的算法，其中包括精确矩阵乘法算法和近似矩阵乘法算法。这些算法的主要优化目的是降低数据乘法的次数。

## 6.1 机器学习算法中的矩阵乘法

在机器学习中很多算法会用到矩阵相乘运算，下面给出几种用到矩阵乘法的机器学习算法的例子。在模式分类应用中，对高维数据进行线性降维运算，就是将高维度的特征向量乘以降维矩阵，得到低维度的特征向量，从而实现冗余信息的消除。对于尺寸为 $K \times 1$ 的特征向量，可以通过和尺寸为 $L \times K$（$L < K$）的降维矩阵相乘得到尺寸为 $L \times 1$ 的“缩减了”的特征向量。比如图 6-1 给出的 8 维特征向量，通过和 $4 \times 8$ 的降维矩阵相乘得到降维后的 4 维特征向量。

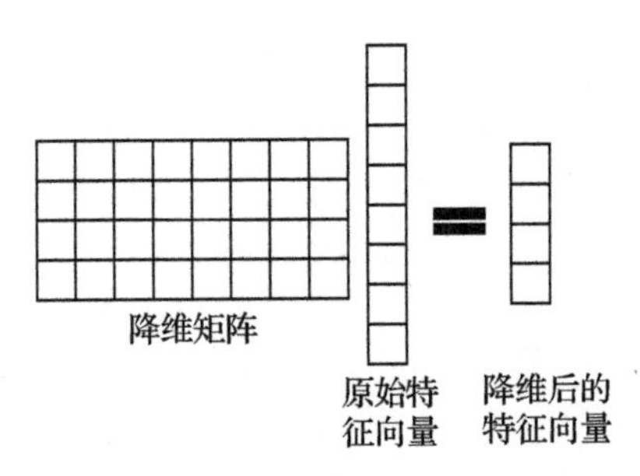

图 6-1　通过矩阵乘法进行特征降维

矩阵乘法的另一个应用是神经网络的计算，比如图 6-2 给出的多层全连接神经网络。图 6-2 中神经网络中间层的输入输出通过下面的矩阵方程计算：

$$\boldsymbol{z}_{n+1} = \sigma(\boldsymbol{W}_n \boldsymbol{z}_n + \boldsymbol{b}_n) \tag{6-1}$$

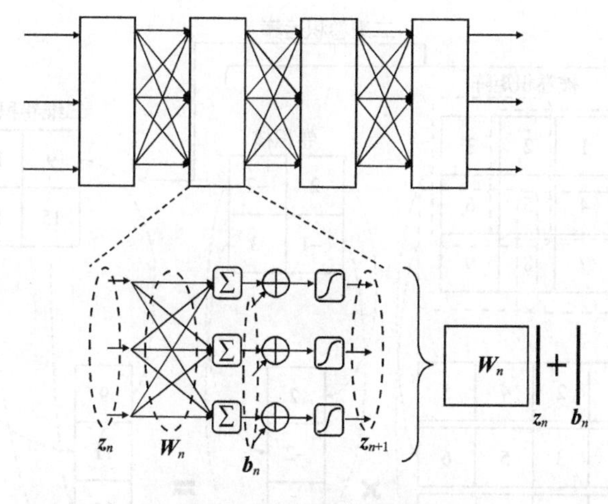


图 6-2　全连接神经网络

其中 $z_n$ 是来自前一级神经网络的输出向量，$W_n$ 是当前层的连接权重系数矩阵，$b_n$ 是当前层的“偏置”向量，$\sigma(*)$ 是当前层的激活函数，$z_{n+1}$ 是当前层的输出向量。

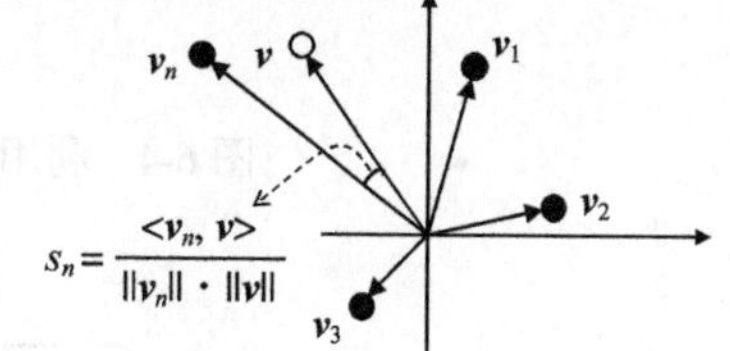


图 6-3　向量的相似度计算

在机器学习算法中经常使用的特征距离计算也会涉及矩阵运算。比如某个对象的特征用 $K$ 维列向量 $\boldsymbol{v}$ 表示，为了计算它和样本库 $\{\boldsymbol{v}_1,\boldsymbol{v}_2,\cdots,\boldsymbol{v}_N\}$ 里面各个样本特征向量的相似度会使用下面的向量夹角运算，如图 6-3 所示。

$$s_n=\frac{<\boldsymbol{v}_n,\boldsymbol{v}>}{\|\boldsymbol{v}_n\|\cdot\|\boldsymbol{v}\|},\ n=1,2,\cdots,N \tag{6-2}$$

上述公式中，$s_n$ 的分子部分需要和样本库 $N$ 个样本 $\{\boldsymbol{v}_1,\boldsymbol{v}_2,\cdots,\boldsymbol{v}_N\}$ 计算向量内积，这可以写成以下矩阵形式：

$$[\ \boldsymbol{v}_1\quad \boldsymbol{v}_2\quad \cdots\quad \boldsymbol{v}_N\ ]^{\mathrm{T}}\boldsymbol{v} \tag{6-3}$$

其中 $[\ \boldsymbol{v}_1\quad \boldsymbol{v}_2\quad \cdots\quad \boldsymbol{v}_N\ ]^{\mathrm{T}}$ 是 $N\times K$ 矩阵，上述运算就是 $N\times K$ 矩阵和 $K$ 维列向量 $\boldsymbol{v}$ 的乘积。

对基于卷积神经网络的应用，计算过程中涉及的大量乘加运算也可以表示成矩阵运算，比如在图 6-4 给出的例子中，3×3 的图像和一个 2×2 卷积核的二维卷积计算可以通过图中给出的变换过程转成矩阵乘法。

前面的例子给出了矩阵运算在机器学习中的应用，降低矩阵运算的复杂度对机器学习算法在嵌入式系统中的实现有重要意义。后面会讨论两种不同情况的矩阵快速算法，一种是矩阵和矩阵相乘，另一种是矩阵和向量相乘。虽然形式不同，但矩阵和向量相乘可以看作矩阵和矩阵相乘的特例，并且两个不同尺寸的矩阵相乘能够分解成一系列矩阵和向量相乘来实现，如图 6-5 所示。

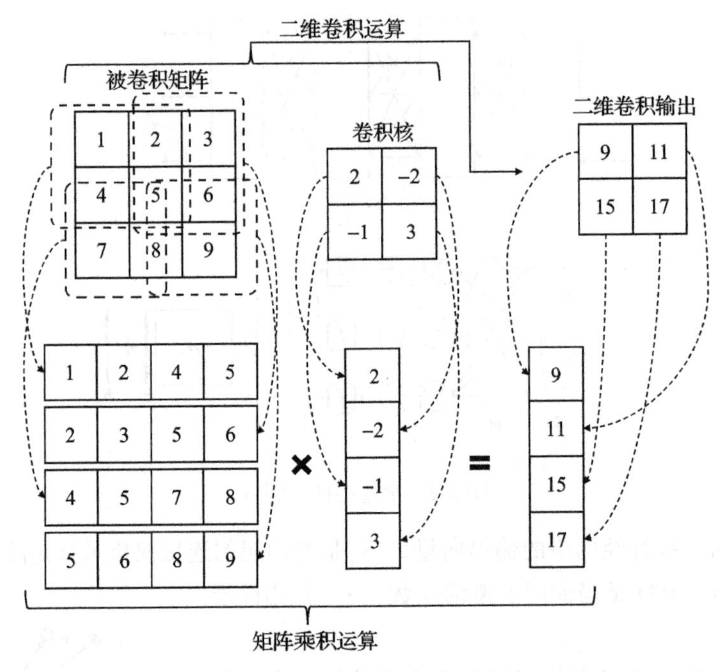


图 6-4　利用矩阵拉直操作将二维卷积转成矩阵乘法的例子

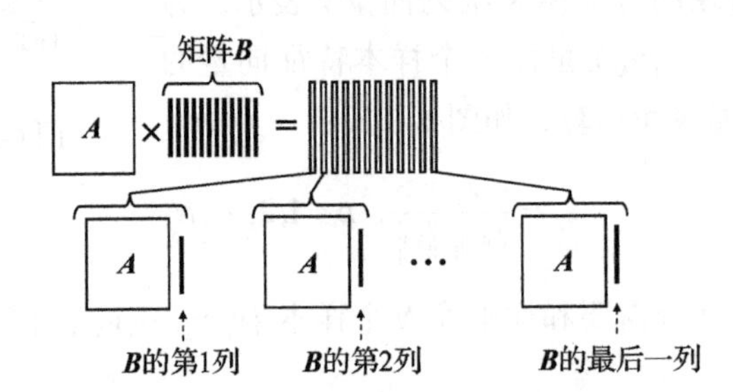


图 6-5　两个矩阵相乘拆分成矩阵和向量乘积之和的形式

通过上面的例子可以看到矩阵乘法运算的普遍性和重要性，在后面的章节中将给出具体的矩阵乘法优化方法。

## 6.2 Strassen 矩阵相乘算法

Strassen 矩阵相乘算法由德国数学家 Volker Strassen 提出 [2]。它的基本思想来自两个 2×2 矩阵乘法的优化。常规的矩阵相乘运算应用在 2×2 矩阵上需要进行 8 次乘法运算，如下所示：

$$\begin{bmatrix} a & b \\ c & d \end{bmatrix}\begin{bmatrix} e & f \\ g & h \end{bmatrix}=\begin{bmatrix} ae+bg & af+bh \\ ce+dg & cf+dh \end{bmatrix} \tag{6-4}$$

上面等式右边有 8 个乘法运算，即 $\{ae,af,bg,bh,ce,cf,dg,dh\}$，Strassen 发现使用 7 次乘法就可以实现上述矩阵相乘运算，他提出的方法如下：

首先计算 7 个乘积 $\{p_1,p_2,p_3,p_4,p_5,p_6,p_7\}$：

$$\begin{cases} p_1 = a(f-h) \\ p_2 = (a+b)h \\ p_3 = (c+d)e \\ p_4 = d(g-e) \\ p_5 = (a+d)(e+h) \\ p_6 = (b-d)(g+h) \\ p_7 = (a-c)(e+f) \end{cases} \tag{6-5}$$

然后通过对上述 7 个乘积结果的加减运算得到矩阵乘法结果，即

$$\begin{bmatrix} a & b \\ c & d \end{bmatrix}\begin{bmatrix} e & f \\ g & h \end{bmatrix} = \begin{bmatrix} p_5+p_4-p_2+p_6 & p_1+p_2 \\ p_3+p_4 & p_1+p_5-p_3-p_7 \end{bmatrix} \tag{6-6}$$

相比传统乘法运算，它的乘法运算量降低了 12.5%，付出的代价是加法次数从 4 次上升到 18 次。

上面的运算看上去只带来少量的优化，但它的独特之处在于能够拓展到分块矩阵运算的优化，即上面运算过程中的实数 $\{a,b,c,d,e,f,g,h\}$ 可以替换成矩阵。考虑下面的分块矩阵乘法：

$$\begin{bmatrix} \boldsymbol{A} & \boldsymbol{B} \\ \boldsymbol{C} & \boldsymbol{D} \end{bmatrix}\begin{bmatrix} \boldsymbol{E} & \boldsymbol{F} \\ \boldsymbol{G} & \boldsymbol{H} \end{bmatrix} = \begin{bmatrix} \boldsymbol{AE}+\boldsymbol{BG} & \boldsymbol{AF}+\boldsymbol{BH} \\ \boldsymbol{CE}+\boldsymbol{DG} & \boldsymbol{CF}+\boldsymbol{DH} \end{bmatrix} \tag{6-7}$$

其中 $\{\boldsymbol{A},\boldsymbol{B},\boldsymbol{C},\boldsymbol{D},\boldsymbol{E},\boldsymbol{F},\boldsymbol{G},\boldsymbol{H}\}$ 为特定尺寸的子矩阵，传统的矩阵乘法需要计算 8 次子矩阵乘法，即 $\{\boldsymbol{AE},\boldsymbol{AF},\boldsymbol{BG},\boldsymbol{BH},\boldsymbol{CE},\boldsymbol{CF},\boldsymbol{DG},\boldsymbol{DH}\}$，应用 Strassen 矩阵相乘算法可以用 7 次子矩阵乘法得到最终结果，即先计算下面 7 个矩阵 $\{\boldsymbol{P}_1,\boldsymbol{P}_2,\boldsymbol{P}_3,\boldsymbol{P}_4,\boldsymbol{P}_5,\boldsymbol{P}_6,\boldsymbol{P}_7\}$，计算过程使用 7 次矩阵乘法，即

$$\begin{cases} \boldsymbol{P}_1 = \boldsymbol{A}(\boldsymbol{F}-\boldsymbol{H}) \\ \boldsymbol{P}_2 = (\boldsymbol{A}+\boldsymbol{B})\boldsymbol{H} \\ \boldsymbol{P}_3 = (\boldsymbol{C}+\boldsymbol{D})\boldsymbol{E} \\ \boldsymbol{P}_4 = \boldsymbol{D}(\boldsymbol{G}-\boldsymbol{E}) \\ \boldsymbol{P}_5 = (\boldsymbol{A}+\boldsymbol{D})(\boldsymbol{E}+\boldsymbol{H}) \\ \boldsymbol{P}_6 = (\boldsymbol{B}-\boldsymbol{D})(\boldsymbol{G}+\boldsymbol{H}) \\ \boldsymbol{P}_7 = (\boldsymbol{A}-\boldsymbol{C})(\boldsymbol{E}+\boldsymbol{F}) \end{cases} \tag{6-8}$$

对上述 7 个矩阵乘积结果进行加减运算得到最后结果，即

$$\begin{bmatrix} \boldsymbol{A} & \boldsymbol{B} \\ \boldsymbol{C} & \boldsymbol{D} \end{bmatrix}\begin{bmatrix} \boldsymbol{E} & \boldsymbol{F} \\ \boldsymbol{G} & \boldsymbol{H} \end{bmatrix} = \begin{bmatrix} \boldsymbol{P}_5+\boldsymbol{P}_4-\boldsymbol{P}_2+\boldsymbol{P}_6 & \boldsymbol{P}_1+\boldsymbol{P}_2 \\ \boldsymbol{P}_3+\boldsymbol{P}_4 & \boldsymbol{P}_1+\boldsymbol{P}_5-\boldsymbol{P}_3-\boldsymbol{P}_7 \end{bmatrix} \tag{6-9}$$

上面的运算过程还能进一步简化，即在计算 $\{P_1, P_2, P_3, P_4, P_5, P_6, P_7\}$ 的过程中可以再次使用 Strassen 矩阵相乘算法，减少计算这 7 个子矩阵相乘所需要的乘法运算量。

递归地使用 Strassen 进行矩阵相乘运算，最终能够得到乘法数量为 $O(n^{\log_2 7})$（$\log_2 7 \approx 2.807$）的矩阵相乘算法，相比之下，传统矩阵相乘的运算量是 $O(n^3)$。下面给出递归调用 Strassen 矩阵乘法的 Python 程序片段，如代码清单 6-1 所示。

代码清单 6-1 Strassen 矩阵乘法

```
import numpy as np

## Strassen 矩阵乘法
# 输入:
#    X=[A B]  Y=[E F]
#      [C D]    [G H]
# 输出:
#     [Z00 Z01]=X*Y
#     [Z10 Z11]
def smul(X,Y):
    if X.size==1:   # 标量元素
        return float(X)*float(Y)

    # 可进一步拆分为子矩阵
    N=X.shape[0]//2 # 子矩阵尺寸
    A,B,C,D=X[0:N,0:N],X[0:N,N:],X[N:,0:N],X[N:,N:]
    E,F,G,H=Y[0:N,0:N],Y[0:N,N:],Y[N:,0:N],Y[N:,N:]

    # 分块计算
    P1=smul(A,F-H)
    P2=smul(A+B,H)
    P3=smul(C+D,E)
    P4=smul(D,G-E)
    P5=smul(A+D,E+H)
    P6=smul(B-D,G+H)
    P7=smul(A-C,E+F)

    Z00=P5+P4-P2+P6
    Z01=P1+P2
    Z10=P3+P4
    Z11=P1+P5-P3-P7

    # 子矩阵合并得到结果
    return np.vstack((np.hstack((Z00,Z01)),
                      np.hstack((Z10,Z11))))
```

上述 Python 程序中的函数 `smul` 是以递归方式调用 Strassen 矩阵相乘算法，对于尺寸为 $2^K \times 2^K$ 的两个矩阵相乘，程序递归地调用 Strassen 算法代码 `smul` 进行运算，递归深度

为 $K$。注意，上面的代码以 Python 形式给出，实际应用时需要改成底层的编程语言才能显示出效率上的提升，这里不展开介绍。

对于尺寸为 $2^K \times 2^K$ 的两个矩阵相乘，递归地调用 Strassen 算法后，总的乘法运算量是 $2^{K\log_2 7}$。前面给出的 Strassen 算法对于 2×2 矩阵乘法需要 7 次浮点数乘法和 18 次浮点数加法，后续的研究 [4] 发现加法次数可以进一步减少到 15 次，对于式（6-7）给出的分块矩阵乘法问题，式（6-10）给出的计算步骤只需要 15 次子矩阵加法运算：

$$\begin{cases} \boldsymbol{S}_1 = \boldsymbol{C}+\boldsymbol{D} \\ \boldsymbol{S}_2 = \boldsymbol{S}_1 - \boldsymbol{A} \\ \boldsymbol{S}_3 = \boldsymbol{A}-\boldsymbol{C} \\ \boldsymbol{S}_4 = \boldsymbol{B}-\boldsymbol{S}_2 \end{cases}, \begin{cases} \boldsymbol{T}_1 = \boldsymbol{F}-\boldsymbol{E} \\ \boldsymbol{T}_2 = \boldsymbol{H}-\boldsymbol{T}_1 \\ \boldsymbol{T}_3 = \boldsymbol{H}-\boldsymbol{F} \\ \boldsymbol{T}_4 = \boldsymbol{T}_2-\boldsymbol{G} \end{cases}, \begin{cases} \boldsymbol{M}_1 = \boldsymbol{AE} \\ \boldsymbol{M}_2 = \boldsymbol{BG} \\ \boldsymbol{M}_3 = \boldsymbol{S}_4\boldsymbol{H} \\ \boldsymbol{M}_4 = \boldsymbol{D}\boldsymbol{T}_4 \\ \boldsymbol{M}_5 = \boldsymbol{S}_1\boldsymbol{T}_1 \\ \boldsymbol{M}_6 = \boldsymbol{S}_2\boldsymbol{T}_2 \\ \boldsymbol{M}_7 = \boldsymbol{S}_3\boldsymbol{T}_3 \end{cases}, \begin{cases} \boldsymbol{U}_1 = \boldsymbol{M}_1+\boldsymbol{M}_2 \\ \boldsymbol{U}_2 = \boldsymbol{M}_1+\boldsymbol{M}_6 \\ \boldsymbol{U}_3 = \boldsymbol{U}_2+\boldsymbol{M}_7 \\ \boldsymbol{U}_4 = \boldsymbol{U}_2+\boldsymbol{M}_5 \\ \boldsymbol{U}_5 = \boldsymbol{U}_4+\boldsymbol{M}_3 \\ \boldsymbol{U}_6 = \boldsymbol{U}_3-\boldsymbol{M}_4 \\ \boldsymbol{U}_7 = \boldsymbol{U}_3+\boldsymbol{M}_5 \end{cases} \tag{6-10}$$

矩阵乘法结果表示为

$$\begin{bmatrix} \boldsymbol{U}_1 & \boldsymbol{U}_5 \\ \boldsymbol{U}_6 & \boldsymbol{U}_7 \end{bmatrix} \tag{6-11}$$

Strassen 矩阵乘法运算量和传统矩阵相乘算法的乘法次数比较结果如图 6-6 所示。

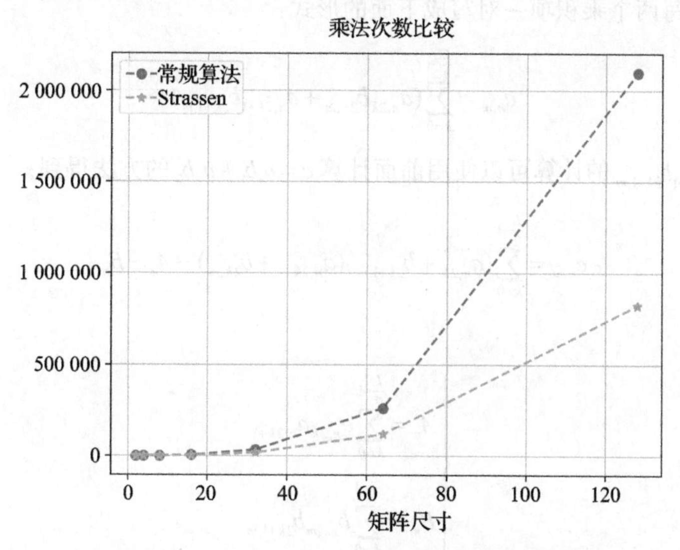


图 6-6 使用 Strassen 算法与普通矩阵乘法的乘法运算量和比较

可见对于尺寸为 128×128 以上的矩阵乘法，使用 Strassen 算法能够降低大约一半的乘法运算量。

## 6.3 Winograd 矩阵相乘算法

Winograd 提出了一种能够将乘法数量降低大约 50% 的矩阵乘法运算 [4]。这一算法来自计算两对数 $\{a_1,a_2\}$ 和 $\{b_1,b_2\}$ 的乘积之和 $c=a_1b_1+a_2b_2$ 的运算。Winograd 使用下面的方法计算 $c$，首先按以下表达式计算 $\{m_1,m_2,m_3\}$：

$$\begin{cases} m_1 = a_1a_2 \\ m_2 = b_1b_2 \\ m_3 = (a_1+b_2)(a_2+b_1) \end{cases} \tag{6-12}$$

然后计算：

$$c = m_3 - m_1 - m_2 \tag{6-13}$$

上面的方法看似没有在运算量方面带来任何改进，但它可以应用到矩阵运算，降低运算量。

考虑 $N\times L$ 矩阵 $\boldsymbol{A}$ 和 $L\times M$ 矩阵 $\boldsymbol{B}$ 相乘，得到尺寸为 $N\times M$ 的矩阵 $\boldsymbol{C}$。其中 $\boldsymbol{C}$ 的 $n$ 行 $m$ 列元素 $c_{n,m}$ 可以写成：

$$c_{n,m} = a_{n,0}b_{0,m} + a_{n,1}b_{1,m} + \ldots + a_{n,L-1}b_{L-1,m} \tag{6-14}$$

其中 $a_{n,l}$ 是矩阵 $\boldsymbol{A}$ 的 $n$ 行 $l$ 列元素，$b_{l,m}$ 是矩阵 $\boldsymbol{B}$ 的 $l$ 行 $m$ 列元素。假设 $L$ 为偶数，我们可以把上面的式子按每两个乘积项一对写成下面的形式：

$$c_{n,m} = \sum_{k=0}^{\frac{L}{2}-1}(a_{n,2k}b_{2k,m} + a_{n,2k+1}b_{2k+1,m}) \tag{6-15}$$

对 $a_{n,2k}b_{2k,m} + a_{n,2k+1}b_{2k+1,m}$ 的计算可以使用前面计算 $c=a_1b_1+a_2b_2$ 的方法得到：

$$c_{n,m} = \sum_{k=0}^{\frac{L}{2}-1}(a_{n,2k} + b_{2k+1,m})(a_{n,2k+1} + b_{2k,m}) - A_n - B_m \tag{6-16}$$

其中：

$$\begin{cases} A_n = \sum_{k=0}^{\frac{L}{2}-1} a_{n,2k}a_{n,2k+1} \\ B_m = \sum_{k=0}^{\frac{L}{2}-1} b_{2k,m}b_{2k+1,m} \end{cases} \tag{6-17}$$

上述过程可以写成算法 6-1 所示的流程。

**算法 6-1　Winograd 快速矩阵乘法**

步骤 1：对于 $n=0,1,\cdots,N-1$，计算 $A_n=\sum_{k=0}^{\frac{L}{2}-1}a_{n,2k}a_{n,2k+1}$

步骤 2：对于 $m=0,1,\cdots,M-1$，计算 $B_m=\sum_{k=0}^{\frac{L}{2}-1}b_{2k,m}b_{2k+1,m}$

步骤 3：对 $n=0,1,\cdots,N-1$，$m=0,1,\cdots,M-1$，计算

$$c_{n,m}=\sum_{k=0}^{\frac{L}{2}-1}(a_{n,2k}+b_{2k+1,m})(a_{n,2k+1}+b_{2k,m})-A_n-B_m$$

其中步骤 1 有 $\frac{N\times L}{2}$ 次乘法，步骤 2 有 $\frac{M\times L}{2}$ 次乘法，而步骤 3 有 $\frac{M\times N\times L}{2}$ 次乘法（其中用到的 $A_n$ 和 $B_m$ 在之前步骤中已经得到，不重新计算）。因此总共需要 $(N\times L+M\times L+M\times N\times L)/2$ 次乘法。相比之下，传统的矩阵乘法需要 $N\times M\times L$ 次乘法。当 $M\times N\times L\gg N\times L, M\times L$ 时，矩阵运算需要的乘法次数大约减半。对应上述运算过程的 Python 代码参见代码清单 6-2。

**代码清单 6-2　Winograd 快速矩阵乘法**

```
def mul(A,B):
    N ,L=A.shape
    L1,M=B.shape
    if L1 != L:
        print('[ERR] size mismatch')
        return None # 尺寸错误

    if L%2==1:  # 通过插补 0 使尺寸 L 改成偶数，然后再调用乘法
        return mul(col_zero_ext(A),row_zero_ext(B))

    An=np.zeros(N)
    for n in range(N):
        for k in range(L//2):
            An[n]+=A[n,2*k]*A[n,2*k+1]

    Bm=np.zeros(M)
    for m in range(M):
        for k in range(L//2):
            Bm[m]+=B[2*k,m]*B[2*k+1,m]

    C=np.zeros((N,M))
    for n in range(N):
```

```
        for m in range(M):
            C[n,m] = -An[n]-Bm[m]
            for k in range(L//2):
              C[n,m]+=(A[n,k*2]+B[k*2+1,m])*\
                   (A[n,k*2+1]+B[k*2,m])
    return C
```

注意，以上的运算要求$L$是偶数，实际应用时，如果矩阵尺寸不是偶数，则通过边界补0来实现。比如下面的3×3和3×2矩阵乘积，$L=3$：

$$\begin{bmatrix} a_{00} & a_{01} & a_{02} \\ a_{10} & a_{11} & a_{12} \\ a_{20} & a_{21} & a_{22} \end{bmatrix} = \begin{bmatrix} b_{00} & b_{01} \\ b_{10} & b_{11} \\ b_{20} & b_{21} \end{bmatrix} \tag{6-18}$$

边界补0得到如下给出的3×4和4×2矩阵乘积：

$$\begin{bmatrix} a_{00} & a_{01} & a_{02} & 0 \\ a_{10} & a_{11} & a_{12} & 0 \\ a_{20} & a_{21} & a_{22} & 0 \end{bmatrix} \begin{bmatrix} b_{00} & b_{01} \\ b_{10} & b_{11} \\ b_{20} & b_{21} \\ 0 & 0 \end{bmatrix} \tag{6-19}$$

可以验证上述矩阵相乘结果和补0之前是一样的，但对应的矩阵尺寸$L=4$，为偶数。

图6-7给出Winograd矩阵相乘运算和原始矩阵相乘运算的乘法数量比值，两个相乘的矩阵的尺寸均为$N\times N$。

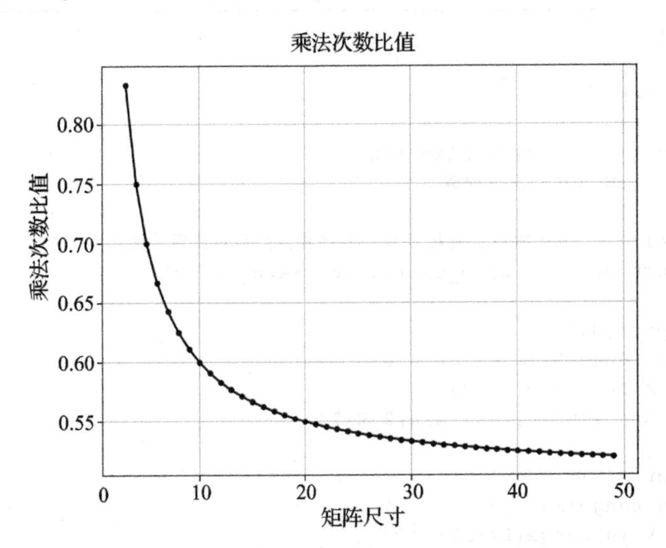


图6-7 Winograd快速矩阵乘法和普通矩阵乘法的乘法运算量的比值

可以看到随着矩阵尺寸的增加，Winograd快速矩阵乘法能够减少大约一半的乘法运算量。

## 6.4　低秩矩阵乘法

对于低秩矩阵，可以利用矩阵的 SVD 得到简化运算。考虑秩为 $R$，尺寸为 $N\times L$ 的矩阵 $\boldsymbol{A}$，它可以用 $R$ 个向量乘积表示：

$$\boldsymbol{A}=\sum_{r=1}^{R}\boldsymbol{u}_r\boldsymbol{v}_r^{\mathrm{T}} \tag{6-20}$$

其中 $\boldsymbol{u}_r$ 和 $\boldsymbol{v}_r$ 分别是 $N\times 1$ 和 $L\times 1$ 的向量，上面的分解过程如图 6-8 所示。

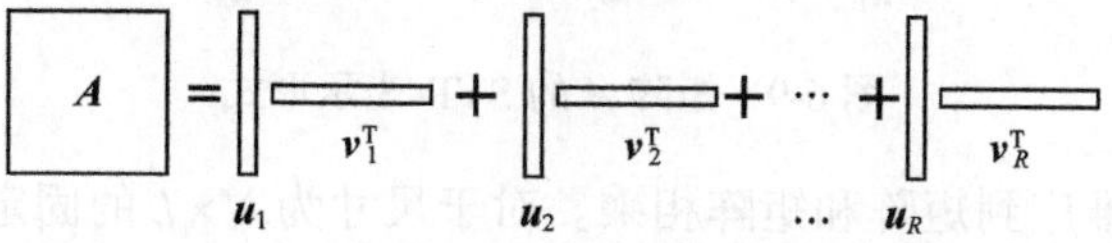

图 6-8　秩为 $R$ 的矩阵的分解表示形式

当我们计算矩阵 $\boldsymbol{A}$ 和尺寸为 $L\times 1$ 的列向量 $\boldsymbol{x}$ 的乘积时，利用上面的分解式可以得到：

$$\boldsymbol{Ax}=\sum_{r=1}^{R}\boldsymbol{u}_r(\boldsymbol{v}_r^{\mathrm{T}}\boldsymbol{x}) \tag{6-21}$$

其中对于 $r=1,2,\cdots,R$，计算 $\boldsymbol{v}_r^{\mathrm{T}}\boldsymbol{x}$ 共需要 $L\times R$ 次乘法，注意，$\boldsymbol{v}_r^{\mathrm{T}}\boldsymbol{x}$ 是标量，因此它和 $\boldsymbol{u}_r$（$r=1,2,\cdots,R$）的乘积共需要 $N\times R$ 次乘法。根据上面的分解式，计算乘积 $\boldsymbol{Ax}$ 需要 $(L+N)\times R$ 次乘法。相比之下，原始的矩阵乘法需要 $L\times N$ 次乘法。当 $\boldsymbol{A}$ 的秩 $R\ll N,L$ 时，乘法数量大大降低。比如考虑秩为 3、尺寸为 $100\times 100$ 的矩阵和 $100\times 1$ 的向量相乘，原始的矩阵乘法需要计算 10 000 次乘法，但使用上面给出的矩阵解形式只需要计算 600 次乘法，乘法次数是原先的 6%。

上面给出的低秩矩阵 $\boldsymbol{A}$ 的分解式（式（6-20））可以通过矩阵的 SVD 得到。矩阵的 SVD 是将其写成下面的形式：

$$\boldsymbol{A}=\boldsymbol{U\Lambda V}^{\mathrm{T}} \tag{6-22}$$

其中 $\boldsymbol{U}$ 和 $\boldsymbol{V}$ 分别是 $N\times N$ 和 $L\times L$ 的正交阵，$\boldsymbol{\Lambda}$ 是尺寸为 $N\times L$ 的矩阵，它有 $R$ 个非零对角元素 $\boldsymbol{\Lambda}(1,1)=\sigma_1,\boldsymbol{\Lambda}(2,2)=\sigma_2,\cdots,\boldsymbol{\Lambda}(R,R)=\sigma_R$（即 $\boldsymbol{A}$ 的 $R$ 个奇异值），其他元素为 0。根据式（6-12）计算 $\boldsymbol{Ax}=\sum_{r=1}^{R}\boldsymbol{u}_r(\boldsymbol{v}_r^{\mathrm{T}}\boldsymbol{x})$ 时，$\boldsymbol{u}_r$ 可以设为 $\boldsymbol{U}$ 的前 $R$ 列，$\boldsymbol{v}_r$ 可以设为 $\boldsymbol{V}$ 的前 $R$ 列，如图 6-9 所示。

图 6-9 中奇异值 $\sigma_r$ 可以并入 $\boldsymbol{u}_r$，即用 $\sigma_r\boldsymbol{u}_r$ 替代 $\boldsymbol{u}_r$，这样就能得到和式（6-20）相同的形式了。

需要注意的是以这一方法降低运算量要求低秩矩阵 $\boldsymbol{A}$ 是固定的常数矩阵，因此可以预先计算它的 SVD 并保存下来，当需要计算 $\boldsymbol{A}$ 和多个不同取值的 $\boldsymbol{x}$ 向量乘积时，每次相乘需要 $(L+N)\times R$ 次乘法，不必考虑 SVD 带来的额外运算。

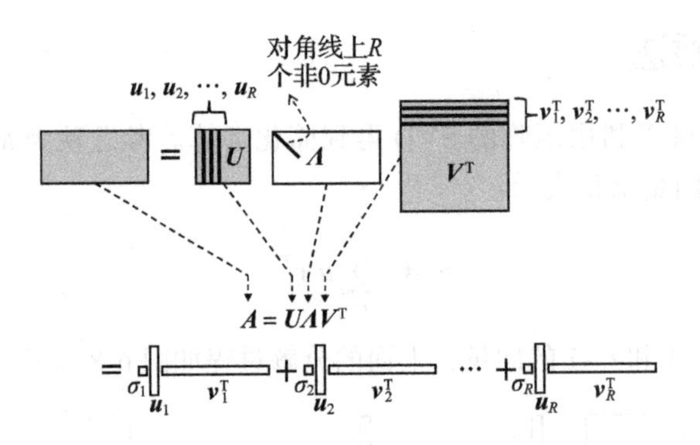


图 6-9 矩阵 $\boldsymbol{A}$ 的 SVD 表示形式

上述算法很容易推广到矩阵和矩阵相乘。对于尺寸为 $N \times L$ 的固定低秩矩阵 $\boldsymbol{A}$ 和另一个尺寸为 $L \times M$ 的可变矩阵 $\boldsymbol{X}$ 的乘积，将矩阵 $\boldsymbol{X}$ 按列拆分为 $M$ 个列向量 $\{\boldsymbol{x}_1, \boldsymbol{x}_2, \cdots, \boldsymbol{x}_M\}$，然后应用上面的低秩矩阵和向量的快速乘法计算，共需要 $(L+N) \times R \times M$ 次乘法运算，而原始矩阵乘法需要 $MNL$ 次乘法运算。代码清单 6-3 给出的 Python 程序可实现上述运算。

**代码清单 6-3　低秩矩阵乘法**

```
import numpy as np

## 生成 L×M 随机矩阵 X
M=40
X=random_mat(L,M)

# A 的分解
U,S,Vh=np.linalg.svd(A)
UR=[U[:,r]*S[r] for r in range(R)]
VR=[Vh.T[:,r] for r in range(R)]

# 计算 A 和 L×M 矩阵 X 的乘积 : Y=AX
Y=np.zeros((N,M))
for m in range(M):
    xm=X[:,m].flatten()
    for r in range(R):
        Y[:,m]+=UR[r]*np.sum(VR[r]*xm)

# 显示计算误差
print(np.max(np.abs(Y-np.dot(A,X)))/np.mean(np.abs(Y)))
```

上述程序使用 Numpy 的 SVD 工具实现矩阵的低秩分解，程序中变量 `UR` 和 `VR` 分别对应存放 $\{\sigma_1\boldsymbol{u}_1, \sigma_2\boldsymbol{u}_2, \cdots, \sigma_R\boldsymbol{u}_R\}$ 和 $\{\boldsymbol{v}_1, \boldsymbol{v}_2, \cdots, \boldsymbol{v}_R\}$ 的列表。

## 6.5 循环矩阵乘法

循环矩阵经常应用于卷积或者滤波运算，它是指下面形式的方形矩阵：

$$A=\begin{bmatrix} a_0 & a_1 & \cdots & a_{N-2} & a_{N-1} \\ a_{N-1} & a_0 & \cdots & a_{N-3} & a_{N-2} \\ \vdots & \vdots & \ddots & \vdots & \vdots \\ a_2 & a_3 & \cdots & a_0 & a_1 \\ a_1 & a_2 & \cdots & a_{N-1} & a_0 \end{bmatrix} \tag{6-23}$$

矩阵的第$k$行元素可以看成第$k+1$行元素的循环右移，如图6-10所示。

图6-10　循环矩阵各行值的关系，每一行是它上一行的循环右移

对于尺寸为$N\times N$的循环矩阵$\boldsymbol{A}$，虽然有$N^2$个元素，但实际上“自由度”只有$N$。这样的矩阵乘法可以使用傅里叶变换实现，因为循环矩阵可以写成下面形式的分解：

$$\boldsymbol{A}=\boldsymbol{W}^*\boldsymbol{\Lambda}\boldsymbol{W} \tag{6-24}$$

其中$\boldsymbol{\Lambda}$是对角阵，对角元素是矩阵$\boldsymbol{A}$第一行元素的离散傅里叶变换（DFT），$\boldsymbol{W}$是傅里叶变换矩阵，$\boldsymbol{W}^*$是它的共轭矩阵。$\boldsymbol{W}$中的元素是

$$\boldsymbol{W}=\frac{1}{\sqrt{N}}\begin{bmatrix} 1 & 1 & 1 & \cdots & 1 \\ 1 & \omega^{-1} & \omega^{-2} & \cdots & \omega^{-(N-1)} \\ 1 & \omega^{-2} & \omega^{-4} & \cdots & \omega^{-2(N-1)} \\ \vdots & \vdots & \vdots & & \vdots \\ 1 & \omega^{-(N-1)} & \omega^{-2(N-1)} & \cdots & \omega^{-(N-1)(N-1)} \end{bmatrix},\ \omega=\mathrm{e}^{\frac{\mathrm{j}2\pi}{N}} \tag{6-25}$$

根据$\boldsymbol{A}$的这一分解可以看到计算$\boldsymbol{y}=\boldsymbol{A}\boldsymbol{x}$的过程能够写成：

$$\boldsymbol{y}=\boldsymbol{W}^*\boldsymbol{\Lambda}(\boldsymbol{W}\boldsymbol{x}) \tag{6-26}$$

观察方程右边的运算，根据$\boldsymbol{W}$的定义，矩阵乘积$\boldsymbol{W}\boldsymbol{x}$的结果是$\boldsymbol{x}$的离散傅里叶变换（相差一个常量因子$\sqrt{N}$），$\boldsymbol{\Lambda}(\boldsymbol{W}\boldsymbol{x})$是列向量，其中每个元素是$\boldsymbol{x}$的离散傅里叶变换的每个元素和$\boldsymbol{\Lambda}$对角线对应元素的乘积，最后左乘$\boldsymbol{W}^*$对应傅里叶反变换。上述运算过程在算法6-2中给出：

**算法6-2　基于DFT的矩阵乘法**

步骤1：计算$\boldsymbol{A}$第一行元素的离散傅里叶变换，变换结果记作$\hat{\boldsymbol{a}}$

步骤 2：计算$\boldsymbol{x}$的离散傅里叶反变换，变换结果记作$\hat{\boldsymbol{x}}$

步骤 3：计算$\hat{\boldsymbol{a}}$和$\hat{\boldsymbol{x}}$的逐点乘积，结果记作$\hat{\boldsymbol{y}}$

步骤 4：计算$\hat{\boldsymbol{y}}$的离散傅里叶反变换，得到矩阵乘法结果$\boldsymbol{y}$

---

上述运算步骤对应的 Python 程序见代码清单 6-4。

**代码清单 6-4 循环矩阵快速乘法**

```
import numpy as np

N=5

x=np.random.randint(-10,10,N).astype(float)
a=np.random.randint(-10,10,N).astype(float)

A=circulant(a)

fa=np.fft.fft(a)
fx=np.fft.fft(x)
fy=fa*fx
y=np.fft.ifft(fy)

y_ref=np.dot(A,x)
print(np.max(np.abs(y-y_ref)))
```

上面给出的程序生成 $N$=5 的循环矩阵 $\boldsymbol{A}$ 和一个列向量 $\boldsymbol{x}$，其中 $\boldsymbol{A}$ 的第一行由向量 $\boldsymbol{a}$ 给出。程序依次计算 $\boldsymbol{a}$ 和 $\boldsymbol{x}$ 的离散傅里叶变换，然后计算两个傅里叶变换结果的对应元素乘积，最后通过傅里叶反变换得到矩阵相乘的结果$\boldsymbol{y}=\boldsymbol{A}\boldsymbol{x}$。程序的最后两行打印使用传统矩阵乘法的结果和使用上述傅里叶变换算法的误差。

上述算法中，对矩阵 $\boldsymbol{A}$ 的第一行元素的离散傅里叶变换可以预先计算出来，这样整个计算过程需要一次离散傅里叶变换和一次离散傅里反叶变换加上 $N$ 次乘法，当矩阵尺寸 $N=2^L$ 的时候，可以使用 FFT 计算离散傅里叶变换，运算复杂度是 $N\log N$ 级别的，而使用普通矩阵乘法需要 $N^2$ 次乘法，由此可以看到运算复杂度的降低程度。

循环矩阵的乘法的结果实际上就是循环矩阵 $\boldsymbol{A}$ 的第一行元素和 $\boldsymbol{x}$ 的循环卷积结果，而 FFT 正是常用的循环卷积加速方案。最后需要注意的是使用傅里叶变换会带来额外的计算量开销，一般只有当矩阵尺寸足够大时才有效，因此需要在实际应用时仔细衡量运算量。

## 6.6 近似矩阵乘法

对于一些机器学习算法，能够容忍矩阵乘法存在一定的误差，对于这类应用可以考虑使用近似算法实现矩阵乘法，用精度换取运算时间。下面我们考虑几种矩阵乘法的近似算法：1）基于矩阵低秩近似的近似矩阵乘法；2）基于数据统计相关性的近似矩阵乘法；

3）基于向量量化的近似矩阵乘法。下面分别介绍具体算法。

## 6.6.1　基于矩阵低秩近似的矩阵乘法

我们首先讨论基于矩阵低秩近似的快速乘法。该算法首先通过矩阵的奇异值分解得到它的低秩近似形式。矩阵的奇异值分解在前面讲过，它以下面的形式表示尺寸为 $N\times L$ 的矩阵 $\boldsymbol{A}$，即

$$\boldsymbol{A}=\boldsymbol{U}\boldsymbol{\Lambda}\boldsymbol{V}^{\mathrm{T}} \tag{6-27}$$

其中 $\boldsymbol{U}$ 和 $\boldsymbol{V}$ 分别是 $N\times N$ 和 $L\times L$ 的正交阵，$\boldsymbol{\Lambda}$ 是尺寸为 $N\times L$ 的矩阵，对角元素是从大到小依次排列的 $\boldsymbol{A}$ 的奇异值 $\sigma_1,\sigma_2,\ldots,=\sigma_{\min(N,L)}$（包括0奇异值），其他元素为0。其中奇异值满足：

$$\sigma_1\geqslant\sigma_2\geqslant\sigma_3\geqslant\cdots\geqslant\sigma_{\min(N,L)} \tag{6-28}$$

奇异值的非零元素个数对应 $\boldsymbol{A}$ 的秩。前面我们看到当 $\boldsymbol{A}$ 是低秩矩阵时，计算 $\boldsymbol{y}=\boldsymbol{A}\boldsymbol{x}$ 可以大大简化。利用 $\boldsymbol{A}$ 的奇异值分解，我们可以用 $\boldsymbol{A}$ 的前 $R$ 个奇异值及其对应的 $\boldsymbol{U}$ 和 $\boldsymbol{V}$ 的前 $R$ 列向量来近似表示 $\boldsymbol{A}$，即

$$\boldsymbol{A}\approx\sum_{r=1}^{R}\sigma_r\boldsymbol{u}_r\boldsymbol{v}_r^{\mathrm{T}} \tag{6-29}$$

这一表示形式对应的误差可以从 $\sigma_{r+1}$ 的大小估计，由于奇异值按从大到小的顺序排列，因此 $\sigma_{r+1}$ 可以看成被“丢弃”的奇异值中最大的一个，它越小，上述近似就越精确。上述近似分解如图6-11所示。

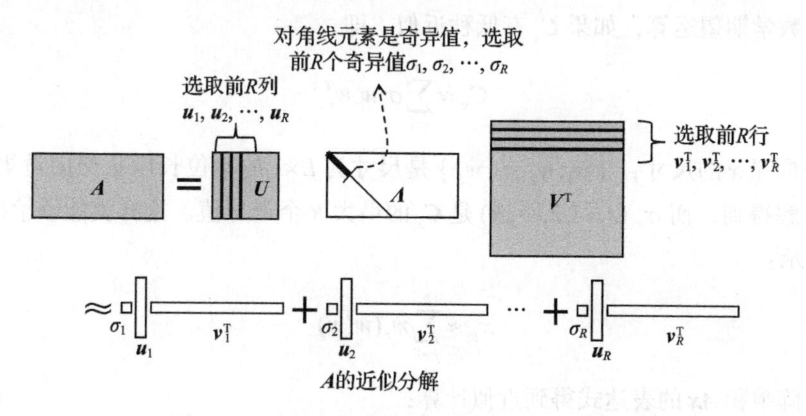


图6-11　基于奇异值分解计算矩阵的近似表示

利用上面 $\boldsymbol{A}$ 的近似表达式，可以看到矩阵乘法 $\boldsymbol{y}=\boldsymbol{A}\boldsymbol{x}$ 可以改写成下面的形式：

$$\boldsymbol{A}\boldsymbol{x}\approx\sum_{r=1}^{R}(\sigma_r\boldsymbol{u}_r)(\boldsymbol{v}_r^{\mathrm{T}}\boldsymbol{x}) \tag{6-30}$$

计算过程参见算法6-3。

**算法 6-3　基于矩阵低秩分解近似的快速乘法**

步骤 1：对矩阵$\boldsymbol{A}$进行奇异值分解，得到近似表达式$\boldsymbol{A} \approx \sum_{r=1}^{R} \sigma_r \boldsymbol{u}_r \boldsymbol{v}_r^{\mathrm{T}}$，预先计算其中的$\hat{\boldsymbol{u}}_r$，$\hat{\boldsymbol{u}}_r = \sigma_r \boldsymbol{u}_r$，$r = 1,2,\cdots,R$

步骤 2：对于$r = 1,2,\cdots,R$，计算$\hat{x}_r = \boldsymbol{v}_r^{\mathrm{T}} \boldsymbol{x}$

步骤 3：计算$\hat{x}_r \hat{\boldsymbol{u}}_r$，将相乘得到的向量相加得到$\boldsymbol{Ax}$的近似值

对$L$元素的向量$\boldsymbol{x}$，步骤 2 需要$L \times R$次乘法，步骤 3 需要$N \times R$次乘法（因为$\hat{x}_r$是标量，$\hat{\boldsymbol{u}}_r$是$N$元素的向量）。该方法适用于矩阵$\boldsymbol{A}$固定，而与之相乘的向量$\boldsymbol{x}$变化的情况，这种情况下，步骤 1 只需要执行一次，最后只需要反复执行步骤 2 和 3。以上运算流程对应的程序和代码清单 6-3 类似，这里不再重复。

### 6.6.2　基于数据统计相关性的近似矩阵乘法

6.6.1 节讨论的算法应用于常数矩阵$\boldsymbol{A}$和可变向量$\boldsymbol{x}$之间的乘法，通过对常数矩阵的低秩近似表示降低运算量。当参与运算的数据向量$\boldsymbol{x}$是尺寸为$L \times 1$的随机向量，并且元素之间有较强相关性时，也可以将低秩近似的思想作用在数据向量$\boldsymbol{x}$上以降低运算量，得到$\boldsymbol{Ax}$的近似解。类似的思想在机器学习的 PCA 降维中也有应用，读者可以对比 PCA 降维的原理来理解本节给出的方法。下面给出算法介绍。考虑随机向量$\boldsymbol{x}$的协方差矩阵：

$$\boldsymbol{C}_x = E\boldsymbol{x}\boldsymbol{x}^{\mathrm{T}} \tag{6-31}$$

其中$E$是求数学期望运算，如果$\boldsymbol{C}_x$有低秩近似，即

$$\boldsymbol{C}_x \approx \sum_{r=1}^{R} \sigma_r \boldsymbol{w}_r \boldsymbol{w}_r^{\mathrm{T}} \tag{6-32}$$

其中$R$小于向量$\boldsymbol{x}$的尺寸，$\{\boldsymbol{w}_1, \boldsymbol{w}_2, \cdots, \boldsymbol{w}_R\}$是尺寸为$L \times 1$的单位长度正交向量集，通过$\boldsymbol{C}_x$的奇异值分解得到，而$\sigma_r$ $(r = 1,2,\cdots,R)$是$\boldsymbol{C}_x$的最大$R$个奇异值。这样就能够给出随机向量$\boldsymbol{x}$的近似表示：

$$\boldsymbol{x}_R \approx \sum_{r=1}^{R} \boldsymbol{w}_r (\boldsymbol{w}_r^{\mathrm{T}} \boldsymbol{x}) \tag{6-33}$$

代入矩阵乘积$\boldsymbol{Ax}$的表达式得到近似计算：

$$\boldsymbol{Ax} \approx \sum_{r=1}^{R} \boldsymbol{a}_r (\boldsymbol{w}_r^{\mathrm{T}} \boldsymbol{x}) \tag{6-34}$$

其中：

$$\boldsymbol{a}_r = \boldsymbol{A}\boldsymbol{w}_r,\quad r = 1,2,\cdots,R \tag{6-35}$$

$\boldsymbol{a}_r$是尺寸为$N\times1$的向量，对于固定矩阵$\boldsymbol{A}$，可以预先计算$\boldsymbol{a}_r$并将其保存下来。当输入随机向量$\boldsymbol{x}$时，首先按下式计算$R$个标量$x_r$，即

$$x_r=\boldsymbol{w}_r^{\mathrm{T}}\boldsymbol{x}\ ,\quad r=1,2,\cdots,R \tag{6-36}$$

上述运算共需要$L\times R$次乘法。然后计算近似矩阵乘法：

$$\boldsymbol{A}\boldsymbol{x}\approx\sum_{r=1}^{R}\boldsymbol{a}_r x_r \tag{6-37}$$

这一运算需要$N\times R$次乘法运算，因此共有$(L+N)\times R$次乘法。相比之下，非近似计算需要$L\times N$次乘法。注意，在使用该方法前，需要对两个方案的乘法运算量进行对比，不合适的$R$取值反而可能增加乘法运算量。

算法6-4给出了具体流程。

**算法6-4　基于数据协方差低秩分解近似的快速乘法**

---

步骤1：计算输入随机向量$\boldsymbol{x}$的协方差矩阵$\boldsymbol{C}_x=E\boldsymbol{x}\boldsymbol{x}^{\mathrm{T}}$，并计算$\boldsymbol{C}_x$的$R$个最大特征值对应的特征向量$\{\boldsymbol{w}_1,\boldsymbol{w}_2,\cdots,\boldsymbol{w}_R\}$，它们能够对$\boldsymbol{C}_x$做低秩近似，如下所示。

$$\boldsymbol{C}_x\approx\sum_{r=1}^{R}\sigma_r\boldsymbol{w}_r\boldsymbol{w}_r^{\mathrm{T}}$$

步骤2：计算$\boldsymbol{a}_r=\boldsymbol{A}\boldsymbol{w}_r$，$r=1,2,\cdots,R$，保存$\boldsymbol{a}_r$的计算结果。

步骤3：给定待计算的向量$\boldsymbol{x}$，计算$x_r=\boldsymbol{w}_r^{\mathrm{T}}\boldsymbol{x}$，$r=1,2,\cdots,R$。

步骤4：计算$\boldsymbol{y}=\sum_{r=1}^{R}\boldsymbol{a}_r x_r$，它就是$\boldsymbol{A}\boldsymbol{x}$的近似值，即$\boldsymbol{y}\approx\boldsymbol{A}\boldsymbol{x}$。

---

其中步骤1和步骤2只需要执行一次，步骤1估计协方差矩阵使用的数据来自$\boldsymbol{x}$的训练数据集样本。步骤3和步骤4是该近似算法的应用，对每个输入$\boldsymbol{x}$计算近似矩阵乘法的结果$\boldsymbol{y}\approx\boldsymbol{A}\boldsymbol{x}$。

代码清单6-5给出的Python程序实现了上述算法流程。

**代码清单6-5　基于数据统计相关性的近似矩阵乘法**

```
## 近似矩阵乘法的数据准备
# 用于计算 y=Ax，利用 x 的统计相关特性近似
# 该函数计算近似运算所需要的向量集 {w1,w2,...} 和
# 矩阵 A 经预处理得到的向量集 {a1,a2,...}
#
# 输入：
#    A          常数矩阵
#    x_all      矩阵，每一列存放一个训练用的输入向量
#    R          表明 x 用 R 个相互正交的向量的线性表示近似
# 输出：
#    ar_all     矩阵，每列分别对应 {a1,a2,...aR}
```

```
#    wr_all  矩阵，每列分别对应 {w1,w2,...wR}
def calc_ar_wr(A,x_all,R):
    Cx=x.dot(x.T)
    e,w=np.linalg.eig(Cx)

    # 验证 x 的协方差矩阵是低秩矩阵
    if True:
        plt.plot(np.sort(e))
        plt.show()

    # 特征值分解，计算 x 的秩空间，w 是降维矩阵，w 的各列是单位长度正交向量
    idx=np.argsort(e)[-R:]

    wr_all=w[:,idx]
    ar_all=A.dot(wr_all)

    return ar_all,wr_all

## 计算近似矩阵乘法，使用预先计算并保存的 ar_all={a1,a2,...,aR}
# 和 wr_all={w1,w2,...,wR}
# 输出 y=Ax 的近似计算结果
def mat_mul_approx(ar_all,wr_all,x):
    return ar_all.dot(wr_all.T.dot(x))

        ......
        ......

# 以下是矩阵近似乘法的应用例子

# 基于训练数据 x_all 计算近似矩阵乘法需要的数据
# 数据 x_all 是矩阵，每一列对应一个 L 行的数据样本
# A 是用于计算的（常数）矩阵，R 表示数据 x 按 R 维近似
ar_all,wr_all=calc_ar_wr(A,x_all,R)
# 对输入 x 计算近似矩阵乘法 y=Ax
y_ap=mat_mul_approx(ar_all,wr_all,x) # y_ap 是 y=Ax 的近似计算结果
```

程序倒数第三行通过调用函数 `cal_ar_wr` 实现前面给出的算法流程的第 1 和第 2 步，通过存放于 `x_all` 的训练数据，计算得到 $\{\boldsymbol{a}_1,\boldsymbol{a}_2,\cdots,\boldsymbol{a}_R\}$ 和 $\{\boldsymbol{w}_1,\boldsymbol{w}_2,\cdots,\boldsymbol{w}_R\}$，分别以矩阵 `ar_all` 和 `wr_all` 存放（矩阵的每列对应计算出来的向量），而最后一行调用函数 `mat_mul_approx`，基于预先准备好的数据 $\{\boldsymbol{a}_1,\boldsymbol{a}_2,\cdots,\boldsymbol{a}_R\}$ 和 $\{\boldsymbol{w}_1,\boldsymbol{w}_2,\cdots,\boldsymbol{w}_R\}$ 计算输入新的数据向量 $\boldsymbol{x}$ 的近似矩阵乘积，本例中把计算结果存储于 `y_ap`。

### 6.6.3 基于向量量化的近似矩阵乘法

向量量化是根据矩阵中各个行的相似性对原矩阵近似表示的方法。一个 $N\times L$ 的矩阵 $\boldsymbol{A}$ 的所有行向量可以看成 $N$ 个向量构成集合，记作 $\{\boldsymbol{a}_1,\boldsymbol{a}_2,\cdots,\boldsymbol{a}_N\}$，每个向量 $\boldsymbol{a}_N$ 的尺寸是 $1\times L$。我们可以考虑用 $K$ 个向量来近似表示这 $N$ 个向量，即寻找 $K$ 个向量 $\{\boldsymbol{c}_1,\boldsymbol{c}_2,\cdots,\boldsymbol{c}_K\}$，对原始矩阵 $\boldsymbol{A}$ 的每一行 $\boldsymbol{a}_n$，用 $\{\boldsymbol{c}_1,\boldsymbol{c}_2,\cdots,\boldsymbol{c}_K\}$ 中最接近的一个向量替代，这样得到的新矩阵 $\boldsymbol{C}$

可以看作 $\boldsymbol{A}$ 的近似表示。我们选择 $K<N$，于是构成 $\boldsymbol{C}$ 的行向量类型少于原先的矩阵 $\boldsymbol{A}$，如图 6-12 所示。

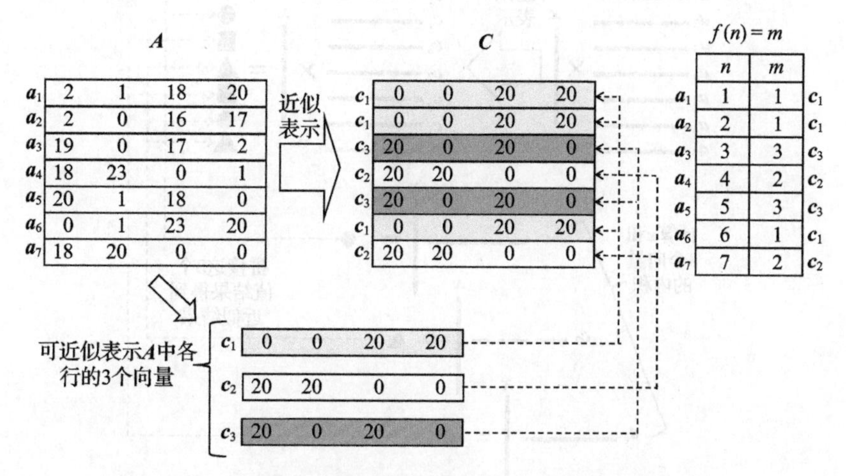


图 6-12　通过对行向量计算向量量化实现对矩阵的近似表示

计算矩阵和向量的乘法 $\boldsymbol{y}=\boldsymbol{A}\boldsymbol{x}$ 可以近似成：

$$\boldsymbol{y}\approx\boldsymbol{C}\boldsymbol{x} \tag{6-38}$$

将 $\boldsymbol{A}$ 的每一行 $\boldsymbol{a}_n$ 和 $\{\boldsymbol{c}_1,\boldsymbol{c}_2,\cdots,\boldsymbol{c}_K\}$ 元素对应关系记作下标映射函数 $f(n)$。函数的值 $f(n)=m$ 表示 $\boldsymbol{A}$ 中的第 $n$ 行对应的行向量 $\boldsymbol{a}_n$ 被 $\boldsymbol{c}_m$ 取代，构成近似矩阵 $\boldsymbol{C}$。比如图 6-12 中的例子对应 $f(1)=1$，$f(2)=1$，$f(3)=3$，$f(4)=2$，$f(5)=3$，$f(6)=1$，$f(7)=2$。

根据矩阵乘法定义，可以看到：

$$\boldsymbol{y}=\boldsymbol{A}\boldsymbol{x}=\sum_{n=1}^{N}\boldsymbol{a}_n\boldsymbol{x}\approx\sum_{n=1}^{N}\boldsymbol{c}_{f(n)}\boldsymbol{x} \tag{6-39}$$

由于 $\boldsymbol{c}_{f(n)}$ 共有 $K$ 种取值，$\boldsymbol{c}_{f(n)}\boldsymbol{x}$ 实际上也只有 $K$ 种取值：$\{\boldsymbol{c}_1\boldsymbol{x},\boldsymbol{c}_2\boldsymbol{x},\cdots,\boldsymbol{c}_K\boldsymbol{x}\}$。于是我们计算上面的 $\sum_{n=1}^{N}\boldsymbol{c}_{f(n)}\boldsymbol{x}$ 时，只需要从预先计算的 $K$ 个乘积 $\{\boldsymbol{c}_1\boldsymbol{x},\boldsymbol{c}_2\boldsymbol{x},\cdots,\boldsymbol{c}_K\boldsymbol{x}\}$（注意 $\boldsymbol{c}_K\boldsymbol{x}$ 是标量）中挑选出对应元素即可。乘法运算量从原先的 $N\times L$ 下降为 $K\times L$。

计算步骤在图 6-13 中给出。

我们通过一个由 7 行的矩阵 $\boldsymbol{A}$ 和向量 $\boldsymbol{x}$ 的乘积为例说明具体运算步骤，首先将矩阵 $\boldsymbol{A}$ 用近似矩阵 $\boldsymbol{C}$ 表示，其中 $\boldsymbol{C}$ 的行只有 3 种可能的取值（$K=3$）向量 $\{\boldsymbol{c}_1,\boldsymbol{c}_2,\boldsymbol{c}_3\}$。接着我们分别计算 3 个向量内积 $\{\boldsymbol{c}_1\boldsymbol{x},\boldsymbol{c}_2\boldsymbol{x},\boldsymbol{c}_3\boldsymbol{x}\}$（图 6-13 的下方），最后将这 3 个计算结果排列成 7 维的列向量，构成 $\boldsymbol{C}\boldsymbol{x}$ 的计算结果，也就是 $\boldsymbol{y}=\boldsymbol{A}\boldsymbol{x}$ 的近似解。

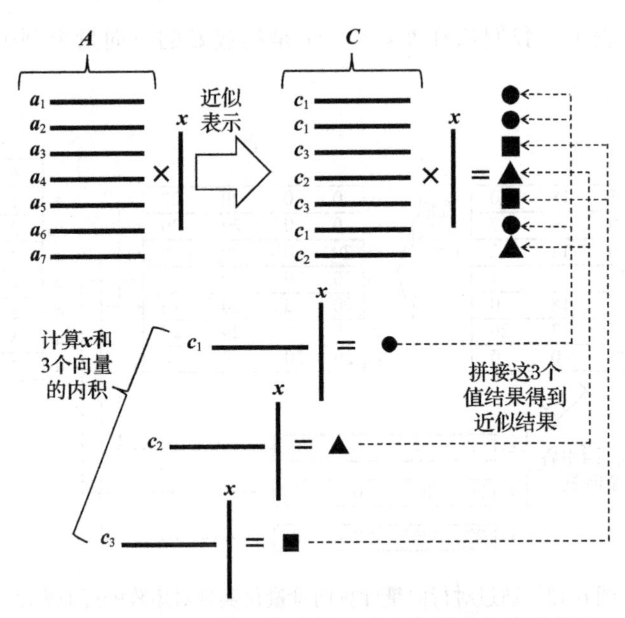


图 6-13 用向量量化近似计算矩阵和向量乘积的示意图

前面的讨论内容缺少一个关键部分，就是如何得到$K$个$L$维向量集合$\{\boldsymbol{c}_1,\boldsymbol{c}_2,\cdots,\boldsymbol{c}_K\}$。这$K$个$L$维向量需要满足的条件是在给定$K$的条件下，它们够构成的矩阵$\boldsymbol{C}$和$\boldsymbol{A}$尽可能接近，即

$$\{\boldsymbol{c}_1,\boldsymbol{c}_2,\cdots,\boldsymbol{c}_K\},f=\underset{\{\boldsymbol{c}_1,\boldsymbol{c}_2,\cdots,\boldsymbol{c}_K\},f}{\operatorname{argmin}}\|\boldsymbol{A}-\boldsymbol{C}\|_2^2 \tag{6-40}$$

寻找上面的向量集合$\{\boldsymbol{c}_1,\boldsymbol{c}_2,\cdots,\boldsymbol{c}_K\}$的过程就是对原始的向量集合$\{\boldsymbol{a}_1,\boldsymbol{a}_2,\cdots,\boldsymbol{a}_N\}$进行向量量化的过程。在软件实现上，我们可以使用现成的聚类算法实现。下面给出使用 Python 下 Scikit-Learn 软件包中的聚类 API 实现上述近似矩阵运算的代码。首先给出向量量化程序，参见代码清单 6-6。

**代码清单 6-6 基于 K-means 聚类算法的向量量化程序**

```
import numpy as np

# 聚类（向量量化）
from sklearn.cluster import KMeans
def vq(v,K):
    cs=KMeans(n_clusters=K)
    cs.fit(v)
    return cs.cluster_centers_, cs.labels_
```

上面的代码中，函数 `vq(v,K)` 实现向量量化，它的输入是$N$个向量以及待寻找的$K$个向量量化结果，这个函数直接调用 K-means 聚类，实现向量搜索过程，该函数返回搜索得到的$K$个向量，以及原先$N$个向量和这$K$个向量的对应关系（即前面提到的映射函数

$f(n)$)。代码清单 6-7 是利用向量量化计算近似矩阵乘积的代码。

**代码清单 6-7 基于向量量化的矩阵近似乘法**

```
## 生成测试数据
N=200              # 矩阵行数
L=2                # 矩阵列数
K=20               # 向量量化码本尺寸

# 待向量量化矩阵(生成随机矩阵)
A=np.random.randn(N,L)

# 从矩阵中分离出 L 个行向量构成集合
vec=[A[n,:].ravel() for n in range(N)]

# N 个行向量聚类,得到 K 个聚类中心(作为这 N 个行向量的向量量化中心)
vec_cent,vec_idx=vq(vec,K)

# L×1 测试向量
x=np.random.randn(L,1)

# 计算 x 和 K 个向量量化中心的内积
x_vec_cent=[np.sum(x.ravel()*vec_cent[k]) for k in range(K)]
y_hat=np.array([x_vec_cent[vec_idx[n]] for n in range(N)])

# 精确矩阵乘法
y=np.dot(A,x).ravel()

# 计算误差
err=y-y_hat
SNR=10*np.log10(np.sum(y**2)/np.sum(err**2))
```

上面的代码首先随机生成一个 $N\times L$ 的矩阵 $\boldsymbol{A}$ 和 $N$ 维向量 $\boldsymbol{x}$，然后调用之前给的函数 `vq(vec,K)` 搜寻 $\boldsymbol{A}$ 的各行构成的向量集合的向量量化结果 `vec_cent` 和 `vec_idx`。其中 `vec_cent` 存放之前提到的 $K$ 个 $L$ 维向量集合 $\{\boldsymbol{c}_1,\boldsymbol{c}_2,\cdots,\boldsymbol{c}_K\}$，而 `vec_idx` 的第 $n$ 个元素存放 $f(n)$，即矩阵 $\boldsymbol{A}$ 中的第 $n$ 行 $\boldsymbol{a}_n$ 对应的向量量化结果 $\boldsymbol{c}_m$ 的下标 $m$。随后计算 $\{\boldsymbol{c}_1\boldsymbol{x},\boldsymbol{c}_2\boldsymbol{x},\cdots,\boldsymbol{c}_K\boldsymbol{x}\}$，计算结果存放于 `x_vec_cent`，最后利用 `vec_idx` 从 `x_vec_cent` 中挑选出元素，构成矩阵近似乘法的结果 `y`。程序最后额外计算了近似计算结果和精确矩阵乘法结果 `y_ref` 的误差，并计算用精确结果对应的向量元素平方和误差向量的元素平方和的比值得到信噪比。

图 6-14 所示是使用上述代码运行得到的向量 `y` 和参考答案的比较：

利用向量量化得到的矩阵乘法结果和真实答案存在一定差异，误差带来的信噪比为 12.04dB。使用这一近似算法，矩阵乘法运算量由 $N\times L$ 下降为 $K\times L$，在上面的例程中，$K$:$N$=1:10，即运算量是原先的 1/10。

上述矩阵向量量化和矩阵的低秩近似有一定的联系，这可以通过把图 6-13 给的例子写成图 6-15 所示的形式看出来。

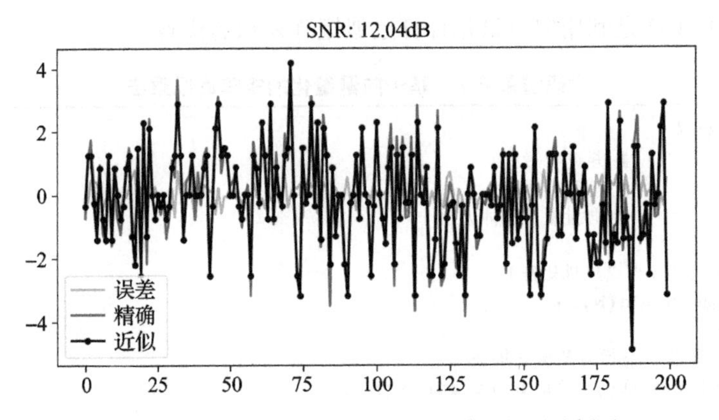


图 6-14 基于向量量化的近似矩阵乘法的测试例子

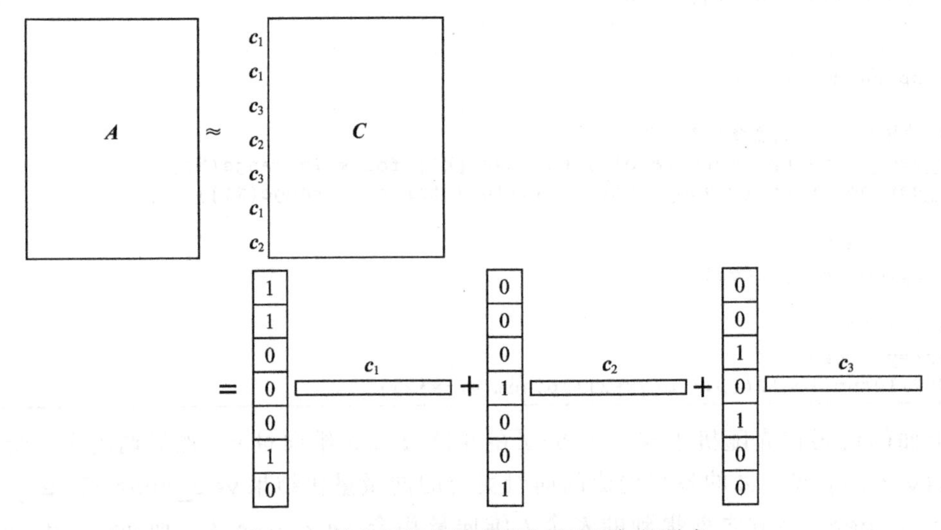


图 6-15 将向量量化写成矩阵低秩近似的形式

从图 6-15 可见向量量化可以看成将矩阵 $\boldsymbol{A}$ 用秩为 3 的低秩矩阵 $\boldsymbol{C}$ 近似，并且将其表示为 3 个向量积之和。对比图 6-11 可以看到它和基于 SVD 的低秩矩阵近似算法相似，但把图 6-11 中的 $\sigma_r \boldsymbol{u}_r$ 改成元素取值限定为 $\{0,1\}$ 的向量，进一步降低了乘法数量，但代价是可能增加近似带来的误差。

之前讨论的矩阵的向量量化算法例程中使用聚类算法，读者也可以尝试替换成其他向量量化算法。但现有不少向量量化算法（比如使用聚类算法）对于维度很高的向量处理困难，这发生在被量化的矩阵 $\boldsymbol{A}$ 的列数很大的时候。为了解决量化问题，降低量化误差，可以在之前算法的基础上进一步扩展，使之应用到 $L$ 较大时的情况。算法扩展的基本思想是对矩阵 $\boldsymbol{A}$ 分块，即按列分成子矩阵：

$$\boldsymbol{A} = [\ \boldsymbol{A}_1 \quad \boldsymbol{A}_2 \quad \cdots \quad \boldsymbol{A}_P\ ] \tag{6-41}$$

每个子矩阵 $\boldsymbol{A}_p(p=1,2,\cdots,P)$ 的尺寸为 $N\times L_p$。我们按每个子矩阵的列数 $L_p$ 对相乘的向量 $\boldsymbol{x}$ 分段：

$$\boldsymbol{x}=\begin{bmatrix}\boldsymbol{x}_1\\\boldsymbol{x}_2\\\vdots\\\boldsymbol{x}_P\end{bmatrix} \tag{6-42}$$

其中每一段 $\boldsymbol{X}_p(p=1,2,\cdots,P)$ 的尺寸为 $L_p\times 1$。于是矩阵乘法可以分解为下面子矩阵乘法的和，即

$$\boldsymbol{A}\boldsymbol{x}=\sum_{p=1}^{P}\boldsymbol{A}_p\boldsymbol{x}_p \tag{6-43}$$

如图 6-16 所示，对于每个子矩阵乘法 $\boldsymbol{A}_p\boldsymbol{x}_p$，我们使用之前提到的算法进行向量量化，并计算近似的乘积结果。如果矩阵 $\boldsymbol{A}_p$ 的各行向量量化后可以用 $K_p$ 个量化向量表示，那基于这一方法的乘法运算量为 $\sum_{p=1}^{P}K_p\,L_p$，注意原始方案的乘法运算量是 $N\times L$。

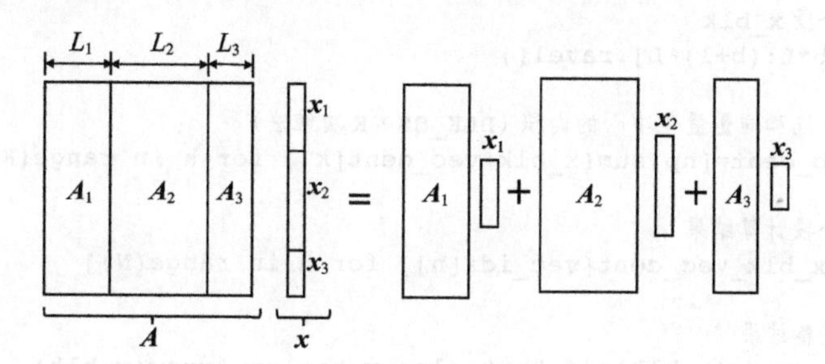

图 6-16　通过矩阵分块，将大矩阵乘法拆分成若干小矩阵乘法

下面的一个例子给出尺寸为 200×10 的矩阵 $\boldsymbol{A}$ 和 $\boldsymbol{x}$ 的近似乘积计算。算法将矩阵 $\boldsymbol{A}$ 按每 2 列一块分成 5 个子矩阵，然后每个子矩阵用之前讨论的量化方法进行近似计算，代码清单 6-8 是它的 Python 代码实现。

**代码清单 6-8　基于分段向量量化的矩阵近似乘法**

```
# 基于向量量化的分块矩阵乘法

N=200   # 矩阵行数
L=2     # 子矩阵列数
K=20    # 子矩阵向量量化码本尺寸
P=5     # 子矩阵分块数

# 待向量量化矩阵（生成随机矩阵）
A=np.random.randn(N,L*P)
```

```
# 分段向量量化
A_vq=[] # 存放分段向量量化信息
for b in range(P):
    # 从矩阵A选出第b段
    A_blk=A[:,b*L:(b+1)*L]

    # 提取其中的各个行向量
    vec=[A_blk[n,:].ravel() for n in range(N)]

    # 向量量化，结果保存在A_vq
    A_vq.append(vq(vec,K))


# L×1测试向量
x=np.random.randn(L*P,1)

# 基于分段向量量化计算矩阵乘法
# 需要P×L×K次乘法
y_hat=None  # 存放结果
for b in range(P):
    # 提取第b段矩阵向量量化的量化中心和向量编号
    vec_cent,vec_idx=A_vq[b]

    # 提取x分段x_blk
    x_blk=x[b*L:(b+1)*L].ravel()

    # 计算x分段和向量量化中心的内积(BLK_SZ×K次乘法)
    x_blk_vec_cent=[np.sum(x_blk*vec_cent[k]) for k in range(K)]

    # 构成y分段计算结果
    y_blk =[x_blk_vec_cent[vec_idx[n]] for n in range(N)]

    # 拼接到完整结果
    y_hat=np.array(y_blk) if b==0 else y_hat+np.array(y_blk)


# 精确结果
# 需要P×L×N次乘法
y=np.dot(A,x).ravel()

# 计算误差
err=y-y_hat
SNR=10*np.log10(np.sum(y**2)/np.sum(err**2))
```

运行上述代码得到的运算结果和全精度计算结果比较情况如图6-17所示。

利用向量量化得到的运算结果和精确计算结果接近，运算误差对应的信噪比有大约为12.0dB。其中信噪比与测试数据以及矩阵内部元素参数有关，这里只是针对特定的仿真给出的结论。

从整个流程上看，上面的近似算法需要增加额外的运算时间将矩阵 $\boldsymbol{A}$ 的各个行向量进行向量量化，并写成它的近似形式 $\boldsymbol{C}$，但当这一方法应用在矩阵 $\boldsymbol{A}$ 不变而数据 $\boldsymbol{x}$ 经常更换的情况下，矩阵 $\boldsymbol{A}$ 的向量量化表示可以预先计算出来，因此矩阵 $\boldsymbol{A}$ 向量量化的运算量不被记入后续和不同的数据 $\boldsymbol{x}$ 相乘的运算量中。

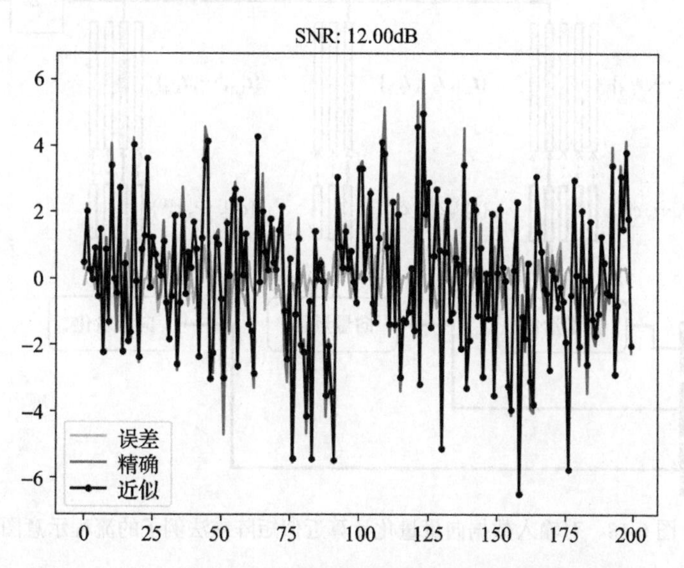


图 6-17　基于分块矩阵向量量化的近似矩阵乘法的测试例子

上面提到的向量量化也可以作用在输入数据而不是给定矩阵上，使用和 6.6.2 节类似的思想，分析输入数据 $\boldsymbol{x}$ 的统计规律，找到降低运算量的方案。我们考虑按图 6-16 的形式分块计算矩阵乘积：$\boldsymbol{A}\boldsymbol{x}=\sum_{p=1}^{P}\boldsymbol{A}_p\boldsymbol{x}_p$，其中 $\boldsymbol{A}_p$ 固定而输入数据 $\boldsymbol{x}_p$ 是变化的。我们使用与之前不同的向量量化方案，即将向量量化作用在输入数据 $\boldsymbol{x}$ 的每个分段 $\boldsymbol{x}_p$ 上，而不是分块矩阵 $\boldsymbol{A}_p$ 上。我们事先统计输入数据 $\boldsymbol{x}$ 的每个分段 $\boldsymbol{x}_p$ 的分布，找出该分段的 $K_p$ 个向量量化中心 $\left\{\boldsymbol{c}_p^{(1)},\boldsymbol{c}_p^{(2)},\cdots,\boldsymbol{c}_p^{(K_p)}\right\}$（比如可以使用 K-Means 算法获得），然后计算并保存每个量化中心 $\boldsymbol{c}_p^{(k)}$ 和对应矩阵分块 $\boldsymbol{A}_p$ 的乘积：$\boldsymbol{t}_{p,k}=\boldsymbol{A}_p\boldsymbol{c}_p^{(k)}$。对新的输入数据 $\boldsymbol{x}$，一旦得到它的每一段 $\boldsymbol{x}_p$ 所对应的向量量化结果 $\boldsymbol{c}_p^{(k)}$，就可以提取事先存储的 $\boldsymbol{t}_{p,k}$，相加得到近似矩阵乘法结果。这一近似过程从下面的公式中可以看出：

$$\boldsymbol{A}\boldsymbol{x}=\sum_{p=1}^{P}\boldsymbol{A}_p\boldsymbol{x}_p\approx\sum_{p=1}^{P}\boldsymbol{A}_p\boldsymbol{c}_p^{(k)}=\sum_{p=1}^{P}\boldsymbol{t}_{p,k} \tag{6-44}$$

上面的运算中，计算 $\sum_{p=1}^{P}\boldsymbol{t}_{p,k}$ 不需要乘法运算，但从 $\boldsymbol{x}_p$ 得到向量量化结果 $\boldsymbol{c}_p^{(k)}$ 需要额外的运算。比如我们使用欧氏距离计算向量量化，对每个 $\boldsymbol{x}_p$ 计算它和 $\boldsymbol{K}_p$ 个向量量化中心 $\left\{\boldsymbol{c}_p^{(1)},\boldsymbol{c}_p^{(2)},\cdots,\boldsymbol{c}_p^{(K_p)}\right\}$ 的距离并挑选距离最小的那个向量 $\boldsymbol{c}_p^{(k)}$ 作为量化结果。

图 6-18 中给出了基于上述方案计算近似矩阵乘法的例子。

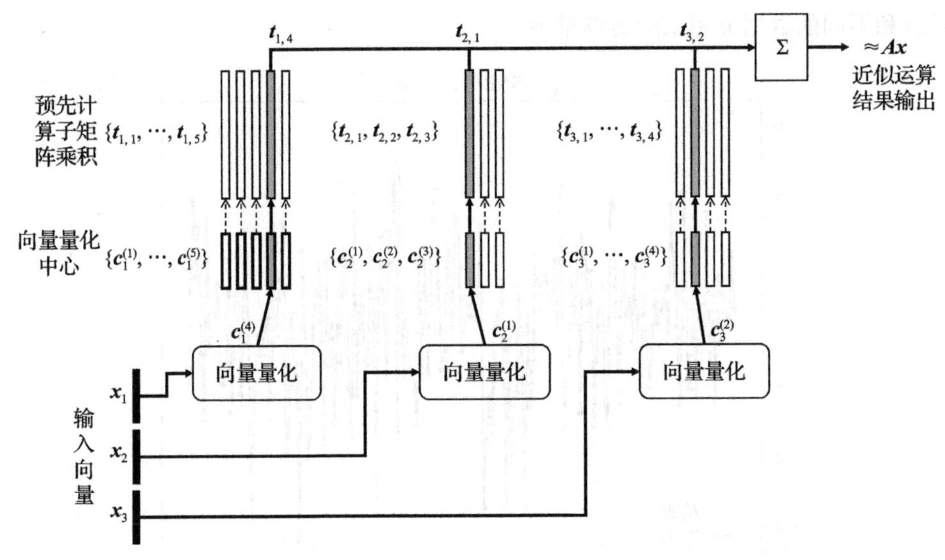


图 6-18　对输入数据向量量化计算近似矩阵乘法例子的流程示意图

对于上面介绍的方法，使用欧氏距离计算向量量化时，计算近似矩阵乘法需要的乘法运算总量是$\sum_{p=1}^{P} K_p L_p$。对乘法运算量的进一步优化可以通过设计更简单的向量量化方法，比如使用类似决策树的形式得到量化结果。关于这一方法的理论基础以及进一步优化实现方法，读者可以参考文献 [5-6] 中的内容。

## 6.7　小结

矩阵乘法运算在机器学习中使用非常广泛，是主要的运算之一。本章讨论了几种快速乘法技术，包括 Strassen 矩阵相乘算法、Winograd 矩阵相乘运算、低秩矩阵乘法、循环矩阵乘法以及几种近似矩阵乘法。前两种作用于两个矩阵相乘，而后面几种作用于矩阵和向量相乘。需要注意的是后几种方法在执行矩阵乘法前需要对矩阵进行预处理，它们适用于乘法过程中矩阵固定，而相乘的向量不断变化的情况，这种情况下对矩阵的预处理只要计算一次。相比传统矩阵乘法的程序，本章所给出的算法往往需要复杂的软件控制流程和非规则的内存访问，为了能够真正提升运算效率，需要读者结合处理器内存访问特点及硬件特性联合优化。另外，考虑代码的简洁性，本章讨论近似算法时所给的例程基于 Python 实现，它们的结构分为两部分：近似运算的数据预处理和根据输入数据计算近似结果。在实际应用时，第二部分的计算需要改写成 C 语言程序以提高运行效率。

# 参考文献

[1] Alman J & Williams V V. A Refined Laser Method and Faster Matrix Multiplication[J].Proceedings of the 2021 ACM-SIAM Symposium on Discrete Algorithms, 2021.

[2] STRASSEN V. Gaussian elimination is not optimal[J]. Numerische Mathematik 1969, 13: 354-356.

[3] WINOGRAD S. On the number of multiplications necessary to compute certain functions[J]. Communications on Pure and Applied Mathematics, 1970,23:165-179.

[4] COPPERSMITH D, WINOGRAD S. Matrix multiplication via arithmetic progressions[J]. Proceedings of the nineteenth annual ACM symposium on Theory of computing, 1987.

[5] JEGOU H, MATTHIJS D, CORDELIA S. Product quantization for nearest neighbor search[J]. IEEE Transactions on Pattern Analysis and Machine Intelligence, 2011,33(1):117-128.

[6] BLALOCK D, GUTTAG J. Multiplying Matrices Without Multiplying[C]. International Conference on Maehine Learning(ICML), 2021.

# 第 7 章
# 神经网络的实现与优化

在机器学习算法中，神经网络有着重要的地位。研究者很早就关注基于神经网络的机器学习算法潜力，但在很长一段时间内，受限于计算机算力，它的能力都没有得到体现。随着 GPU 架构的兴起，之前需要几周时间才能完成训练的神经网络能够在几个小时内完成训练，这使得大规模深层神经网络架构的训练成为可能，并且使得研究者能够探索各种复杂的神经网络架构。

在本章，我们会讨论神经网络在嵌入式系统中的实现与优化。一般基于神经网络的机器学习技术往往包括两个概念：训练和推理。其中训练指利用训练数据搜索合适的神经网络参数，它一般使用基于反向梯度传播的优化算法。推理是指基于训练完成的神经网络，对新输入的数据计算得到输出的过程。本书的重点在于推理部分，即在嵌入式环境下，运行训练好的神经网络，从网络输入数据计算得到输出。我们会简要讨论神经网络的结构和训练优化，但构建及训练神经网络不是本章重点。

在嵌入式系统中实现神经网络推理运算有多种优化手段，大致分为以下几类：

1）二进制数运算优化——基于数值的二进制表示形式的特点降低运算量，包括常系数乘法优化、定点数运算优化等。其中量化数的运算以及常系数优化算法可以参考第 4 章。

2）神经网络算法模块的优化——针对神经网络的卷积层、全连接层等神经网络运算模块进行优化，在不影响运算结果的前提下，改变运算执行的方式，比如用 FFT 实现卷积运算或者用 Strassen 算法进行矩阵乘法等。对应的优化方法参见第 5 章和第 6 章。

3）网络参数优化——通过改变网络参数的数量或者网络参数的表示位宽，使得神经网络能够在嵌入式系统中高效地运算，所采用的方法包括参数的稀疏化、定点化、仿射映射量化等。

4）网络架构优化——通过裁剪神经网络的结构来降低运算量，通常结构改变会降低其性能，这一优化是在神经网络性能和运算效率上的平衡。

前两类优化手段在之前的章节中已经讨论过，读者可以参考相应章节的内容。本章讨论的内容侧重“网络参数优化”和“网络架构优化”。我们通过一些神经网络的例子来说明优化的具体实施方案。所给的例子主要集中在图像识别领域，但它们也能用于其他应用领域。

## 7.1　神经网络基本运算及软件实现

针对不同应用目标有各种神经网络架构，这些架构所涉及的基本运算有相似之处。神经网络可以看成多种类别的“运算层”连接构成的网络，主要的运算层类别包括卷积层、BN 层、池化层、全连接层、激活层等。图 7-1 是某一神经网络结构的一部分，从中可以看到上面提到的各种运算层。

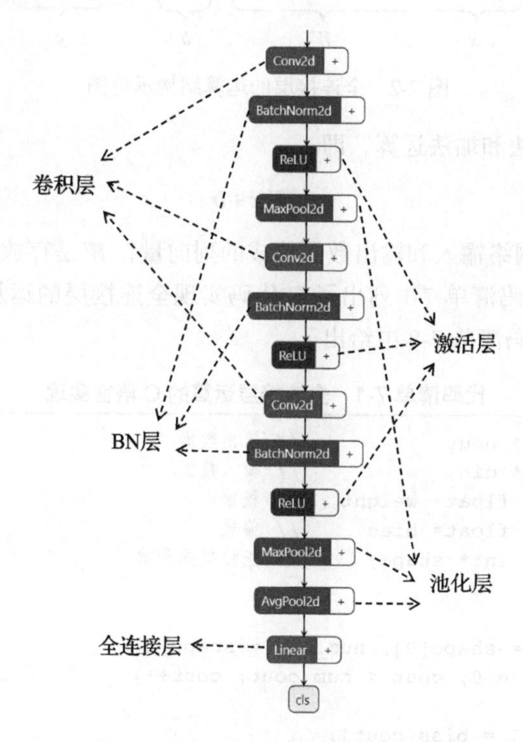


图 7-1　某一神经网络的部分结构

大多数神经网络可以用上述运算层的不同组合和不同连接构成。在图 7-1 中运算被简单地排成直线顺序进行，对于复杂网络，运算图呈现网状。下面分别介绍神经网络所使用的这些运算层及其软件实现。我们在第 3 章对神经网络做过初步介绍，这一节的内容侧重神经网络运算层的嵌入式软件实现，讨论如何从 Python 训练得到的网络数据结构中提取参数并构建 C 语言代码实现运算。

### 7.1.1　全连接层运算

神经网络的全连接层的示意图如图 7-2 所示。

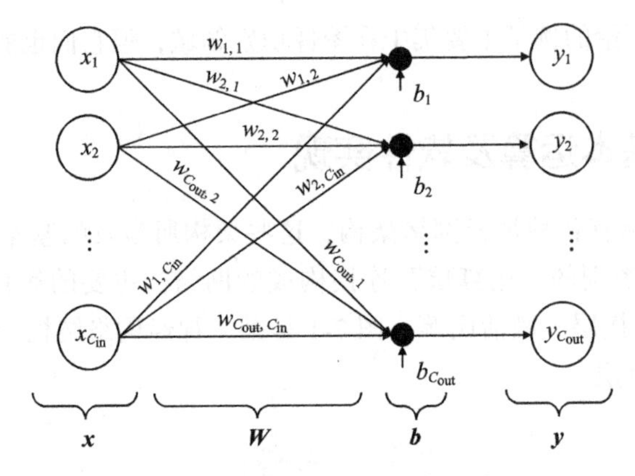


图 7-2　全连接层的运算结构示意图

它对应的是矩阵乘法和加法运算，即

$$\boldsymbol{y}=\boldsymbol{W}\boldsymbol{x}+\boldsymbol{b} \tag{7-1}$$

其中 $\boldsymbol{x}$ 和 $\boldsymbol{y}$ 分别是神经网络输入和输出数据构成的列向量，$\boldsymbol{W}$ 是存放连接权重的矩阵，而 $\boldsymbol{b}$ 是存放偏置的向量。代码清单 7-1 列出了 C 代码实现全连接层的运算，代码中用到的权重矩阵和偏置数据将在代码清单 7-8 中给出。

**代码清单 7-1　全连接层运算的 C 语言实现**

```
void fc_f32(float* dout,              // 输出数据
            float* din,               // 输入数据
            const float* weight,      // 权重
            const float* bias,        // 偏置
            const int* shape)         // 权重矩阵形状
{
    // 数据尺寸
    int num_cout = shape[0], num_cin = shape[1];
    for (int cout = 0; cout < num_cout; cout++)
    {
        dout[cout] = bias[cout];
        for (int cin = 0; cin < num_cin; cin++)
            dout[cout] += weight[cout * num_cin + cin] * din[cin];
    }
}
```

代码中指针 `din` 对应图 7-2 中的输入数据 $\boldsymbol{x}$，`dout` 对应输出数据 $\boldsymbol{y}$，`weight` 对应权重矩阵 $\boldsymbol{W}$，`bias` 对应偏置数据 $\boldsymbol{b}$。注意，权重数据 $\boldsymbol{W}$ 虽然是矩阵，但在 C 代码里以一维线性数组的形式访问。上述代码有很多可以优化的地方，首先可以看到访问 `weight` 内部数据时用乘法计算数组下标：

```
weight[cout * num_cin + cin]:
```

这一乘法可以优化消除，如代码清单 7-2 所示。

**代码清单 7-2　消除下标计算乘法的全连接层运算的 C 语言实现**

```
void fc_f32(float* dout,           // 输出数据
            float* din,            // 输入数据
            const float* weight,   // 卷积核
            const float* bias,     // 偏置
            const int* shape)      // 卷积核形状
{
    // 数据尺寸
    int num_cout = shape[0], num_cin = shape[1];

    const float* w = weight;
    const float* d;

    for (int cout = 0; cout < num_cout; cout++)
    {
        dout[cout] = bias[cout];
        d = din;
        for (int cin = 0; cin < num_cin; cin++, w++, d++)
            if (*w) dout[cout] += (*w) * (*d);
    }
}
```

代码清单 7-2 还有进一步优化余地，比如通过 SIMD 结合 Cache 访问模型提高运行效率。此外全连接层对应的矩阵运算还可以使用第 6 章讨论的矩阵乘法优化算法和第 4 章讨论的常系数乘法运算优化。这些优化手段在相应的章节已经介绍，希望读者自己尝试对上述代码进行进一步的改造，我们在这里不再详细介绍。

## 7.1.2　卷积层运算

### 1. 运算结构

神经网络在图像处理邻域得到广泛应用，其中主要的运算是二维卷积运算。卷积层的运算输入数据由 $C_{\text{in}}$ 个矩阵构成，矩阵尺寸为 $H_{\text{in}} \times W_{\text{in}}$，我们一般称它为 $C_{\text{in}}$ 个通道的输入特征图 $\left\{\boldsymbol{X}_1,\boldsymbol{X}_2,\cdots,\boldsymbol{X}_{C_{\text{in}}}\right\}$；卷积输出是 $C_{\text{out}}$ 个 $H_{\text{out}} \times W_{\text{out}}$ 的矩阵 $\left\{\boldsymbol{Y}_1,\boldsymbol{Y}_2,\cdots,\boldsymbol{Y}_{C_{out}}\right\}$；卷积核共有 $C_{\text{out}}$ 组，每组卷积核包括了 $C_{\text{in}}$ 个尺寸为 $H_{\text{ker}} \times W_{\text{ker}}$ 的矩阵，共 $C_{\text{in}} \times C_{\text{out}}$ 个，记作 $\left\{\boldsymbol{K}_{1,1},\boldsymbol{K}_{1,2},\cdots,\boldsymbol{K}_{1,C_{\text{in}}},\boldsymbol{K}_{2,1},\boldsymbol{K}_{2,2},\cdots,\boldsymbol{K}_{2,C_{\text{in}}},\cdots\cdots,\boldsymbol{K}_{C_{\text{out}},1},\boldsymbol{K}_{C_{\text{out}},2},\cdots,\boldsymbol{K}_{C_{\text{out}},C_{\text{in}}}\right\}$，如图 7-3 所示。

一般神经网络的卷积层运算除了包含了卷积运算外，还在运算结果上加上偏置，即 $C_{\text{out}}$ 个输出 $H_{\text{out}} \times W_{\text{out}}$ 矩阵的每一个还分别加上一个偏置，共 $C_{\text{out}}$ 个偏置量 $\left\{b_1,b_2,\cdots,b_{C_{\text{out}}}\right\}$，在图 7-3 中没有单独画出偏置量。

卷积过程如下：对 $C_{\text{out}}$ 组卷积核中的每一组，将其中每个 $H_{\text{ker}} \times W_{\text{ker}}$ 矩阵和输入数据中对应的 $H_{\text{in}} \times W_{\text{in}}$ 特征图矩阵卷积，每组卷积核计算得到 $C_{\text{in}}$ 个矩阵相加得到输出矩阵，共输出 $C_{\text{out}}$ 个矩阵。用公式表示为

$$\boldsymbol{Y}_n = b_n + \sum_{m=1}^{C_{\text{in}}} \boldsymbol{X}_m * \boldsymbol{K}_{n,m} \qquad n = 1,2,\cdots,C_{\text{out}} \tag{7-2}$$

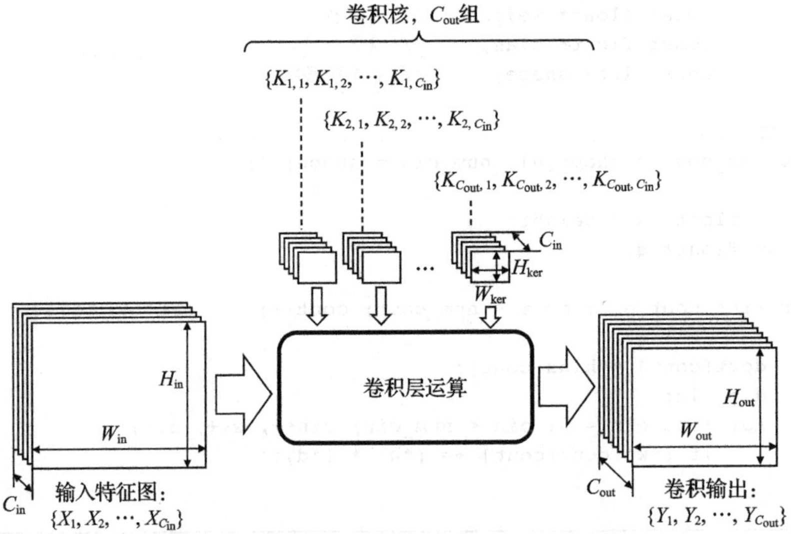

图 7-3　卷积层的运算结构示意图

式（7-2）中符号 * 表示二维卷积，偏置项 $b_n$ 是标量，它被加到卷积运算中间结果 $\sum_{m=1}^{C_{\text{in}}} \boldsymbol{X}_m * \boldsymbol{K}_{n,m}$ 的每个元素上。图 7-4 通过一个具体尺寸的卷积示意图说明它的操作。在该卷积层的例子中，输入由 3 个矩阵构成，即 $C_{\text{in}} = 3$。卷积输出两个特征图，即 $C_{\text{out}} = 2$，卷积核尺寸为 $3\times3$。

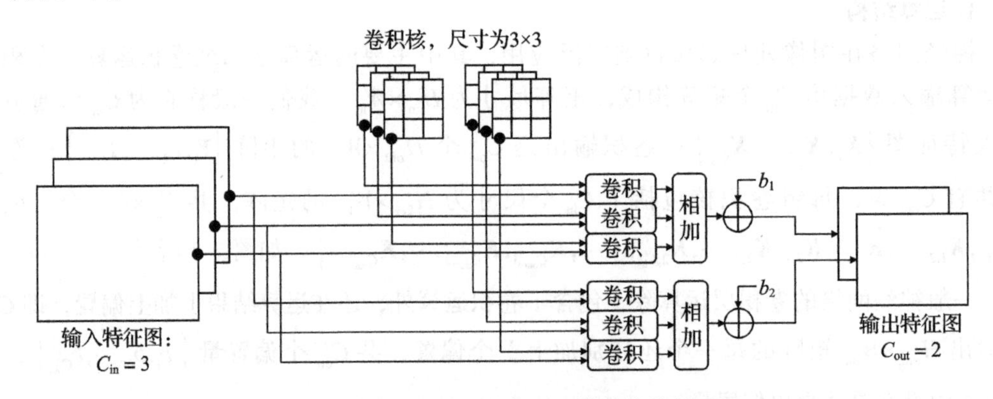


图 7-4　特定尺寸的卷积层运算结构的例子

现代神经网络还允许对卷积运算进行一些小的改变，这些改变主要体现在卷积期间滑动窗口的滑动步长和边界的处理方式，主要包括以下内容：

（1）卷积核滑动的步长

卷积核可看成滑动窗，它在特征图中按给定步长滑动。传统的卷积核滑动步长为 1，但也允许更大的滑动步长。滑动步长越大，卷积输出的特征图尺寸$(H_{out},W_{out})$越小。

（2）图像边界拓展方式

当卷积对应的滑动窗滑动到图像（特征图）边界并且滑动窗的一部分处于窗口之外时，可以拓展特征图的尺寸，使得滑动窗落在拓展后的特征图内。拓展区域的值可以人为设定为 0、固定数或者原图的镜像等，这样使得卷积结果能够包含图像边界。

代码清单 7-3 给出的 C 代码给出了卷积层运算的具体实现，其中使用的卷积核数据和偏置数据在后面的代码清单 7-8 中给出。

**代码清单 7-3　二维卷积层的 C 语言实现**

```
// 二维卷积层计算
void conv2d_f32(float* dout,          // 输出数据
                float* din,           // 输入数据
                int din_hgt,          // 输入数据（矩阵）高度
                int din_wid,          // 输入数据（矩阵）宽度
                const float* ker,     // 卷积核
                const float* bias,    // 偏置
                const int* shape)     // 卷积核形状
{
    // 卷积核尺寸
    int num_cout = shape[0], num_cin = shape[1];
    int k_hgt = shape[2], k_wid = shape[3];

    // 输出数据尺寸
    int dout_hgt = (din_hgt - k_hgt + 1);
    int dout_wid = (din_wid - k_wid + 1);

    for (int cout = 0; cout < num_cout; cout++)
    {
        // 加上偏置
        for (int n = 0; n < dout_hgt * dout_wid; n++)
            dout[cout * dout_hgt * dout_wid + n] = bias[cout];
        // 对每个输入通道计算二维卷积
        for (int cin = 0; cin < num_cin; cin++)
        {
            // h和w是滑动窗位置
            for (int h = 0; h < dout_hgt; h++)
            {
                for (int w = 0; w < dout_wid; w++)
                {
                    // kh和kw是卷积核内的元素位置
                    for (int kh = 0; kh < k_hgt; kh++)
                    {
                        for (int kw = 0; kw < k_wid; kw++)
                        {
```

```
                                // dout[cout][h][w]+=
                                //     din[cin][h+kh][w+kw]*
                                //     ker[cout][cin][kh][kw]
        dout[cout*dout_hgt*dout_wid+h*dout_wid+w] +=
            din[cin*din_hgt*din_wid+(h+kh)*din_wid+(w+kw)]*
            ker[cout*num_cin*k_hgt*k_wid+cin*k_hgt*k_wid+kh*k_wid+kw];
                                }
                            }
                        }
                    }
                }
        }
        return;
    }
```

卷积运算的核心是代码中倒数 9 ～ 11 行。首先需要注意的是，这里计算卷积时没有对卷积核进行“翻转”。代码中访问多维数组时对应的多维下标经过乘法运算转成一维数组指针的访问偏移量，并通过一维数组指针得到数据。比如访问四维数组：

```
ker[cout][cin][kh][kw]
```

其中 cout 是输出通道序号，cin 是输入通道序号，kh 和 kw 对应卷积核矩阵的 kh 行 kw 列数据位置，这个四维数组的访问可以通过下面所示的一维数组指针访问实现，即

```
ker[cout*num_cin*k_hgt*k_wid+cin*k_hgt*k_wid+kh*k_wid+kw]
```

代码中多维数组的存放顺序基于 Pytorch 的数据存放格式，具体来说是 CHW 格式，即多维数组的最后三维分别是通道号（C）、特征图行号（H）和列号（W）。

与全连接层的代码优化类似，这里进行数据访问时通过乘法运算得到数据下标，运算量较大。数组下标计算的乘法运算可以根据数据访问顺序的特点消除，比如代码清单 7-4 给出的代码中通过额外定义多个临时指针，尽可能多地消除数组下标计算过程中的乘法。

**代码清单 7-4　减少下标计算乘法的二维卷积层的 C 语言实现**

```
// 二维卷积层计算
void conv2d_f32(float* dout,          // 输出数据
                float* din,           // 输入数据
                int din_hgt,          // 输入数据（矩阵）高度
                int din_wid,          // 输入数据（矩阵）宽度
                const float* ker,     // 卷积核
                const float* bias,    // 偏置
                const int *shape)     // 卷积核形状
{
    int din_size = din_hgt * din_wid;

    // 卷积核尺寸
    int num_cout = shape[0], num_cin = shape[1];
    int k_hgt = shape[2], k_wid = shape[3];
```

```
int k_size = k_hgt * k_wid; // 单个卷积和矩阵尺寸

// 输出数据尺寸
// dout[num_cout][dout_hgt][dout_wid] 存放输出特征图数据
int dout_hgt = (din_hgt - k_hgt + 1);
int dout_wid = (din_wid - k_wid + 1);
int dout_size = dout_hgt * dout_wid; // 单个输出特征图矩阵尺寸

const float* din_sel;
const float* ker_sel;
const float* ker_elm;
const float* din_elm;
const float* din_elm0;
float* dout_sel;
float* dout_elm;

ker_sel = ker;  // 该指针跟踪每次卷积使用的卷积核矩阵
dout_sel=dout;  // 该指针跟踪cout通道输出数据
for (int cout=0; cout<num_cout; cout++, dout_sel+=dout_size)
{
    // 加上偏置
    for (int n = 0; n < dout_size; n++)
        dout_sel[n] = bias[cout];

    din_sel = din; // 指向cin通道输入数据
    for (int cin = 0; cin < num_cin; cin++, din_sel += din_size,
                                            ker_sel += k_size)
    {
        ker_elm = ker_sel;
        din_elm0 = din_sel;
        // kh为卷积核内元素行号
        // din_elm0指向数据滑动窗内和ker_elm对应的数据行的第一个数据
        for (int kh=0; kh<k_hgt; kh++, din_elm0+=din_wid)
        {

            // kw对应卷积核内部元素的列号
            // ker_elm指向卷积核 (kh, kw) 位置元素
            for (int kw = 0; kw < k_wid; kw++,  ker_elm++)
             {
                if (!*ker_elm) continue;
                din_elm = &din_elm0[kw];
                dout_elm = dout_sel;
                // din_elm指向数据滑动窗的下一行数据和ker_elm对应的
                // 数据位置
                for (int h=0; h<dout_hgt; h++, din_elm+=din_wid)
                {
                    for (int w=0; w<dout_wid; w++, dout_elm++)
                    {
                        *dout_elm+= din_elm[w] * (*ker_elm);
```

```
                        }
                    }
                }
            }
        }
    }
    return;
}
```

上面的代码中，“`if (!*ker_elm) continue;`”是为了能够省去对值为 0 的卷积核元素的乘法运算。上述代码还有很多可以进一步优化的地方，比如对于卷积运算的其他优化手段，可以参考第 5 章介绍的各种二维卷积运算优化方案实现，这里不再重复。

最后需要提醒一下，上述代码给出的卷积实际上是“相关”运算，和第 5 章的定义有所差别，在那里二维卷积核矩阵在和数据做加权和前需要进行“翻转”处理，但这里没有这一操作。

**2. 卷积运算转换到矩阵乘法的方法**

二维卷积运算可以使用矩阵乘法实现，使它能够利用矩阵运算优化手段降低运算量，并在嵌入式系统中实现。考虑图 7-5 给出的二维卷积过程。

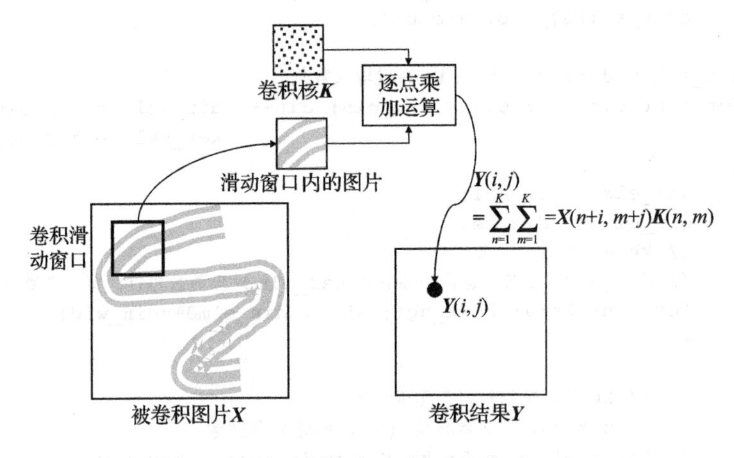


图 7-5　图像卷积运算的示意图

图 7-5 中对应卷积结果 $\boldsymbol{Y}$ 的每个元素 $\boldsymbol{Y}(i,j)$ 有

$$\boldsymbol{Y}(i,j)=\sum_{n=1}^{K}\sum_{m=1}^{K}\boldsymbol{X}(n+i,m+j)\boldsymbol{K}(n,m) \tag{7-3}$$

上面参与乘加运算的两组数据（滑动窗口内的图片 $\boldsymbol{X}$ 和卷积核 $\boldsymbol{K}$）可以分别拉直成向量，写成向量内积的形式。其中矩阵拉直方法如图 7-6 所示。

基于矩阵拉直可以将卷积转成矩阵乘法，如图 7-7 所示。

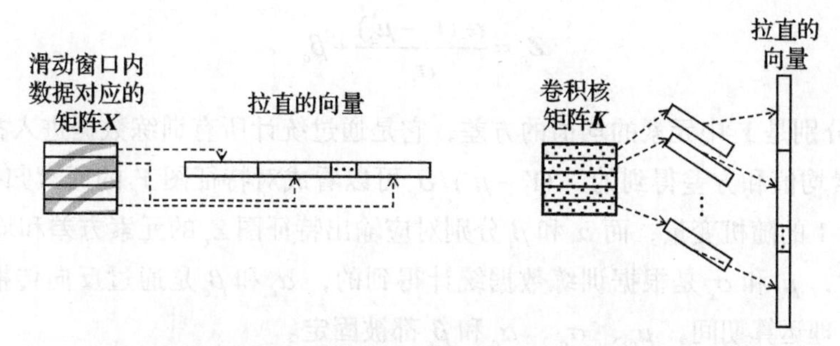


图 7-6　卷积滑动窗口内数据和卷积核矩阵拉直成向量的示意图

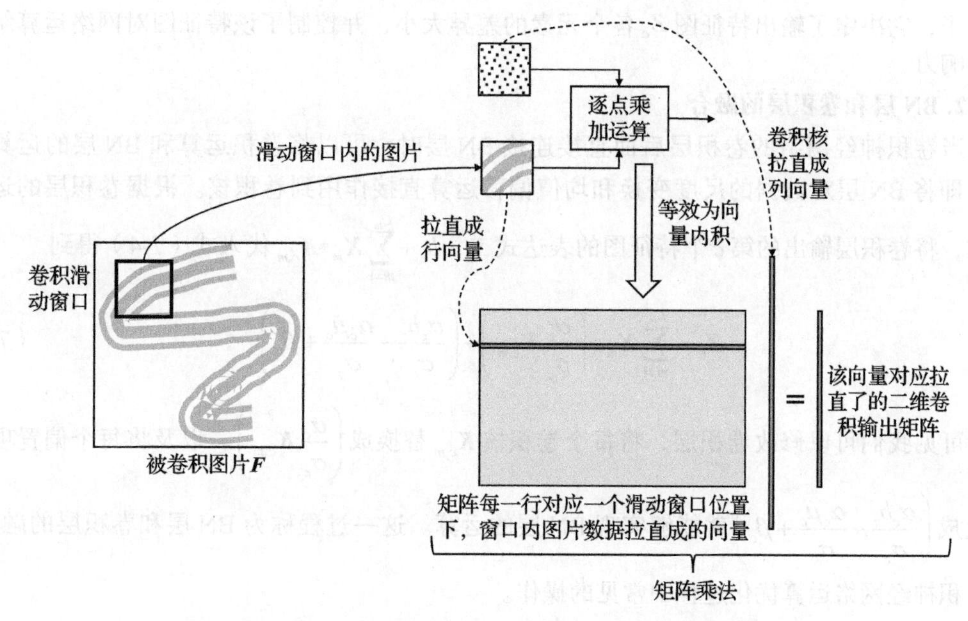


图 7-7　利用矩阵拉直操作将二维卷积转成矩阵乘法的示意图

图 7-7 中所示矩阵乘法结果是向量，每个元素对应二维卷积输出矩阵的一个元素。通过这一转化，使得卷积运算可以应用矩阵乘法的各种优化手段实现，这一内容在第 6 章已详细介绍，这里不再重复。

## 7.1.3　BN 层运算

### 1. 运算结构

BN 是单词 Batch Normalization 的缩写，BN 层用于调整对通过神经网络运算得到的特征图的数据分布，对于输出的每个特征图对应的矩阵，BN 层改变其元素值的均值和方差。对于 $C$ 个输入特征图 $\{\boldsymbol{Y}_1,\boldsymbol{Y}_2,\cdots,\boldsymbol{Y}_c,\}$，它对每一个特征图 $\boldsymbol{Y}_c$ 计算得到的对应的“归一化”数据输出 $\boldsymbol{Z}_c$，具体运算公式是

$$Z_c = \frac{\alpha_c(Y_c - \mu_c)}{\sigma_c} + \beta_c \tag{7-4}$$

其中 $\mu_c$ 和 $\sigma_c$ 分别是 $Y_c$ 中元素的均值的方差，它是通过统计所有训练数据进入神经网络后生成的 $Y_c$ 的元素均值和方差得到的。$(Y_c - \mu_c)/\sigma_c$ 可以看成对特征图 $Y_c$ 的元素归一化，得到 0 均值和方差为 1 的随机变量，而 $\alpha_i$ 和 $\beta_i$ 分别对应输出特征图 $Z_c$ 的元素方差和均值。

在训练时，$\mu_c$ 和 $\sigma_c$ 是根据训练数据统计得到的，$\alpha_c$ 和 $\beta_c$ 是通过反向传播算法计算得到的，而在推理运算期间，$\mu_c$、$\sigma_c$、$\alpha_c$ 和 $\beta_c$ 都被固定。

BN 层的参数在后面进行卷积层优化时还会用到，我们在那里把 BN 层的参数 $\alpha$ 称为缩放因子，它决定了输出特征图 $Z_c$ 各个元素的差异大小，并控制了该特征图对网络运算结果的影响力。

**2. BN 层和卷积层的融合**

当卷积神经网络的卷积层后面直接连接 BN 层时，可以将卷积运算和 BN 层的运算合并，即将 BN 层对数据的尺度变换和均值偏移运算直接作用到卷积核。根据卷积层的运算公式，将卷积层输出的第 $c$ 个特征图的表达式 $Y_c = b_c + \sum_{m=1}^{C_{\text{in}}} X_m * K_{c,m}$ 代入式（7-4）得到

$$Z_c = \sum_{m=1}^{C_{\text{in}}} X_m * \left(\frac{\alpha_c}{\sigma_c} K_{c,m}\right) + \left(\frac{\alpha_c b_c}{\sigma_c} - \frac{\alpha_c \mu_c}{\sigma_c} + \beta_c\right) \tag{7-5}$$

可见我们可以修改卷积层，将每个卷积核 $K_{c,m}$ 替换成 $\left(\frac{\alpha_c}{\sigma_c} K_{c,m}\right)$，以及将每个偏置项 $b_c$ 替换成 $\left(\frac{\alpha_c b_c}{\sigma_c} - \frac{\alpha_c \mu_c}{\sigma_c} + \beta_c\right)$ 就能够实现 BN 层的运算。这一过程称为 BN 层和卷积层的融合，是卷积神经网络运算优化过程中常见的操作。

## 7.1.4 激活层运算

激活运算是指对每一个输入数据进行非线性变换，得到对应输出的过程。激活层的输入和输出尺寸是相同的。激活运算的结构如图 7-8 所示。

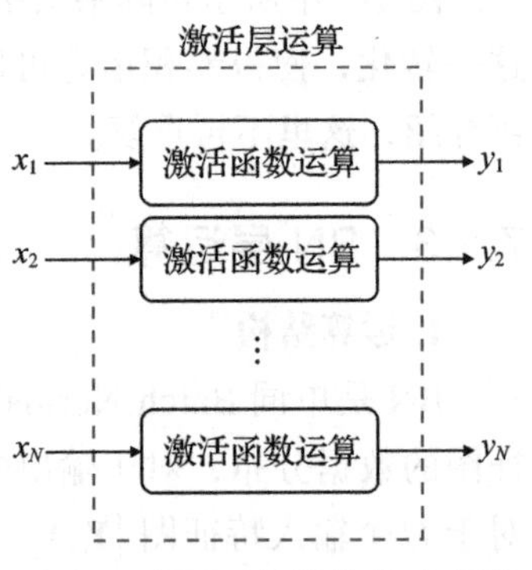


图 7-8 激活运算结构的示意图

常用的激活函数有以下几种：

1）Sigmoid 激活：

$$y = \frac{1}{1+\mathrm{e}^{-x}} \tag{7-6}$$

这一函数的取值范围是 0 ～ 1，它的形状呈现 S 型。

2）tanh 激活：

$$y = \tanh(x) \tag{7-7}$$

它可以看成 Sigmoid 激活函数在坐标平面上进行平移的结果。

3）ReLU 激活：

$$y = \max(0, \boldsymbol{x}) \tag{7-8}$$

它将输入小于 0 的部分设置为固定值 0。这一激活函数运算简单，在神经网络中得到广泛应用。

4）泄漏 ReLU 激活（Leaky ReLU）：

$$y = \max(\alpha x, x) \tag{7-9}$$

它的形状接近 ReLU，但它在 $x<0$ 部分给出了非零的输出。

5）ELU 激活：

$$y = \begin{cases} x & x \geqslant 0 \\ \alpha(\mathrm{e}^x - 1) & x < 0 \end{cases} \tag{7-10}$$

它的形状类似 ReLU，但曲线平滑。

图 7-9 给出了上述每种激活函数对应的函数曲线：

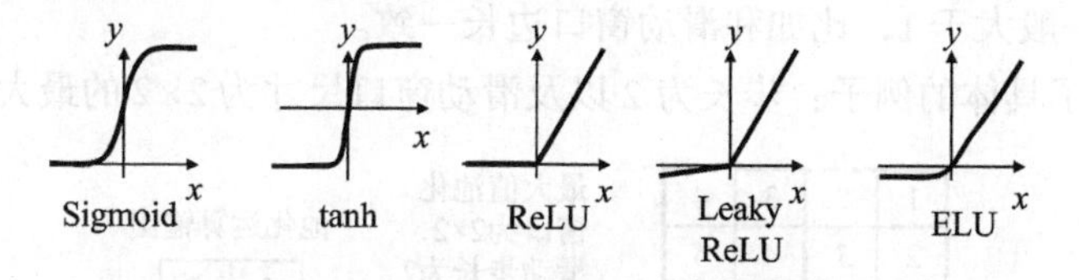


图 7-9 常见的激活运算的函数曲线

对于分类神经网络，往往还会使用一种称为 softmax 的激活，它的输出信号数量和输入信号数量相同，对于输入数据 $\{x_1, x_2, \cdots, x_N\}$，softmax 运算输出的数据 $\{y_1, y_2, \cdots, y_N\}$ 的计算公式为

$$y_n = \frac{\mathrm{e}^{x_n}}{\sum_{m=1}^{N} \mathrm{e}^{x_m}} \tag{7-11}$$

上述运算得到的 $y_n$ 具有归一化的特性，即 $\sum_{n=1}^{N} y_n = 1$，$y_n$ 通常当成第 $n$ 个类别的概率。

对于激活运算涉及的非线性函数，通常可以使用查表实现，而对于分段线性的运算，可以利用之前提到的常系数乘法优化，将线性变换转成加减和移位操作实现。

代码清单 7-5 所示的 C 代码对应 ReLU 激活层运算，这一运算的实现相对简单。

**代码清单 7-5 ReLU 激活函数的 C 语言实现**

```
void relu(float* dout, float* din, int size)
```

```
{
    for (int n = 0; n < size; n++)
    {
        dout[n] = din[n] > 0 ? din[n] : 0;
    }
}
```

对于涉及非线性函数运算的激活函数，比如 tanh 运算，为了降低运算量，可以使用 2.2.3 节所给出的计算方案，读者可以参考上述代码尝试实现其他几种激活函数。

### 7.1.5 池化层运算

池化运算指对数据执行特定的降采样运算。池化运算有几种类别，比如平均池化、最大池化和最小池化。对于单个二维矩阵，池化运算可以看成一个滑动窗口在输入矩阵中移动，滑动窗口到达每个位置，就对它覆盖的矩阵元进行降采样合并，其中平均池化运算是指将窗口所覆盖元素的平均值作为降采样合并输出，最大池化是将窗口内最大元素作为降采样合并输出，最小池化是指将窗口内最小元素作为降采样合并输出。

神经网络的池化层输入是 $C$ 个 $H \times W$ 的矩阵，实际运算时，对每个输入矩阵分别计算得到 $C$ 个输出数据矩阵，池化输出数据矩阵的尺寸通常小于输入数据矩阵尺寸。池化层的滑动窗口移动步长一般大于 1，比如和滑动窗口边长一致。

图 7-10 给出了具体的例子：步长为 2 以及滑动窗口尺寸为 2×2 的最大值池化运算。

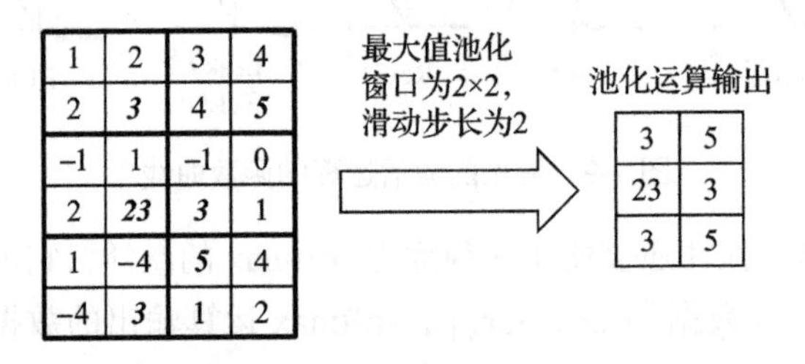


图 7-10　池化运算的例子：最大池化，滑动步长为 2

在神经网络结构中，如果使用的是最大值池化运算，它往往放在激活函数之前执行，以减少运算量。因为当激活函数是单调非减函数时，在激活函数运算前计算池化和在激活运算后执行池化的结果是一样的，将池化运算提前能够减少参与激活函数运算的数据量，并因此提高运算效率。

代码清单 7-6 给出的 C 语言程序片段实现了最大值池化层运算。

**代码清单 7-6　最大值池化层运算的 C 语言实现**

```
void maxpool2d(float* dout,  // 输出数据
               float* din,   // 输入数据
               int din_hgt,  // 输入数据（矩阵）高度
               int din_wid,  // 输入数据（矩阵）宽度
```

```
                int num_c,    // 通道数
                int ksize)    // 池化窗口尺寸
{
    int dout_hgt = 1 + (din_hgt - ksize) / ksize;
    int dout_wid = 1 + (din_wid - ksize) / ksize;
    float m, v;
    float* din_sel;

    for (int c = 0; c < num_c; c++)
    {
        for (int h = 0; h < dout_hgt; h++)
        {
            for (int w = 0; w < dout_wid; w++)
            {
                din_sel= // 指针指向滑动窗口在数组 din 中的位置
                  &din[c*din_hgt*din_wid+h*ksize*din_wid+w*ksize];
                // 对滑动窗口内的元素计算最大值
                m = din_sel[0];
                for (int y = 0; y < ksize; y++)
                {
                    for (int x = 0; x < ksize; x++)
                    {
                        v = din_sel[y * din_wid + x];
                        if (v > m) m = v;
                    }
                }
                *dout=m;
                dout++;
            }
        }
    }
    return;
}
```

池化运算代码相对简单，读者可以基于该代码实现平均池化、最小池化等多种池化算法。

### 7.1.6 神经网络示例

下面给出手写数字识别的卷积神经网络实现的完整例子。这个例子包括了基于 Pytorch 的网络模型构建、网络训练、网络模型参数导出到 C 程序以及基于 C 程序的识别推理计算这几部分。其中神经网络的结构在第 3 章曾经给出，为便于阅读，我们在下面重新画出网络的结构，如图 7-11 所示。

该神经网络由两个卷积层和两个全连接层构成，网络结构和各层运算的输入输出数据尺寸如图 7-11 所示。与上述网络对应的 Python 程序在第 3 章也已给出，为了便于阅读，下面重新给出网络结构的 Python 代码，参见代码清单 7-7。

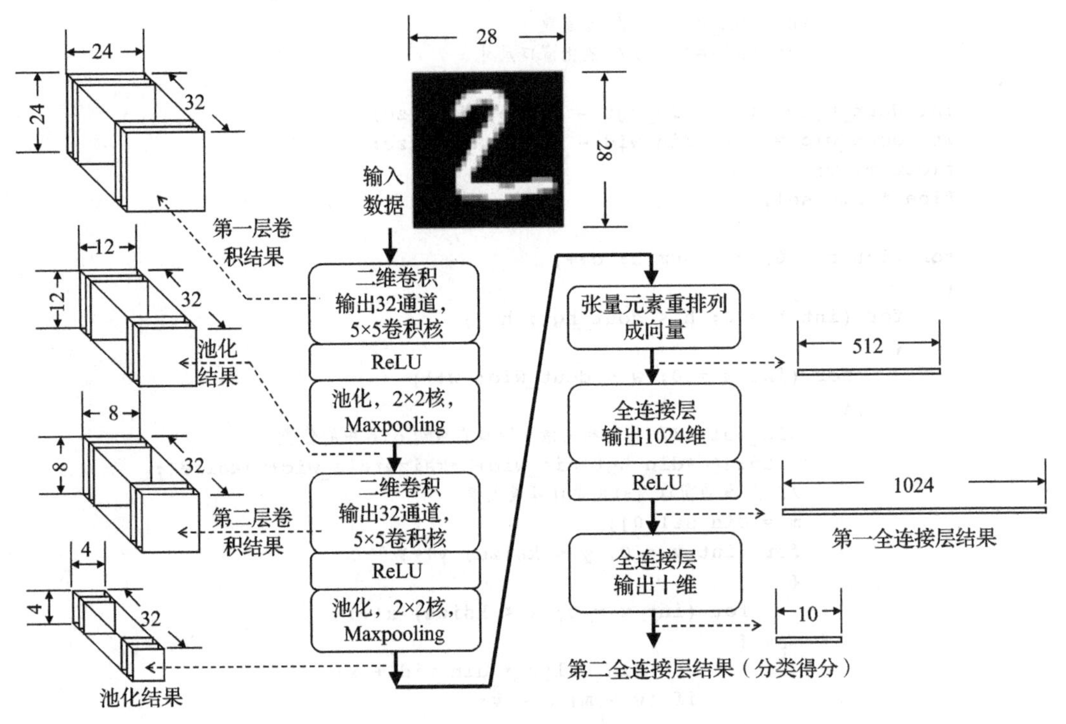


图 7-11　手写数字识别神经网络的结构和各层数据尺寸

**代码清单 7-7　卷积神经网络类的例子**

```
## 网络
class mnist_c(nn.Module):
    def __init__(self):
        super(mnist_c, self).__init__()

        self.conv1 = nn.Conv2d( 1, 32, 5, 1)
        self.conv2 = nn.Conv2d(32, 32, 5, 1)
        self.dropout = nn.Dropout2d(0.4)
        self.fc1 = nn.Linear(512, 1024)
        self.fc2 = nn.Linear(1024,  10)

    # 浮点训练和推理
    def forward(self,x):
        x = self.conv1(x)
        x = F.relu(x)
        x = F.max_pool2d(x, 2)
        x = self.conv2(x)
        x = F.relu(x)
        x = F.max_pool2d(x, 2)
        x = torch.flatten(x, 1)
        x = self.fc1(x)
        x = F.relu(x)
```

```
        x = self.dropout(x)
        x = self.fc2(x)
        return x
```

上述神经网络基于Python和Pytorch框架实现，网络训练部分代码在第3章给出，这里不再重复。在嵌入式系统中，我们通常使用更底层的C语言实现神经网络的推理运算。为了用C语言实现Python训练得到的神经网络，我们首先需要将训练后的网络参数导出，生成C语言程序能够使用的数据。经过训练的神经网络可以通过代码清单7-8所示的Python代码将网络参数导出生成C语言数组。

**代码清单 7-8 从 Python 数据对象提取网络参数生成 C 代码**

```
## 生成C代码，model是原始的神经网络模型，path是导出的C代码的存储目录
def export_param_to_c(model,path):
    fname=path+'param.c' # 生成的C文件
    fp=open(fname,'wt')
    for name,value in model.state_dict().items():
        value=value.numpy().astype(np.float32)  # 网络参数
        name=name.replace('.','_')         # 网络参数名称改成C变量名

        # 输出权重形状数据（整数数组）
        if name[-7:]=='_weight':
            fp.write('const int %s[]={'%(name+'_shape'))
            for n in value.shape:
                fp.write('%d, '%n)
            fp.write('};\n')

        # 输出网络参数（浮点数组）
        fp.write('const float %s[]={'%name)
        for n,v in enumerate(value.flatten()):
            if n%10==0: fp.write('\n    ')
            fp.write('(float)%+0.8e, '%v)
        fp.write('\n};\n')
    fp.close()

    # 生成头文件（C程序里的数组声明）
    fname=path+'param.h'
    print('[INF] generating %s...'%fname)
    fp=open(fname,'wt')
    for name in model.state_dict():
        name=name.replace('.','_')
        fp.write('extern const float %s[];\n'%name)
        if name[-7:]=='_weight':
            fp.write('extern const int %s[];\n'%(name+'_shape'))
    fp.close()
```

上述Python代码将神经网络模型model中的参数导出到C语言文件param.c的核param.h。导出的内容主要是卷积层和全连接层的权重系数和偏置。下面是导出的C代码

param.c 的部分内容展示。

```
const int conv1_weight_shape[]={32, 1, 5, 5, };
const float conv1_weight[]={
    (float)-1.12805873e-01, (float)+1.98445488e-02, …
};
const float conv1_bias[]={
    (float)-1.45943582e-01, (float)-7.70424902e-02, …
};
const int conv2_weight_shape[]={32, 32, 5, 5, };
const float conv2_weight[]={
    (float)-1.14161193e-01, (float)-6.96713328e-02, …
};
const float conv2_bias[]={
    (float)-8.55658948e-03, (float)-3.78512777e-02, …
};
const int fc1_weight_shape[]={1024, 512, };
const float fc1_weight[]={
    (float)+3.17764543e-02, (float)+2.96597145e-02, …
};
const float fc1_bias[]={
    (float)+4.85468879e-02, (float)-1.97398569e-02, …
};
const int fc2_weight_shape[]={10, 1024, };
const float fc2_weight[]={
    (float)-1.01071028e-02, (float)-1.28542185e-01, …
};
const float fc2_bias[]={
    (float)-6.47404045e-02, (float)+4.20713611e-02, …
};
```

其中 `xxxx_weight_shape` 数组存放对应名称的卷积核或是全连接层权重矩阵（张量）的形状，`xxxx_weight` 数组存放权重系数，`xxxx_bias` 数组存放偏置数据。

将模型参数导出并生成上述 C 语言程序后，就可以进一步使用 C 语言实现整个神经网络，如代码清单 7-9 所示。

**代码清单 7-9　实现神经网络的 C 程序**

```
float buf0[32 * 24 * 24];
float buf1[32 * 24 * 24];
// 计算 din 指针指向的 28×28 图片对应的手写数字
int calc(float* din)
{
    int res;
    float vmax;

    conv2d_f32(buf0,                        // 输出数据
               din,                         // 输入数据
               28,28,                       // 输入数据（矩阵）高度 / 宽度
               conv1_weight,                // 卷积核
```

```
                conv1_bias,              // 偏置
                conv1_weight_shape);    // 卷积核形状
    relu(buf0, buf0, 32 * 24 * 24);
    maxpool2d(buf1, buf0, 24,24, 32, 2);
    conv2d_f32(buf0,                     // 输出数据
                buf1,                    // 输入数据
                12, 12,                  // 输入数据（矩阵）高度 / 宽度
                conv2_weight,            // 卷积核
                conv2_bias,              // 偏置
                conv2_weight_shape);    // 卷积核形状
    relu(buf0, buf0, 32 * 8 * 8);
    maxpool2d(buf1, buf0, 8, 8, 32, 2);
    fc_f32(buf0, buf1, fc1_weight, fc1_bias, fc1_weight_shape);
    relu(buf0, buf0, 1024);
    fc_f32(buf1, buf0, fc2_weight, fc2_bias, fc2_weight_shape);

    // 找出最高得分的数字
    res = 0;
    vmax = buf1[0];
    for (int n = 1; n < 10; n++)
    {
        if (buf1[n] > vmax)
        {
            vmax = buf1[n];
            res = n;
        }
    }
    return res; // res 对应识别得到的数字
}
```

上述代码中，卷积层、全连接层、池化层的运算需要额外的缓存空间，由于这些运算是顺序进行的，所需要的缓存空间在不同的运算环节可以复用。在程序中申请了缓存器 **buf0** 和 **buf1**，用于存放各个运算环节的中间运算结果。完整代码还包括测试代码，用于验证手写数字识别精度，具体内容可以参照本书配套的代码。

## 7.2　神经网络的权重系数优化

神经网络的系数优化有两个相互关联的目标：1）降低系数存储量；2）降低系数运算量。这里的系数包括卷积层的卷积核数据和全连接层的权重数据，对于图像分类等应用，常见的神经网络权重系数占据大量存储空间，表 7-1 给出了几种网络结构对应的权重系数存储量。

**表 7-1　典型的神经网络参数的数据量比较**

| 网络名称 | 参数数据量 |
| --- | --- |
| resnet-18 | 12MB |
| alexnet | 61MB |
| vgg16 | 138MB |
| densenet | 29MB |
| inception v3 | 27MB |

表 7-1 给出的几种神经网络的参数量对嵌

入式系统而言是巨大的，网络推理也需要同样巨大的运算量，使得它们难以直接在嵌入式环境中实现。

神经网络参数的优化包括多种方案，包括：1）将小于门限的参数置为零；2）对参数进行量化；3）使用 16 位半精度浮点数格式降低数据存储量。对于第 3 种方案，需要特定的浮点运算硬件实现，目前在专用的神经网络运算芯片上已经得到支持，这里不再详细介绍。我们在这里侧重介绍前两者。第 4 章介绍过定点数量化和仿射映射量化两种方案，在这一章我们将其用于神经网络参数的量化。

### 7.2.1 权重系数二值化

我们首先看一下 1 位定点化优化，即将网络中涉及乘法的权重系数量化为 +1、−1。这一过程能够将乘法运算替换成加减运算，大大降低运算的复杂度，同时网络系数的存储可以用 1 位表示（比如存储位 0 对应系数 −1，存储位 1 对应系数 +1），但代价是网络性能的下降。这使得它只能用于特定的网络架构和应用领域，并且在实际应用时往往根据网络中不同运算对量化误差的敏感度，只选择一部分运算层进行二值量化。

我们考虑之前手写数字识别神经网络的卷积层和全连接层权重系数的二值化。所使用的网络结构和训练过程不做修改时训练得到的卷积层和全连接层权重系数（不包括偏置）的分布直方图如图 7-12 所示。

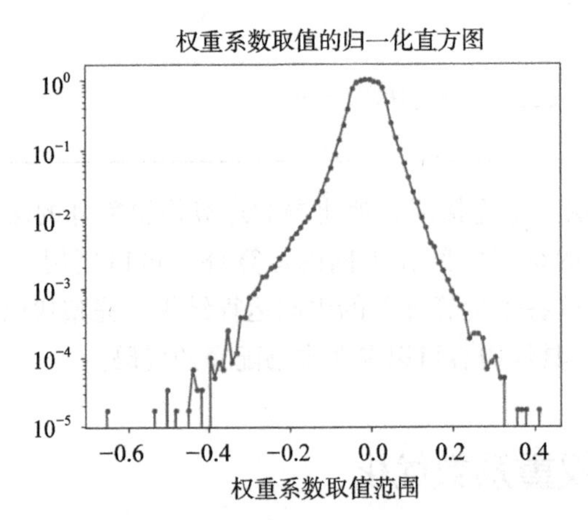


图 7-12 MNIST 手写数字识别神经网络的卷积层和全连接层权重系数（不包括偏置）的归一化直方图（原始直方图根据其最大值归一化）。图中的纵坐标使用了对数刻度

可见原始的权重系数分布在 −0.6 ～ 0.5 之间，代码清单 7-10 进行二值化处理。它首先保存原始模型参数，然后重新加载，并将加载的卷积层和全连接层权重系数用其符号（原始数值的 `sign(*)` 运算结果）取代，并运行测试代码。

**代码清单 7-10 网络权重系数二值化处理**

```
# 保存训练好的原始模型参数
```

```
torch.save(model, 'mnist_cnn.pth')

# 重新加载神经网络，将其权重系数改成 ±1（二值化）并测试
model=torch.load('mnist_cnn.pth').cpu()
for m in model.modules():
    if isinstance(m, nn.Conv2d) or isinstance(m, nn.Linear):
        m.weight.data=torch.sign(m.weight.data)

# 测试权重系数二值化了的神经网络
evaluate(args, model, torch.device('cpu'), test_loader)
```

上述代码中，model 是训练后的神经网络。程序倒数第 4 行是权重系数二值化运算。经过二值化运算后，神经网络的识别精度由原先的 99.37% 下降到 93.84%，虽然性能下降了 6 个百分点，但还是能够对大多数手写数字正确识别。原始的神经网络权重系数用 32 位单精度浮点数存放，而经过二值化后，只需要用 1 位存放，权重系数的存储量减小到原先的 1/32。此外，对于乘以 ±1 的运算不需要乘法，因此使整个神经网络只用加减法就能够实现。

上述代码简单地将权重系数改成±1，和原始权重系数有较大差别，为了减少性能损失，我们可以做简单的改进，即对每个卷积核或者全连接层的权重系数，用两个浮点数 $v$ 和 $-v$ 表示，其中 $v$ 是原始权重系数的绝对值的平均值。如代码清单 7-11 所示。

**代码清单 7-11　考虑网络参数幅度的二值化处理**

```
# 保存训练好的原始模型参数
torch.save(model, 'mnist_cnn.pth')

# 重新加载神经网络，将其权重系数二值化并测试
model=torch.load('mnist_cnn.pth').cpu()
for m in model.modules():
    if isinstance(m, nn.Conv2d) or isinstance(m, nn.Linear):
        m.weight.data=torch.sign(m.weight.data)*
                      torch.mean(torch.abs(m.weight.data))

# 测试权重系数二值化了的神经网络
evaluate(args, model, torch.device('cpu'), test_loader)
```

上述代码倒数第 3 行和第 4 行实现了二值化运算。使用经过这一处理的神经网络测试手写数字识别性能，得到的精度是 95.74%，相比直接量化成 +1 和 −1 提高了大约 2 个百分点。这一方案付出的代价是增加了额外的乘法运算，比如在进行卷积层运算时，首先使用权重为 ±1 的卷积核作用于待卷积数据，这一计算不需要乘法，然后将计算结果乘以参数 $v$（即原始权重系数的绝对值的平均值）。

需要注意的是 1 位量化方法通常会导致网络性能大幅下降，需要结合特定的应用场合进行性能评估，平衡神经网络参数存储量、运算效率和网络的分类正确率。

### 7.2.2 权重系数的定点数量化

7.2.1 节介绍的方式将神经网络中的权重系数用 1 位的信息表示，虽然大大降低了存储量并能够用加减法取代乘法，但对神经网络性能影响较大。我们可以放宽数据位宽要求，使用多位量化，比如使用 8 位数据来表示网络权重系数。我们通过手写数字识别的例子来说明。分析该神经网络训练后得到的权重系数分布（见图 7-12），可以看到权重系数的值在 −0.6 ～ 0.5 之间，我们可以用 8 位定点数表示它，使用 S0.7 格式的定点数（参考第 4 章内容）。将原始权重系数转成 S0.7 格式定点数的过程如下：

1）将原始权重系数乘以 128。

2）将上一步的运算结果四舍五入取整，得到整数。

3）限制上一步运算结果的范围，将大于 127 的数据替换成 127，小于 −128 的数据替换成 −128。

4）将上一步的处理结果用有符号 8 位整数存储。

代码清单 7-12 实现以上操作，该程序将神经网络的权重系数量化后导出生成 C 语言的源代码。

**代码清单 7-12 神经网络的权重系数量化后导出生成 C 语言的源代码**

```
## 生成 C 代码, 8 位量化 ,-128~127, v=q/128
# model 是原始的神经网络模型 (参数未经过量化), path 是导出 C 代码的存储目录
def export_param_to_c_8b(model,path):
    fname=path+'param.c'  # C 文件
    fp=open(fname,'wt')
    for name,value in model.state_dict().items():
        value=value.numpy().astype(np.float32)  # 网络参数
        name=name.replace('.','_') # 网络参数名称改成 C 变量名

        # 输出权重形状数据 (整数数组)
        if name[-7:]=='_weight':
            fp.write('const int %s[]={'%(name+'_shape'))
            for n in value.shape:
                fp.write('%d, '%n)
            fp.write('};\n')

        # 输出网络参数, 其中权重数据用 8 位定点数存储
        if name[-7:]=='_weight':
            fp.write('const signed char %s[]={'%name)
            for n,v in enumerate(value.flatten()):
                if n%40==0: fp.write('\n    ')
                # 量化, 将权重系数用 S0.7 格式定点数表示
                q=int(round(v*128))
                q=max(min(q,127),-128)
                fp.write('%d, '%q)
            fp.write('\n};\n')
        else:
```

```
            fp.write('const float %s[]={'%name)
            for n,v in enumerate(value.flatten()):
                if n%10==0: fp.write('\n    ')
                fp.write('(float)%+0.8e, '%v)
            fp.write('\n};\n')
    fp.close()

    # 生成头文件(C程序里的数组声明)
    fname=path+'param.h'
    print('[INF] generating %s...'%fname)
    fp=open(fname,'wt')
    for name in model.state_dict():
        name=name.replace('.','_')
        if name[-7:]=='_weight':
            fp.write('extern const signed char %s[];\n'%name)
            fp.write('extern const int %s[];\n'%(name+'_shape'))
        else:
            fp.write('extern const float %s[];\n'%name)
    fp.close()
```

上述代码和之前代码清单7-8的内容相似，不同之处在于代码中有数据量化部分：

```
q=int(round(v*128))
q=max(min(q,127),-128)
```

它实现之前给出的量化步骤，其中v是原始网络权重系数，q是量化后可以用8位有符号整数表示的结果，上述代码将神经网络的权重系数用signed char类型的数组存放，下面是生成的程序param.c的片段：

```
const int conv1_weight_shape[]={32, 1, 5, 5, };
const signed char conv1_weight[]={
    0, -16, -36, -44, -33, 22, 8,…
};
const float conv1_bias[]={
    (float)-1.10676467e-01, (float)-3.52833839e-03,…
};
const int conv2_weight_shape[]={32, 32, 5, 5, };
const signed char conv2_weight[]={
    6, 10, 10, 0, -8, 0, 10, 19, 0, …
};
const float conv2_bias[]={
    (float)-8.52395222e-02, (float)-3.47860083e-02, …
};
const int fc1_weight_shape[]={1024, 512, };
const signed char fc1_weight[]={
    0, 0, 0, 0, 0, 0, 0, 0, 0, 0, …
};
const float fc1_bias[]={
    (float)+3.77117470e-02, (float)-6.64888471e-02, …
```

```
};
const int fc2_weight_shape[]={10, 1024, };
const signed char fc2_weight[]={
    0, 0, 0, 0, 0, 0, 0, 0, 0, -41, …
};
const float fc2_bias[]={
    (float)-2.63109505e-01, (float)+2.76214462e-02, …
};
```

注意，上面的代码只量化了卷积层和全连接层的权重系数。

使用量化后的权重系数时，通过将读入的 `signed char` 数据转成浮点数并除以 128 就能够得到原始权重系数的近似值，比如代码清单 7-13 给出的代码片段使用了 S0.7 格式量化的权重系数执行全连接层运算。

**代码清单 7-13　使用 S0.7 格式定点化数执行全连接层运算**

```
void fc_s8(float* dout,          // 输出数据
           float* din,           // 输入数据
           const signed char* weight,// 卷积核
           const float* bias,    // 偏置
           const int* shape)     // 卷积核形状
{
    // 数据尺寸
    int num_cout = shape[0], num_cin = shape[1];

    const signed char* w = weight;
    const float* d;

    for (int cout = 0; cout < num_cout; cout++)
    {
        dout[cout] = bias[cout];
        d = din;
        for (int cin = 0; cin < num_cin; cin++, w++, d++)
            if (*w)
                dout[cout]+=((float)(*w))*(*d)/((float)128.0);
    }
}
```

上述代码的倒数第 3 行是关键，其中 `*w` 是权重数据（`signed char` 类型的整数），`*d` 是输入数（浮点数），两者相乘的结果除以 128 实现了浮点数和 S0.7 格式定点数的混合运算。

### 7.2.3　权重系数量化和神经网络训练结合

前面看到的神经网络权重系数量化仅仅修改训练完成了的权重系数，对量化过程带来的性能下降没有任何补偿措施，为了能够尽可能地降低量化带来的性能损失，可以在神经网络训练过程中就考虑量化带来的约束，尽可能降低量化带来的影响。

下面考虑两种措施：第一种是在网络训练中，对原有的损失函数增加权重系数的量化损失项，使得网络在训练过程中倾向生成“量化格点”上的权重系数；第二种方法是将权重系数的量化值和浮点值分别保存，网络训练过程中，前向推理运算使用量化值，而基于反向传播的权重系数更新量被累积到浮点值上。下面通过 Pytorch 的训练代码分别说明这两种方法。

代码清单 7-14 是考虑了权重值量化损失项的网络模型的代码和训练代码。

**代码清单 7-14　考虑了权重值量化损失项的网络训练和评估**

```
## 网络
class model_c(nn.Module):
    def __init__(self):
        super(model_c, self).__init__()

        self.conv1 = nn.Conv2d( 1, 32, 5, 1)
        self.conv2 = nn.Conv2d(32, 32, 5, 1)
        self.dropout = nn.Dropout2d(0.4)
        self.fc1 = nn.Linear(512, 1024)
        self.fc2 = nn.Linear(1024,  10)

        self.extra_loss=None # 存放权重量化损失项

    # 前向推理
    def forward(self,x):
        x = self.conv1(x)
        x = F.relu(x)
        x = F.max_pool2d(x, 2)
        x = self.conv2(x)
        x = F.relu(x)
        x = F.max_pool2d(x, 2)
        x = torch.flatten(x, 1)
        x = self.fc1(x)
        x = F.relu(x)
        x = self.dropout(x)
        x = self.fc2(x)

        # 计算额外的损失项，即权重系数和最接近的量化值之间的距离绝对值之和
        self.extra_loss=0
        for m in [self.conv1, self.conv2, self.fc1, self.fc2]:
            self.extra_loss+=self.quant_error(m.weight)

        return x

    # 计算权重系数和量化格点的距离
    def quant_error(self,t,scale=QUANT_SCALE,clip=QUANT_CLIP):
        tq=self.quant(t,scale,clip)
        return torch.sum(torch.abs(t-tq))

    # 计算输入张量 t 每个元素的量化结果
```

```
    def quant(self,t,scale=QUANT_SCALE,clip=QUANT_CLIP):
        return torch.round(torch.clip(t,-clip,clip)*scale)/scale

    # 将网络的卷积层和全连接层权重系数替换成量化结果
    def param_quant(self,scale=QUANT_SCALE,clip=QUANT_CLIP):
        for m in [self.conv1, self.conv2, self.fc1, self.fc2]:
            m.weight.data=self.quant(m.weight.data,scale,clip)
```

上述代码中，函数 `quant` 实现对输入张量的每个元素的量化，具体运算为

$$q=\frac{\text{round}(t*\text{scale})}{\text{scale}} \tag{7-12}$$

其中 $q$ 是量化后的数据，它的取值是离散和稀疏的（相对于浮点数），scale 对应代码中的常数 `QUANT_SCALE`，它是量化步长的倒数，即 $q$ 的取值落在下面的数值格点上：

$$\left\{0,\pm\frac{1}{\text{scale}},\pm\frac{2}{\text{scale}},\pm\frac{3}{\text{scale}},\cdots\right\}$$

我们在例程中选择 $\text{scale}=10$，对应的量化格点是 $\{0,\pm0.1,\pm0.2,\pm0.3,\cdots\}$。需要注意的是，上面的量化方案实际上是第 4 章提到的仿射映射量化方案的特例——零点为 0 的仿射变换量化，读者可以结合第 4 章的内容来学习。

代码中的函数 `quant_error` 计算输入张量 $t$ 和它的量化结果 $q$（通过式（7-12）计算）的距离的绝对值的和，用于表示“量化误差”大小，即

$$\left\|t-\frac{\text{round}(t*\text{scale})}{\text{scale}}\right\|_1$$

在前向推理过程中，成员对象 `self.extra_loss` 记录所有卷积层和全连接层权重系数的根据上述运算得到的量化误差。

使用上述额外损失项 `extra_loss` 的神经网络训练过程如代码清单 7-15 所示。

**代码清单 7-15　考虑了量化损失项的神经网络训练代码**

```
## 训练
def train(args, model, device, train_loader, test_loader):
    model.to(device)
    # 优化器模块
    optimizer = optim.Adadelta(model.parameters(), lr=args.lr)
    scheduler = StepLR(optimizer, step_size=1, gamma=args.gamma)
    # 训练
    for epoch in range(1, args.epochs + 1):
        model.train()
        for batch_idx, (data, target) in enumerate(train_loader):
            # 获取训练数据
            data   = data.resize_(args.batch_size, 1, 28, 28)
            data, target = data.to(device), target.to(device)
```

```
            # 清除之前反向传播计算得到的梯度数据
            optimizer.zero_grad()
            output = model(data)
            # 计算交叉熵损失项
            loss = F.cross_entropy(output, target)
            # 损失函数加上额外的损失项 model.extra_loss,
            # 即权重系数到其量化格点的距离和乘上常数 EXTRA_LOSS_SCALE
            loss+= model.extra_loss*EXTRA_LOSS_SCALE
            # 反向传播计算梯度
            loss.backward()
            # 模型参数优化
            optimizer.step()
        # 调整学习速率
        scheduler.step()
```

上述训练代码中，倒数第 7 行代码是关键的，它在原先的代价函数上增加了量化相关的损失：

```
loss+= model.extra_loss*EXTRA_LOSS_SCALE
```

其中 `model.extra_loss` 在代码清单 7-14 中给出，而 `EXTRA_LOSS_SCALE` 是用户指定的超参数（常数），用于控制量化相关的损失占总损失函数的比重。

上述代码在训练过程中使得需要量化的权重系数的分布发生明显改变，网络训练完成后，得到的权重系数的直方图分布如图 7-13 所示。

从图 7-13 中可以看到直方图中出现多个"尖峰"，它们所在的位置就是每个量化格点，这表示权重系数分布集中在对应的量化值附近。

上述网络训练后直接测试得到的分类精度是 98.83%。对训练所得网络的权重系数进行量化，量化后的网络权重系数直方图分布如图 7-14 所示。

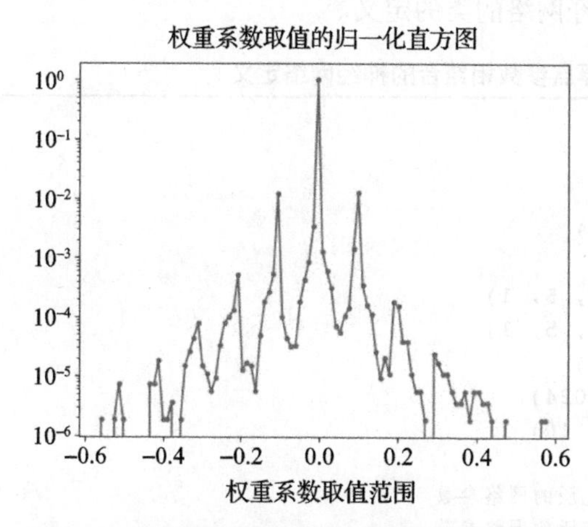


图 7-13 训练时加上权重量化相关的损失项后，权重系数的直方图分布

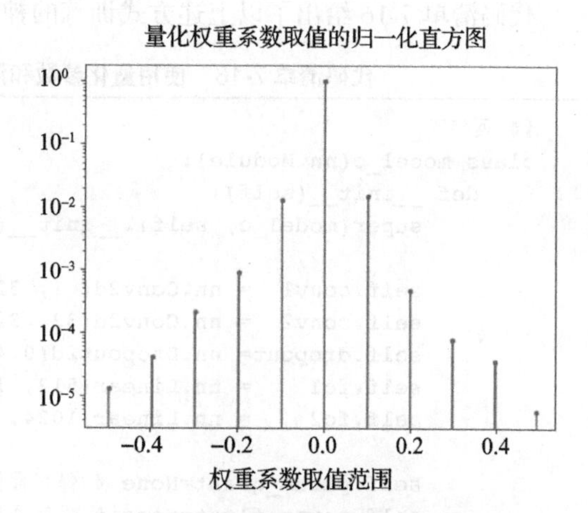


图 7-14 量化后网络权重系数的直方图

通过量化，网络权重系数的取值落在特定的量化格点上。即量化后的网络权重系数取值只能在有限的几个量化格点上选择，在这里就是

$$\{0, \pm 0.1, \pm 0.2, \pm 0.3, \pm 0.4, \pm 0.5\}$$

对使用量化了的权重系数的神经网络进行测试，得到的分类精度是98.54%。

下面介绍第二种量化训练方案，在这一方案中，我们分别保留神经网络权重系数的量化版本和浮点版本，其中神经网络的前向推理使用量化版的权重系数（权重系数落在量化格点上），反向传播梯度计算也基于量化版的参数，但网络更新时，权重系数的更新量被累加到网络权重系数的浮点版数据上，并且使用更新了的浮点版数据重新计算新的量化版的网络参数，如图7-15所示。

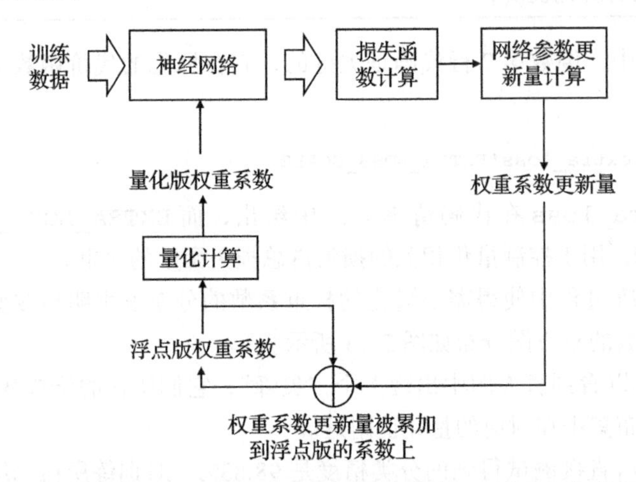


图7-15　训练过程中前向推理和梯度计算基于量化版参数，而参数更新作用于浮点版参数

代码清单7-16给出了以上述方式训练的神经网络的类的定义。

**代码清单7-16　使用量化参数和浮点参数相结合的神经网络定义**

```
## 网络
class model_c(nn.Module):
    def __init__(self):
        super(model_c, self).__init__()

        self.conv1  = nn.Conv2d( 1, 32, 5, 1)
        self.conv2  = nn.Conv2d(32, 32, 5, 1)
        self.dropout= nn.Dropout2d(0.4)
        self.fc1    = nn.Linear(512, 1024)
        self.fc2    = nn.Linear(1024,  10)

        self.param_quant=None # 保存量化版的网络参数
        self.param_float=None # 保存浮点版的网络参数
        return
```

```
    # 更新网络参数，包括提取训练算法对网络参数的增量，将其累加到浮点版的
    # 网络参数上，并将更新了的浮点版参数经过量化生成量化版参数，写回网络
    def update_param_quant(self,device):
        # 训练一开始初始化量化版和浮点版网络参数
        if self.param_quant is None:
            self.param_float=
                {name:0 for name in self.state_dict().keys()
                     if name.find('.weight')>=0}
            self.param_quant=
                {name:0 for name in self.state_dict().keys()
                     if name.find('.weight')>=0}
        # 更新量化版和浮点版网络参数（仅作用于卷积层和全连接层的权重系数）
        for name,value in self.state_dict().items():
            if name.find('.weight')>=0:
                # 读回训练过程中更新了的网络权重系数（被加到了量化版本）
                param_readback=
                    np.array(self.state_dict()[name][:].cpu())
                # 比较之前保存量化版本的参数，提取参数改变量
                param_change  =
                    param_readback-self.param_quant[name]
                # 将参数改变量累加到浮点版本上
                self.param_float[name]+=param_change
                # 从更新了的浮点版本参数重新计算量化版本的参数
                self.param_quant[name]=
                    self.quant_clip(self.param_float[name])
                # 将新的量化版本的参数写回网络
                self.state_dict()[name][:]=
                    torch.from_numpy(self.param_quant[name])
                         .to(device)
    # 计算张量t的量化结果
    def quant_clip(self,t,scale=QUANT_SCALE,clip=QUANT_CLIP):
        return np.round(
            np.clip(t,-QUANT_CLIP,QUANT_CLIP)*scale)/scale

    # 前向推理运算
    def forward(self,x):
        x = self.conv1(x)
        x = F.relu(x)
        x = F.max_pool2d(x, 2)
        x = self.conv2(x)
        x = F.relu(x)
        x = F.max_pool2d(x, 2)
        x = torch.flatten(x, 1)
        x = self.fc1(x)
        x = F.relu(x)
        x = self.dropout(x)
        x = self.fc2(x)
        return x
```

上述代码中 update_param_quant 比较关键，它负责提取网络训练过程中的参数更

新量，将其累加到浮点版本的网络参数，并将浮点版本网络参数经过函数 quant_clip 量化后写回网络的各个运算层内部。其中 quant_clip 负责量化版本权重系数的运算，它首先将权重系数限幅在 ±QUANT_CLIP 之内，然后将其通过式（7-12）量化，即计算每个数据对应的最近的量化格点，将其作为该数据的量化结果。

上面神经网络的训练过程如代码清单 7-17 所示。

**代码清单 7-17　量化参数和浮点参数相结合的神经网络训练**

```
## 训练
def train(args, model, device, train_loader, test_loader):
    model.to(device)
    # 网络参数优化模块
    optimizer = optim.Adadelta(model.parameters(), lr=args.lr)
    scheduler = StepLR(optimizer, step_size=1, gamma=args.gamma)
    # 训练过程
    for epoch in range(1, args.epochs + 1):
        model.train()
        for batch_idx, (data, target) in enumerate(train_loader):
            # 取得训练数据
            data   = data.resize_(args.batch_size, 1, 28, 28)
            data, target = data.to(device), target.to(device)
            # 清除之前的梯度计算值
            optimizer.zero_grad()
            # 计算模型输出
            output = model(data)
            # 计算损失函数（交叉熵）
            loss = F.cross_entropy(output, target)
            # 反向传播计算梯度
            loss.backward()
            # 网络参数更新
            optimizer.step()

            if epoch>=3:
                # 网络参数使用其量化版代替，并将训练更新量累加到其浮点版
                model.update_param_quant(device)
        # 学习率调整
        scheduler.step()
```

上述代码的具体原理在代码注释中详细给出，这里不再重复。训练代码中通过调用 model.update_param_quant(device) 提取网络参数的更新量，将其累加到网络参数的浮点版上，并重新计算网络参数的量化版数值。

上述方法训练得到的神经网络参数在训练过程中一直使用量化值，因此训练完成后的测试效果和使用时推理的效果是一样的（之前的量化算法中，需要在使用前修改权重系数，将其用量化值代替，但在这里不需要）。上述代码经过训练后得到的网络识别精度是 99.21%，和非量化版本接近。

## 7.3 神经网络结构优化

下面介绍神经网络的结构优化中常用的几种方案：剪枝优化、卷积结构优化和知识蒸馏。这些方法是在已训练完成的神经网络上进行修改，以适配嵌入式计算平台对运算量和存储量的约束。结构优化操作通常影响已训练完成的神经网络的运算结果，因此需要在结构优化的同时进行“补充训练”以弥补结构优化带来的性能损失。

### 7.3.1 剪枝优化

剪枝优化就是裁剪神经网络中不必要的结构，降低运算量。比如将卷积层和全连接层中绝对值小于门限的权重系数直接设置为 0，这样在计算中可以不用考虑这些权重为 0 的乘法和加法操作。

剪枝优化的流程包括两个阶段：1）找出待选的可修剪参数（即可以置零的网络权重系数），将其固定为零；2）在部分系数被固定为 0 的条件下，补充训练神经网络（训练时权重系数初始值使用之前训练得到的网络系数），弥补部分系数被置零导致的网络性能下降。这两个阶段交替执行，直到网络性能下降到可接受门限边界或者权重系数剪枝的量达到要求。

**卷积层和全连接层的系数剪枝**

卷积神经网络的参数主要是卷积核的权重数据和全连接层的权重数据。这些数据通常分布在很大的取值范围内，只有很小一部分接近 0。这一特性在图 7-12 中可以看出。

为了能够减小神经网络中权重系数的数量，我们可以修改训练时的代价函数，使得训练结果倾向于使尽可能多的权重系数接近 0。我们以 MNIST 手写数字识别神经网络为例给出一个实现方案。

- **权重系数剪枝优化**

手写数字识别神经网络的训练代价函数通常使用交叉熵代价 $L_{CE}(\theta)$，这在第 3 章的式（3-14）中给出，这一代价函数只考虑分类的正确性，而没有顾及神经网络参数尽可能接近 0 的要求，我们需要在它的基础上加上额外的一个 L1 范数损失项来约束网络参数 $\theta$ 的非零值数目：

$$L(\theta)=L_{CE}(\theta)+\gamma\|\theta\|_1 \tag{7-13}$$

其中 $\|\theta\|_1$ 表示神经网络参数 $\theta$ 中每个元素的绝对值的和，$\gamma$（正数）控制 $\|\theta\|_1$ 对损失函数 $L(\theta)$ 的影响力，$\gamma$ 越大，训练结果中 $\theta$ 的元素值接近 0 的越多，但同时由于对 $\theta$ 的约束加强，使得分类器的性能受到影响。

代码清单 7-18 实现上述代价函数。

**代码清单 7-18 加入权重 L1 损失项的神经网络定义**

```
## 网络模型
class model_c(nn.Module):
    def __init__(self):
```

```
        super(model_c, self).__init__()

        self.conv1 = nn.Conv2d( 1, 32, 5, 1)
        self.conv2 = nn.Conv2d(32, 32, 5, 1)
        self.dropout = nn.Dropout2d(0.4)
        self.fc1 = nn.Linear(512, 1024)
        self.fc2 = nn.Linear(1024,  10)
        self.extra_loss=None

    # 训练和推理
    def forward(self,x):
        x = self.conv1(x)
        x = F.relu(x)
        x = F.max_pool2d(x, 2)
        x = self.conv2(x)
        x = F.relu(x)
        x = F.max_pool2d(x, 2)
        x = torch.flatten(x, 1)
        x = self.fc1(x)
        x = F.relu(x)
        x = self.dropout(x)
        x = self.fc2(x)

        # 将卷积层和全连接层的参数绝对值之和加入损失函数
        self.extra_loss =torch.sum(torch.abs(self.conv1.weight))
        self.extra_loss+=torch.sum(torch.abs(self.conv2.weight))
        self.extra_loss+=torch.sum(torch.abs(self.fc1.weight))
        self.extra_loss+=torch.sum(torch.abs(self.fc2.weight))
        return F.log_softmax(x, dim=1)
```

比较之前的代码，在程序末尾增加了 self.extra_loss 的计算，它用于实现损失函数中$\|\theta\|_1$的计算，注意，上面的代码只考虑卷积层和全连接层的权重参数，偏置参数没有考虑（因为它们不参与乘法运算，运算量对性能影响不大）。

基于上述网络模型的训练过程如代码清单 7-19 所示。

**代码清单 7-19　加入权重 L1 损失项的神经网络训练**

```
# 模型训练
def train(args, model, device, train_loader, test_loader):
    # 构建网络模型、网络参数优化器和学习率更新模块
    model.to(device)
    optimizer = optim.Adadelta(model.parameters(), lr=args.lr)
    scheduler = StepLR(optimizer, step_size=1, gamma=args.gamma)
    # 训练
    for epoch in range(1, args.epochs + 1):
        for batch_idx, (data, target) in enumerate(train_loader):
            data   = data.resize_(args.batch_size, 1, 28, 28)
            data, target = data.to(device), target.to(device)
```

```
        # 数据格式转换
        optimizer.zero_grad()
        # 由网络model计算输入数据data得到输出output
        output = model(data)
        # 计算交叉熵损失函数
        loss = F.nll_loss(output, target)
        # 损失函数额外加上的权重系数绝对值和，即L1损失
        loss+= model.extra_loss*EXTRA_LOSS_SCALE
        # 计算梯度
        loss.backward()
        # 网络参数优化
        optimizer.step()
    # 学习速率更新
    scheduler.step()
```

其中核心部分是倒数第 7 行的内容，model.extra_loss 就是在执行 model(data) 时，通过网络的 forward 函数额外计算的损失函数项 $\|\theta\|_1$，而 EXTRA_LOSS_SCALE 对应式（7-13）中的 $\gamma$。

图 7-16 是加了额外的损失项后训练得到的神经网络中权重系数的分布直方图，为了便于比较，我们以直方图中最大的值进行归一化，并且纵坐标使用了对数分布。

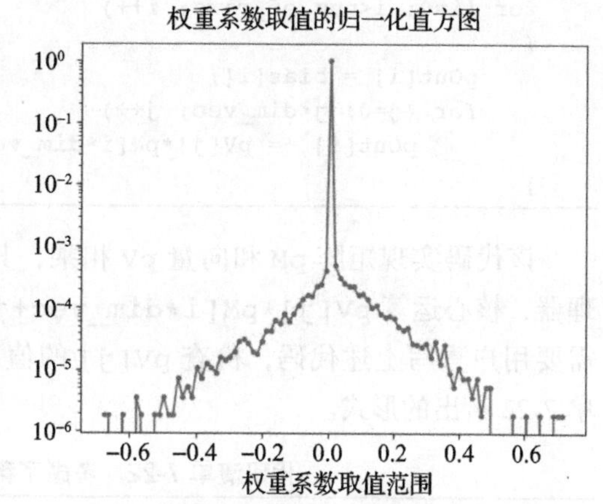


图 7-16　加上权重系数的 L1 损失后，训练得到的网络的权重系数分布直方图，其中直方图根据其最大值进行了归一化

对比图 7-12 可以发现，损失函数经过修改之后，系数明显集中在 0 附近，有超过 90% 的权重系数的绝对值小于 0.01。如果不修改这些权重系数的话，网络的测试精度为 98.19%。将绝对值小于 0.01 的权重系数设置为 0 以后，只剩下 4.36% 的非零权重系数，意味着乘法运算量大约下降到原先的 1/25，此时测试得到分类精度为 98.16%，几乎没有损失。

代码清单 7-20 是将网络权重系数置零部分的核心代码，完整程序可以参考本书配套的例程代码。

**代码清单 7-20　神经网络的权重系数置零处理**

```
# 构建模型
model = model_c().to(torch.device('cpu'))

# 加载训练后保存的模型参数
param=torch.load(EXPORT_MODEL_PATH+'mnist_cnn.pth')
              .to(torch.device('cpu'))
              .state_dict()
# 找到卷积层和全连接层的权重系数，将绝对值小于门限的系数置零
```

```
    for name,value in param.items():
        if name in ['conv1.weight', 'conv2.weight',
                    'fc1.weight', 'fc2.weight']:
            value[value.abs()<0.01]*=0 # 绝对值小于 0.01 的系数置零
        model.state_dict()[name][:] = value # 将修改过的参数载入网络

    # 对经过修改的网络的识别性能进行测试
    evaluate(args, model, torch.device('cpu'), test_loader)
```

上面给出的剪枝优化针对网络中的每个权重系数，根据给定门限决定是否设置为 0，但需要注意的是对很多神经网络运算框架和 API，这一优化对推理运算带来的性能提升有限，这是由于现有的神经网络推理运算框架使用了固定的循环运算结构。比如代码清单 7-21 给出的矩阵和向量乘法的代码。

**代码清单 7-21　常规的矩阵乘法代码结构**

```
int i, j;
for (i=0; i<num_of_rows; i++)
{
    pOut[i] = bias[i];
    for (j=0; j<dim_vec; j++)
        pOut[i] += pV[j]*pM[i*dim_vec+j];
}
```

该代码实现矩阵 pM 和向量 pV 相乘，其中向量 pV 的很多元素为 0，但对于特定的处理器，核心运算 pV[j]*pM[i*dim_vec+j] 的运算时间不一定会因为 pV[j]=0 而降低，需要用户重写上述代码，检查 pV[j] 的值，当它为 0 时跳过乘法运算，比如写成代码清单 7-22 给出的形式。

**代码清单 7-22　考虑了稀疏数据的矩阵乘法代码优化**

```
int i, j;
for (i=0; i<num_of_rows; i++)
    pOut[i] = bias[i];
for (j=0; j<dim_vec; j++)
    if (pV[j]!=0) // 如果 pV[j] 为 0，则跳过下面的运算
        for (i=0; i<num_of_rows; i++)
            pOut[i] += pV[j]*pM[i*dim_vec+j];
```

但即便如此，实际的优化效果还受到矩阵的尺寸、数据 Cache 命中率等因素的影响，实际性能提升还需要结合具体的 CPU 硬件特性以及生成的汇编代码进行优化。

- **卷积层的剪枝优化** [1]

上一部分介绍的逐个元素修剪方式是“细粒度”的剪枝，对于卷积神经网络，我们可以基于卷积层进行“粗粒度”的剪枝，即删除卷积层中若干特征图，并同时消除和它们相关的运算。

卷积层剪枝一般配合 BN 层进行。BN 层可以看成对卷积输出的每个通道的特征图 $\boldsymbol{Y}_c$ 进行尺度变换和均值改变得到输出特征图 $\boldsymbol{Z}_c$。参考前面给出的计算公式 $\boldsymbol{Z}_c=\alpha_c(\boldsymbol{Y}_c-\mu_c)/\sigma_c+\beta_c$，当 $\alpha_c$ 接近 0 时，$\boldsymbol{Z}_c$ 的各个元素趋向于常数 $\beta_c$，对分类结果的影响随着 $\alpha_c$ 的降低而降低。因此我们可以通过删除 $\alpha_c$ 绝对值小于门限的特征图来降低卷积运算量。

这一剪枝方案通过图 7-17 所示的流程实现。

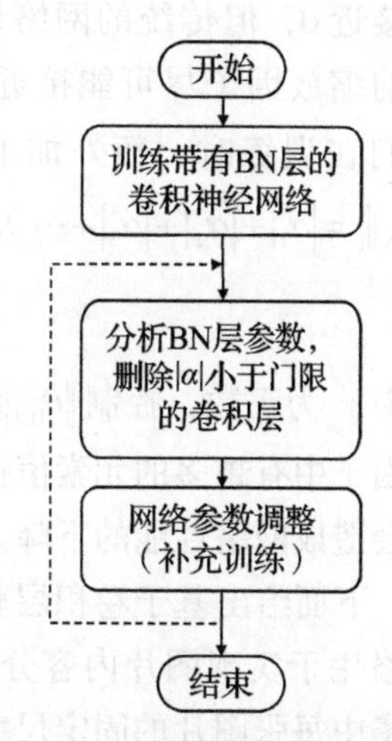


图 7-17　卷积层剪枝运算流程

图 7-17 给出的流程中，第二步检查 BN 层，并删除部分卷积层，需要注意的是，这一步操作通常会造成网络性能的大幅下降，因此需要执行补充训练（finetune）来调整剩余网络参数，降低网络结构的改变带来的性能损失。补充训练完成后可以选择继续剪枝（图 7-17 中虚线所示）或者结束。

图 7-18 给出的一个例子说明了这一裁剪方式。

本例中 BN 层处于两个卷积层的中间，假设 BN 层的第二个特征图对应的缩放因子 $\alpha$ 很小，可以删除，对神经网络运算流图中的特定卷积层执行剪枝操作，会使得和它相关的“上游”和“下游”运算和数据成为冗余，并能够进一步删除。在图 7-19 中，我们把需要删除的卷积层数据打上了阴影线，并同时对它所涉及的冗余的“上游”和“下游”卷积层的卷积核数据打上了阴影，这些打上阴影的模块都可以被删除。

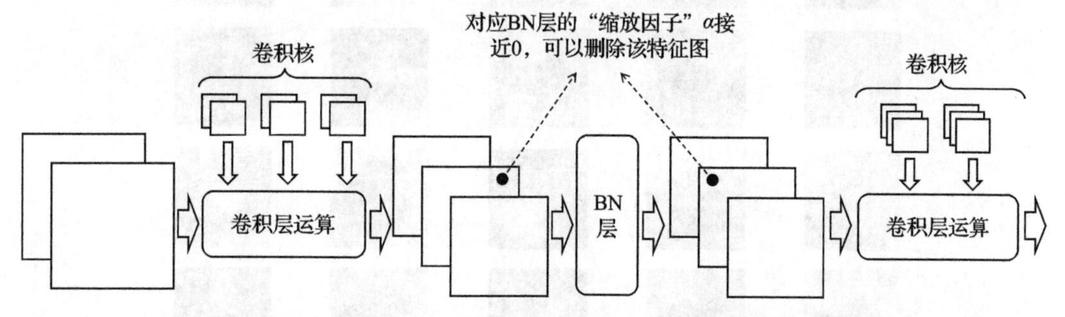


图 7-18　卷积层剪枝例子，基于 BN 层的缩放因子决定需要删除的特征图

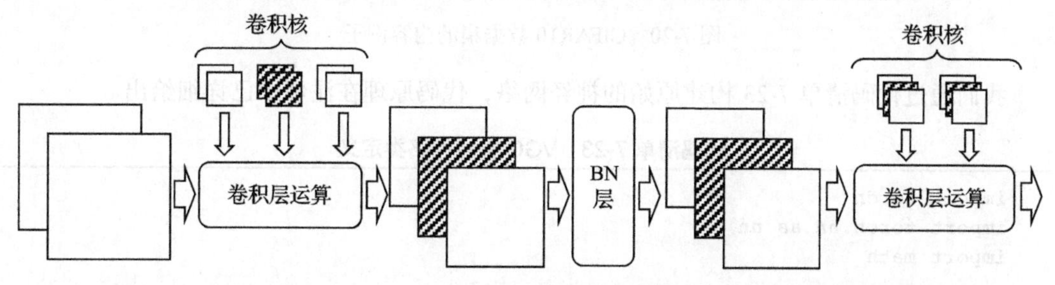


图 7-19　卷积层剪枝例子，基于 BN 层的缩放因子删除特征图和相应的卷积核数据

上述剪枝算法能够降低神经网络运算复杂度的核心原因在于 BN 层有足够多的缩放因子接近 0，但传统的网络训练过程并不能保证这一点，我们需要更改损失函数，使得 BN 层的缩放因子尽可能接近 0。比如对于分类神经网络，通常使用交叉熵损失函数 $L_{\mathrm{CE}}(\theta)$，我们在训练时，额外加上所有 BN 层的缩放因子的绝对值之和，记作损失项 $\|\theta_{\mathrm{BN}}\|_1$（即 $\|\theta_{\mathrm{BN}}\|_1=|\alpha_1|+|\alpha_2|+|\alpha_3|+\cdots$），这样得到下面的损失函数：

$$L(\theta)=L_{\mathrm{CE}}(\theta)+\gamma\|\theta_{\mathrm{BN}}\|_1 \tag{7-14}$$

其中 $\gamma$ 为正数，控制 $\|\theta_{\mathrm{BN}}\|_1$ 对损失函数 $L(\theta)$ 的“影响力”，$\gamma$ 越大，训练结果中 BN 层的缩放因子中有越多的元素值接近 0。$\gamma$ 的值需要手动选择，它影响了网络剪枝的数量，过度剪枝会造成网络性能的下降。

下面给出基于卷积层剪枝的算法例程。该例程对 VGG 神经网络进行剪枝。原始的神经网络用于实现图片内容分类，训练的图片是 CIFAR10 数据集，它包括了 10 类物体。该数据集中每张图片的固定尺寸为 $32\times32$。图 7-20 所示是部分物体的例子。

图 7-20　CIFAR10 数据集的内容例子

我们通过代码清单 7-23 构建原始的神经网络，代码原理在注释中已详细给出。

**代码清单 7-23　VGG 神经网络类定义**

```
import torch
import torch.nn as nn
import math

# 预定义的几种模型结构，这里每个架构用一个数字和字母的序列表示
```

```
# 其中 'CUSTOM':[64, 'M', 128, 'A'] 表示的网络结构是 64 通道输出的二维
# 卷积层（配置列表中数字 64）；接上 Maxpooling 层（配置列表中字母 M）；
# 再接上 128 输出通道的二维卷积层（配置列表中数字 128）；
# 最后接上 Average pooling 层（配置列表中字母 A）
vgg_cfg = \
{
    'CUSTOM':[64, 'M', 128, 'A'],
    'VGG-A': [64, 'M', 128, 'M', 256, 256, 'M', 512, 512, 'M',\
              512, 512, 'A'],
    'VGG-B': [64, 64, 'M', 128, 128, 'M', 256, 256, 'M', 512, \
              512, 'M', 512, 512, 'M'],
    'VGG-D': [64, 64, 'M', 128, 128, 'M', 256, 256, 256, 'M', \
                  512, 512, 512, 'M', 512, 512, 512, 'M'],
    'VGG-E': [64, 64, 'M', 128, 128, 'M', 256, 256, 256, 256, \
                  'M', 512, 512, 512, 512, 'M', 512, 512, 512, \
                  512, 'A'],
}

# 构建网络模型
class vgg_c(nn.Module):
    def __init__(self, cfg=None,num_cls=10):
        super(vgg_c, self).__init__()
        print('[INF] Building model...')
        # 默认模型结构
        if cfg is None: cfg=vgg_cfg['VGG-E']
        # 模型结构构建
        self.feature = self.build(cfg) # 特征提取层
        self.classifier = nn.Linear(cfg[-2], num_cls) # 分类层
        # 初始化权重
        self.init_weights()

    # 结构配置 cfg 构建模型
    def build(self, cfg):
        layers = []
        ch_in = 3
        for c in cfg:
            if   c == 'M': # 构建最大值池化层
                layers += [nn.MaxPool2d(kernel_size=2, stride=2)]
            elif c == 'A': # 构建平均值池化层
                layers += [nn.AdaptiveAvgPool2d((1,1))]
            else: # 构建卷积层
                layers += [nn.Conv2d(ch_in, c, kernel_size=3,\
                                     padding=1, bias=False),
                           nn.BatchNorm2d(c),
                           nn.ReLU(inplace=True)]

                ch_in = c
        return nn.Sequential(*layers)

    # 前向推理运算
    def forward(self, x):
        x = self.feature(x)      # 计算获取特征
```

```
        x = torch.flatten(x, 1) # 特征图重新排列（拉直成向量）
        y = self.classifier(x)  # 计算分类结果（通过全连接层计算）

        # 加入额外的 BN 层尺度因子 L1 损失项，用于卷积层剪枝
        self.extra_loss=0
        for m in self.modules():
            if isinstance(m, nn.BatchNorm2d):
                self.extra_loss+=torch.sum(torch.abs(m.weight))
        return y

    # 权重初始化
    def init_weights(self):
        for m in self.modules():
            if isinstance(m, nn.Conv2d):
                nn.init.kaiming_normal_(m.weight, mode='fan_out',\
                                        nonlinearity='relu')
                if m.bias is not None:
                    nn.init.constant_(m.bias, 0)
            elif isinstance(m, nn.BatchNorm2d):
                nn.init.constant_(m.weight, 1)
                nn.init.constant_(m.bias, 0)
            elif isinstance(m, nn.Linear):
                nn.init.normal_(m.weight, 0, 0.01)
                nn.init.constant_(m.bias, 0)
```

上述代码中，类 `vgg_c` 的成员变量 `extra_loss` 用于记录 BN 层的尺度因子的 L1 范数，即式（7-14），训练中使用该损失项使得 BN 层的尺度因子尽量接近 0。该神经网络的训练代码在代码清单 7-24 中给出。

**代码清单 7-24　考虑了 BN 层尺度因子损失项后的网络训练**

```
## 训练
def train(model, device, train_loader, test_loader, model_fname, extra_loss_
    scale=0):
    # 优化器
    optimizer = optim.SGD(model.parameters(), lr=args.lr,\
                          momentum=args.momentum,\
                          weight_decay=args.weight_decay)
    # 按批次读取数据执行训练
    for epoch in range(0, args.epochs + 1):
        # 学习率调整
        if epoch in [args.epochs*0.5, args.epochs*0.75]:
            for param_group in optimizer.param_groups:
                param_group['lr'] *= 0.1

        # 训练
        model.train()
        for batch_idx, (data, target) in enumerate(train_loader):
            # 数据转存 CPU 或者 GPU
            data, target = data.to(device), target.to(device)
            # 上一轮运算的梯度数据清零
```

```
optimizer.zero_grad()
# 计算模型输出
output = model(data)
# 计算分类损失
loss = F.cross_entropy(output, target)
# 加入BN层尺度因子的L1范数损失项
loss+=model.extra_loss*extra_loss_scale
# 反向传播计算梯度
loss.backward()
# 网络参数优化
optimizer.step()
```

上述代码中倒数第 5 行 loss+=model.extra_loss*extra_loss_scale 在原始的网络训练损失函数（分类的交叉熵损失）中增加 $\gamma\|\theta_{\mathrm{BN}}\|_1$ 项内容，这里的 extra_loss_scale 对应式（7-14）的 $\gamma$。

图 7-21 给出损失函数加上 $\gamma\|\theta_{\mathrm{BN}}\|_1$ 后 BN 层缩放因子的直方图。其中 BN 层缩放因子的取值主要分布在 0.0 ～ 0.2 之间，大于该值的缩放因子数量很少，这一分布使得我们能够删除大量对应 BN 层缩放因子接近 0 的特征图和对应的卷积核。从图 7-19 可以看出，删除特征图的同时还需要修改前后卷积层的卷积核，这一操作通过重新构建网络架构的代码实现。具体实现过程分为几步：

1）计算裁剪门限得到裁剪后的网络结构。BN 层缩放因子绝对值小于该门限时，输出特征图通道被裁减。

2）根据被裁减的网络结构重构网络。

3）将旧的网络中未被裁剪的训练结果复制到裁剪过的网络。

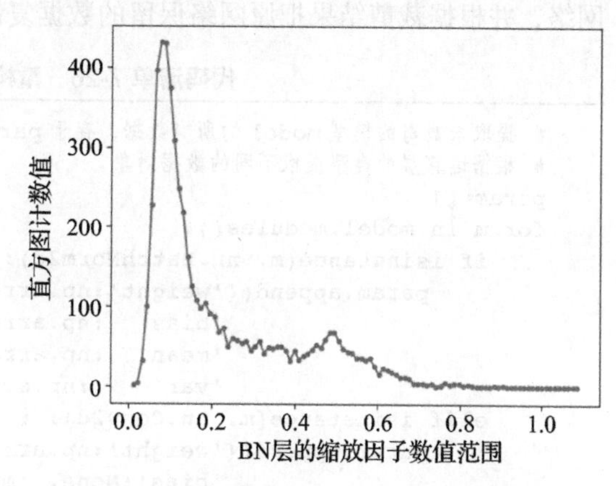


图 7-21　损失函数加上 $\gamma\|\theta_{\mathrm{BN}}\|_1$ 后 BN 层缩放因子的直方图

代码清单 7-25 中给出了第 1 步的实现，计算裁剪门限并得到裁剪后的网络结构：

**代码清单 7-25　计算裁剪门限并得到裁剪后的网络结构配置**

```
# 根据裁减比例计算裁剪门限
model=create_model(device,'VGG-E','export_models/model_bn_sparse.pth.tar')
print_model_parm_nums(model)

print('[INF] Prune:',args.prune_rate)
# 提取所有BN层的缩放因子
bn_scale=np.concatenate([np.array(m.weight.data.cpu()).ravel()\
                        for m in model.modules()          \
                        if isinstance(m, nn.BatchNorm2d)])
# 计算裁剪门限th，缩放因子的绝对值小于该门限时，
```

```
# 对应的特征图以及相应的卷积核被裁减
cnt=int(len(bn_scale)*args.prune_rate)  # 计算需要裁剪的特征图数目
idx=np.argsort(np.abs(bn_scale))
th=np.abs(bn_scale[idx[cnt]]) # 门限，BN 层尺度因子小于它的卷积被裁减

# bn_mask 存放每个 BN 层的特征图的裁剪标志
bn_mask=[]
for m in model.modules():
    if isinstance(m, nn.BatchNorm2d):
        mask=np.abs(np.array(m.weight.data.cpu()))>th
        if mask.sum()==0:   # 防止把某个 BN 层输出特征图全部裁剪掉
            mask[np.argmax(\
                 np.abs(np.array(m.weight.data.cpu())))]=True
        bn_mask.append(mask)
    else:
        bn_mask.append(None)
```

代码中 model 是之前训练的神经网络，训练中通过额外加入 BN 层缩放因子的 L1 范数使得 BN 层缩放因子尽量接近 0。代码清单 7-26 给出了第 2、3 步的实现，构建裁剪后的网络，并根据裁剪结果把原网络保留的数据复制到重构网络。

**代码清单 7-26　重构裁剪后的神经网络**

```
# 提取未裁剪的模型 model 的所有数据，存于 param 列表
# 根据运算层的类型提取不同的数据对象
param=[]
for m in model.modules():
    if isinstance(m, nn.BatchNorm2d): # BN 层
        param.append({'weight':np.array(m.weight.data .cpu()),\
                      'bias'  :np.array(m.bias.data    .cpu()),\
                      'mean'  :np.array(m.running_mean .cpu()),\
                      'var'    :np.array(m.running_var .cpu())})
    elif isinstance(m, nn.Conv2d): # 二维卷积层
        param.append({'weight':np.array(m.weight.data.cpu()),\
                      'bias':None, 'mean':None, 'var':None})
    elif isinstance(m, nn.Linear): # 全连接层
        param.append({'weight':np.array(m.weight.data.cpu()),\
                      'bias':np.array(m.bias.data.cpu()),\
                      'mean':None, 'var':None})
    else:
        param.append({'weight':None, 'bias':None, 'mean':None,\
                      'var':None})

# 构建裁剪后的小模型的新架构配置，存放于 cfg_prune 列表
cfg_prune=[]
for m,mask in zip(model.modules(),bn_mask):
    if isinstance(m, nn.BatchNorm2d):
        cfg_prune.append(mask.sum())
    elif isinstance(m, nn.MaxPool2d):
        cfg_prune.append('M')
    elif isinstance(m, nn.AdaptiveAvgPool2d):
        cfg_prune.append('A')
```

```
print('[INF] cfg_prune:',cfg_prune) # 打印裁剪后的网络配置

# 根据裁剪后的架构配置 cfg_prune 重新构建网络模型
model_prune=vgg_c(cfg_prune).to(device)

# 根据裁剪的网络结构对原先网络的数据进行删减
print('[INF] Pruning pre-trained parameters...')
sel=None
for n in range(len(bn_mask)-1,-1,-1):
    m=list(model_prune.modules())[n]
    if isinstance(m, nn.BatchNorm2d):
        sel=np.nonzero(bn_mask[n])[0]
        param[n]['weight']=param[n]['weight'][sel]
        param[n]['bias'  ]=param[n]['bias'  ][sel]
        param[n]['mean'  ]=param[n]['mean'  ][sel]
        param[n]['var'   ]=param[n]['var'   ][sel]
    elif isinstance(m, nn.Conv2d):
        if sel is not None:
            param[n]['weight']=param[n]['weight'][sel,:,:,:]
            sel=None
sel=None
for n,m in enumerate(model_prune.modules()):
    if isinstance(m, nn.BatchNorm2d):
        sel=np.nonzero(bn_mask[n])[0]
    elif isinstance(m, nn.Conv2d):
        if sel is not None:
            param[n]['weight']=param[n]['weight'][:,sel,:,:]
            sel=None
    elif isinstance(m, nn.Linear):
        if sel is not None:
            param[n]['weight']=param[n]['weight'][:,sel]
            sel=None

# 将原先的网络参数装入裁剪后的新网络 model_prune
for n,m in enumerate(model_prune.modules()):
    if isinstance(m, nn.BatchNorm2d):
        m.weight.data =\
            torch.Tensor(param[n]['weight']).to(device)
        m.  bias.data =\
            torch.Tensor(param[n]['bias'  ]).to(device)
        m.running_mean=\
            torch.Tensor(param[n]['mean'  ]).to(device)
        m.running_var =\
            torch.Tensor(param[n]['var'   ]).to(device)
    elif isinstance(m, nn.Conv2d):
        m.weight.data=torch.Tensor(param[n]['weight']).to(device)
    elif isinstance(m, nn.Linear):
        m.weight.data=torch.Tensor(param[n]['weight']).to(device)
```

直接将裁剪过的网络应用到识别任务会导致较大的性能下降，需要补充训练，即基于裁剪后的网络结构，再次执行训练。训练部分的代码原理和原始（未裁剪）网络几乎相同，这里不再给出，完整代码在书中配套的例程中给出，读者可以参考。

表 7-2 给出了这一方案的网络裁剪效果比较。

**表 7-2 网络裁剪前后的参数量和性能对比**

| | 卷积层输出的特征图总数 | 卷积核参数总量（存储量） | 识别精度 |
|---|---|---|---|
| 损失函数未加入 BN 层缩放因子 L1 损失 | 5 504 | 20.04MB | 93.43% |
| 损失函数包含 BN 层缩放因子 L1 损失，但未裁剪 | | | 94.07% |
| 按 75% 的裁剪量删除特征图后直接测试 | 1 378 | 2.15MB | 10% |
| 裁剪后经过补充训练 | | | 93.8% |

以上表格测试的原始网络是以类似 VGG19 的架构构成的，裁剪前后各层的特征图通道数从图 7-22 给出的各层结构配置变化可以看出。

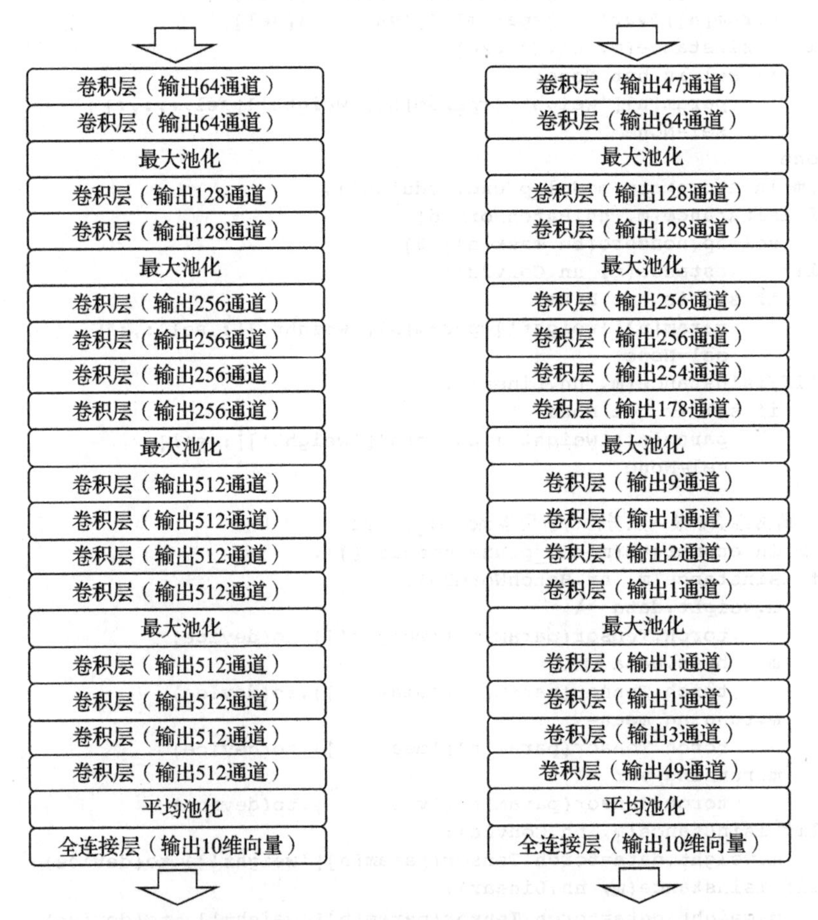


图 7-22 裁剪前后的网络架构对比，左图是裁剪前的架构，右图是裁剪后的架构

经过裁剪，网络参数下降到原先的 12.1%，推理运算量也同比例下降。

有研究指出，对应裁剪过的网络不必加载原始网络的预训练数据的权重数据，基于裁剪过的架构从随机初始参数重新训练，同样能够达到和裁剪前接近的效果。此外，从最近的参考文献能够看到此基础上的不同改进，限于篇幅，我们不扩展介绍，感兴趣的读者可以参考最新的神经网络会议和期刊的论文。

## 7.3.2 卷积结构优化

卷积结构优化 [2] 可以看成近似卷积的应用，但不同的是它被直接固定在运算结构上，而不是对某一原始卷积运算的近似。常见的方案包括按点卷积、按深度卷积以及深度可分离卷积等，下面分别进行介绍。

- **按点卷积（pointwise convolution）**

按点卷积也称为核尺寸为 1×1 的卷积，但它实际上并没有执行卷积操作，而是对输入特征图根据不同加权系数计算加权和。图 7-23 给出输入 4 通道特征图、输出 2 通道特征图的 1×1 卷积核运算的例子。

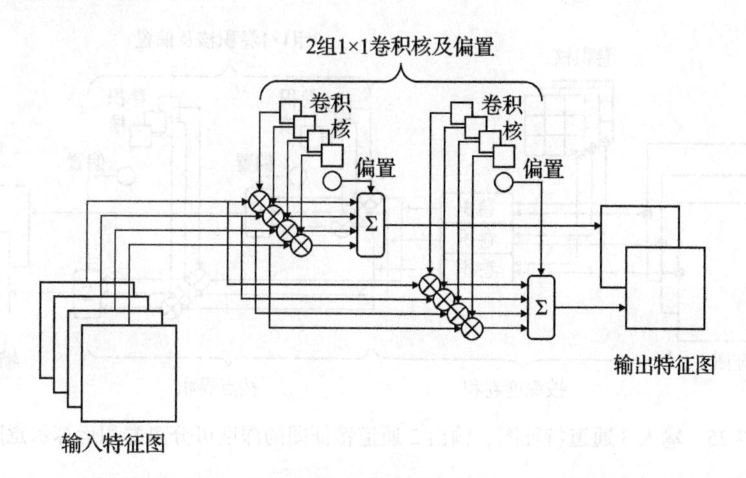


图 7-23 输入 4 通道特征图、输出 2 通道特征图的 1×1 卷积核运算的示意图

图中“偏置”是可选的，一般会设置为 0。从图 7-23 可以看到，右边输出的 2 个输出特征图是输入 4 个特征图按两组加权系数分别加权求和得到的。

- **按深度卷积（depthwise convolution）**

按深度卷积是指将每一个输入特征图分别和对应的卷积核卷积得到输出特征图。输出特征图的数目和输入特征图的相同。图 7-24 所示是 3 个输入和 3 个输出特征图的“按深度卷积”运算示意图。

- **深度可分离卷积（depthwise separable convolution）**

深度可分离卷积运算是按深度卷积和按点卷积运算的级联。常规的卷积层中，对 $C_{in}$ 个输入特征图、$C_{out}$ 个输出特征图的卷积操作，每个输出特征图对应 $C_{in}$ 个通道的卷积核矩阵，共有 $C_{in}\times C_{out}$ 个卷积核矩阵。深度可分离卷积的算法大大降低了卷积层的数量，具体来说，

它使用 $C_{in}$ 个卷积核矩阵，分别对每个输入特征图卷积（即按深度卷积）得到输出，然后再通过 $C_{out}$ 种线性组合（即按点卷积）得到 $C_{out}$ 个输出特征图。如图 7-25 中给出的例子所示。

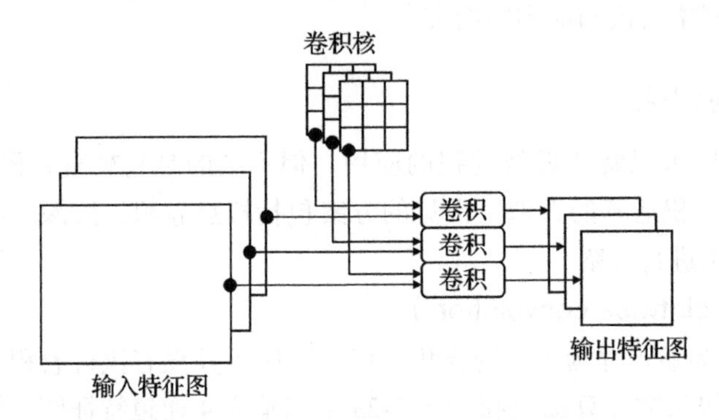


图 7-24　输入 3 通道特征图、输出 3 通道特征图的“按深度卷积”运算的示意图

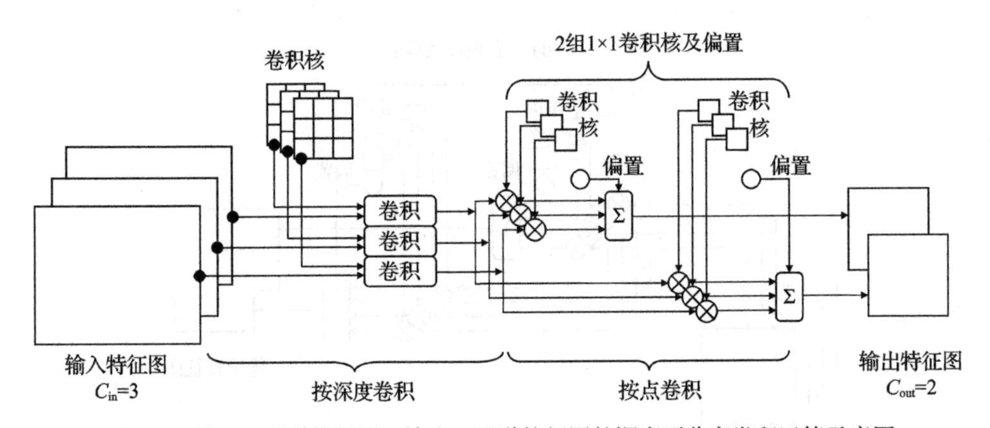


图 7-25　输入 3 通道特征图、输出 2 通道特征图的深度可分离卷积运算示意图

图 7-25 中给出的卷积层输入特征图通道数为 $C_{in}=3$，输出特征图通道数为 $C_{out}=2$，只用了 3 个卷积核矩阵（没有计入 1×1 卷积），运算量降低到大约是传统卷积层的 1/2（大约是 $1/C_{out}$，具体降低程度与卷积核尺寸以及输出通道数有关）。

深度可分离卷积运算所需要的参数数据量是（不考虑偏置数据）：

$$C_{in} \times K^2 + C_{in} \times C_{out}$$

其中 $C_{in}$ 和 $C_{out}$ 分别是输入和输出特征图数目，$K$ 是按深度卷积的（方形）卷积核尺寸。相比之下，传统的神经网络卷积运算所需要的卷积核参数数据量是（不考虑偏置数据）：

$$C_{in} \times K^2 \times C_{out}$$

当 $C_{out}$ 较大时，深度可分离卷积的参数数据量远小于传统卷积运算。此外，从运算量角度看，深度可分离卷积的乘法运算量大约为

$$C_{\text{in}} \times W_{\text{out}} \times H_{\text{out}} \times K^2 + C_{\text{in}} \times C_{\text{out}} \times W_{\text{out}} \times H_{\text{out}}$$

而传统卷积的运算量大约为

$$C_{\text{in}} \times W_{\text{out}} \times H_{\text{out}} \times K^2 \times C_{\text{out}}$$

当 $C_{\text{out}}$ 较大时，两者的乘法运算量大约相差 $C_{\text{out}}$ 倍。可见深度可分离卷积运算在参数数据量和乘法运算量方面具有优势，但付出的代价是由于参数量减少带来的“自由度”的降低以及因此带来的性能约束。

- **MobileNet 卷积神经网络架构**

MobileNet 是 Google 提出的，包括 V1、V2 和 V3 三个版本，它们是适用于嵌入式环境下的精简了的神经网络架构，使用了之前介绍的按点卷积、按深度卷积和深度可分离卷积的思想。下面重点介绍 MobileNet V2 架构，它的参数数据量是 3.5MB，对比表 7-1 可以看到它的尺寸远小于其他几种典型的神经网络。

MobileNet V2 架构中主要的运算环节是反残差模块（inverted residual），它的结构如图 7-26 所示。

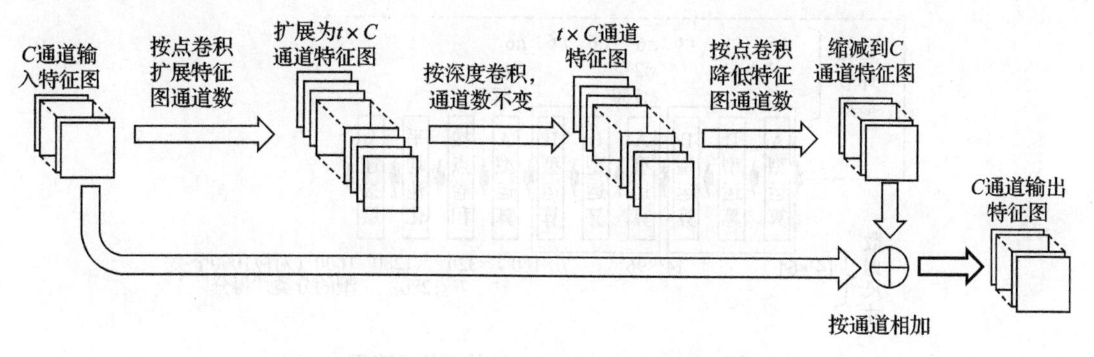


图 7-26 MobileNet V2 架构中的反残差模块运算流程

对于 $C$ 个通道的输入特征图，它首先通过按点卷积运算对输入特征图通道数进行扩展，得到 $t \times C$ 个通道的特征图，然后通过按深度卷积得到相同输出通道数的卷积结构，再经过按点卷积将通道数降低到最初的 $C$ 个通道，最后通过和输入逐通道相加，得到 $C$ 个通道输出特征图。另外需要注意的是图 7-26 中所写的“卷积”实际上包括了卷积、归一化（BN）和激活运算三个运算的组合。

MobileNet V2 架构中使用的另一个主要结构是滑动步长为 2（卷积参数 `stride=2`）的卷积运算环节，它取代传统神经网络的池化运算，对应的运算流程示意图如图 7-27 所示。

这一结构的运算过程和之前的类似，但中间的按深度卷积使用滑动步长大于 1 的卷积，使得输出特征图尺寸减小。

图 7-28 所示是完整的 MobileNet V2 架构示意图。

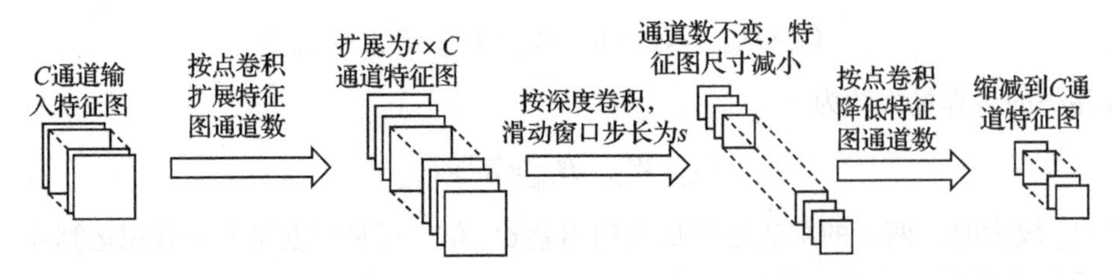


图 7-27 MobileNet V2 架构中降低输出特征图尺寸的卷积环节运算流程

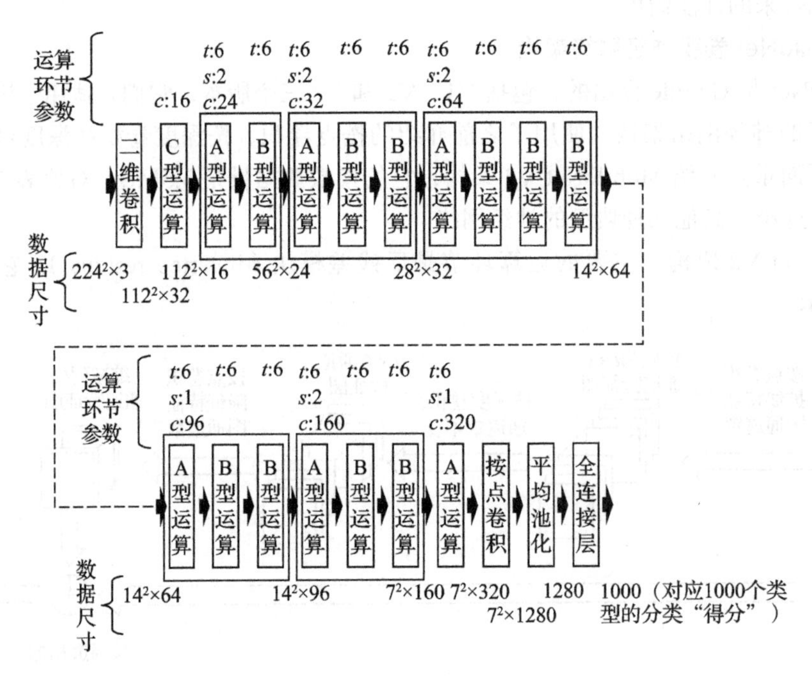


图 7-28 MobileNet V2 总体架构示意图

图 7-28 中出现的 A 型、B 型和 C 型运算及其参数 *t*/*s*/*c* 的定义如图 7-29 所示。构建上述网络结构的代码在代码清单 7-27 中给出。

**代码清单 7-27 MobileNet V2 网络的构建**

```
import torch
from torch import nn
import numpy as np

## 卷积 -BN- 激活（RELU6）结构组合
class ConvBNActivation(nn.Sequential):
    def __init__( self,
                in_planes,          # 输入
                out_planes,         # 输出
                kernel_size = 3,    # 卷积核尺寸
                stride = 1,
```

```
                groups = 1):
        super(ConvBNReLU, self).__init__(
            nn.Conv2d(in_planes, out_planes,
                      kernel_size, stride, (kernel_size-1)//2,
                      dilation=1, groups=groups,
                      bias=False),
            nn.BatchNorm2d(out_planes),
            nn.ReLU6(inplace=True)
        )
        self.out_channels = out_planes


# 考虑和之前的版本兼容（参考 torchvision 代码）
ConvBNReLU = ConvBNActivation

##  通道扩展（按点卷积） → 按深度卷积  → 通道压缩（按点卷积）
#      1×1 卷积核           3×3 卷积核        1×1 卷积核
class InvertedResidual(nn.Module):
    def __init__(self, inp, oup, stride, expand_ratio):
        super(InvertedResidual, self).__init__()
        self.stride = stride

        # 通道扩展数目
        hidden_dim = int(round(inp * expand_ratio))

        # 是否使用残差结构
        self.use_res = (self.stride==1) and (inp==oup)

        # 构建的运算层
        if expand_ratio == 1:
           layers = [ConvBNReLU(hidden_dim, hidden_dim,
                                stride=stride,
                                groups=hidden_dim), # 按深度卷积
                     nn.Conv2d(hidden_dim, oup, 1, 1, 0,
                               bias=False), # 按点卷积
                     nn.BatchNorm2d(oup)]
        else:
            layers = [ConvBNReLU(inp, hidden_dim,
                                 kernel_size=1), # 按点卷积通道扩展
                      ConvBNReLU(hidden_dim, hidden_dim,
                                 stride=stride,
                                 groups=hidden_dim), # 按深度卷积
                      nn.Conv2d(hidden_dim, oup, 1, 1, 0,
                                bias=False), # 按点卷积
                      nn.BatchNorm2d(oup)]

        self.conv = nn.Sequential(*layers)
        self.out_channels = oup

    # 正向推理
    def forward(self, x):
        return x+self.conv(x) if self.use_res else self.conv(x)
```

```
class MobileNetV2(nn.Module):
    def __init__(self, num_classes=1000, round_nearest=8):
        super(MobileNetV2, self).__init__()
        # 输入输出通道数（8 的倍数）
        input_channel = 32
        last_channel = 1280

        # t 表示通道增加倍数，c 表示输出通道数，n 表示模块重复数，s 表示滑动窗步长
        #                             t,   c, n, s
        inverted_residual_setting = [[1,  16, 1, 1],
                                     [6,  24, 2, 2],
                                     [6,  32, 3, 2],
                                     [6,  64, 4, 2],
                                     [6,  96, 3, 1],
                                     [6, 160, 3, 2],
                                     [6, 320, 1, 1]]
        # 前处理层
        features = [ConvBNReLU(3, input_channel, stride=2)]

        # 中间层
        for t, c, n, s in inverted_residual_setting:
            for i in range(n):
                stride = s if i == 0 else 1
                features.append(InvertedResidual(input_channel,
                                                 c,
                                                 stride,
                                                 expand_ratio=t))
                input_channel = c

        # 特征输出层（按点卷积）
        features.append(ConvBNReLU(input_channel,
                                   last_channel,
                                   kernel_size=1))

        # 之前生成的所有运算层级联起来
        self.features = nn.Sequential(*features)

        # 分类输出（全连接层）
        self.classifier = nn.Sequential(
            nn.Dropout(0.2),
            nn.Linear(last_channel, num_classes),
        )

        # 权重初始化
        for m in self.modules():
            if isinstance(m, nn.Conv2d):
                nn.init.kaiming_normal_(m.weight, mode='fan_out')
                if m.bias is not None:
                    nn.init.zeros_(m.bias)
            elif isinstance(m, (nn.BatchNorm2d, nn.GroupNorm)):
                nn.init.ones_(m.weight)
                nn.init.zeros_(m.bias)
```

```
        elif isinstance(m, nn.Linear):
            nn.init.normal_(m.weight, 0, 0.01)
            nn.init.zeros_(m.bias)

    def forward(self, x):
        x = self.features(x)
        x = nn.functional.adaptive_avg_pool2d(x, (1, 1))
        x = torch.flatten(x, 1)
        x = self.classifier(x)
        return x
```

所列出的代码来自 torchvision 的代码，但经过简化并补充了注释。读者可以对比代码和图 7-29 来理解 Mobilenet V2 架构的细节。

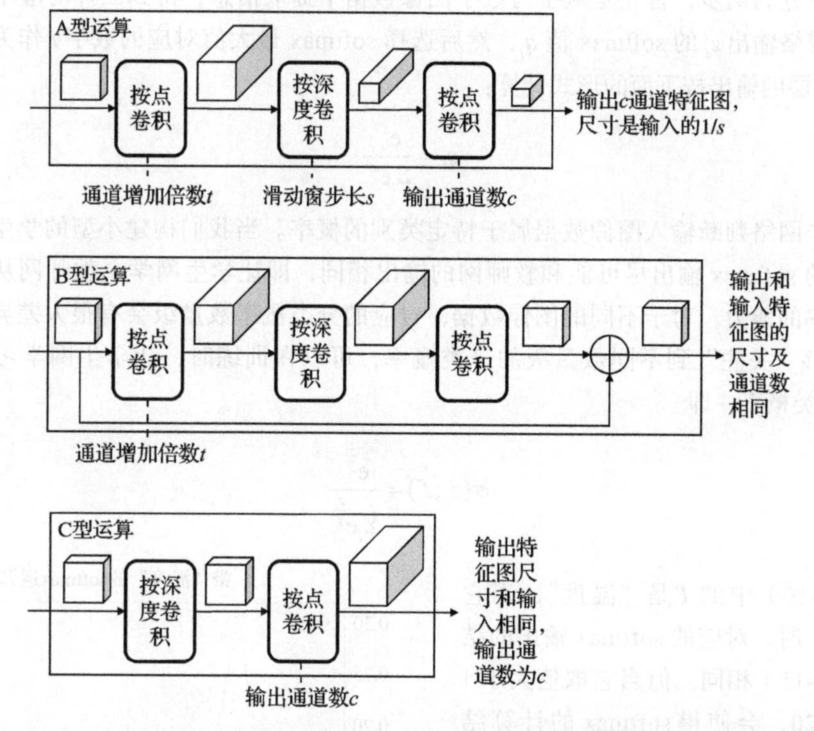


图 7-29　MobileNet V2 架构示意图中 A、B 和 C 型运算环节的运算结构示意图

Mobilenet 更新的版本是 V3[3]，它和 V2 相比在激活函数上进行了更改，并且使用自动架构搜索，以尽可能精简的架构实现所需要的分类精度。神经网络架构的自动搜索会是今后自动优化和剪裁网络参数的重要手段。感兴趣的读者可以通过最新的论文了解这一领域的进展。

## 7.3.3　知识蒸馏

知识蒸馏[4]是以“师徒教学”的方式得到低复杂度神经网络。复杂的大神经网络里面往往包含了冗余结构，训练大网络容易“收敛”到较好的性能，但运算量大，而直接训练小型神经网络难以得到类似的性能。知识蒸馏试图解决这一矛盾，它的基本过程分两个阶段：

1）先训练大而复杂的神经网络（后面称为“教师网”）。

2）构建小型神经网络（后面称为“学生网”），用大神经网络从输入数据中提取的中间信息来帮助训练小网络。

这一过程使得小网络能够“模拟”大网络从数据中提取信息的行为，并能够达到和大网络接近的性能。下面基于分类神经网络介绍它的具体实现方案[4]。

对于分类神经网络，比如 MNIST 手写数字分类器，训练完整的神经网络实现分类的过程大致可以分为两步，首先是从手写数字图像数据中提取信息，得到图片对应不同数字的概率，即网络输出 $z_i^i$ 的 softmax 值 $q_i$，然后选择 softmax 最大值对应的数字 $i$ 作为输出。其中 softmax 层的输出按下面的形式计算：

$$q_i = \frac{\mathrm{e}^{z_i}}{\Sigma_i \mathrm{e}^{z_i}} \tag{7-15}$$

它可以看作网络判断输入图像数据属于特定类别的概率。当我们构建小型的学生网时，要求学生网的 softmax 输出尽可能和教师网的输出相同，即让学生网学会教师网从数据中计算分类概率的能力。对于不同的图像数据，对应的分类概率数量级会有很大差异，为了让学生网能够“关注”到不同数量级的分类概率，可以在训练时，让学生网学习弱化了的 softmax 分类概率，即

$$\sigma(z_s;T) = \frac{\mathrm{e}^{\frac{z_s}{T}}}{\Sigma_i \mathrm{e}^{\frac{z_i}{T}}} \tag{7-16}$$

式（7-16）中的 $T$ 是“温度”，当它的数值为 1 时，对应的 softmax 输出的结果和式（7-15）相同。但当它取值大于 1 时，比如 20，会使得 softmax 的计算结果趋于相同，比如下面的例子中，分别用 $T$=1、2、4、8 计算一个 8 维向量（8 个类别分类器输出）的 softmax，得到的结果如图 7-30 所示。

我们在训练学生网时设置较高的 $T$，避免 softmax 计算得到的概率数量级差异过大而“忽视”小概率的数值。当训练完成后，在使用学生网时再将 $T$ 恢复到 1。

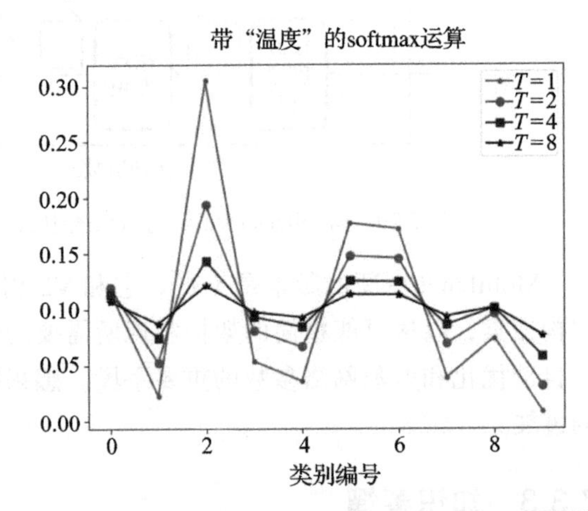


图 7-30　不同温度下某一 10 维向量的 softmax 运算结果，温度 $T$ 越高，softmax 结果的差异越小

训练学生网使用式（7-17）所示的损失函数，它的右侧分别是 KL 距离损失和交叉熵损失，分别兼顾向教师网学习和向训练数据学习这两方面：

$$L(x;\theta)=\alpha L(\sigma(z_t;T=\tau),\sigma(z_s,T=\tau))+\beta L(y,\sigma(z_s;T=1)) \tag{7-17}$$

式中 $\theta$ 指学生网络的参数，函数 $\sigma(z_s,T)$ 由式（7-16）定义，上式右端具体见代码清单 7-28 中 soft_loss 和 hard_loss 的代码。

基于上述损失函数的网络训练过程的示意图如图 7-31 所示。

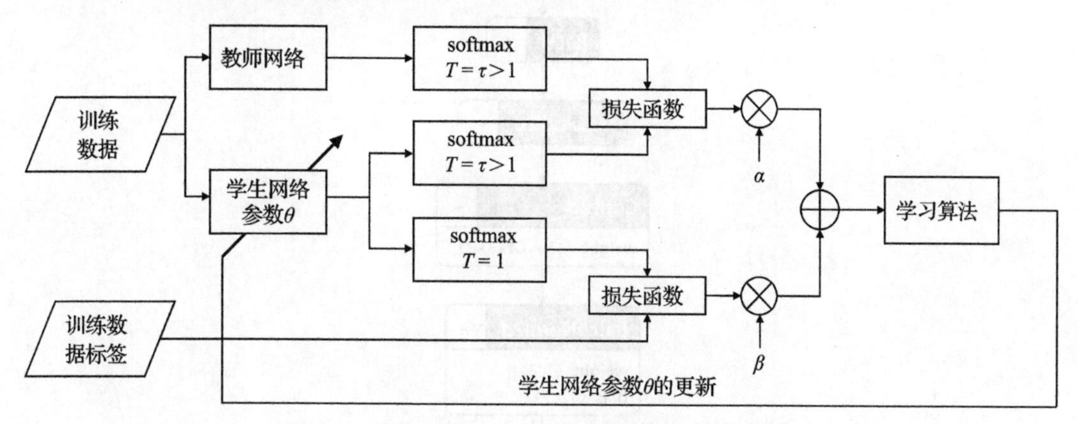


图 7-31　知识蒸馏对应的神经网络训练过程示意图

上面公式中的参数 $(\alpha,\beta,\tau)$ 是需要人工选择的超参数。

下面以 CIFAR10 数据集的分类神经网络为例，说明具体的训练方法。我们首先训练教师网，该网络使用类似 VGG19 的网络架构，该架构和代码清单 7-23 给的例子的一样。然后我们构建结构简单的学生网，该网络架构如图 7-32 所示。

最后利用训练完成的教师网对学生网进行“指导”，以图 7-31 所示方案训练学生网，提高学生网性能。上述几个阶段对应的网络参数的数据量和识别精度如表 7-3 所示。

表 7-3　教师网和学生网的参数的数据量和性能比较

| | 网络参数的数据量 | 识别精度 |
|---|---|---|
| 教师网 | 80.2MB | 93.4% |
| 学生网（单独训练） | 315KB | 78.9% |
| 学生网（知识蒸馏训练） | | 81.2% |

可以看到在没有以师徒方式训练时，学生神经网络只能达到 78.9% 的精度，经过知识蒸馏方式训练后，学生网络的精度提升到 81.2%，提升了 2.3%。学生网的数据尺寸非常小，只有教师网的 0.39%。代码清单 7-28 中给出了上述知识蒸馏过程中使用的训练代码，具体原理可以参考代码中的注释。

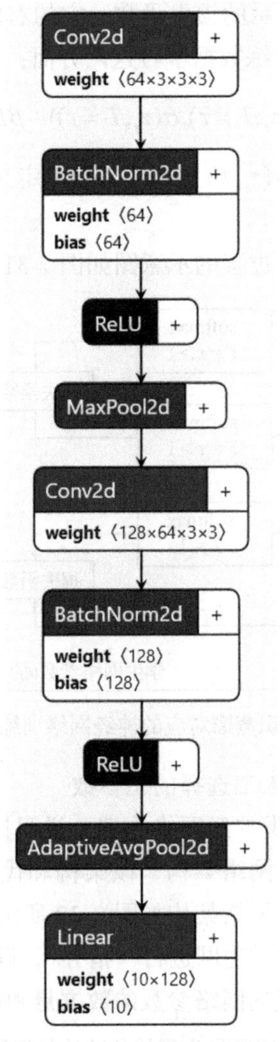


图7-32　学生网的结构

**代码清单7-28　知识蒸馏过程中使用的训练代码**

```
## 知识蒸馏训练
def train_ts(args,                                   # 训练过程控制参数
             model_teacher, model_student,           # 教师和学生网络模型
             device,
             train_loader, test_loader,              # 训练、测试数据加载器
             T=4.0, alpha=1.0, beta=1.0):            # 超参数
    model_teacher.to(device)    # 根据 device 转到 CPU 或者 GPU 平台运算
    model_student.to(device)

    model_teacher.eval()        # 设置教师网处于推理模式
```

```
model_student.train()        # 设置学生网处于学习模式

# 网络训练优化器
optimizer = optim.Adam(model_student.parameters())

# 网络训练
for epoch in range(1, args.epochs + 1):
    for batch_idx, (data, target) in enumerate(train_loader):
        data, target = data.to(device), target.to(device)
        optimizer.zero_grad()

        # 分别计算教师网和学生网的输出
        out_teacher=model_teacher(data)
        out_student=model_student(data)

        # 计算 soft_loss，即式（7-17）右侧第一项
        p = F.log_softmax(out_student/T, dim=1)
        q = F.    softmax(out_teacher/T, dim=1)
        soft_loss = -torch.mean(torch.sum(q*p, dim=1))*(T**2)

        # 计算 hard_loss，即式（7-17）右侧第二项
        hard_loss = F.cross_entropy(out_student, target)

        # 计算混合 loss，即式（7-17）
        loss = alpha*soft_loss+beta*hard_loss
        loss.backward()

        # 学生网学习
        optimizer.step()
```

## 7.4　小结

神经网络在嵌入式系统上实现优化得到了学术界和工业界的广泛关注，本章介绍的几种方案是基本方案，基于这些方法能够得到很多推广方案，比如将本章提到的几种方法按特定的顺序交替使用，作用于神经网络以得到精简的神经网络。另外，本章给出的网络结构和参数剪枝训练算法用到了 L1 范数，对于它们背后的理论，读者可以参考文献 [5]。

近年来，随着研究的深入，各种新的方案和算法被提出，不断突破原有的性能极限。希望读者在本章的基础上针对不同嵌入式系统的运算特点尝试各种可能的改进方式，使得高性能的神经网络架构能够在嵌入式系统中充分发挥其性能优势。

## 参考文献

[1]　LIU Z, LI J, SHEN Z, et al. Learning Efficient Convolutional Networks through Network Slimming

[C]. ICCV. IEEE, 2017.

[2] SANDLER M, HOWARD A, ZHU M, et al. *MobileNetV2:Inverted Residuals and Linear Bottlenecks* [J]. CVPR, 2018.

[3] HOWARD A, SANDLER M, CHU G, et al. *Searching for MobileNetV3*[J]. CVPR, 2019.

[4] HINTON G, VINYALS O, DEAN J. Distilling the knowledge in a neural network [C]. NIPS, 2014.

[5] O'BRIEN C M. Statistical Learning with Sparsity: The Lasso and Generalizations[J]. International Statistical Review, 2016.

# 第8章
# ARM 平台上的机器学习编程

ARM 处理器在嵌入式系统中应用广泛，本章介绍基于 ARM 嵌入式平台的机器学习算法编程。具体内容围绕 ARM 的三个软件框架，分别是 CMSIS 软件框架、Computer Library 及其之上的 ARM NN 软件框架。由于上述每个软件框架都包括了大量 API，并且 API 数量、接口以及功能随着版本增长不断更新，无法在有限的篇幅内逐一介绍，因此我们会围绕几个机器学习的实例进行讲解，希望读者能够以这几个例子为起点，快速掌握在嵌入式系统中的机器学习算法编程的核心思想，并通过阅读框架源代码和文档逐步掌握更多的应用技巧，将其应用于工程实践。

在嵌入式应用中，ARM 处理器主要分三个不同的系列：

- Cortex-A 系列

该系列处理器侧重复杂应用，能够运行类似 Linux 级别的操作系统。在操作系统支持下运行多任务应用程序，提供丰富的人机交互功能。这一类处理器关注运算性能，功耗和速度相对较高，应用领域包括平板电脑和彩屏手机等。

- Cortex-M 系列

该系列处理器针对工业控制应用，在外围接口控制器和片内运算加速硬件的选择上根据工业应用需求进行优化，平衡外围电路复杂度、系统功耗、可靠性和成本。Cortex-M 系列处理器在片内存储和运算能力上低于 Cortex-A 系列处理器，但它在工业控制和消费类家电产品中得到广泛应用。在大多数嵌入式应用系统中，Cortex-M 处理器往往站在“幕后”，不直接参与用户界面操作，比如用于设备的电源控制、传感器芯片数据传输和接口管理等。

- Cortex-R 系列

这一系列处理器面向需要实时，快速响应的应用，对功耗、性能和封装形式进行了优化，使之适用于可靠性和容错要求更高的工业应用领域。

在机器学习应用方面，Cortex-A 系列硬件运算资源丰富，支持大容量的片外 DDR 存储器，能够运行大运算量的机器学习算法，包括多种深度卷积神经网络。后面介绍的 ARM Computer Library 以及 ARM NN 框架对 Cortex-A 系列处理器在机器学习领域的软件开发提供较好的支撑。

Cortex-M 和 Cortex-R 系列处理器运算能力相对有限，多数产品只使用有限的内存储器，对于这两个系列的处理器，需要更多的优化以满足机器学习算法要求，CMSIS 软件框架中的 CMSIS-DSP 和 CMSIS-NN 中提供了大量经过优化的 API，使得在这两个系列处理器上能够实现机器学习算法，但支撑能力受限于实时性和内存。

下面将分别介绍这些软件框架在 ARM 平台上的使用。

## 8.1 CMSIS 软件框架概述

Cortex-M 系列 ARM 处理器在嵌入式系统中得到广泛应用，不同的 Cortex-M ARM 处理器配备不同的外部控制器，但执行二进制指令的核心是相同的。为了提高这一系列 ARM 处理器软件的开发效率，ARM 公司从 2008 年开始，推动并开发了 CMSIS 软件接口标准。CMSIS 是 Cortex Microcontroller Software Interface Standard 的首字母缩写，它的英文全称表明 CMSIS 主要面向 Cortex-M 系列 ARM 处理器，但现有的 CMSIS 软件包也提供了少量针对 Cortex-A5/A7/A9 系列 ARM 处理器的内容。

CMSIS 的具体架构如图 8-1 所示。

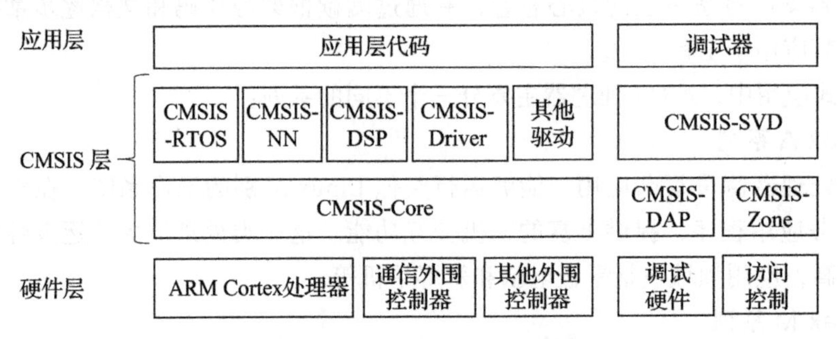


图 8-1　CMSIS 软件接口标准的模块构成

图 8-1 的左侧列出了 CMSIS 软件的三个分层：应用层、CMSIS 层、硬件层，中间的 CMSIS 层包括了独立于具体的 ARM 处理器型号的软件模块，它们规定了和 ARM 处理器平台无关的通用接口规范。最下层硬件层是和 ARM 处理器型号以及外围控制器相关的定义。CMSIS 框架的核心部分包括了多个子模块，下面简要列出这些子模块的功能说明。

- CMSIS-Core

CMSIS-Core 提供 ARM 处理器启动时最初运行的代码、处理器内部单元的访问代码以及外设控制器部分代码。这些代码包括处理器、寄存器的基本配置，默认的中断服务程序的代码，时钟中断设置等。这部分代码为后续的软件执行提供一个最基本的运行环境。

- CMSIS-DAP

CMSIS-DAP 中的 DAP 来自英文 Debug Access Port 的首字母。它规定了 ARM 处理器和调试器的统一接口，包括调试控制命令、数据格式等信息。CMSIS-DAP 同时包括了 ARM 处理器调试控制固件（firmware）的具体实现，它使得 PC 端的调试软件通过 USB 口和 ARM 处理器通信，并执行调试任务。利用 CMSIS-DAP 提供的固件可以快速实现一个 Cortex 处理器的仿真器硬件，如图 8-2 所示。关于 CMSIS-DAP 的细节，请参照 https://arm-software.github.io/CMSIS_5，我们在这里不详细展开。

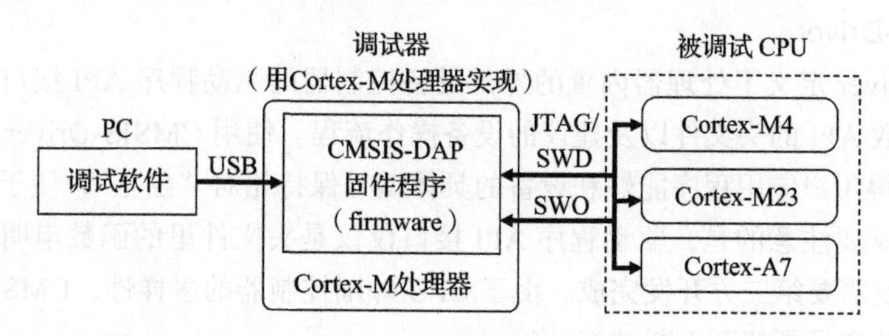


图 8-2　基于 CMSIS-DAP 提供的固件实现 ARM 调试器

- CMSIS-Zone

对于复杂的 ARM 处理器架构以及多核 ARM 处理器，不同软件模块运行在相互分离的不同“空间”。这里的“空间”就是英文单词 Zone，它包括了软件模块运行的地址访问范围以及能够访问的外围控制器集合两部分。CMSIS-Zone 定义了用于描述不同空间的文件格式，并提供图形化的界面生成这些描述文件。而这些描述文件能够进一步被自动代码生成工具使用，生成各种程序源代码，包括编译链接脚本文件、地址空间定义的头文件、CPU 启动时刻的初始化代码、C/C++ 代码框架等。

- CMSIS-RTOS

CMSIS-RTOS 是实时操作系统（Real Time Operating System，RTOS）的接口 API，它本身不是 RTOS，需要和第三方提供的 RTOS 一起使用，但它为上层应用提供名称统一的 API 接口，通过这些 API 调用底层不同类型操作系统的服务。使用 CMSIS-RTOS 定义的 API 接口，使得运行在操作系统上的用户应用程序可以和底层操作系统的类型“无关”，方便应用程序移植到兼容 CMSIS-RTOS 的不同实时操作系统上。图 8-3 所示是基于 CMSIS-RTOS 架构的示意图。

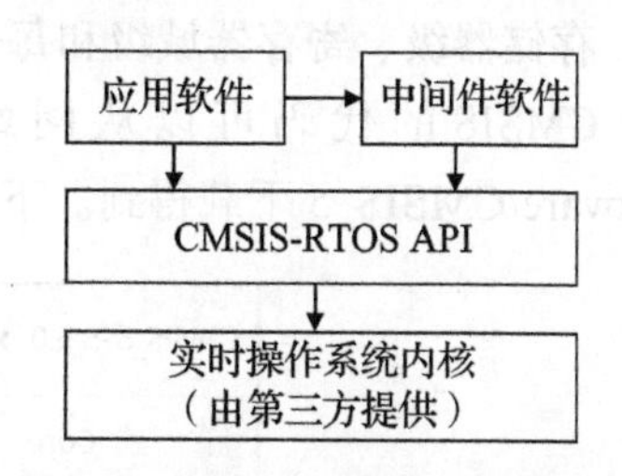


图 8-3　基于 CMSIS-RTOS 架构示意图

- CMSIS-NN

CMSIS-NN 包括和神经网络相关的数学运算代码，其中一部分运算基于 CMSIS-DSP 实现。它具体包括了神经网络卷积层的卷积运算、激活函数运算、神经网络全连接层的计算、softmax 运算等。

- CMSIS-DSP

CMSIS-DSP 包括一系列数学运算的实现代码，用于各类信号处理应用，内容包括快速算法、复数运算、矩阵运算、时域 / 频域变换运算、数据统计、插值等数学运算。它同时也包括和应用相关的滤波运算和电机控制代码。这些代码针对特定的处理器进行了手工优化，因此对于不同的 ARM 处理器类型有不同的版本，用户程序需要用“宏开关”来选择和所使用的处理器匹配的代码。

- CMSIS-Driver

CMSIS-Driver 定义了处理器内置的外部设备控制器的驱动程序 API 接口，包括描述不同设备操作函数 API 的头文件以及建议的设备操作流程。使用 CMSIS-Driver 定义的驱动程序 API 接口使得用户应用程序能够和设备的具体型号保持相对“独立”，便于软件在不同处理器上移植。需要注意的是，驱动程序 API 接口仅仅是头文件里的函数申明，而具体的代码实现细节还是需要第三方开发完成。由于 CPU 外围控制器的多样性，CMSIS-Driver 定义的内容随着硬件产品更新而不断扩充。

- CMSIS-SVD

CMSIS-SVD 中的 SVD 是指 System View Description，即“系统视图描述”，CMSIS-SVD 定义了基于 XML 文本的处理器外设信息和参数格式，这一格式的文本能够清晰地描述每种 Cortex-M 处理器的特性，包括处理器型号、总线位宽、外围控制器特性、片内寄存器等。ARM 的硬件调试器通过这些描述文件，在调试时为程序员提供处理器状态数据显示。图 8-4 给出了 CMSIS-SVD 定义的 XML 文件的层次化结构，它从高到低定义了 ARM 处理器的所有参数信息，包括了从器件级、处理器级、外围控制器级、存储器级、寄存器域级和每个位域取值的信息。

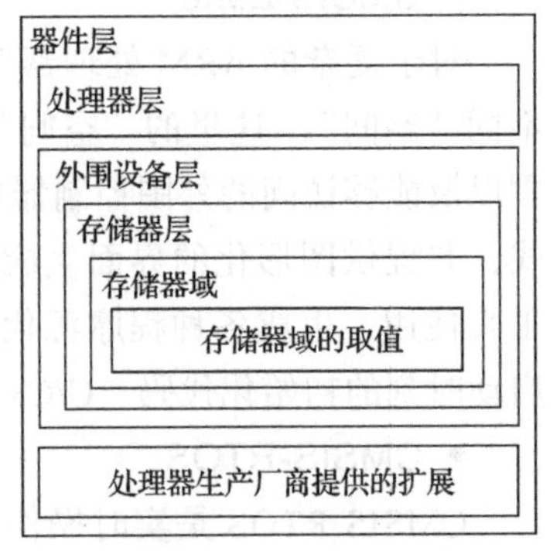


图 8-4 CMSIS-SVD 定义的 XML 文件的层次化结构

CMSIS 的代码可以从网站 https://github.com/ARM-software/CMSIS_5 下载得到。下载的 CMSIS 代码的目录结构如图 8-5 所示。

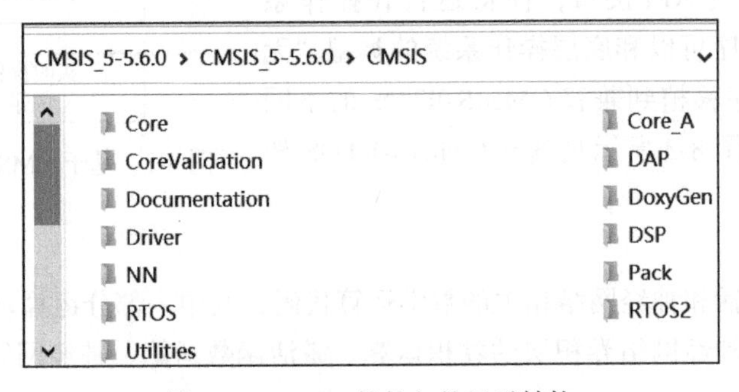


图 8-5 CMSIS 软件包的目录结构

这一目录结构和 CMSIS 的各个模块是对应的。CMSIS 软件框架以头文件的形式给出了不少 API 定义，但很多具体代码和处理器的具体型号有关，是由处理器生产厂商另外提供的。图 8-6 给出了使用 ST 公司的 STM32 CubeIDE 开发环境建立的 STM32F4 处理器软件工程的界面。从图中右侧工程文件的目录结构可以看到这一软件工程的源代码包括了 CMSIS 统一提供的代码、第三方提供的 FreeRTOS 操作系统代码、ST 公司的 STM32H7 系列 CPU 的设备驱动程序代码。这些代码是用户建立工程时由 STM32 CubeIDE 软件根据用户选择的处理器型号和软件中间件自动生成的。开发时不需要过多地关注 CMSIS 的实现，只需要了解如何使用它们提高开发效率。

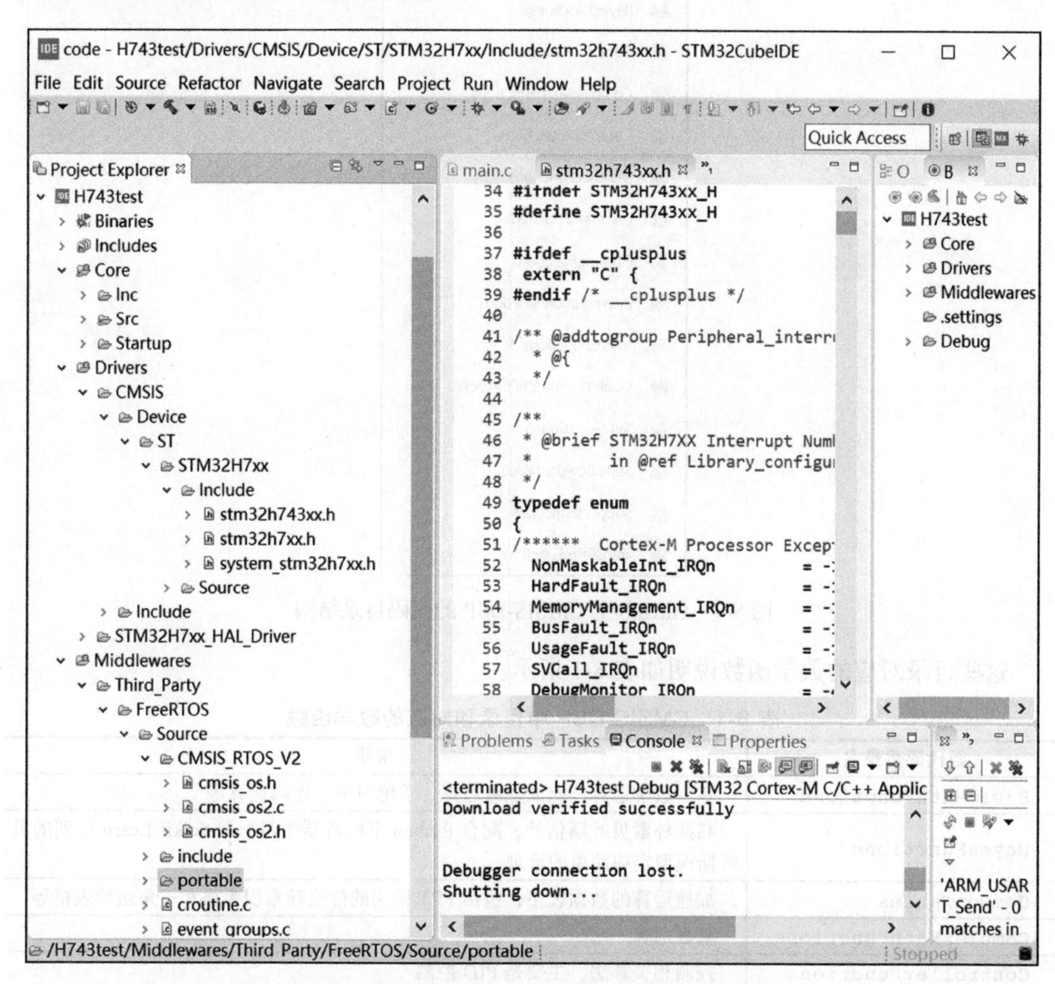


图 8-6　STM32 CubeIDE 生成的软件工程示意图

CMSIS 中的 CMSIS-DSP、CMSIS-NN 这两个模块和机器学习关联最为密切，我们将在后面具体介绍。

## 8.2　CMSIS-DSP 软件框架和编程

CMSIS-DSP 包含了经过手动优化的数学运算代码，从下载的 CMSIS 软件包展开后，从代码目录结构可以看到这些数学运算代码的分类，图 8-7 所示是 GitHub 网站上 CMSIS-DSP 模块的代码目录列表。

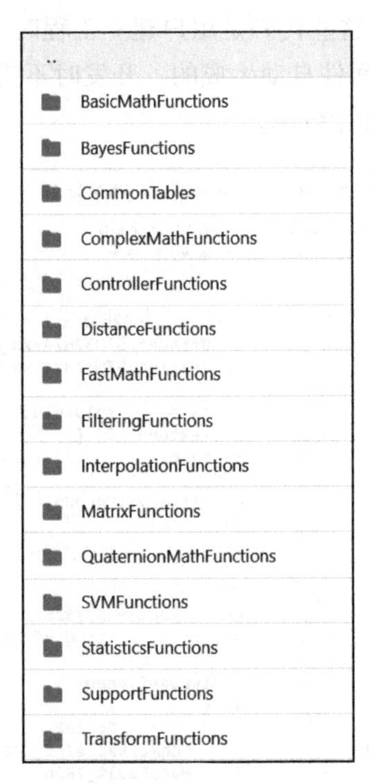


图 8-7　GitHub 上 CMSIS-DSP 的代码目录结构

这些目录对应的数学函数说明如表 8-1 所示。

**表 8-1　CMSIS-DSP 中目录和对应的数学函数**

| 源代码目录名 | 说明 |
| --- | --- |
| BasicMathFunctions | 基本数学运算，比如加减运算、求绝对值、逻辑运算等 |
| BayesFunctions | 高斯朴素贝叶斯估计，配合 Python 下的机器学习框架 Scikit-Learn 得到的贝叶斯模型实现简单的推理 |
| CommonTables | 加速运算的数据表格，包括 FFT 使用的位反转索引表格和三角函数表格等 |
| ComplexMathFunctions | 复数运算 |
| ControllerFunctions | 控制相关算法，主要是 PID 控制 |
| DistanceFunctions | 不同距离计算代码，应用于机器学习中的特征相似度计算 |
| FastMathFunctions | 优化的算法，包括定点数三角函数、指数、对数和开根号等运算 |
| FilteringFunctions | 卷积、FIR 滤波、IIR 滤波、LMS 滤波、信号序列相关计算等 |
| MatrixFunctions | 矩阵加减法、乘法、求逆以及复数矩阵运算 |
| SVMFunctions | SVM 算法 |
| StatisticsFunctions | 统计数据计算，包括熵、KL 距离、均值方差等运算 |
| SupportFunctions | 格式转换、排序、插值等辅助函数 |
| TransformFunctions | FFT、DCT 变换 |

CMSIS-DSP 库处理的数据类型包括单精度浮点数、32 位定点数、16 位定点数和 8 位定点数。CMSIS-DSP 定义的函数和数据类型名称中的最后一段表明该函数或者数据结构适用的数据类型，比如通过表 8-2 给出的几个 API 的名称很容易理解它的功能。

表 8-2 CMSIS-DSP 中不同数据类型的乘法 API 函数

| 函数原型 | 功能说明 |
| --- | --- |
| `void arm_mult_q7( q7_t * pSrcA, q7_t * pSrcB, q7_t * pDst, uint32_t blockSize);` | 两个 S0.7 格式的 8 位定点数数组 pSrcA 和 pSrcB 内部逐个元素相乘，相乘结果存于 pDst 指向的数组。数据长度由 blockSize 给出 |
| `void arm_mult_q15( q15_t * pSrcA, q15_t * pSrcB, q15_t * pDst, uint32_t blockSize);` | 两个 S0.15 格式的 16 位定点数数组 pSrcA 和 pSrcB 内部逐个元素相乘，相乘结果存于 pDst 指向的数组。数据长度由 blockSize 给出 |
| `void arm_mult_q31( q31_t * pSrcA, q31_t * pSrcB, q31_t * pDst, uint32_t blockSize);` | 两个 S0.31 格式的 32 位定点数数组 pSrcA 和 pSrcB 内部逐个元素相乘，相乘结果存于 pDst 指向的数组。数据长度由 blockSize 给出 |
| `void arm_mult_f32( float32_t * pSrcA, float32_t * pSrcB, float32_t * pDst, uint32_t blockSize);` | 两个单精度浮点数（32 位）数组 pSrcA 和 pSrcB 内部逐个元素相乘，相乘结果存于 pDst 指向的数组。数据长度由 blockSize 给出 |

表 8-2 中出现的数据类型的含义如表 8-3 所示。

表 8-3 CMSIS-DSP 中数据类型说明

| 数据类型 | 说明 |
| --- | --- |
| q7_t | 是第 3 章内给出的 S0.7 数据类型 |
| q15_t | 是第 3 章内给出的 S0.15 数据类型 |
| q31_t | 是第 3 章内给出的 S0.31 数据类型 |
| float32_t | 是单精度浮点数，即 C 语言中的 float 数据类型 |
| uint32_t | 是 32 位无符号整数，即 C 语言中的 unsigned int 数据类型（注意，unsigned int 的具体位宽和处理器类型有关，对应 ARM 处理器是 32 位） |

基于上面列出的函数命名规则能够快速找到 CMSIS 里面的函数，应用于不同的数据类型。

## 8.2.1 矩阵运算

矩阵运算在 CMSOS-DSP 库的 MatrixFunctions 子类别里。CMSIS-DSP 库中的矩阵由

专用的数据结构表示，对于用户以数组形式提供的矩阵数据，需要通过调用函数

```
arm_mat_init_f32()
arm_mat_init_q31()
arm_mat_init_q15()
```

转换成 CMSIS-DSP 库接受的矩阵数据类型。这三个函数名称的最后一段指明了它所生成的矩阵数据类型，分别是单精度浮点数类型（`_f32`）、32 位定点数类型（`_q31`）和 16 位定点数类型（`_q15`）。下面的代码片段以单精度浮点数为例，说明如何生成 CMSIS-DSP 库所能够接受的矩阵数据结构。

```
float dat_M[6] = { 1.1, 2.2, 3.3, 4.4, 5.5, 6.6 };
arm_matrix_instance_f32 mat_M;
// 生成 3 行 2 列矩阵 mat_M
arm_mat_init_f32(&mat_M , 3, 2, dat_M );
```

上述代码通过 `arm_mat_init_f32()` 函数调用，将单精度浮点数数组 `dat_M`“装配”得到类型为 `arm_matrix_instance_f32` 的矩阵 `mat_M`。矩阵的尺寸为 3 行 2 列，这一过程如图 8-8 所示。

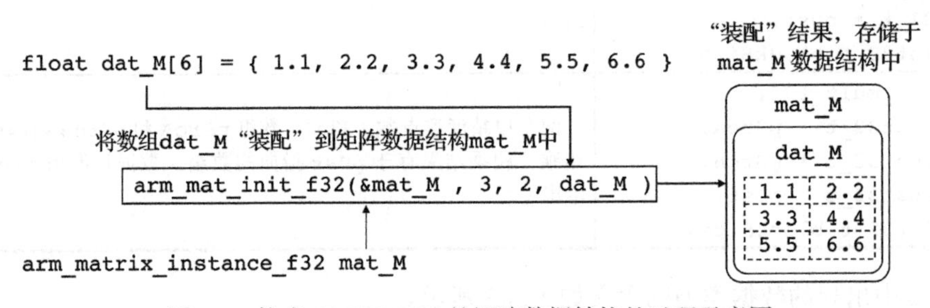


图 8-8 构成 CMSIS-DSP 的矩阵数据结构的过程示意图

下面通过一个例子说明使用 CMSIS-DSP 中的 `MatrixFunctions` 函数库实现矩阵计算。考虑通过最小二乘法求解计算下面矩阵方程的解：

$$\boldsymbol{A}\boldsymbol{x}=\boldsymbol{b}$$

其中 $\boldsymbol{A}$ 和 $\boldsymbol{b}$ 分别是已知的矩阵和向量，而 $\boldsymbol{x}$ 是待求的未知向量。用最小二乘法求解，即

$$\boldsymbol{x}^*=\arg\min_x \|\boldsymbol{A}\boldsymbol{x}-\boldsymbol{b}\|_2$$

上述最小化对应的解析解是

$$\boldsymbol{x}^*=(\boldsymbol{A}^{\mathrm{T}}\boldsymbol{A})^{-1}\boldsymbol{A}^{\mathrm{T}}\boldsymbol{b}$$

代码清单 8-1 计算 $(\boldsymbol{A}^{\mathrm{T}}\boldsymbol{A})^{-1}\boldsymbol{A}^{\mathrm{T}}\boldsymbol{b}$。

**代码清单 8-1 CMSIS-DSP 矩阵运算例程**

```
#include "arm_math.h"
```

```
#include "math_helper.h"

// 存放矩阵A和B元素值的数组
float dat_B[ 4] = { 782.0, 7577.0, 470.0, 4505.0 };
float dat_A[16] =
{
    1.0,     32.0,      4.0,      128.0,
    1.0,     32.0,     64.0,     2048.0,
    1.0,     16.0,      4.0,       64.0,
    1.0,     16.0,     64.0,     1024.0,
};

// 存放运算的中间结果元素值的数组
float dat_C0[16];
float dat_C1[16];
float dat_C2[16];
float dat_X[4];

// 存放参考答案元素值的数组
float dat_X_answer[4] = { 73.0, 8.0, 21.25, 2.875 };

int matrix_exp()
{
    int snr;

    // CMSIS-DSP的矩阵对象
    arm_matrix_instance_f32 mat_A;
    arm_matrix_instance_f32 mat_C0;
    arm_matrix_instance_f32 mat_C1;
    arm_matrix_instance_f32 mat_C2;
    arm_matrix_instance_f32 mat_B;
    arm_matrix_instance_f32 mat_X;

    // 初始化CMSIS-DSP的矩阵对象，填入矩阵元素值
    arm_mat_init_f32(&mat_A , 4, 4, dat_A );
    arm_mat_init_f32(&mat_B , 4, 1, dat_B );
    arm_mat_init_f32(&mat_X , 4, 1, dat_X );
    arm_mat_init_f32(&mat_C0, 4, 4, dat_C0);
    arm_mat_init_f32(&mat_C1, 4, 4, dat_C1);
    arm_mat_init_f32(&mat_C2, 4, 4, dat_C2);

    // 矩阵运算
    arm_mat_trans_f32   (&mat_A , &mat_C0         );
    arm_mat_mult_f32    (&mat_C0, &mat_A , &mat_C1);
    arm_mat_inverse_f32(&mat_C1, &mat_C2          );
    arm_mat_mult_f32    (&mat_C2, &mat_C0, &mat_C1);
    arm_mat_mult_f32    (&mat_C1, &mat_B , &mat_X );

    // 计算误差
    snr = arm_snr_f32(dat_X_answer, dat_X, 4);
```

```
    return (snr>90)?
        ARM_MATH_SUCCESS:ARM_MATH_TEST_FAILURE;
}
```

上述代码首先构建计算过程中存放输入数据的几个矩阵数据结构以及需要暂存中间结果的矩阵数据结构，如图 8-9 所示。

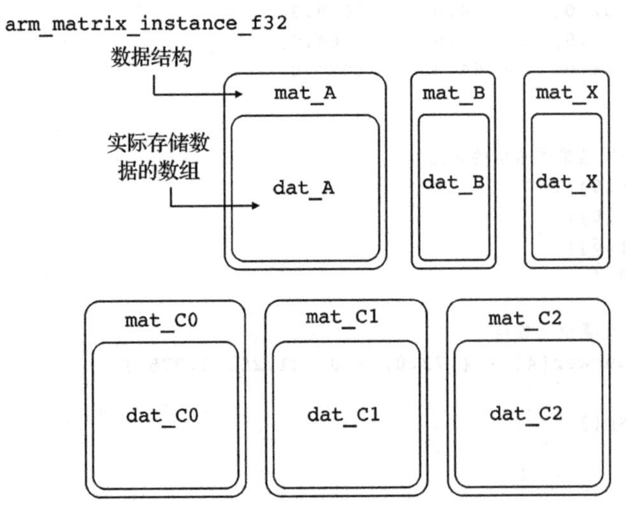


图 8-9　基于矩阵运算的例程中数据对象示意图

随后执行计算过程，具体步骤如图 8-10 所示。

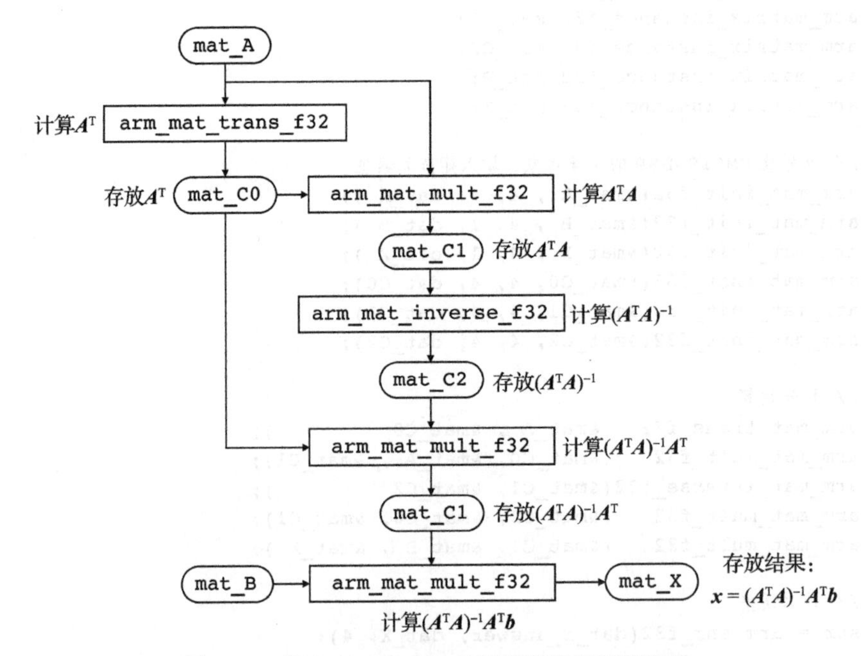


图 8-10　基于 CMSIS-DSP 的矩阵运算例程的流程

计算结果放置于矩阵数据结构 mat_X 中。程序的最后是将计算结果和已知的标准答案相比，以信噪比的形式给出计算误差，如果信噪比高于门限，则表明计算正确。

注意，这面的例子对应的矩阵 $\boldsymbol{A}$ 是满秩方阵，实际上可以用 $\boldsymbol{x}=\boldsymbol{A}^{-1}\boldsymbol{b}$ 求解，求得的结果和最小二乘法是相同的，这里仅仅是为了演示不同的矩阵操作的代码实现。

## 8.2.2 高斯朴素贝叶斯算法实现

我们在第 3 章介绍了基于高斯朴素贝叶斯的机器学习算法，在那里我们基于 Python 下的 Scikit-Learn 库构建了分类器，并训练得到分类器的参数。为了将 Python 训练得到的分类器在 ARM 处理器中实现，我们需要导出对应的分类器模型参数，并通过 CMSIS 提供的运算函数实现分类运算。为了便于阅读，我们在下面重新列出高斯朴素贝叶斯模型的构建和训练代码：

```
from sklearn import datasets
from sklearn.naive_bayes import GaussianNB
iris = datasets.load_iris()
model = GaussianNB()
model.fit(iris.data, iris.target)
```

上述代码的具体原理可以参照第 3 章的内容，分类器的训练结果保存在数据对象 model 中。下面介绍如何从 model 生成可以在嵌入式平台上运行的代码的过程。

**1. 分类器参数的导出**

在第 3 章给出的鸢尾花分类例子中，高斯朴素贝叶斯模型参数存储在变量 model 内，具体内容介绍如下。

- model.sigma_：高斯分布的方差。

```
array([[0.121764, 0.140816, 0.029556, 0.010884],
       [0.261104, 0.0965  , 0.2164  , 0.038324],
       [0.396256, 0.101924, 0.298496, 0.073924]])
```

- model.theta_：高斯分布的均值。

```
array([[5.006, 3.428, 1.462, 0.246],
       [5.936, 2.77 , 4.26 , 1.326],
       [6.588, 2.974, 5.552, 2.026]])
```

它们是两个 3×4 的矩阵，每行对应一个鸢尾花的类型 $Y$（自上而下 3 行分别对应 Setosa、Versicolour 和 Virginica 这 3 种），每列对应一个测量的属性（4 列分别对应 $\{X_1,X_2,X_3,X_4\}$，即花萼长度，花萼宽度，花瓣长度，花瓣宽度）。对应到第 3 章给出的分类器公式，model.sigma_ 的 $m$ 行 $n$ 列元素就是 $\sigma_m^{(n)}$，model.theta_ 的 $m$ 行 $n$ 列元素就是 $\mu_m^{(n)}$（这里 $m$=0,1,2 表示花的类型 $Y$ 的三种取值）。

代码清单 8-2 实现从 model 中提取模型参数，导出并生成 C 源代码。

代码清单 8-2　从训练得到的高斯朴素贝叶斯模型提取参数生成 C 源代码

```
# 生成 C 头文件
print('[INF] generating C header...')
fp=open('gnb_test.h','wt')
fp.write('#ifndef __GNB_TEST_H__\n')
fp.write('#define __GNB_TESE_H__\n')
fp.write('\n')
fp.write('#include "arm_math.h"\n')
fp.write('\n')
fp.write('#define NUM_CLS %d\n'%num_cls) # 分类器识别的类别数目
fp.write('#define NUM_DIM %d\n'%num_dim) # 待分类数据的特征维度
fp.write('#define NUM_DAT %d\n'%num_dat) # 测试数据长度
fp.write('#endif\n')
fp.close()

## 生成 C 源代码
print('[INF] generating C source...')
fp=open('gnb_test.c','wt')
fp.write('#include "arm_math.h"\n')
fp.write('#include "gnb.h"\n')
fp.write('#include "gnb_test.h"\n')
fp.write('\n')
# 导出高斯分布的均值
fp.write('const float32_t model_theta[NUM_CLS*NUM_DIM] = \n{')
for t_ in model.theta_:
    fp.write('\n    ')
    for t in t_: fp.write('%e, '%t)
fp.write('\n};\n')
# 导出高斯分布的方差
fp.write('const float32_t model_sigma[NUM_CLS*NUM_DIM] = \n{')
for s_ in model.sigma_:
    fp.write('\n    ')
    for s in s_: fp.write('%e, '%s)
fp.write('\n};\n')
# 导出数据的先验概率
fp.write('const float32_t model_priors[NUM_CLS] = \n{\n    ')
if model.class_prior_ is not None:
    for p in model.class_prior_: fp.write('%e, '%p)
else:
    for _ in range(num_cls): fp.write('%e, '%(1.0/float(num_cls)))
fp.write('\n};\n')
fp.write('\n')
fp.close()
```

上述 Python 程序自动生成的 C 语言源代码在下一节的代码清单 8-3 的前段给出，在那里我们手动补充了注释以便于理解，读者可以参考。

**2. 分类器的 C 编程实现**

之前介绍的基于 Scikit-Learn 库训练得到的高斯朴素贝叶斯模型数据可以直接应用到

CMSIS-DSP 库中的 API 实现数据分类。其中存放高斯朴素贝叶斯模型参数的数据结构为 **arm_gaussian_naive_bayes_instance_f32**，它的具体定义如下：

```
typedef struct
{
uint32_t vectorDimension; # 观测量数目，之前例子就是 4
uint32_t numberOfClasses; # 类别数目，之前例子就是 3
const float32_t *theta;     # 存放高斯模型的均值 μ_m^(n) 的数组，之前例子的 model.theta_
const float32_t *sigma;     # 存放高斯模型的均值 σ_m^(n) 的数组，之前例子的 model.sigma_
const float32_t *classPriors; # 高斯模型的先验概率数组
float32_t epsilon;          # 人为加到模型方差上的一个小正数，避免 0 方差造成运算出错
}arm_gaussian_naive_bayes_instance_f32;
```

基于 CMSIS-DSP 库高斯朴素贝叶斯模型进行分类的 C 程序核心代码如代码清单 8-3 所示。

**代码清单 8-3 基于 CMSIS-DSP 库高斯朴素贝叶斯模型进行分类的 C 语言例程**

```
#include "arm_math.h"
#include "gnb.h"
#include "gnb_test.h"
// 高斯分布的均值数据
const float32_t model_theta[NUM_CLS*NUM_DIM] =
{
    5.006e+00, 3.428e+00, 1.462e+00, 2.460e-01,
    5.936e+00, 2.770e+00, 4.260e+00, 1.326e+00,
    6.588e+00, 2.974e+00, 5.552e+00, 2.026e+00,
};
// 高斯分布的方差数据
const float32_t model_sigma[NUM_CLS*NUM_DIM] =
{
    1.21764e-01, 1.40816e-01, 2.95560e-02, 1.0884e-02,
    2.61104e-01, 9.65000e-02, 2.16400e-01, 3.8324e-02,
    3.96256e-01, 1.01924e-01, 2.98496e-01, 7.3924e-02,
};
// 先验概率数据
const float32_t model_priors[NUM_CLS] =
{
    3.333333e-01, 3.333333e-01, 3.333333e-01,
};
// 算法测试输入数据
const float32_t test_in[NUM_DAT*NUM_DIM] =
{
    5.1e+00, 3.5e+00, 1.4e+00, 2.0e-01,
    4.9e+00, 3.0e+00, 1.4e+00, 2.0e-01,
    4.7e+00, 3.2e+00, 1.3e+00, 2.0e-01,
    4.6e+00, 3.1e+00, 1.5e+00, 2.0e-01,
    5.0e+00, 3.6e+00, 1.4e+00, 2.0e-01,
    …
```

```
};
// 算法测试的输出参考答案
const uint32_t test_out[] =
{
    0,0,0,...
};

int32_t gnb_test()
{
    uint32_t err=0;
    float32_t prob[NUM_CLS];
    // 构建模型的参数数据结构
    arm_gaussian_naive_bayes_instance_f32 model;
    model.vectorDimension=NUM_DIM;
    model.numberOfClasses=NUM_CLS;
    model.theta=model_theta;
    model.sigma=model_sigma;
    model.classPriors=model_priors;
    model.epsilon=0.0;
    // 通过测试数据计算分类结果，并和参考答案比较，统计错误率
    err=0;
    for (int n=0; n<NUM_DAT; n++)
        if (test_out[n]!=
            arm_gaussian_naive_bayes_predict_f32(
                &model,
                test_in+n*NUM_DIM,
                prob))
            err++;
    return err;
}
```

上面的代码中，数据结构 `model` 存放分类器参数，其中各个数据域填充的内容来自 Scikit-Learn 训练结果（从 Python 程序的变量 `model` 中导出），即例程一开始的多个数组。代码中 `arm_gaussian_naive_bayes_predict_f32()`（在代码最后的函数 `int32_t gnb_test()` 中）是 CMSIS-DSP 中提供的高斯朴素贝叶斯模型推理的计算程序，它的函数原型和输入参数的含义如下：

```
uint32_t arm_gaussian_naive_bayes_predict_f32(    //返回分类结果：类别编号
const arm_gaussian_naive_bayes_instance_f32 *S,  //高斯朴素贝叶斯模型参数
const float32_t * in,  //观测量指针
float32_t *pBuffer);    //存放由该函数计算得到的各个类别概率
```

图 8-11 所给出的示意图将公式和 Python 训练代码以及基于 CMSIS-DSP 库的 C 代码关联起来。

该例程的 C 代码部分数组是由 Python 程序自动生成的，完整的例程在本书配套软件包中可以找到。

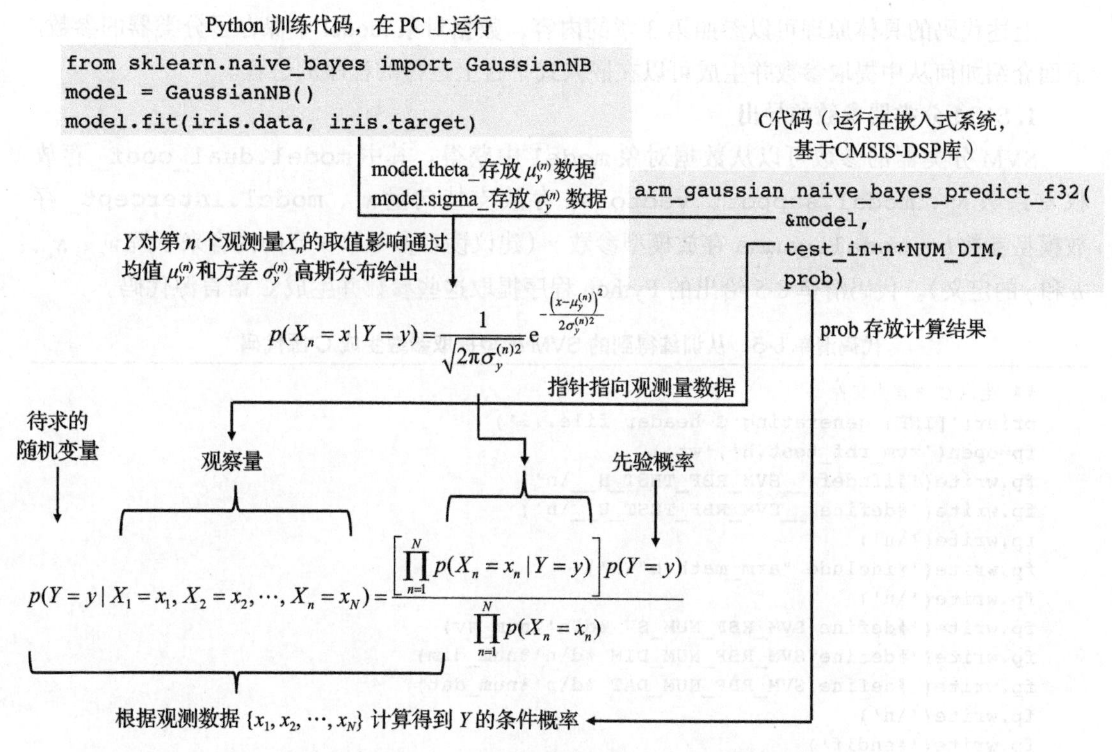


图 8-11　高斯朴素贝叶斯推理模型的代码和计算公式的对应关系

## 8.2.3　SVM 算法实现

SVM 分类器的基本原理和训练方法已经在第 3 章给出，为了便于阅读，我们在代码清单 8-4 中重新列出它的分类器模型构建和训练的代码。

**代码清单 8-4　训练 SVM 模型的 Python 代码**

```
# 加载数据
from sklearn import datasets
data = datasets.load_breast_cancer()
x,y=data.data,data.target

# 训练 / 测试数据集分离
from sklearn.model_selection import train_test_split
train_x, test_x, train_y, test_y =
    train_test_split(x,y,test_size=0.3,shuffle=True)

# 训练 SVM 分类器
print('[INF] training SVM model...')
model = svm.NuSVC(gamma=1.5e-4,kernel='rbf')
model.fit(train_x, train_y)
```

上述代码的具体原理可以参照第 3 章的内容，数据对象 model 中保存了分类器的参数。下面介绍如何从中提取参数并生成可以在嵌入式平台上运行的程序的过程。

**1. SVM 分类器参数的导出**

SVM 分类器的参数可以从数据对象 `model` 中获得。其中 `model.dual_coef_` 存放权重系数 $w_n$，`model.support_vectors_` 存放支持向量 $\boldsymbol{x}_n$，`model.intercept_` 存放模型参数 $b$，`model.gamma` 存放模型参数 $\gamma$（建议读者参考第 3 章的内容来了解 $w_n$、$\boldsymbol{x}_n$、$b$ 和 $\gamma$ 的定义）。代码清单 8-5 给出的 Python 程序提取这些参数并生成 C 语言源代码。

**代码清单 8-5 从训练得到的 SVM 模型提取参数生成 C 源代码**

```
## 生成C语言头文件
print('[INF] generating C header file...')
fp=open('svm_rbf_test.h','wt')
fp.write('#ifndef __SVM_RBF_TEST_H__\n')
fp.write('#define __SVM_RBF_TEST_H__\n')
fp.write('\n')
fp.write('#include "arm_math.h"\n')
fp.write('\n')
fp.write('#define SVM_RBF_NUM_SV %d\n'%num_sv)
fp.write('#define SVM_RBF_NUM_DIM %d\n'%num_dim)
fp.write('#define SVM_RBF_NUM_DAT %d\n'%num_dat)
fp.write('\n')
fp.write('#endif')
fp.close()

## 生成C语言源代码
print('[INF] generating C source file...')
fp=open('svm_rbf_test.c','wt')
fp.write('#include "arm_math.h"\n')
fp.write('#include "svm_rbf_test.h"\n')
fp.write('#include "svm_rbf.h"\n')
fp.write('\n')

# 导出权重系数
fp.write('const float32_t model_dual_coef[SVM_RBF_NUM_SV] = \n{')
for n,t in enumerate(model.dual_coef_.flatten()):
    if n%16==0: fp.write('\n    ')
    fp.write('%e, '%t)
fp.write('\n};\n')

# 导出支持向量
fp.write('const float32_t model_sv[SVM_RBF_NUM_SV*SVM_RBF_NUM_DIM] = \n{')
for sv_ in model.support_vectors_:
    fp.write('\n    ')
    for sv in sv_: fp.write('%e, '%sv)
fp.write('\n};\n')

# 导出类别编码
```

```
fp.write('const int32_t model_cls[2]={0,1};\n')

fp.close()
```

上述 Python 程序生成的 C 语言源代码的具体内容可以参考代码清单 8-6。

**2. SVM 分类器的 C 编程实现**

CMSIS-DSP 中支持的 SVM 分类器使用数据结构 arm_svm_rbf_instance_f32 存放模型参数，如下所示：

```
typedef struct {
uint32_t  nbOfSupportVectors; # 支持向量数目
uint32_t  vectorDimension;    # 向量维度
float32_t intercept;          # 偏移系数
const float32_t *dualCoefficients; # 权重系数
const float32_t *supportVectors;   # 支持向量，分 nbOfSupportVectors 段存放，每段是
                                   # vectorDimension 维的支持向量
const int32_t   *classes;   # 类别编号
float32_t       gamma;      #gamma 参数
} arm_svm_rbf_instance_f32;
```

基于 SVM 分类器的分类算法 C 语言实现如代码清单 8-6 所示。

**代码清单 8-6　基于 CMSIS-DSP 的 SVM 分类器实现例程**

```
#include "arm_math.h"
#include "svm_rbf_test.h"
#include "svm_rbf.h"

// 存放模型参数的数组
const float32_t model_dual_coef[SVM_RBF_NUM_SV] =
{    -1.708044e-01, -1.579638e-01, ... };
const float32_t model_sv[SVM_RBF_NUM_SV*SVM_RBF_NUM_DIM] =
{    1.513000e+01, 2.981000e+01, ...};
const int32_t model_cls[2]={0,1};

// 存放测试分类器的输入数据和参考分类答案
const float32_t svm_rbf_test_in[SVM_RBF_NUM_DAT*SVM_RBF_NUM_DIM] =
{    2.048000e+01, 2.146000e+01, ...};
const int32_t svm_rbf_test_out[SVM_RBF_NUM_DAT] =
{    0, 1, 1, 1, 0, 1, 0, 0, 1, 1, ...};

int32_t svm_rbf_test()
{
    uint32_t err=0;
    int32_t  res=0;

    // 构建 SVM 分类器，并设定模型参数
    arm_svm_rbf_instance_f32 model;
    model.nbOfSupportVectors= SVM_RBF_NUM_SV;
```

```
    model.vectorDimension    = SVM_RBF_NUM_DIM;
    model.intercept          = -6.764159e-01;
    model.dualCoefficients   = model_dual_coef;
    model.supportVectors     = model_sv;
    model.classes            = model_cls;
    model.gamma              = 1.500000e-04;

    // 使用 SVM 分类器分类，比对参考答案统计分类错误数量
    err=0;
    for (int n=0; n<SVM_RBF_NUM_DAT; n++)
    {
        arm_svm_rbf_predict_f32(&model,
            svm_rbf_test_in+n*SVM_RBF_NUM_DIM,
            &res);
        if (svm_rbf_test_out[n]!=res) err++;
    }
    return err;
}
```

上述代码中数据结构 model 存放分类器参数，其中各个数据域填充的内容来自 Scikit-Learn 训练结果（从 Python 程序的变量 model 中导出），即例程一开始的多个数组。代码中 arm_svm_rbf_predict_f32()（在代码最后的函数 int32_t svm_rbf_test() 中）是 CMSIS-DSP 中提供的 SVM 分类计算程序，它的函数原型和输入参数的含义如下：

```
uint32_t arm_svm_rbf_predict_f32 (
const arm_svm_rbf_instance_f32 *S, // SVM 模型参数
const float32_t * in,              // 输入数据指针
int32_t * pResult);                // 存放由该函数计算得到的分类结果
```

图 8-12 的示意图将公式和 Python 训练代码以及基于 CMSIS-DSP 库的 C 代码关联起来。

Python 训练代码，在 PC 上运行

```
from sklearn import svm
model = svm.NuSVC(gamma=1.5e-4,kernel='rbf')
model.fit(train_x, train_y)
```

model.dual_coef_存放权重系数$w_n$
model.support_vectors_存放支持向量$\boldsymbol{x}_n$
model.intercept_存放模型参数$b$
model.gamma存放模型参数$\gamma$

C代码（运行于嵌入式系统，基于CMSIS-DSP库）

```
arm_svm_rbf_predict_f32(
    &model,
    svm_rbf_test_in+n*SVM_RBF_NUM_DIM,
    &res);
```

待分类数据特征

存放分类结果

$$f(\boldsymbol{x}) = b + \sum_{n=1}^{N} w_n e^{-\gamma \|\boldsymbol{x}-\boldsymbol{x}_n\|_2^2}$$

图 8-12　SVM 分类程序和计算公式之间的对应关系

该例程的 C 代码中一部分数组是由 Python 程序自动生成的，完整的例程在本书配套软件包中可以找到。

### 8.2.4 数据降维

回顾之前 3.2 节介绍的 SVM 算法利用待分类数据 $\boldsymbol{x}$ 和支持向量 $\boldsymbol{x}_n$ 之间的“距离” $\|\boldsymbol{x}-\boldsymbol{x}_n\|$ 计算分类判别函数 $f(\boldsymbol{x})=b+\sum_{n=1}^{N}w_n\mathrm{e}^{-\gamma\|\boldsymbol{x}-\boldsymbol{x}_n\|_2^2}$，并对数据进行分类的过程。当数据维度很高时，需要大量的时间计算距离，比如之前例子使用的“乳腺癌”分类数据中，每个人的体检数据包括了 30 个值，对应 $\boldsymbol{x}$ 有 30 维，例子中训练得到 SVM 模型的支持向量有 225 个，对每个数据 $\boldsymbol{x}$ 计算距离 $\|\boldsymbol{x}-\boldsymbol{x}_n\|_2^2$ 需要用到 6750 次减法和 6750 次乘法。对于嵌入式应用，为了进一步降低运算量，可以考虑对数据降维。

一个降维的方法是对输入数据进行主分量（PCA）分解，去除数据中的冗余信息。PCA 降维算法是对数据进行的线性变换，把降维前和降维后的数据分别记作 $\tilde{\boldsymbol{x}}$ 和 $\boldsymbol{x}$，降维过程是下面的矩阵运算：

$$\boldsymbol{x}=\boldsymbol{A}(\tilde{\boldsymbol{x}}-\boldsymbol{\mu}_{\tilde{x}}) \tag{8-1}$$

其中 $\boldsymbol{\mu}_{\tilde{x}}$ 是训练数据 $\tilde{\boldsymbol{x}}$ 的均值估计，$\boldsymbol{A}$ 是降维矩阵。通常选择 $\boldsymbol{A}$ 的行数远远小于列数，使得输出数据 $\boldsymbol{x}$ 的维度远小于输入数据 $\tilde{\boldsymbol{x}}$。

PCA 降维的模型参数 $\boldsymbol{A}$ 和 $\boldsymbol{\mu}_{\tilde{x}}$ 可以通过训练得到，我们在 3.5 节介绍过，这里为方便理解，重新列出基于 Scikit-Learn 的降维参数训练程序。使用的数据是之前的“乳腺癌”分类数据，要求降维后的数据维度是 3 维，参见代码清单 8-7。

**代码清单 8-7 数据降维训练例程**

```
from sklearn.decomposition import PCA
pca = PCA(n_components=3) // 3 是降维后的数据维度
train_x = pca.fit_transform(np.array(train_x))
test_x  = pca.transform(test_x)
```

上面的代码中，`pca.fit_transform(np.array(train_x))` 完成两件事：1）使用数据 `train_x` 训练 PCA 模型；2）返回降维后的数据。PCA“降维器”的参数保存在 Python 变量 `pca` 中，其中 `pca.mean_` 对应降维算法的 $\boldsymbol{\mu}_{\tilde{x}}$；`pca.components_` 对应降维算法的矩阵 $\boldsymbol{A}$。代码清单 8-8 给出的 Python 程序片段将降维算法的参数 $\boldsymbol{\mu}_{\tilde{x}}$ 和 $\boldsymbol{A}$ 导出并生成 C 语言源代码。

**代码清单 8-8 从训练得到的 PCA 降维模型提取参数生成 C 源代码**

```
# 降维运算的矩阵数据导出
fp.write(\
    'const float32_t pca_dat[SVM_RBF_NUM_DIM*PCA_IN_DIM] = \n{')
for c_ in pca.components_:
```

```
        fp.write('\n    ')
        for c in c_: fp.write('%e, '%c)
fp.write('\n};\n')

# 降维运算的均值数据导出
fp.write('const float32_t pca_dat_m[PCA_IN_DIM] = \n{')
for n,m in enumerate(pca.mean_):
    if n%16==0: fp.write('\n    ')
    fp.write('%e, '%m)
fp.write('\n};\n')
```

上面代码生成的 C 语言源文件中定义了数组 pca_dat 和 pca_dat_m，分别存放降维运算的变换矩阵和均值向量，它们将在代码清单 8-9 中用到。

PCA 降维运算可以直接用 CMSIS-DSP 的矩阵运算库实现，如代码清单 8-9 所示。

**代码清单 8-9 基于 CMSIS-DSP 库的数据降维例程**

```
float32_t pca_out1[PCA_IN_DIM];
float32_t pca_out[SVM_RBF_NUM_DIM];
arm_matrix_instance_f32 mat_pca;
arm_matrix_instance_f32 mat_pca_m;
arm_matrix_instance_f32 mat_pca_in;
arm_matrix_instance_f32 mat_pca_out1;
arm_matrix_instance_f32 mat_pca_out;
    …
arm_mat_init_f32(&mat_pca, 3, 30, pca_dat);
arm_mat_init_f32(&mat_pca_m, 30, 1, pca_dat_m);
arm_mat_init_f32(&mat_pca_out1, 30, 1, pca_out1);
arm_mat_init_f32(&mat_pca_out, 3, 1, pca_out);
    …
err=0;
for (int n=0; n<SVM_RBF_NUM_DAT; n++)
    {
    arm_mat_init_f32(&mat_pca_in, 30, 1,
                    (float32_t *)svm_rbf_test_in+n*30);
    arm_mat_sub_f32(&mat_pca_in,
                    &mat_pca_m ,
                    &mat_pca_out1);
    arm_mat_mult_f32(&mat_pca,
                    &mat_pca_out1,
                    &mat_pca_out);
    arm_svm_rbf_predict_f32(&model,pca_out,&res);
    if (svm_rbf_test_out[n]!=res) err++;
}
```

上面代码中各个数据对象的矩阵运算流程通过图 8-13 给出。

针对前面乳腺癌数据的 SVM 分类运算，PCA 降维将原先 30 维的数据降维到 3 维，计算输入数据和支持向量距离所需要的乘法和减法次数降低到降维前的 1/10。降维运算本身的矩阵运算需要大约 90 次乘法和 117 次加减法。在 STM32H743 处理器上实际测试（240MHz 主频，无编译优化），可以看到降维使得运算速度提升了大约 5 倍。

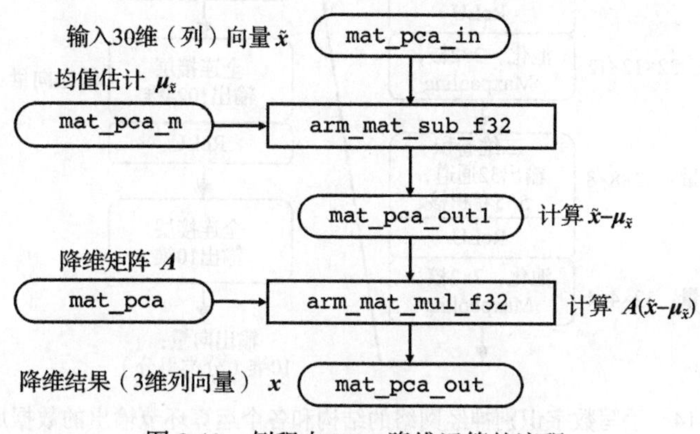


图 8-13 例程中 PCA 降维运算的流程

## 8.3 基于 CMSIS-NN 的神经网络编程

第 7 章介绍的 CMSIS-DSP 中的 API 支持了神经网络中涉及的运算，但为了进一步方便神经网络的实现，ARM 公司在 CMSIS-DSP 的基础上实现了 CMSIS-NN 软件框架。CMSIS-NN 提供了和神经网络层次化运算结构直接对应的 API，包括卷积层运算、全连接层运算、激活运算、池化运算、softmax 运算。此外，考虑 Cortex-M 有限的运算量和存储量，CMSIS-NN 提供了支持定点化神经网络运算函数。

下面通过手写数字识别的例子来介绍 CMSIS-NN 的使用。这个例子的完整代码由很多部分组成，本节会介绍其主体部分原理，完整代码列表可以从本书附带的软件包中找到。

### 8.3.1 基于卷积神经网络的手写数字识别算法

这一神经网络的结构和训练代码在第 3 章和第 7 章已经给出，在第 3 章我们通过 C 程序实现神经网络的各个运算环节，在这一章我们换成 CMSIS-NN 的 API 来重新实现这一神经网络的计算。图 8-14 列出该神经网络的结构和每个运算环节的输出数据（张量）尺寸。

图 8-14 中张量的数据尺寸按 Pytorch 神经网络框架的规范，即 CHW 格式排列。CHW 格式中，字母 C 代表通道数（Channel），H 代表特征图高度（Height），W 代表特征图宽度（Width）。比如图 8-14 中，32 × 12 × 12 的张量尺寸表示 32 个通道每个通道的特征图是尺寸为 12 × 12 的矩阵。

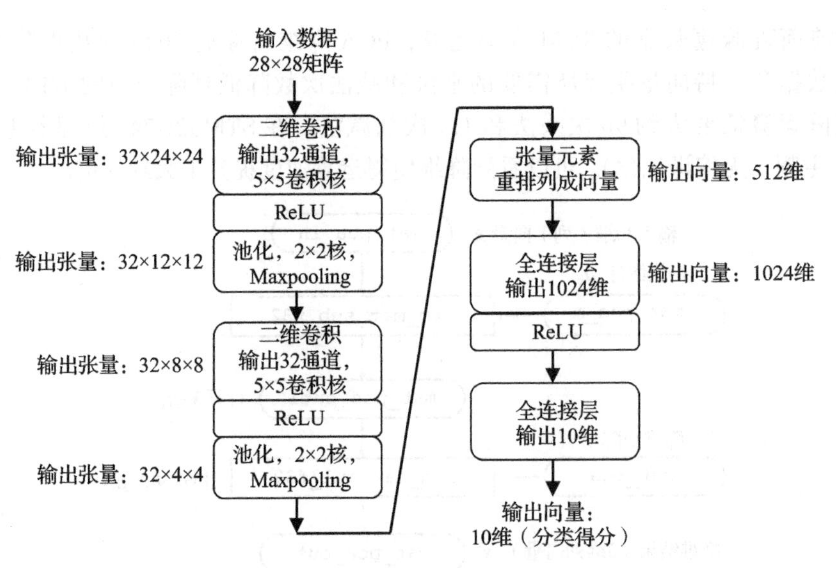


图 8-14 手写数字识别神经网络的结构和各个运算环节输出的数据尺寸

## 8.3.2 CMSIS-NN 的卷积神经网络实现

上面代码给出的神经结构能够通过 CMSIS-NN 的 API 实现，如代码清单 8-10 中的 C 语言代码片段所示。

**代码清单 8-10 基于 CMSIS-NN 库构建卷积神经网络的例程**

```
arm_convolve_HWC_q7_basic(img_buf2, 28, 1, \
    conv1_wt, 32, 5, 0, 1, \
    conv1_bias, 7, 9, \
    img_buf1, 24, (q15_t *) col_buf, NULL);
arm_relu_q7(img_buf1, 32*24*24);
arm_maxpool_q7_HWC(img_buf1, 24, 32, 2, 0, 2, 12,\
    NULL, img_buf2);
arm_convolve_HWC_q7_fast(img_buf2, 12, 32, \
    conv2_wt, 32, 5, 0, 1, \
    conv2_bias, 5, 8, \
    img_buf1, 32, (q15_t *) col_buf, NULL);
arm_relu_q7(img_buf1, 8*8*32);
arm_maxpool_q7_HWC(img_buf1, 8, 32, 2, 0, 2, 4,\
    col_buf, img_buf2);
conv_HWC_to_CHW(img_buf2,img_buf1,32,4,4);
arm_fully_connected_q7(img_buf1, fc1_wt, \
    32*4*4, 1024, 4, 6, fc1_bias, \
    img_buf2, (q15_t *) col_buf);
arm_relu_q7(img_buf2, 1024);
arm_fully_connected_q7(img_buf2, fc2_wt, \
    1024, 10, 5, 11, fc2_bias, \
    img_buf1, (q15_t *) col_buf);
```

上述代码中 API 的调用和网络结构图一一对应，如图 8-15 所示。

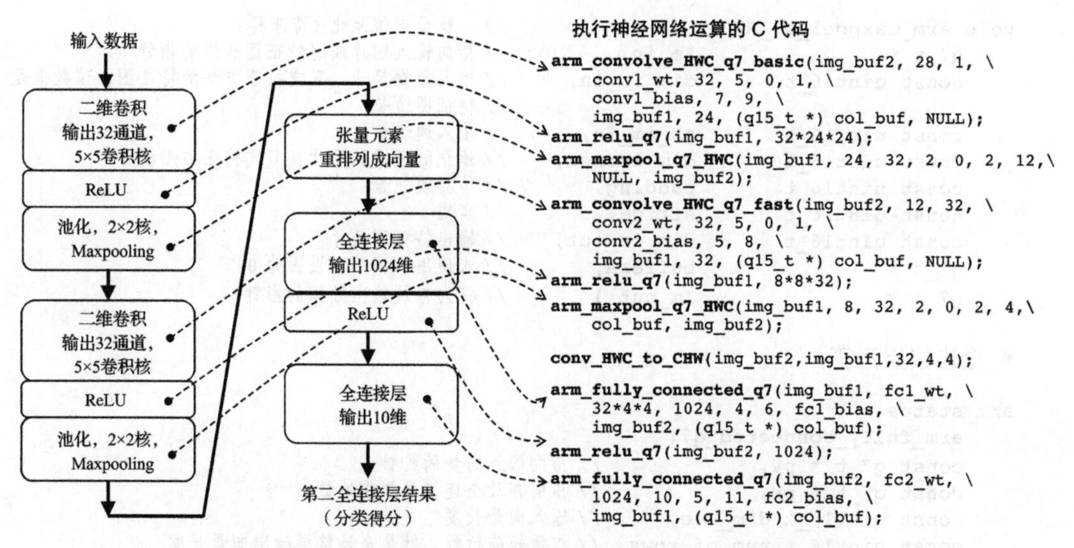


图 8-15　基于 CMSIS-NN 实现手写数字识别的神经网络代码

图 8-15 中所涉及函数的定义在下面列出。

- 2D 卷积层运算：

```
arm_status
    arm_convolve_HWC_q7_basic(           // 二维卷积运算
    const q7_t *          Im_in,         // 指向输入图片或者特征图数组的指针
    const uint16_t        dim_im_in,     // 输入数据尺寸，只支持正方形的特征图，该数据是特
                                         征图边长
    const uint16_t        ch_im_in,      // 输入通道数
    const q7_t *          wt             // 指向存放卷积权重的数组
    const uint16_t        ch_im_out,     // 输出通道数
    const uint16_t        dim_kernel,    // 卷积核尺寸，只支持正方形卷积核
    const uint16_t        padding,       // 边界填充量
    const uint16_t        stride,        // 卷积步幅
    const q7_t *          bias,          // 指向存放卷积偏置数据的指针
    const uint16_t        bias_shift,    // 偏置左移位数
    const uint16_t        out_shift,     // 计算结果右移位数
    q7_t *                Im_out,        // 指向存放输出数据的指针
    const uint16_t        dim_im_out,    // 输出特征图尺寸
    q15_t *               bufferA,       // 指向数据缓冲区，存放运算过程的中间数据，要求尺
                                         // 寸至少能存放 2*ch_im_in*dim_kernel*dim_
                                         // kernel 个 q15_t 类型的数据
    q7_t *                bufferB)       // 未使用，调用时设置为 0
```

- ReLU 激活函数：

```
void arm_relu_q7(           // 计算 ReLU 激活函数，即 ReLU (x): =max(x,0)
    q7_t * data,            // 指向输入数据，该区域同时也用作存放输出数（原址操作）
    uint16_t size)          // 输入数据尺寸，对于输入张量，该数据对应张量中元素总数
```

- 二维最大值池化

```
void arm_maxpool_q7_HWC (                         // 二维最大值池化（降采样）
    q7_t *              Im_in,                    // 指向输入图片或者特征图数组的指针
    const uint16_t      dim_im_in,                // 输入数据尺寸，只支持正方形的特征图，该数据是
                                                  // 特征图边长
    const uint16_t      ch_im_in,                 // 输入通道数
    const uint16_t      dim_kernel,               // 池化的区域核尺寸，只支持正方形核
    const uint16_t      padding,                  // 边界填充量
    const uint16_t      stride,                   // 步幅
    const uint16_t      dim_im_out,               // 输出特征图尺寸
    q7_t *              bufferA,                  // 未使用，调用时设置为 0
    q7_t *              Im_out )                  // 指向存放输出数据的指针
```

- 全连接层运算：

```
arm_status
    arm_fully_connected_q7(
    const q7_t * pV,                   // 指向输入向量的指针
    const q7_t * pM,                   // 指向存放全连接层权重的数组
    const uint16_t dim_vec,            // 输入向量长度
    const uint16_t num_of_rows,        // 权重矩阵行数，就是全连接层输出向量长度
    const uint16_t bias_shift,         // 偏置左移位数
    const uint16_t out_shift,          // 计算结果右移位数
    const q7_t * bias,                 // 指向存放偏置数据的指针
    q7_t * pOut,                       // 指向输入向量的指针
    q15_t * vec_buffer)                // 存放中间数据的缓冲器，要求至少能存放 dim_vec 个
                                       // q15_t 类型的数据
```

在 CMSIS-NN 中，实现上述神经网络运算的 API 操作的数据对象是定点数，而不是传统的单精度或者双精度浮点数，图 8-15 中 API 名称中的后缀 `_q7` 表示这些 API 作用在 8 位定点数格式。在 CMSIS-NN 中还有一批对应的 API 作用在 16 位定点化数据上，它们的 API 名称后缀用 `_q16` 表示。

上面例子中出现的 API 函数只是 CMSIS-NN 提供的众多 API 的一小部分，下面给出其他网络架构会涉及的 API 以及它们的功能描述。

- **卷积运算**

卷积运算涉及的 API 函数及功能说明如表 8-4 所示。

**表 8-4 卷积运算 API 函数名及功能说明**

| API 函数名 | 功能说明 |
| --- | --- |
| arm_convolve_1x1_HWC_q7_fast_nonsquare | 1×1 卷积核快速卷积算法，作用在非正方形特征图数据中，数据格式为 8 位定点数，数据排列次序为 HWC（输入数组的三个维度分别是特征图的高、宽和通道数） |
| arm_convolve_HWC_q15_basic | 基于 16 位定点数格式的卷积运算，作用在正方形特征图数据和卷积核，数据排列次序为 HWC |
| arm_convolve_HWC_q15_fast | 基于 16 位定点数格式的快速卷积运算，作用在正方形特征图数据和卷积核，数据排列次序为 HWC。该 API 要求输入和输出通道数（函数输入参数 ch_im_in 和 ch_im_out）为偶数，并根据这个特性进行了优化 |

（续）

| API 函数名 | 功能说明 |
| --- | --- |
| arm_convolve_HWC_q15_fast_nonsquare | 与 arm_convolve_HWC_q15_fast 相似，但能够作用于非正方形特征图数据和非正方形的卷积核 |
| arm_convolve_HWC_q7_basic | 与 arm_convolve_HWC_q15_basic 类似，但作用于 8 位定点数格式 |
| arm_convolve_HWC_q7_basic_nonsquare | 与 arm_convolve_HWC_q7_basic 类似，但能够作用于非正方形特征图数据和非正方形的卷积核 |
| arm_convolve_HWC_q7_fast | 基于 8 位定点数格式的快速卷积，作用在正方形特征图数据和卷积核，数据排列次序为 HWC。该 API 要求输入通道数（函数输入参数 ch_im_in）为 4 的倍数，输出通道数（函数输入参数 ch_im_out）为 2 的倍数，并根据这个特性进行了优化 |
| arm_convolve_HWC_q7_fast_nonsquare | 类似 arm_convolve_HWC_q7_fast，但能够作用于非正方形特征图数据和非正方形的卷积核 |
| arm_convolve_HWC_q7_RGB | 基于 8 位定点数格式的卷积，输入为 RGB 图像（3 通道），并针对这一输入通道数进行了优化 |
| arm_depthwise_separable_conv_HWC_q7 | 基于 8 位定点数格式的深度可分离的卷积，该卷积要求输入通道数和输出通道数相同（函数输入参数 ch_im_in==ch_im_out），作用于正方形特征图数据和卷积核，数据排列次序为 HWC |
| arm_depthwise_separable_conv_HWC_q7_nonsquare | 类似 arm_depthwise_separable_conv_HWC_q7，但可以作用在非正方形特征图数据和非正方形的卷积核 |

- **池化运算**

池化运算涉及的 API 函数及功能说明如表 8-5 所示。

**表 8-5　池化运算 API 函数名及功能说明**

| API 函数名 | 功能说明 |
| --- | --- |
| arm_avepool_q7_HWC | 8 位定点数的平均池化运算 |
| arm_maxpool_q7_HWC | 8 位定点数的最大值池化运算 |

- **softmax 运算**

softmax 运算涉及的 API 函数及功能说明如表 8-6 所示。

**表 8-6　softmax 运算 API 函数名及功能说明**

| API 函数名 | 功能说明 |
| --- | --- |
| arm_softmax_q15 | 基于 16 位定点数的 softmax 运算。注意：这里的运算公式和传统的 softmax 不同，为：$y_m = \frac{2^{x_m}}{\sum_{n=1}^{N} 2^{x_n}}$ |
| arm_softmax_q7 | 类似 arm_softmax_q15，但作用于 8 位定点数的 softmax（注意：使用的运算公式和传统 softmax 不同，见上） |

- **全连接层运算**

全连接层运算涉及的 API 函数及功能说明如表 8-7 所示。

表 8-7 全连接层运算 API 函数及功能说明

| API 函数名 | 功能说明 |
| --- | --- |
| arm_fully_connected_q15 | 基于 16 位定点数格式的全连接层网络运算 |
| arm_fully_connected_q15_opt | 基于 16 位定点数格式的全连接层网络运算，但要求权重系数按特定顺序排放，并针对该排列顺序进行了优化。具体排列次序请查看函数源代码中的注释 |
| arm_fully_connected_q7 | 基于 8 位定点数格式的全连接层网络运算 |
| arm_fully_connected_q7_opt | 类似 arm_fully_connected_q15_opt，作用于 8 位定点数格式，并要求权重系数按特定顺序排放，并针对该排列顺序进行了优化。具体排列次序请查看函数源代码中的注释 |

- **激活函数**

激活函数涉及的 API 函数及功能说明如表 8-8 所示。

表 8-8 激活函数涉及的 API 函数及功能说明

| API 函数名 | 功能说明 |
| --- | --- |
| arm_nn_activations_direct_q15 | 基于 16 位定点数格式的激活函数运算。该函数通过输入参数选择使用的激活算法，支持 Sigmoid 和 tanh 两种激活函数 |
| arm_nn_activations_direct_q7 | 基于 8 位定点数格式的激活函数运算。支持的激活算法同上 |
| arm_relu_q15 | 基于 16 位定点数格式的 ReLU 激活函数运算 |
| arm_relu_q7 | 基于 8 位定点数格式的 ReLU 激活函数运算 |

由于 CMSIS-NN 代码还在不断更新中，上述 API 也在不断地改变，此处仅仅列出了常见的神经网络 API，对于它们的具体参数以及完整的 API 函数，还需要读者阅读 CMSIS-NN 的源代码并亲自编程测试。

### 8.3.3 卷积神经网络的定点化

之前介绍了使用 CMSIS-NN 的 API 实现手写数字识别神经网络的方法。这些 API 是基于定点数实现的，CMSIS-NN 支持 8 位和 16 位定点数来表示神经网络运算的结果和网络参数。在这一节我们介绍定点数格式的获取方法，以及 CMSIS-NN 的 API 进行定点数运算的过程。

定点化所使用的基本方法在第 4 章介绍过，为便于阅读，我们简单重复一下定点化方法。对于给定位宽的定点数，我们首先需要确定其中有多少位用于表示小数，即小数点的位置在哪里。这可以根据运算单元对应的数据动态范围计算得到。对于范围在 $[v_{\min}, v_{\max}]$ 的数据，令 $N$ 代表它用 8 位定点数表示时的小数位数，那么我们选择 $N$ 为满足下面不等式的最大（正）整数：

$$v_{\min} \times 2^N \geqslant -128 \text{和} v_{\max} \times 2^N \leqslant 127 \tag{8-2}$$

给定 $N$，我们就能够用 8 位整数 $x_q$ 来代表浮点数 $x$，即

$$x_q = \text{round}(2^N \times x) \tag{8-3}$$

满足上述条件意味着 $-128 \leqslant x_q \leqslant 127$，即 $x_q$ 能够用 8 位整数表示，另外我们选择 $N$ 为尽可能大的正整数，这使得我们保留尽可能多的小数位，降低定点化带来的误差。上面计算定点数小数位数的过程可以由代码清单 8-11 给出的代码完成。

**代码清单 8-11 计算定点数小数位数的过程**

```
## 根据数据 data 范围计算并提取 sint8 数据的量化参数 s
# 输出为 s，是量化后的小数位数
def calc_quant_param(d):
    vmax=np.max(np.abs(d.ravel()))
    si=int(np.ceil(np.log2(vmax)))  # 整数位宽
    sf=7-si                         # 小数位宽
    return max(min(sf,7),0)
```

该函数计算输入数据（数组）d 的绝对值的最大值，并根据它计算所需要的整数位数，然后根据整数位数得到小数的位数并返回。

对手写数字识别神经网络，经过训练之后，我们将测试数据集输入该网络，计算各个环节的数据范围，并用它们确定定点化格式，图 8-16 所示是具体的测试结果和定点化时小数位的选择：

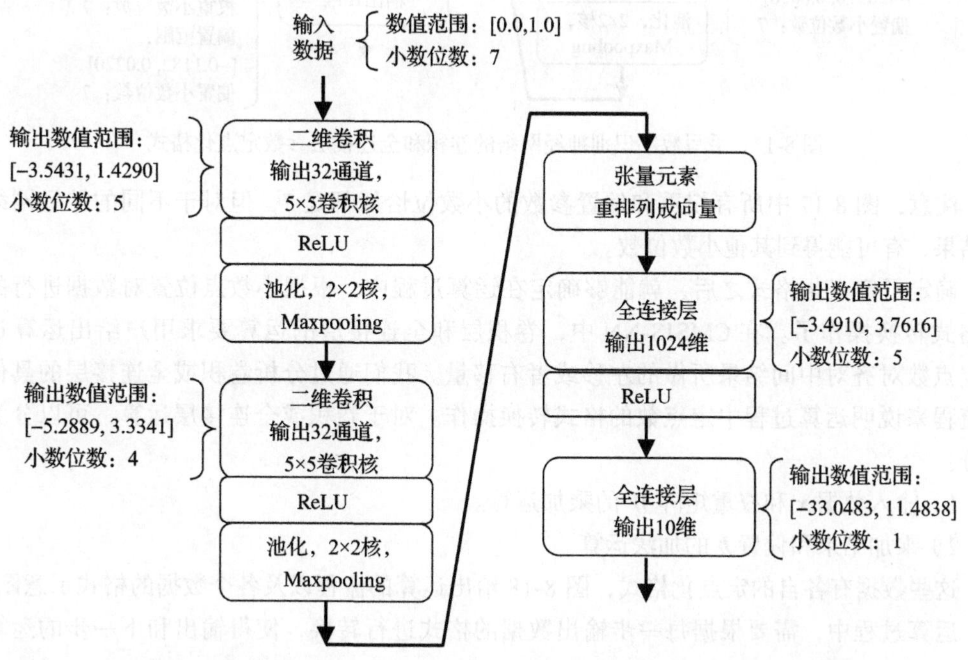


图 8-16 手写数字识别神经网络的各运算环节数据动态范围和定点化结果

注意 1）由于我们使用 8 位定点数格式，$N$ 的最大取值限定为 7（超过 7 的话，取值为 7）。

2）如果某个运算结果，数据最小值小于 −128 或者最大值超过 127，则超过了 8 位定点数能够表示的最大范围，不能用它来表示。但如果允许 $N$ 取负数的话，还是能够表示这样的数据的，读者可以自己考虑一下这种情况如何处理（可以参考仿射映射量化的方法）。

除了确定运算模块输入输出的数据动态范围之外，我们还计算各个运算模块参数的动态范围，并确定它的定点化格式的小数位数，具体计算结果如图 8-17 所示。

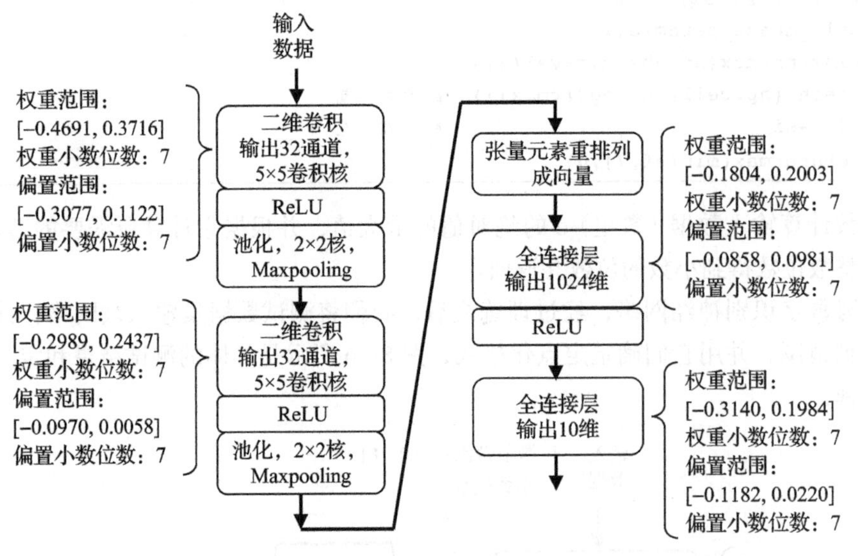


图 8-17 手写数字识别神经网络的卷积和全连接层参数定点化格式

注意，图 8-17 中所有权重和偏置参数的小数位恰好都是 7，但对于不同的神经网络训练结果，有可能得到其他小数位数。

确定了定点化格式之后，就能够确定在运算过程中，根据小数点位置对数据进行的定点格式转换操作了。在 CMSIS-NN 中，卷积层和全连接层的运算要求用户给出运算过程中定点数对齐对中间结果所做的左移或者右移量。我们通过分析卷积或全连接层的具体运算流程来说明运算过程中定点数的格式转换操作。对于卷积或全连接层运算，可以分为两部分：

1）输入数据 $\boldsymbol{x}$ 和权重矩阵 $\boldsymbol{W}$ 的乘加运算。

2）乘加结果和偏置 $\boldsymbol{b}$ 的加法运算。

这些数据有各自的定点化格式，图 8-18 给出运算的流程以及各个数据的格式示意图。

运算过程中，需要根据每一步输出数据的格式进行转换，使得输出和下一步的运算数据格式适配，具体的过程在下面给出：

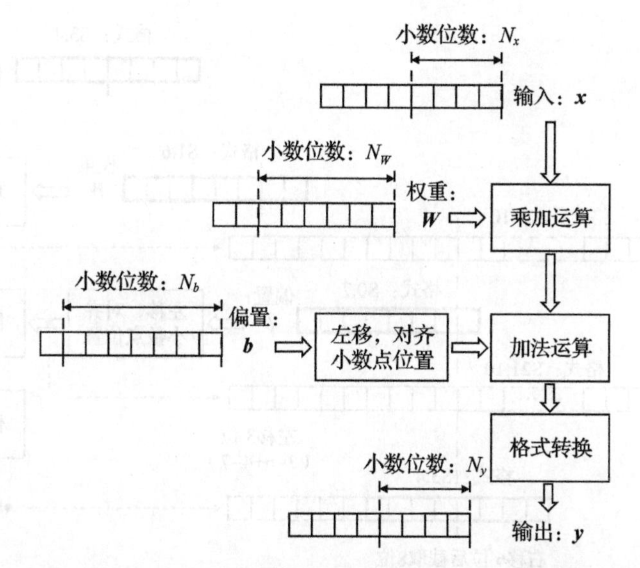


图 8-18　CMSIS-NN 计算卷积层和全连接层的定点数矩阵乘法过程

1）计算 8 位定点格式输入数据 $\boldsymbol{x}$（小数位 $N_x$ 位）和同样 8 位的定点格式权重 $\boldsymbol{W}$（小数位 $N_W$ 位）的乘加结果，运算结果经过高位扩展成为 32 位定点数，计算结果的小数位数是 $N_x+N_W$。

2）将 8 位格式偏置 $\boldsymbol{b}$（小数位 $N_b$ 位）扩展成 32 位并左移 $N_x+N_W-N_b$ 位，转成小数位数为 $N_x+N_W$ 的定点数，和第 1 步乘加结果的格式一致。然后格式转换结果和第 1 步得到的乘加结果相加，得到输出。输出数据的定点数小数位数仍旧是 $N_x+N_W$。

3）将第 2 步运算得到的定点数右移 $N_x+N_W-N_y$ 位后截取低 8 位转换成输出定点数格式，即小数位为 $N_y$ 的 8 位定点数。

图 8-19 通过具体的定点数格式的例子说明上述过程。

在上面介绍的定点数运算流程中，数据格式转换需要的左移和右移的位数需要在 CMSIS-NN 的 API 调用时给出，比如上面的运算例子，在调用 CMSIS-NN 中全连接层 API 函数时，参数 `bias_shift` 和 `out_shift` 用于指明这两个移位操作，如下所示（注意下面代码中带划线的部分）：

```
arm_fully_connected_q7(
    input,                  // 指向存放输入向量 x 的指针
    weight,                 // 指向存放权重数组 W 的指针
    input_length,           // 输入向量长度
    output_length,          // 输出向量长度
    3,                      // 偏置 b 左移位数
                            // （参数名 bias_shift，根据上述例子，值为 3）
    6,                      // 计算输出 y 需要右移的位数
                            // （参数名 out_shift，根据上述例子，值为 6）
    bias,                   // 指向存放偏置数据 b 的指针
    output,                 // 指向存放输出向量 y 的指针
    buffer)                 // 存放运算过程的中间数据的缓冲区
```

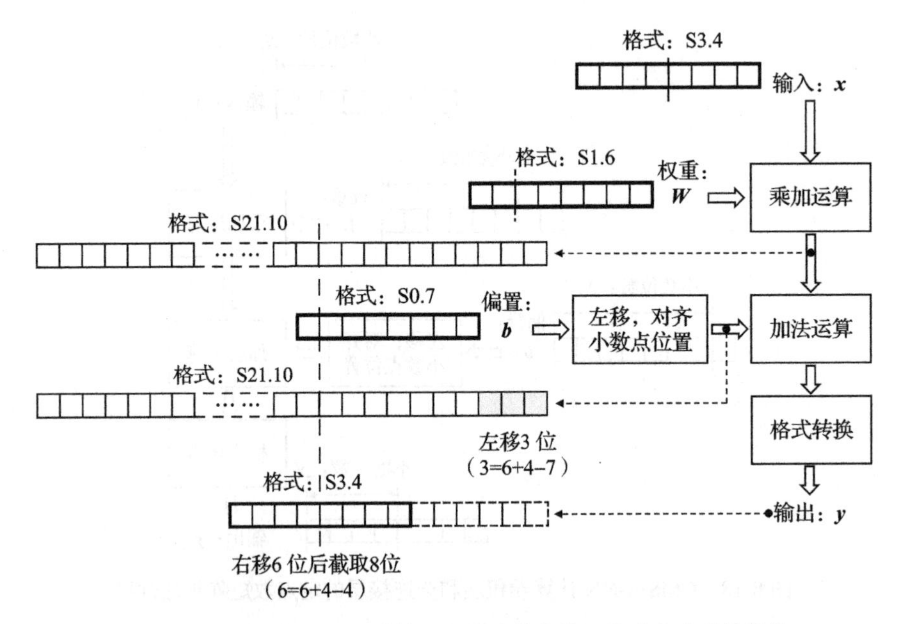


图 8-19　神经网络定点数计算过程中小数点位置的改变及移位操作

卷积运算的 API 中移位参数的设置也与此类似，这里不再重复了。

上面介绍的定点化过程需要记录神经网络推理过程中的数据范围，代码清单 8-12 实现了这一功能，这一代码是在第 4 章给出的 Pytorch 神经网络代码的基础上修改的，读者可以通过将其和之前的训练代码相比来理解它。

**代码清单 8-12　神经网络训练时加入量化参数统计的例程**

```
## 统计数据的范围
def forward (self,x):
    self.calib_record('input',x)

    x = self.conv1(x)
    self.calib_record('conv1',x)

    x = F.relu(x)
    x = F.max_pool2d(x, 2)
    x = self.conv2(x)
    self.calib_record('conv2',x)

    x = F.relu(x)
    x = F.max_pool2d(x, 2)
    x = torch.flatten(x, 1)
    x = self.fc1(x)
    self.calib_record('fc1',x)

    x = F.relu(x)
    x = self.fc2(x)
    self.calib_record('fc2',x)
```

```
    return x

## 存储 x 的最大最小值到 calib 字典中去
def calib_record(self,name,x):
    if name not in self.calib:
        self.calib[name]=(x.cpu().numpy().min(),\
                          x.cpu().numpy().max())
    else:
        self.calib[name]=(min(self.calib[name][0],\
                              x.cpu().numpy().min()),\
                          max(self.calib[name][1],\
                              x.cpu().numpy().max()))
```

上述代码基于 3.6.2 节给出的神经网络类 `minst_c`，但对其中成员函数进行了修改，相比之前的 `forward()` 函数，这里在推理运算过程中，通过 `calib_record` 函数保存神经网络各个运算环节的最大最小值（存储于字典 `self.calib` 中）。

## 8.3.4　数据存储和格式转换

使用 CMSIS-NN 实现神经网络代码时，可以通过复用数据缓冲区降低代码对内存的需求。代码中使用了 3 个缓冲区，分别是 `img_buf1`、`img_buf2` 和 `col_buf`，每个运算环节数据的输入和输出数据缓冲区从图 8-20 可以看到。

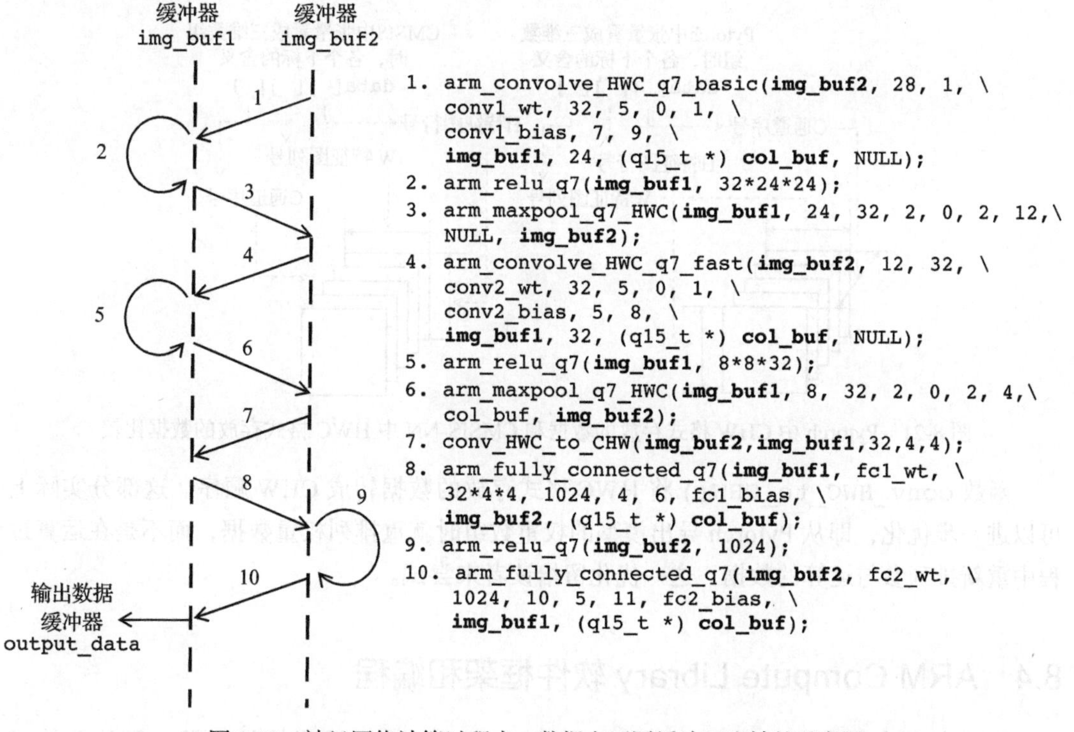


图 8-20　神经网络计算过程中，数据在不同缓冲区流转的示意图

图8-20中col_buf没有单独画出，它是用于存放运算中间数据的，可以在代码中看见，这一缓冲区也被反复重用。

上述代码中有一个细节，就是函数conv_HWC_to_CHW()的调用，它不是CMSIS-NN预定义的API。它用于改变张量内的数据存储次序，使得Pytorch中导出的全连接层数组在运算过程中和CMSIS-NN的数据存放次序匹配。它的C语言代码如代码清单8-13所示。

代码清单8-13 CMSIS-NN数据结构转换代码

```
void conv_HWC_to_CHW(q7_t *in, q7_t *out, \
                     int num_C, int num_H, int num_W)
{
    for (int c=0; c<num_C; c++)
        for (int h=0; h<num_H; h++)
            for (int w=0; w<num_W; w++)
                out[c*num_H*num_W+h*num_W+w]=\
                in[h*num_W*num_C+w*num_C+c];
   return;
}
```

可见这一函数仅仅是修改了数据排列顺序，因为Pytorch中数据张量以及全连接层的权重默认以CHW次序排列，这和CMSIS-NN默认的HWC次序不同，如图8-21所示。

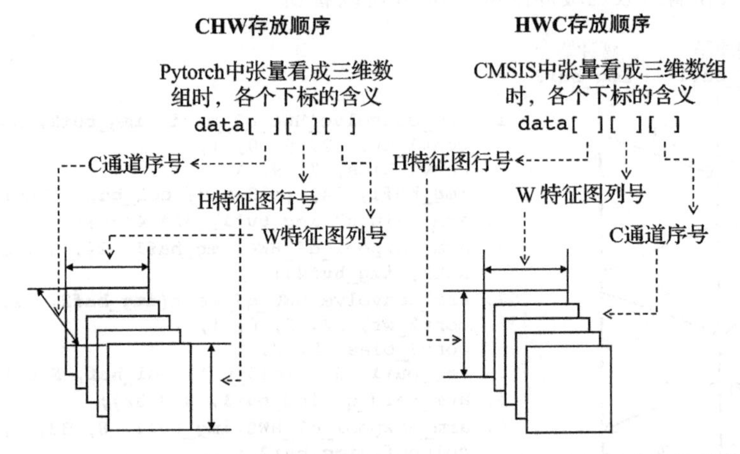


图8-21 Pytorch中CHW格式存放的数据和CMSIS-NN中HWC格式存放的数据比较

函数conv_HWC_to_CHW()将HWC格式存放的数据转成CHW顺序。这部分实际上可以进一步优化，即从Pytorch导出模型的权重数组时就重排列权重数据，而不是在运算过程中重新排列参与运算的数据，这一优化留给读者来尝试。

## 8.4 ARM Compute Library软件框架和编程

前面章节介绍的CMSIS库的API虽然也支持Cortex-A系列的处理器，但从总体设计架构上来说更适合面向工业控制的 Cortex-M 处理器。ARM 公司发起并开源的 ARM Computer Library（ACL）是专门面向高性能 ARM 处理器的数据计算和 AI 运算的库，它支持 Cortex-A 系列处理器，并支持图像协处理器（Mali GPU），能够运行在 Linux 平台上，也能运行在 Android 框架下或者无操作系统的 ARM 处理器上。本节介绍基于 ACL 的机器学习编程的基本方法。由于 ACL 包含了大量方便使用的 API，并且代码在不断更新和扩充中，无法在有限的篇幅内详述每个 API 的使用细节，因此我们会通过图像处理和手写识别神经网络的完整设计例子来介绍它的使用方式，并希望读者能够通过扩充书本中介绍的例子来实现更加复杂的机器学习代码。

ACL 库所实现的代码优化技术基于 ARM 处理器的 SIMD（单指令多操作数）指令集（NEON）实现加速。ACL 库用 C++ 实现，它的代码大致能够分为三部分——Core、runtime 和 graph，源代码分布在这三个名字对应的目录中。其中 Core 实现最底层的运算加速；runtime 基于 Core 提供 API 实现，它在 Core API 的基础上增加了内存管理以及多线程管理等，使得运算模块和运行的软件环境适配。graph 是基于 Core 构建的运算流图运行模块，将运算模块通过运算图连接起来，适用于神经网络等应用。其中 graph 的部分功能在之后 8.5 节介绍的 ARM NN 库中被重新实现。

我们通过两个代码例子来介绍 ACL 库的使用，它们分别是一个卡通化图像处理代码和手写数字识别神经网络代码。这两个例子运行在 RaspberryPi 3 或者更高版本的硬件平台上。RaspberryPi 3 使用 Cortex-A 处理器，运算量和内存资源远高于 Cortex-M 系列处理器。相比 CMSIS-NN，ACL 的代码结构也更加复杂，但也更有利于维护和扩展。

### 8.4.1　基于 ACL 库的图像处理编程

ACL 库中的优化算法是通过运算模块对象来使用的，这和 CMSIS-NN 或者 CMSIS-DSP 直接调用 API 进行计算的编程思路有很大差异。图 8-22 给出 ACL 库中算法的使用流程，还给出了滤波核尺寸为 5 × 5 的高斯滤波运算代码片段。

整个流程包括：

- 数据对象创建——数据对象用于存放运算输入输出。优化算法对数据的存放模式、地址字节对齐方式等有一定要求，因此使用预定义的数据类构建数据对象。图 8-22 中创建的数据对象是图像数据 `src_img` 和 `dst_img`。
- 数据对象配置——对数据尺寸进行设置，这一步尚未为数据申请内存。图 8-22 中将图像尺寸信息保存在数据结构 `info` 中。
- 运算模块创建——根据所对应的运算类生成运算对象。图 8-22 中对应的是卷积器 `NEGaussian5x5`。
- 运算模块配置——指定运算模块的输入输出以及运算过程控制参数。
- 数据对象内存分配——为数据对象申请内存，这一步骤需要在前面几步完成后执行，因为它需要根据运算类型以及运算参数得到最优的数据存放模式，并根据优化要求申请内存。

- 运算模块执行——执行运算，运算结果被保存在之前配置过程中指定的输出数据对象中。这一步骤可以重复执行，每次执行前加载输入数据，执行后保存运算结果。

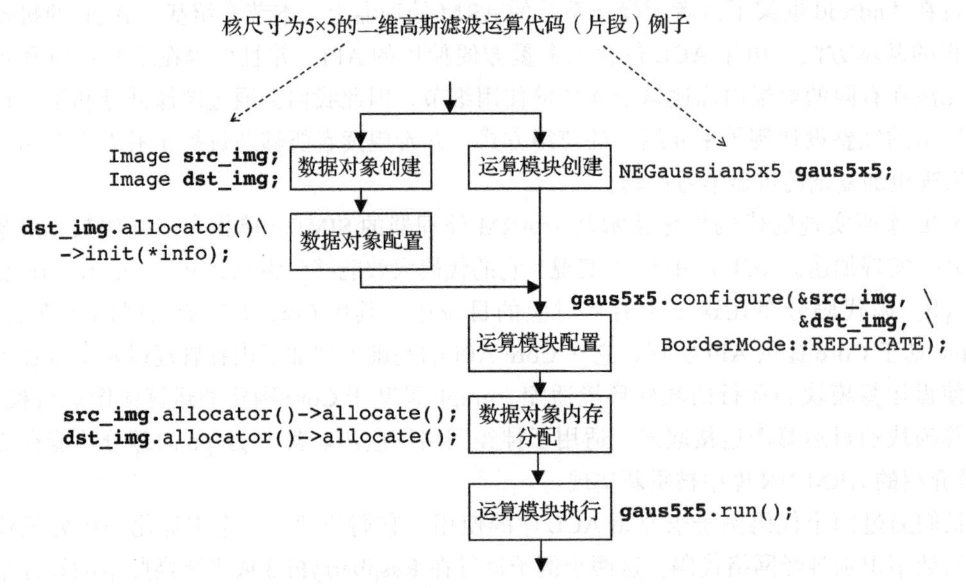


图 8-22　图像滤波运算通过 ACL 库实现的流程

下面考虑将灰度图片转成卡通化图像的应用，它的运算流程如图 8-23 所示。

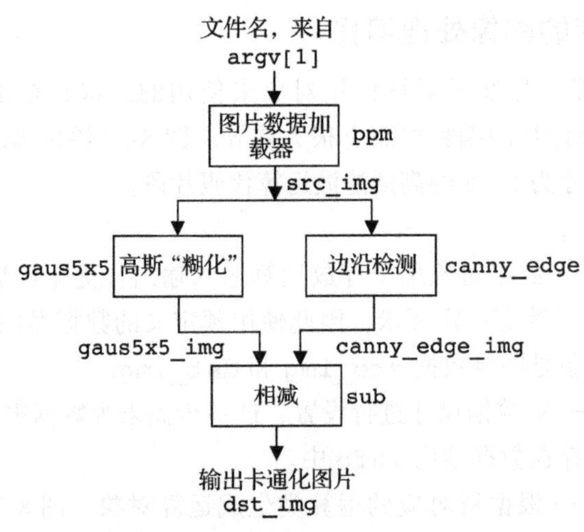


图 8-23　ACL 实现图像“卡通化”的运算流程

图 8-23 中标注的对象名称和实现这一流程的源代码对应。代码清单 8-14 给出了实现上述运算流程的代码片段，我们在代码中给出了详细注释，读者可以通过阅读注释并对照

图 8-23 中运算流程对应的数据对象和运算模块理解代码原理。完整代码在本书的配套软件包中可以找到。

**代码清单 8-14　基于 ACL 的图像处理例程**

```
// 图像对象
Image src_img;            // 存放输入图像
Image dst_img;            // 存放输出图像
Image gaus5x5_img;        // 存放高斯卷积结果
Image canny_edge_img;     // 存放边沿检测结果

// 构建图像加载模块，设置其数据格式
PPMLoader ppm;
ppm.open(argv[1]);
ppm.init_image(src_img, Format::U8);

// 设置图像尺寸和格式信息
gaus5x5_img.allocator()->init(*src_img.info());
canny_edge_img.allocator()->init(*src_img.info());
dst_img.allocator()->init(*src_img.info());

// 运算模块对象
NEGaussian5x5 gaus5x5;
NECannyEdge canny_edge;
NEArithmeticSubtraction sub;

// 运算模块配置
gaus5x5.configure(&src_img, &gaus5x5_img, \
                  BorderMode::REPLICATE);
canny_edge.configure(&src_img, &canny_edge_img, \
                     100, 80, 3, 1, \
                     BorderMode::REPLICATE);
sub.configure(&gaus5x5_img, &canny_edge_img, &dst_img, \
              ConvertPolicy::SATURATE);

// 分配内存
src_img.allocator()->allocate();
dst_img.allocator()->allocate();
gaus5x5_img.allocator()->allocate();
canny_edge_img.allocator()->allocate();

// 填充输入图像
ppm.fill_image(src_img);

// 执行图像处理运算
gaus5x5.run();
canny_edge.run();
sub.run();
```

```
// 保存处理结果
save_to_ppm(dst_img, "cartoon_effect.ppm");
```

基于 ACL 可以实现多种图像处理运算，读者可以在上面例子的基础上进行修改，尝试其他图像运算算法。

### 8.4.2 基于 ACL 库的神经网络编程

在这一节，我们介绍基于 ACL 的神经网络编程，所使用的神经网络还是手写数字识别神经网络。该神经网络分为 4 个运算步骤，分别是两个卷积层运算和两个全连接层运算，网络架构以及训练和之前 CMSIS-NN 的例子是一样的。我们在图 8-24 中再次给出该神经网络的结构。

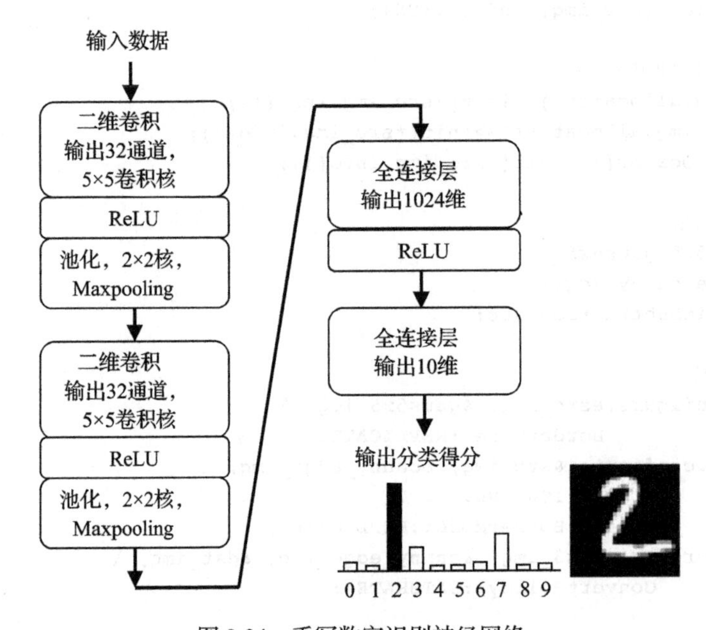


图 8-24 手写数字识别神经网络

为了演示 ACL 库的使用，我们用 3 种不同的方式实现该神经网络，分别是基于 ACL 库中神经网络 API 直接调用的浮点运算代码实现、基于 ACL 库中神经网络 API 直接调用的仿射映射量化代码实现、基于 ACL 库的 graph 框架的神经网络实现。

**1. 基于浮点运算和 ACL 神经网络 API 的编程**

基于浮点运算的 ACL 神经网络 API 编程的整个流程和之前图像处理的流程是一致的，如图 8-25 所示。

在这里我们根据神经网络的命名习惯，将数据对象称为张量，并把运算模块称为算子。

对应的程序片段在代码清单 8-15 中给出，注意，这里为节省篇幅，对类似功能的代码进行了删减，完整的代码请参考本书附带的软件包。

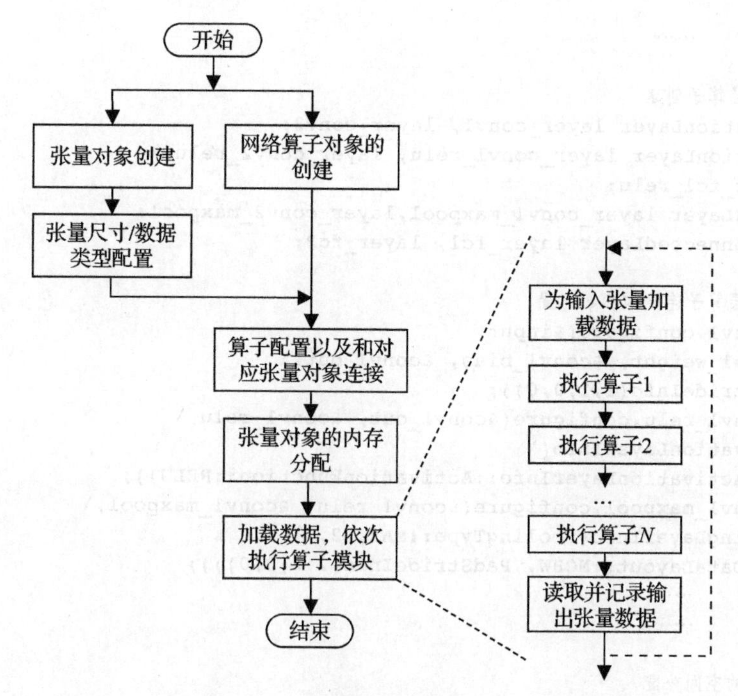


图 8-25 基于 ACL 浮点运算实现神经网络推理运算的流程

**代码清单 8-15 基于 ACL 的神经网络实现例程**

```
// 创建输入张量对象
Tensor input;
const TensorShape input_shape(IMG_W, IMG_H, 1);
input.allocator()->init(TensorInfo(input_shape, 1,\
                               DataType::F32));

// 第 1 卷积层（包括激活和池化）相关的张量对象创建
Tensor conv1_weight, conv1_bias, conv1_out, \
      conv1_relu, conv1_maxpool;
//第 1 卷积层相关的张量配置（尺寸、数据类型设置）
conv1_weight.allocator()->init(\
   TensorInfo(TensorShape(5,5,1,32), 1, DataType::F32));
conv1_bias.allocator()->init(
   TensorInfo(TensorShape(32), 1, DataType::F32));
conv1_out.allocator()->init(\
   TensorInfo(TensorShape(24,24,32), 1, DataType::F32));
conv1_relu.allocator() -> init(\
   TensorInfo(TensorShape(24,24,32), 1, DataType::F32));
conv1_maxpool.allocator() -> init(\
   TensorInfo(TensorShape(12,12,32), 1, DataType::F32));

// 其余各层张量对象创建和配置（代码省略）
         ......
```

```
        ......

// 网络各层算子创建
NEConvolutionLayer layer_conv1, layer_conv2;
NEActivationLayer layer_conv1_relu, layer_conv2_relu,\
    layer_fc1_relu;
NEPoolingLayer layer_conv1_maxpool,layer_conv2_maxpool;
NEFullyConnectedLayer layer_fc1, layer_fc2;

// 网络各层算子连接和参数配置
layer_conv1.configure(&input,
    &conv1_weight, &conv1_bias, &conv1_out,\
    PadStrideInfo(1,1,0,0));
layer_conv1_relu.configure(&conv1_out, &conv1_relu,\
    ActivationLayerInfo(\
        ActivationLayerInfo::ActivationFunction::RELU));
layer_conv1_maxpool.configure(&conv1_relu, &conv1_maxpool,\
    PoolingLayerInfo(PoolingType::MAX, 2, \
        DataLayout::NCHW, PadStrideInfo(2,2,0,0)));
        ......
        ......

// 各张量的空间分配
input.allocator()->allocate();
conv1_weight.allocator()->allocate();
conv1_bias.allocator()->allocate();
conv1_out.allocator()->allocate();
conv1_relu.allocator()->allocate();
conv1_maxpool.allocator()->allocate();
        ......
        ......

// 从数据文件加载网络参数
fill_tensor_f32(conv1_weight, "data/conv1_weight_f32.bin"));
fill_tensor_f32(conv1_bias, "data/conv1_bias_f32.bin"));
        ......
fill_tensor_f32(fc2_bias    , "data/fc2_bias_f32.bin"    ));

// 图片数据文件
std::ifstream file_in(std::string(DATA_INPUT_FNAME),\
    std::ios::in|std::ios::binary);

// 网络运行，读入图片，依次执行网络各层算子
for (int n=0; n<num_img; n++)
{
    // 读取输入图片数据
    file_in.read((char*)buffer, IMG_BYTE_SZ);
    fill_tensor_f32(input,buffer);

    // 执行网络各层算子
```

```
    layer_conv1.run();
    layer_conv1_relu.run();
    layer_conv1_maxpool.run();

    layer_conv2.run();
    layer_conv2_relu.run();
    layer_conv2_maxpool.run();

    layer_fc1.run();
    layer_fc1_relu.run();

    layer_fc2.run();

    // 检查输出
    int max_idx=argmax_tensor_f32(fc2_out,10);
    std::cout << "[INF] MAX IDX: " << max_idx << std::endl;
}
```

为了便于对照，图 8-26 给出例程中神经网络中各算子对象和张量对象与代码中变量名的对应关系。

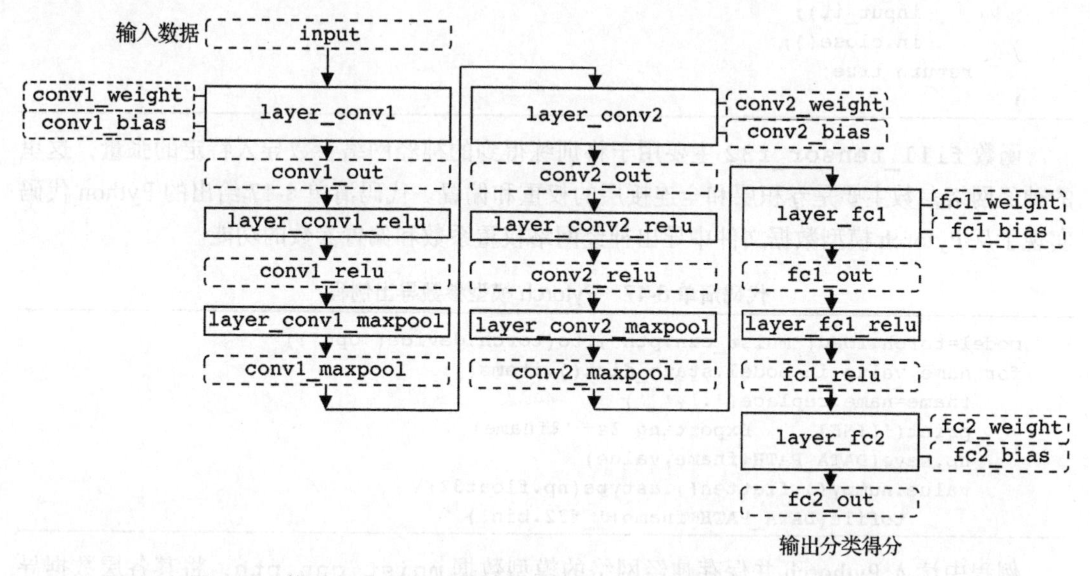


图 8-26　使用 ACL 实现的神经网络代码中的张量数据对象和算子对象

对比神经网络的代码和之前的图像处理代码，可以看到神经网络代码中增加了算子的参数加载，比如卷积运算需要加载卷积核的权重和偏置数据，这是通过自定义的函数 **fill_tensor_f32(Tensor &t, const char *fname)** 实现的，在 ACL 库中建议使用“窗口迭代器”的设计实现访问张量，这是因为在优化过程中，张量数据在内存中的存放位置有可能和传统的 C 语言多维数组存放方式不同（比如考虑 NEON 指令访问效率，要求内存对齐）。该函数的代码如代码清单 8-16 所示。

代码清单 8-16　ACL 中数据张量生成的例程

```
// 通过数据文件填充张量
bool fill_tensor_f32(Tensor &t, const char *name)
{
    Window input_win;
    input_win.use_tensor_dimensions(t.info()->tensor_shape());
    Iterator input_it(&t, input_win);

    long cnt=0;
    float v;
    std::ifstream in(name,std::ios::in|std::ios::binary);

    execute_window_loop(input_win,
        [&](const Coordinates & id)
        {
            in.read((char*)&val, sizeof(float));
            *reinterpret_cast<float*>(input_it.ptr())=v;
            cnt++;
        },
        input_it);
        in.close();
    return true;
}
```

函数 `fill_tensor_f32` 主要用于将训练得到的神经网络参数导入特定的张量，这里的神经网络参数主要是卷积层和全连接层的权重和偏置。代码清单 8-17 给出的 Python 代码实现了从 Pytorch 模型数据文件中导出神经网络权重系数和偏置参数的功能。

代码清单 8-17　Pytorch 模型参数导出例程

```
model=torch.load('mnist_cnn.pth').to(torch.device('cpu'))
for name,value in model.state_dict().items():
    fname=name.replace('.','_')
    print('[INF]    Exporting %s…'%fname)
    np.save(DATA_PATH+fname,value)
    value.numpy().flatten().astype(np.float32)\
        .tofile(DATA_PATH+fname+'_f32.bin')
```

例程中读入 Pythorch 并保存神经网络的模型数据 `mnist_cnn.pth`，将其各层数据导出为单精度浮点数文件，即每个数据转换为 float32 类型并以二进制形式保存，数据文件名后缀为 `_f32.bin`。

上述神经网络的完整例程中还包括基于 Pytorch 的神经网络训练，这一内容在第 4 章中给出，这里不再重复。读者可以通过随书配套的软件包了解这一例程的完整实现流程。

**2. 基于量化数运算和 ACL 神经网络 API 的编程**

使用浮点数运算需要专用的硬件，在处理器成本、运行功耗和时间上高于使用整数的方案。ACL 库支持量化了的神经网络运算，利用整数运算实现神经网络。我们仍旧以手写数字识别为例，说明使用 ACL 的神经网络量化运算 API 的方法。

利用 ACL 中量化 API 实现神经网络的流程和之前使用浮点数的实现流程是一样的，不同之处仅仅在于张量的数据类型。在本节的例子中，我们用到了 ACL 支持的两种数据类型，分别是 QASYMM8 和 S32。其中 QASYMM8 数据类型的名称提示它是“量化（Q）非对称（ASYMM）8 位数据（8）”，而 S32 数据类型的名称提示它是“有符号（S）32 位数据（32）”。其中 QASYMM8 量化数据就是我们在 4.3 节中介绍的仿射映射量化数据类型。下面简要列出这一量化数据类型的特性。

QASYMM8 数据类型包括了几类信息，分别是数据零点 $z_d$、量化步长 $s_d$ 和 8 位的量化符号 $d_q$。我们用三元组 $(s_d,z_d,d_q)$ 来表示每个 QASYMM8 数据，它代表的实数值 $d$ 通过下面的表达式给出：

$$d = s_d(d_q - z_d)$$

其中尺度 $s_d$ 是以浮点数形式保存的，而 $z_d$ 和 $d_q$ 以 8 位有符号整数形式保存。上述公式将 QASYMM8 格式的量化数转换成它所代表的浮点数过程中使用了浮点运算。但在神经网络运算过程中，主要的运算是矩阵乘法，运算过程中并不需要频繁地将 QASYMM8 数据通过上述运算转成浮点数，而是将运算作用在 8 位的量化符号 $d_q$ 和数据零点 $z_d$ 上，主要的运算基于整数乘加操作实现，因此能够降低运算复杂度。具体运算过程及方法可以参考 4.3 节。

图 8-27 给出了例程中各个运算环节中张量的量化参数。

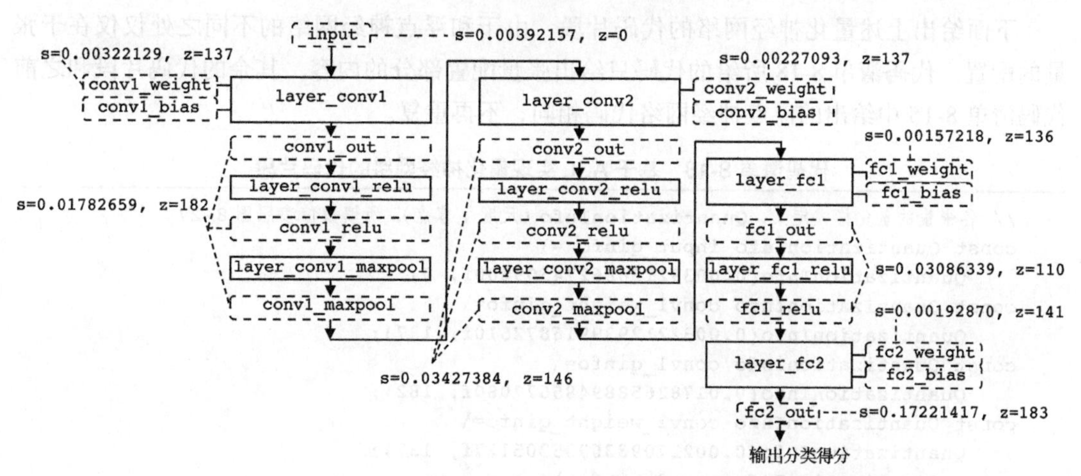


图 8-27　使用 ACL 量化 API 计算神经网络时，各数据的量化参数

图中 s 代表各个张量对应的数据格式中的量化步长，z 代表零点。其中卷积层和全连接层的偏置数据格式是 32 位有符号整数，不是原始的 QASYMM8 数据格式，后面有具体介绍。

在神经网络的各个计算环节中，全连接层和卷积层需要进行乘加运算，即

$$\boldsymbol{y}=\boldsymbol{W}\boldsymbol{x}+\boldsymbol{b} \tag{8-4}$$

其中 $\boldsymbol{x}$ 和 $\boldsymbol{y}$ 分别是输入和输出列向量，$\boldsymbol{W}$ 和 $\boldsymbol{b}$ 分别是权重矩阵和偏置向量。$\boldsymbol{x}$ 和 $\boldsymbol{W}$ 的量化参数是根据它们的数值动态范围以及直方图计算得到的。$\boldsymbol{x}$ 和 $\boldsymbol{W}$ 中的元素 $x^{(n)}$ 和 $w^{(m,n)}$ 分别用

$$\begin{cases} x^{(n)}=s_x(x_q^{(n)}-z_x) \\ w^{(m,n)}=s_W(w_q^{(m,n)}-z_W) \end{cases} \tag{8-5}$$

表示，$\{s_x,z_x,s_W,z_W\}$ 分别是 $\boldsymbol{x}$ 和 $\boldsymbol{W}$ 的仿射映射量化参数。向量 $\boldsymbol{b}$ 的元素需要转换成有符号 32 位整数向量 $\boldsymbol{b}_{S32}$ 后发送给 API。$\boldsymbol{b}_{S32}$ 中的元素 $b_{S32}^{(n)}$ 和 $\boldsymbol{b}$ 中元素 $b^{(n)}$ 的对应关系是

$$b_{S32}^{(n)}=\left\{\text{int32}\left(\frac{1}{s_W s_x}b^{(n)}\right)\right\} \tag{8-6}$$

其中 int32(*) 指取整运算，用 32 位有符号整数表示取整结果。

图 8-27 中神经网络的全连接层和卷积层内部的整数乘加运算改变了数据有效位宽，由于要求运算输出仍旧用 8 位的量化符号表示，根据数据动态范围统计特性，需要对运算输出的量化参数进行转换，使得它仍旧满足 QASYMM8 的格式要求。神经网络的 ReLU 激活运算和 Maxpooling 运算的输入输出使用相同的数据格式，因为这两个运算环节的输出数据是输入的一个子集，没有进行乘法或加法运算。

下面给出上述量化神经网络的代码片段，由于和浮点神经网络的不同之处仅仅在于张量的配置，代码清单 8-18 所给的代码只给出张量配置部分的内容，其余的代码片段和之前代码清单 8-15 中给出的浮点神经网络代码相同，不再重复。

**代码清单 8-18　基于 ACL 实现量化神经网络的代码片段**

```
// 各张量的量化格式定义，QuantizationInfo（尺度，零点），所填数值参照图 8-27
const QuantizationInfo input_qinfo =\
    QuantizationInfo(0.003921568627450980f, 0);
const QuantizationInfo conv1_weight_qinfo=\
    QuantizationInfo(0.003221293991687251 0f, 137);
const QuantizationInfo conv1_qinfo=\
    QuantizationInfo(0.017826588948567708f, 182);
const QuantizationInfo conv2_weight_qinfo=\
    QuantizationInfo(0.002270933693530512 7f, 137);
const QuantizationInfo conv2_qinfo=\
    QuantizationInfo(0.034273843204273895 0f, 146);
const QuantizationInfo fc1_weight_qinfo=\
    QuantizationInfo(0.001572180846158195 9f, 136);
const QuantizationInfo fc1_qinfo=\
    QuantizationInfo(0.030863389781877106 0f, 110);
const QuantizationInfo fc2_weight_qinfo=\
```

```
    QuantizationInfo(0.0019286959779028800f, 141);
const QuantizationInfo fc2_qinfo=\
    QuantizationInfo(0.1722141789455039800f, 183);

// 输入张量
Tensor input_f32;
const TensorShape input_shape(IMG_W, IMG_H, 1);
input_f32.allocator()->init(TensorInfo(input_shape,1,\
    DataType::F32));
// 输入量化层的张量
Tensor input;
input.allocator()->init(TensorInfo(input_shape,1,\
    DataType::QASYMM8));
input.info()->set_quantization_info(input_qinfo);

// 第1卷积层（包括激活和池化）的张量
Tensor conv1_weight, conv1_bias, conv1_out, \
    conv1_relu, conv1_maxpool;
conv1_weight .allocator()->init(\
    TensorInfo(TensorShape(5,5,1,32),1,DataType::QASYMM8));
conv1_bias.allocator()->init(\
    TensorInfo(TensorShape(32),1,DataType::S32));
conv1_out.allocator()->init(\
    TensorInfo(TensorShape(24,24,32),1,DataType::QASYMM8));
conv1_relu.allocator()->init(\
    TensorInfo(TensorShape(24,24,32),1,DataType::QASYMM8));
conv1_maxpool.allocator()->init(\
    TensorInfo(TensorShape(12,12,32),1,DataType::QASYMM8));

conv1_weight.info()->set_quantization_info(conv1_weight_qinfo);
conv1_out.info()->set_quantization_info(conv1_qinfo);
conv1_relu.info()->set_quantization_info(conv1_qinfo);
conv1_maxpool.info()->set_quantization_info(conv1_qinfo);

// 第2卷积层（包括激活和池化）的张量（代码和之前类似，省略）
          ......
          ......

// 第1全连接层（包括激活）的张量（代码和之前类似，省略）
          ......
          ......

// 第2全连接层（包括激活）的张量
Tensor fc2_weight, fc2_bias, fc2_out, fc2_softmax;
fc2_weight.allocator() -> init(TensorInfo(\
    TensorShape(1024,10), 1, DataType::QASYMM8));
fc2_bias.allocator() -> init(TensorInfo(\
    TensorShape(10), 1, DataType::S32));
fc2_out.allocator() -> init(TensorInfo(\
    TensorShape(10), 1, DataType::QASYMM8));
```

```
fc2_softmax.allocator() -> init(TensorInfo(\
    TensorShape(10), 1, DataType::QASYMM8));

fc2_weight.info()->set_quantization_info(fc2_weight_qinfo);
fc2_out.info()->set_quantization_info(fc2_qinfo);

// 输出层的张量
Tensor fc2_out_f32;
fc2_out_f32.allocator()->init(TensorInfo(\
    TensorShape(10), 1, DataType::F32));

// 后续代码和浮点神经网络相同，具体内容省略，下面仅仅列出后续代码的功能
// 网络各层算子对象创建、连接关系配置、运算参数设置
// 所有张量的空间分配
// 加载网络参数（权重数据和偏置数据）
// 读取输入数据
// 顺序执行运行网络各个算子得到输出
```

### 3. 卷积和全连接层量化数运算细节

神经网络的全连接层和卷积层对应的主要运算可以用矩阵乘加表示，即

$$\boldsymbol{y}=\boldsymbol{W}\boldsymbol{x}+\boldsymbol{b} \tag{8-7}$$

其中 $\boldsymbol{x}$ 和 $\boldsymbol{y}$ 分别是输入和输出列向量，$\boldsymbol{W}$ 和 $\boldsymbol{b}$ 分别是权重矩阵和偏置向量。在 ACL 的神经网络量化 API 库中，$\boldsymbol{x}$、$\boldsymbol{y}$ 和 $\boldsymbol{W}$ 使用 QASYMM8 表示（三者使用不同的量化参数），而 $\boldsymbol{b}$ 使用 32 位有符号整数向量 $\boldsymbol{b}_{S32}$ 表示。其中 $\boldsymbol{b}_{S32}$ 中各元素通过特定的映射公式和 $\boldsymbol{b}$ 中元素对应，具体映射方法在下面的讨论中给出。

根据 QASYMM8 的格式定义，$\boldsymbol{x}$、$\boldsymbol{y}$ 和 $\boldsymbol{W}$ 的量化格式对应的实际数值表示为

$$\begin{aligned}\boldsymbol{x}&=s_x(\boldsymbol{x}_q-\boldsymbol{1}_x z_x)\\ \boldsymbol{y}&=s_y(\boldsymbol{y}_q-\boldsymbol{1}_y z_y)\\ \boldsymbol{W}&=s_W(\boldsymbol{W}_q-\boldsymbol{1}_W z_W)\end{aligned} \tag{8-8}$$

其中 $\boldsymbol{1}_x$、$\boldsymbol{1}_y$ 和 $\boldsymbol{1}_q$ 分别是和 $\boldsymbol{x}_q$、$\boldsymbol{y}_q$ 以及 $\boldsymbol{W}_q$ 尺寸相同的元素全部为 1 的向量或矩阵。运算目标是得到 $\boldsymbol{y}$ 的量化表示 $\boldsymbol{y}_q$，将上面的仿射量化公式代入矩阵乘加表达式 $\boldsymbol{y}=\boldsymbol{W}\boldsymbol{x}+\boldsymbol{b}$ 得到，有

$$s_y(\boldsymbol{y}_q-\boldsymbol{1}_y z_y)=s_W s_x(\boldsymbol{W}_q-\boldsymbol{1}_W z_W)(\boldsymbol{x}_q-\boldsymbol{1}_x z_x)+\boldsymbol{b} \tag{8-9}$$

和

$$\boldsymbol{y}_q=\frac{s_W s_x}{s_y}\left[(\boldsymbol{W}_q-\boldsymbol{1}_W z_W)(\boldsymbol{x}_q-\boldsymbol{1}_x z_x)+\frac{1}{s_W s_x}\boldsymbol{b}\right]+\boldsymbol{1}_y z_y \tag{8-10}$$

ACL 的库函数计算 $\boldsymbol{y}_q$ 时，要求用户事先计算并提供向量 $\frac{1}{s_W s_x}\boldsymbol{b}$ 的值，并要求用 32 位有符号

整数表示，即

$$\boldsymbol{b}_{S32}=\text{int}32\left(\frac{1}{s_W s_x}\boldsymbol{b}\right) \tag{8-11}$$

其中 int32(*) 指舍入取整运算，运算结构用 32 位有符号整数表示。于是计算 $\boldsymbol{y}_q$ 的运算公式就改成了：

$$\boldsymbol{y}_q=\frac{s_W s_x}{s_y}\left[(\boldsymbol{W}_q-\boldsymbol{1}_W z_W)(\boldsymbol{x}_q-\boldsymbol{1}_x z_x)+\boldsymbol{b}_{S32}\right]+\boldsymbol{1}_y z_y \tag{8-12}$$

根据以上运算公式，我们给出 ACL 的具体计算流程：

1）利用整数乘加计算 $(\boldsymbol{W}_q-\boldsymbol{1}_W z_W)(\boldsymbol{x}_q-\boldsymbol{1}_x z_x)+\boldsymbol{b}_{S32}$。

2）将上一步结果中的每个元素乘以 $\frac{s_W s_x}{s_y}$，得到 $\frac{s_W s_x}{s_y}\left[(\boldsymbol{W}_q-\boldsymbol{1}_W z_W)(\boldsymbol{x}_q-\boldsymbol{1}_x z_x)+\boldsymbol{b}_{S32}\right]$。

3）将上一步的结果每个元素加上 $z_y$，得到 $\boldsymbol{y}_q$。

在步骤 1 计算 $(\boldsymbol{W}_q-\boldsymbol{1}_W z_W)(\boldsymbol{x}_q-\boldsymbol{1}_x z_x)$ 的过程中，使用了 8 位整数的乘加运算，考虑两个 8 位数的乘法得到 16 位整数，并且考虑加法带来的进位，程序内部使用有符号 32 位数表示乘加结果，并因此要求用户提供偏置数据 $\boldsymbol{b}$ 时使用相同的 32 位有符号格式，即 $\boldsymbol{b}_{S32}$。

上述步骤只有第 2 步使用了浮点乘法，乘法次数和向量 $\boldsymbol{y}$ 的长度一致。相比浮点运算，浮点运算次数大大降低。

**4. 量化参数的获得方法**

下面我们讨论如何从训练好的神经网络得到各个算子输入输出以及权重系数的量化参数（即仿射映射量化需要的量化步长和 0 点数据）。本章内容和 4.3 节相关，读者可以对照它的内容来理解。

我们只考虑卷积层和全连接层的量化参数计算。具体步骤如下：

1）将验证数据输入浮点型的神经网络，统计各个运算环节对应的张量的数据动态范围 $[d_{\min},d_{\max}]$。

2）根据动态范围 $[d_{\min},d_{\max}]$ 确定各个运算环节的仿射映射量化参数 $s_d$ 和 $z_d$，具体来说就是

$$\begin{cases} s_d=\dfrac{d_{\max}-d_{\min}}{255} \\ z_d=\text{uint}8\left(-\dfrac{d_{\min}}{s}\right) \end{cases} \tag{8-13}$$

其中 uint8($v$) 将数据 $v$ 用 8 位无符号正数表示，即

$$\text{uint}8(v)=\begin{cases} 0 & v<0 \\ 255 & v>255 \\ \text{round}(v) & 0\leqslant v\leqslant 255 \end{cases} \tag{8-14}$$

其中 round(*) 是舍入取整运算。

3）将上述算法应用于对卷积层和全连接层参数量化的计算，即统计网络权重系数 $\boldsymbol{W}$ 的数值范围，并计算仿射映射量化参数 $s_W$、$z_W$ 以及 $\boldsymbol{W}$ 的 $m$ 行 $n$ 列各元素 $w^{(m,n)}$ 对应的 8 位量化符号 $w_q^{(m,n)}$，具体计算公式为

$$w_q^{(m,n)} = \text{unit8}\left(\frac{w^{(m,n)}}{s_W} + z_W\right) \tag{8-15}$$

4）对卷积层和全连接层，将偏置 $\boldsymbol{b}$ 转成 32 位有符号整数向量 $\boldsymbol{b}_{S32}$，即

$$\boldsymbol{b}_{S32} = \text{int}32\left(\frac{1}{s_W s_x}\boldsymbol{b}\right) \tag{8-16}$$

上面的运算步骤中，获取数据范围 $(d_{\min}, d_{\max})$ 的代码在第 4 章给出。和量化有关的完整代码在本书附带的软件包中提供，希望读者可以配合源代码阅读，以理解上述步骤的具体实现。

**5. 基于 ACL 库 graph 框架的神经网络编程**

前面介绍的神经网络或者图像处理运算实现方案需要用户显式地在代码中构建多个张量，包括神经网络输入输出以及运算过程中暂存中间结果的张量，另外需要手动调用各个算子的运算函数。这一编程模式对于复杂的网络结构而言，代码结构复杂，开发效率低。为便于神经网络开发，ACL 库中提供了基于运算图的框架，通过 API 自动创建存储中间运算结构的张量对象，并按正确的顺序自动依次调用各个算子，降低编程复杂度。下面还是以手写数字识别神经网络为例，通过源代码展示具体的编程实现过程，参见代码清单 8-19。

**代码清单 8-19 基于 ACL-graph 库的神经网络实现例程**

```
int main(int argc, char **argv)
{
    Stream graph(0,"mnist");
    std::string data_path  = DATA_PATH;
    std::string data_input = data_path+DATA_INPUT_FNAME;
    std::string data_output= data_path+DATA_OUTPUT_FNAME;

    std::cout << "[INF] Building graph..." << std::endl;
    graph << Target::NEON;
    graph << FastMathHint::Enabled;
    graph << InputLayer(
                TensorDescriptor(
                    TensorShape(IMG_H,IMG_W,1,1),
                    DataType::F32,
                    QuantizationInfo(),
                    INPUT_DATA_LAYOUT),
                get_data_input_accessor(data_input, TEST_NUM));
    graph << ConvolutionLayer(
                5U, 5U, 32U,
```

```
            get_weights_accessor(data_path, \
                "/conv1_weight.npy", WEIGHT_LAYOUT),
            get_weights_accessor(data_path, \
                "/conv1_bias.npy"),
            PadStrideInfo(1, 1, 0, 0)).set_name("conv_1");
    graph << ActivationLayer(ActivationLayerInfo(\
            ActivationLayerInfo::ActivationFunction::RELU))\
         .set_name("relu_1");
    graph << PoolingLayer(PoolingLayerInfo(\
            PoolingType::MAX, 2, DATA_LAYOUT, \
            PadStrideInfo(2, 2, 0, 0)))\
         .set_name("maxpool_1");
    graph << ConvolutionLayer(
            5U, 5U, 32U,
            get_weights_accessor(data_path,\
                "/conv2_weight.npy", WEIGHT_LAYOUT),
            get_weights_accessor(data_path,\
                "/conv2_bias.npy"),
            PadStrideInfo(1, 1, 0, 0))
         .set_name("conv_2");
    graph << ActivationLayer(ActivationLayerInfo(\
            ActivationLayerInfo::ActivationFunction::RELU))\
         .set_name("relu_2");
    graph << PoolingLayer(PoolingLayerInfo(\
            PoolingType::MAX, 2, DATA_LAYOUT,\
                PadStrideInfo(2, 2, 0, 0)))\
            .set_name("maxpool_2");
    graph << FullyConnectedLayer(1024U,\
            get_weights_accessor(data_path,\
                "/fc1_weight.npy", WEIGHT_LAYOUT),
            get_weights_accessor(data_path,\
                "/fc1_bias.npy"))
         .set_name("fc_1");
    graph << ActivationLayer(ActivationLayerInfo(\
            ActivationLayerInfo::ActivationFunction::RELU))\
          .set_name("relu");
    graph << FullyConnectedLayer(10U,\
            get_weights_accessor(data_path, \
                "/fc2_weight.npy", WEIGHT_LAYOUT),
            get_weights_accessor(data_path, \
                "/fc2_bias.npy"))
          .set_name("fc_2");
    graph << SoftmaxLayer().set_name("prob");
    graph << OutputLayer(get_data_output_accessor(data_output));

    // Finalize graph
    GraphConfig config;
    config.num_threads = 1;
    config.use_tuner   = false;
```

```
    graph.finalize(Target::NEON, config);
    graph.run();
    return 0;
}
```

上述代码的核心是graph对象，该对象定义了“<<”运算符函数，可以通过形如 `graph <<` …的语法将运算模块依次加入运算图，实现一个顺序执行的网络架构。构建完成后，通过调用 `graph.run()` 运行网络。

上述代码中通过 `grap` 对象构建的运算图的“头”是 `InputLayer`(代码第11行)，“尾”是 `OutputLayer`(代码倒数第11行)。`graph.run()` 执行时通过 `InputLayer` 得到数据，并依次执行graph中的各个模块，最后将运算结果交给 `OutputLayer`。

`InputLayer` 构建时调用函数 `get_data_input_accessor` 取得 `ITensorAccessor` 对象，该对象负责生成数据。

代码清单8-20是 `get_data_input_accessor()` 函数以及和它相关的函数定义。

**代码清单8-20 神经网络张量数据生成和访问代码**

```
// 使用ACL建议的方式复制数据到tensor
void fill_tensor(float *src_data, ITensor &t)
{
    Window input_win;
    input_win.use_tensor_dimensions(t.info()->tensor_shape());

    Iterator input_it(&t, input_win);
    execute_window_loop(input_win,
        [&](const Coordinates & id)
        {
            *reinterpret_cast<float*>(input_it.ptr())=\
                src_data[id.z()*IMG_SZ+id.y()*IMG_W+id.x()];
        },
        input_it);
}

// 输入数据访问器
class DataInAccessor final : public ITensorAccessor
{
public:
    DataInAccessor(std::string &fname, \
        unsigned int maximum):_maximum(maximum),_iterator(0)
    {
        std::ifstream in(fname,\
            std::ios::in|std::ios::binary|std::ios::ate);
        // 确定能够读取的数据量
        long size = in.tellg();
        if (_maximum>size/IMG_BYTE_SZ)
            _maximum=size/IMG_BYTE_SZ;
```

```
        // 读取测试数据
        buffer=new float[_maximum*IMG_SZ];
        in.seekg(0, std::ios::beg);
        in.read((char*)buffer, _maximum*IMG_BYTE_SZ);
        in.close();
    }

    // 顺序提取一个测试数据，放入张量 tensor
    bool access_tensor(ITensor &tensor) override
    {
        bool ret = _maximum==0 || _iterator<_maximum;
        if (ret)
        {
            const ITensorInfo *info = tensor.info();
            float *_ptr = (float *)(tensor.buffer() +\
                          info->offset_first_element_in_bytes());
            fill_tensor(&buffer[_iterator*IMG_SZ],tensor);
        }
        _iterator = (_iterator==_maximum)?0:_iterator+1;
        return ret;
    }

    ~DataInAccessor() { delete[] buffer; }

private:
    float *buffer;
    unsigned int _iterator;
    unsigned int _maximum;
};

std::unique_ptr<ITensorAccessor>
get_data_input_accessor(std::string &fname, \
                        unsigned int maximum = 1)
{
    return support::cpp14::make_unique<DataInAccessor>(fname,\
                                        maximum);
}
```

网络“尾部” OutputLayer 构建时也是通过 get_data_output_accessor 取得 ITensorAccessor 对象，并由该对象处理网络运算结果。

代码清单 8-21 给出 get_data_output_accessor 函数以及和它相关的函数定义。

**代码清单 8-21 ACL 库的输出数据处理模块例程**

```
class DataOutAccessor final : public ITensorAccessor
{
public:
    bool access_tensor(ITensor &tensor) override
    {   // 从张量 tensor 获取指向输出结果的数据指针 _ptr,
        // 它指向 10 个数字的识别打分
```

```
        const ITensorInfo *info = tensor.info();
        float *_ptr = (float *)(tensor.buffer() +\
                       info->offset_first_element_in_bytes());
        // 找出 10 个识别打分中，得分最高的数字序号
        float max_val=_ptr[0];
        int   max_idx=0;
        for (int n=0; n<10; n++)
        {
            if (_ptr[n]>max_val)
            {
                max_val=_ptr[n];
                max_idx=n;
            }
        }
        std::cout << "[INF] MAX IDX: " << max_idx << std::endl;
        return true;
    }
};

std::unique_ptr<ITensorAccessor>
get_data_output_accessor(std::string &fname)
{
    return support::cpp14::make_unique<DataOutAccessor>(fname);
}
```

通过 ACL 的 graph 框架大大简化了网络构建过程，但对于来自各种神经网络训练框架的模型，手工转换过程效率还是很低。一个解决方案是为 ACL 提供一个自动分析流行神经网络训练框架保存的模型数据格式的代码，通过它直接读入神经网络模型数据，构建网络运算模块并执行网络运算。这一工作由 ARM 的软件 ARM NN 实现，我们会在下面介绍它。

## 8.5 ARM NN 软件框架和编程

ARM NN 基于 ACL 库实现流行的神经网络框架输出的网络模型数据的解析和执行。ARM NN 在神经网络软件系统中的位置在图 8-28 中给出。

它能够解析上层神经网络数据模型，调用下层 ACL 库实现网络推理运算，而 ACL 根据底层的处理器类型调用 Cortex-A ARM 处理器的 NEON 指令或者使用 Mali GPU 进行加速。

ARM NN 本身也可以作为 Android 的一个模块，由 Android 的 NNAPI 调用，如图 8-29 所示。

我们后面将介绍基于 C++ 的 ARM NN 编程使用，所给出的例程运行在 Cortex-A 处理器平台上，比如 RaspberryPi 3 或者更高硬件版本的嵌入式平台，具体介绍利用 ARM NN 的 API 执行流行的神经网络训练框架生成的数据模型的方法，另外介绍利用 ARM NN 执行以 onnx 格式存放的神经网络模型或者运算流图。

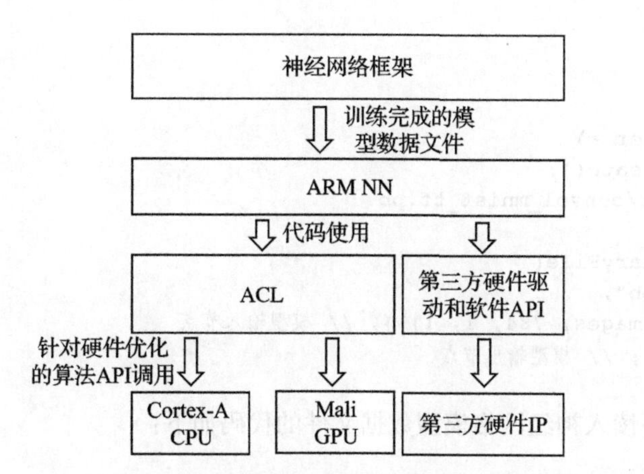


图 8-28　ARM NN 在神经网络软件框架中的位置

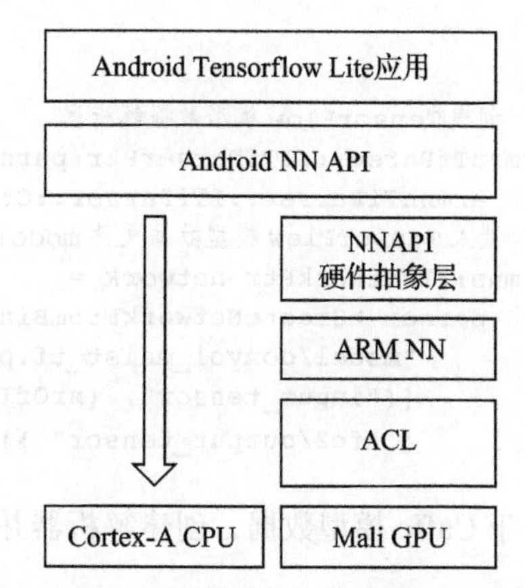


图 8-29　ARM NN 在 Android 开发环境中的使用

## 8.5.1　基于 ARM NN 运行神经网络模型

ARM NN 运行神经网络框架生成的模型的流程如图 8-30 所示。

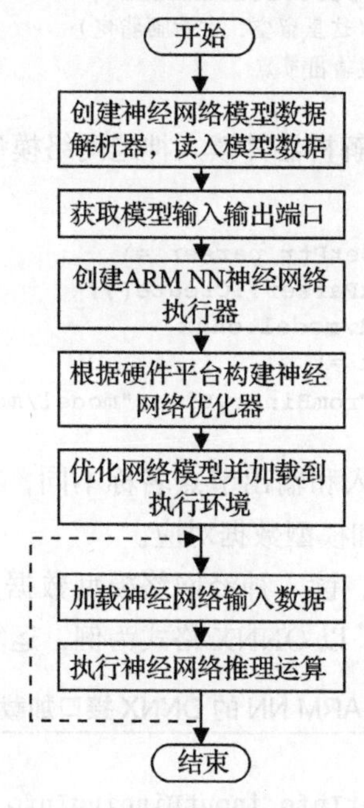


图 8-30　ARM NN 运行神经网络框架生成的模型的流程

其中第一步创建的神经网络模型数据解析器有多种解析器可以选择，包括 TensorFlow 模型数据解析器、Caffe 模型数据解析器、ONNX 模型数据解析器等。剩下的步骤对于不同的神经网络模型数据都是相同的。

对于 TensorFlow 模型数据，创建解析器并读入神经网络模型数据文件对应的代码片段如下：

```
// 创建 TensorFlow 模型数据解析器
armnnTfParser::ITfParserPtr parser =\
    armnnTfParser::ITfParser::Create();
// 读入 TensorFlow 模型数据文件 model/convol_mnist_tf.pb
armnn::INetworkPtr network =
    parser->CreateNetworkFromBinaryFile(
        "model/convol_mnist_tf.pb",
        {{"input_tensor", {nrOfImages, 784, 1, 1}}}, // 模型输入节点
        { "fc2/output_tensor" }); // 模型输出节点
```

对于 Caffe 模型数据，创建解析器并读入神经网络模型数据文件的代码如下：

```
// 创建 Caffe 模型数据解析器
armnnCaffeParser::ICaffeParserPtr parser =\
    armnnCaffeParser::ICaffeParser::Create();
// 读入 Caffe 模型数据文件 model/lenet_iter_9000.caffemodel
armnn::INetworkPtr network =
    parser->CreateNetworkFromBinaryFile(
        "model/lenet_iter_9000.caffemodel",
        {}, // 模型输入节点（这里留空，在后面指定）
        {"prob" }); // 模型输出节点
```

对于 ONNX 模型数据，创建解析器并读入神经网络模型数据文件的代码如下：

```
// 创建 ONNX 模型数据解析器
armnnOnnxParser::IOnnxParserPtr parser =\
    armnnOnnxParser::IOnnxParser::Create();
// 读入 ONNX 模型数据文件 model/model.onnx
armnn::INetworkPtr network =\
    parser->CreateNetworkFromBinaryFile("model/model.onnx");
```

上面 3 种神经网络的模型输入和输出节点名称不同，在读入数据文件时，告知文件解析器的输入和输出节点名称需要和模型数据对应。

构建不同的数据文件解析器，读入神经网络模型数据文件后，后续的步骤对不同的神经网络模型数据文件都是相同的，以 ONNX 格式为例，运算程序如代码清单 8-22 所示。

**代码清单 8-22　基于 ARM NN 的 ONNX 接口加载运行神经网络的例程**

```
// 获取模型输入输出端口信息
armnnTfParser::BindingPointInfo inputBindingInfo =\
    parser->GetNetworkInputBindingInfo("input_tensor");
armnnTfParser::BindingPointInfo outputBindingInfo =\
    parser->GetNetworkOutputBindingInfo("fc2/output_tensor");

// 创建并运行 ARM NN 神经网络执行器
armnn::IRuntime::CreationOptions options; // default options
armnn::IRuntimePtr runtime = armnn::IRuntime::Create(options);
```

```
// 根据硬件平台构建神经网络优化器，可选的优化器类型有如下几种：
// armnn::Compute::CpuRef，非优化的简单 CPU 参考实现
// armnn::Compute::CpuAcc，针对 ARM CPU 指令集的优化器
// armnn::Compute::CpuAcc，针对 Mali GPU 的优化器
armnn::Compute device = armnn::Compute::CpuAcc;

// 优化神经网络模型
armnn::IOptimizedNetworkPtr optNet = Optimize(*network, \
    {device}, runtime->GetDeviceSpec());

// 将网络模型加载到执行环境
armnn::NetworkId networkIdentifier;
runtime->LoadNetwork(networkIdentifier, std::move(optNet));

// 加载神经网络输入数据，这里一次加载 nrOfImages 个 MNIST 图片数据
std::string dataDir = "data/";
auto input = new float[nrOfImages][g_kMnistImageByteSize];
auto output = new float[nrOfImages][10]; // 存放识别结果（概率得分）
auto labels = new int[nrOfImages]; // 存放识别结果（最高得分的数字）
for (int i = 0; i < nrOfImages; ++i)
{
    std::unique_ptr<MnistImage> imgInfo = loadMnistImage(\
        dataDir, i); // 读入图片数据
    if (imgInfo == nullptr) return 1;
    std::memcpy(input[i], imgInfo->image,\
        sizeof(imgInfo->image)); // 保存图片数据
    labels[i] = imgInfo->label;  // 保存标准答案
}

// 将输入数据绑定到神经网络输入张量
armnn::InputTensors inputTensor =\
    MakeInputTensors(inputBindingInfo, &input[0]);
// 将输出缓冲区绑定到神经网络输出张量
armnn::OutputTensors outputTensor =\
    MakeOutputTensors(outputBindingInfo, &output[0]);

// 执行神经网络推理
armnn::Status ret = runtime->EnqueueWorkload(networkIdentifier, inputTensor,
    outputTensor);

// 每张图片经过神经网络计算得到 10 个类别的得分
// 下面的代码检查这 10 个得分，以得分最高的作为该图片的识别结果
int nrOfCorrectPredictions = 0;
for (int i = 0; i < nrOfImages; ++i)
{
    float max = output[i][0];
    int label = 0;

    for (int j = 0; j < 10; ++j)
    {  // 保存得分最高的数字序号
```

```
                if (output[i][j] > max)
                {
                    max = output[i][j];
                    label = j;
                }
            }
            // 识别结果和标准答案比较，统计识别正确的图片数量
            if (label == labels[i]) nrOfCorrectPredictions++;
        }
        // 识别结束，清理内存
        delete[] input;
        delete[] output;
        delete[] labels;
```

上述代码注释和图 8-30 对应。上面代码中神经网络只运行了一次就结束了，在实际应用过程中可以反复运行，每次运行前更新输入数据，即 input 缓冲区的输入数据，而每次计算结果通过 output 数据得到。

## 8.5.2 基于 ONNX 格式的机器学习模型构建

### 1. ONNX 数据格式概述

ONNX 是英文 Open Neural Network Exchange 的缩写，它是一种开放的神经网络数据格式。不同的神经网络训练框架对应的数据模型可以转换成 ONNX 格式表示，目前已有的转换工具支持 TensorFlow、Caffe，Pytorch，Microsoft Cognitive Toolkit，Apache MXNet 等神经网络框架输出的模型数据文件和 ONNX 数据格式之间的相互转换。

ONNX 除了用于描述神经网络模型之外，也能够用于描述其他机器学习算法模型，包括随机森林、SVM 等常见的机器学习模型。现有的转换工具支持将 Scikit-Learn 软件包训练生成的机器学习模型转成 ONNX 格式。

ONNX 文件格式有不同的版本，每个版本支持的神经网络或者机器学习的算子范围各不相同。ARM NN 目前支持的 ONNX 的算子类型有限，一些复杂的 ONNX 模型数据还不能够直接被 ARM NN 解析，但 ARM NN 对 ONNX 的支持在不断扩展中。目前对 ONNX 所定义的算子支持比较全面的有微软的 ONNX-Runtime，它分为 x86 和 ARM 版本，可以从 GitHub 下载编译得到 ONNX 的模型数据的执行环境。

通过 ONNX 格式“中转”可以实现不同神经网络框架生成的网络数据模型格式转换。下面列出部分 ONNX 格式转换软件包（Python 下的软件包）：

- sklearn-onnx——将 Python 下的 Scikit-Learn 训练得到的机器学习模型转成 ONNX 格式。
- tensorflow-onnx（tf2onnx）——将 TensorFlow 模型转成 ONNX 格式。
- keras2onnx——将 Keras 模型转成 ONNX 格式。
- ONNXMLTools——包括多个机器学习或者神经网络框架数据文件转成 ONNX 的工

具，包括 Keras、TensorFlow、Scikit-Learn、Apple Core ML、Spark ML、LightGBM、libsvm、XGBoost、H2O。

**2. ONNX 数据文件的构建**

ONNX 的数据存储格式基于 Google 的 protobuf 序列化数据结构协议。下面介绍它的具体结构：

- ONNX 数据以运算图（软件中名称是 GraphProto）表示机器学习的运算模型。
- 运算图是“运算节点”（软件中名称是 NodeProto）连接得到的图。
- 每个“运算节点”的输入可以连接：

1）其他“运算节点”的输出（通过“运算节点”的 input/output 域的名字字符串匹配）。

2）中间“数据”（软件中名称是 ValueInfoProto，通过“运算节点”的 input 域的名字和“数据”的名字匹配）。

3）模型“参数”（软件中名称是 TensorProto，通过“运算节点”的 input 域的名字和“参数”的名字匹配）。

在之前的章节中，我们已经介绍了使用 ARM NN 加载 ONNX 格式的神经网络的代码，下面我们介绍手工构建 ONNX 运算模型，并通过 ARM NN 加载执行的过程。

我们考虑一个神经网络全连接层的计算模型，它用下面的矩阵方程表示：

$$\boldsymbol{y} = \mathrm{ReLU}(\boldsymbol{x}\boldsymbol{M} + \boldsymbol{b})$$

其中 $\boldsymbol{x}$ 和 $\boldsymbol{y}$ 分别是神经网络全连接层的输入和输出向量（行向量），$\boldsymbol{M}$ 是全连接神经网络的权重（矩阵），$\boldsymbol{b}$ 是和偏置系数（行向量）。我们希望构建图 8-31 所示的 ONNX 模型。

它对应的输入输出（行）向量 $\boldsymbol{x}$ 和 $\boldsymbol{y}$ 的长度分别是 4 和 3，权重矩阵 $\boldsymbol{M}$ 的尺寸是 $4\times3$，偏置（行）向量 $\boldsymbol{b}$ 的尺寸是 4。

代码清单 8-23 所给的 Python 代码能够构建这一运算模型，并保存为 ONNX 格式的数据文件。

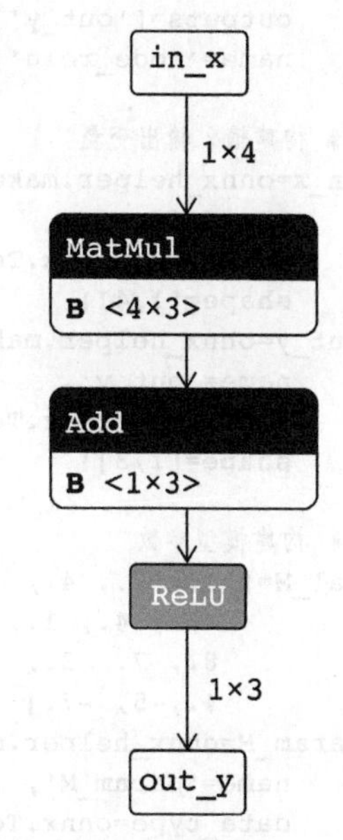


图 8-31　手动构建的 ONNX 运算图

**代码清单 8-23　直接构建 ONNX 运算流图的例子**

```
import numpy as np
import onnx
import onnx.utils
from onnx import helper as onnx_helper
```

```
###########################################
## 构建一个全连接层
#  y=Relu(x*M+b)
#  参数 M 和 b 给定
###########################################

## 构建算子
node_mul=onnx_helper.make_node(
    op_type='MatMul',
    inputs =['in_x','param_M'],
    outputs=['xM'],
    name='node_mul')
node_add=onnx_helper.make_node(
    op_type='Add',
    inputs =['xM','param_b'],
    outputs=['xM_b'],
    name='node_add')
node_relu=onnx_helper.make_node(
    op_type='Relu',
    inputs =['xM_b'],
    outputs=['out_y'],
    name='node_relu')

## 构建输入输出变量
in_x=onnx_helper.make_tensor_value_info(
    name='in_x',
    elem_type=onnx.TensorProto.FLOAT,
    shape=[1,4])
out_y=onnx_helper.make_tensor_value_info(
    name='out_y',
    elem_type=onnx.TensorProto.FLOAT,
    shape=[1,3])

## 构建模型参数
val_M=[ 1., 2., 4.,
        -3., 4., 1.,
        8., 7., 3.,
        4.,-5, -7.]
param_M=onnx_helper.make_tensor(
    name='param_M',
    data_type=onnx.TensorProto.FLOAT,
    dims=[4,3],
    vals=val_M,
    raw=False)
val_b=[-2.,0.,3.]
param_b=onnx_helper.make_tensor(
    name='param_b',
    data_type=onnx.TensorProto.FLOAT,
    dims=[1,3],
    vals=val_b,
    raw=False)
```

```
## 构建计算图
graph = onnx_helper.make_graph(
    nodes=[node_mul, node_add, node_relu],
    name='model',
    inputs=[in_x],
    outputs=[out_y],
    initializer=[param_M, param_b],
    doc_string=None,
    value_info=[in_x,out_y]
)

## 构建模型
model = onnx_helper.make_model(
    graph,
    producer_name='manually built onnx model')

## 模型检查
onnx.checker.check_model(model)
print('[INF] Model is checked!')

## 模型保存
with open('model.onnx', 'wb') as f:
    f.write(model.SerializeToString())
```

上述代码首先构造出运算图的数据对象、常数对象和运算节点（算子），代码中各个对象的名称和运算图中的位置以及创建它们使用的 API 如图 8-32 所示。

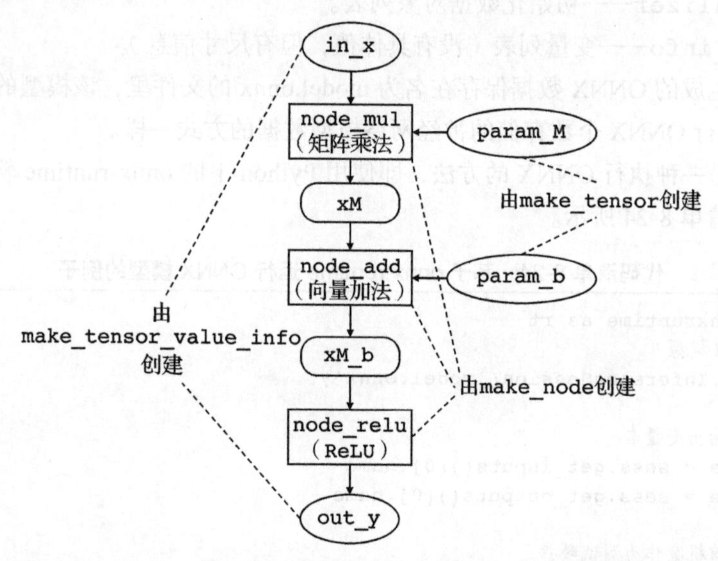


图 8-32　ONNX 数据对象的构建 API 以及数据对象在运算图中的位置

构建了整个运算图所需的各个部件后，通过调用 make_graph 函数生成运算图，调用该函数时需要用户给出运算图中各个部件在图中的“地位”，如图 8-33 所示。

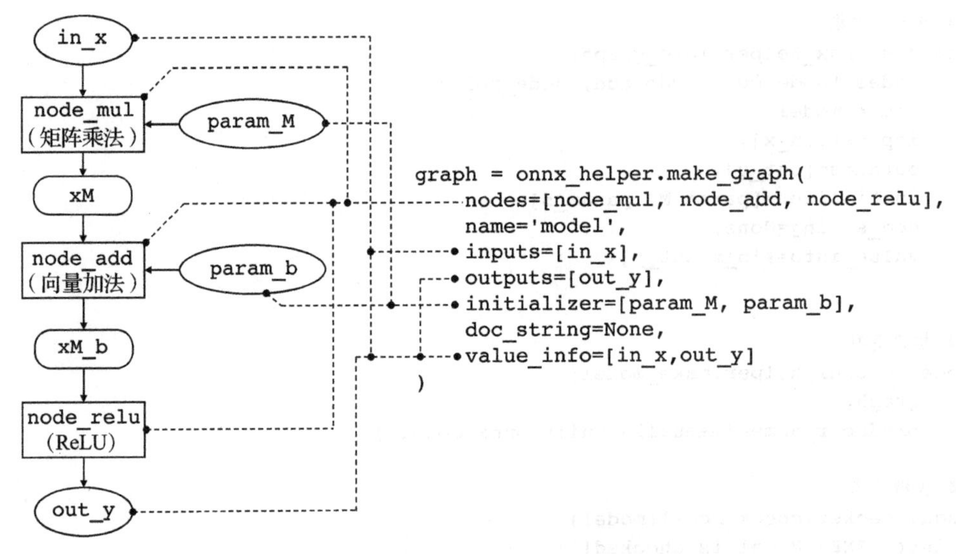


图 8-33　调用 make_graph 生成运算图的示意图

make_graph 函数的输入参数中各个参数的含义如下：

- nodes——运算节点（算子）列表。
- inputs——输入节点列表（变量）。
- outputs——输出节点列表（变量）。
- initializer——初始化数据对象列表。
- value_info——变量列表（没有具体值，但有尺寸信息）。

上述代码生成的 ONNX 数据保存在名为 model.onnx 的文件里，该模型的执行过程和前面 ARM NN 执行 ONNX 个数存储的神经网络模型数据的方式一样。

下面给出另一种执行 ONNX 的方法，即使用 Python 下的 onnx-runtime 软件包运行，详细代码如代码清单 8-24 所示。

**代码清单 8-24　基于 onnx-runtime 运行 ONNX 模型的例子**

```
import onnxruntime as rt
# 加载 ONNX 模型
sess = rt.InferenceSession('model.onnx')

# 得到输入输出变量名
input_name = sess.get_inputs()[0].name
label_name = sess.get_outputs()[0].name

# 生成一批随机数作为测试数据
val_x_all=np.random.randn(20,4).astype(np.float32)

# 遍历每个测试输入数据，运行 ONNX 运算模型
for val_x in val_x_all:
```

```
# 输入数据矩阵格式转换
mat_x=val_x.reshape(1,4)

# 运行模型，得到输出 y
y = sess.run([label_name], {input_name: mat_x})[0]
```

上述代码的原理在程序注释里给出，这里不再展开介绍。读者可以在这一代码基础上修改，构建更加复杂的模型。

需要注意的是上述“手动”构建 ONNX 模型的方式仅仅用于实现一些特殊的自定义网络算子，对于常见的神经网络框架的数据文件，可以通过现有的 API 直接转成 ONNX 文件格式。

最后我们给出使用 Python 下面的 Scikit-Learn 训练随机森林模型并生成 ONNX 格式模型数据的例子。训练随机森林分类器并生成的 ONNX 数据文件的程序如代码清单 8-25 所示。

代码清单 8-25　有 sklearn 库训练模型并生成 ONNX 模型数据的例子

```
import numpy as np
from sklearn.datasets import load_iris
from sklearn.model_selection import train_test_split
from sklearn.ensemble import RandomForestClassifier

## 训练数据加载
iris = load_iris()
x, y = iris.data, iris.target
x_train, x_test, y_train, y_test = train_test_split(x,y)

## 模型训练
model = RandomForestClassifier()
model.fit(x_train, y_train)

## 生成 ONNX 格式数据文件
from skl2onnx import convert_sklearn
from skl2onnx.common.data_types import FloatTensorType, Int64Type
from skl2onnx.helpers import onnx_helper

initial_type = [('float_input', FloatTensorType([None, 4]))]
model_onnx = convert_sklearn(model, initial_types=initial_type)
# 保存 ONNX 格式的模型数据
with open('model.onnx', 'wb') as f:
    f.write(model_onnx.SerializeToString())
```

上述代码生成 ONNX 模型数据文件 model.onnx，然而这一 ONNX 文件使用的算子在 ARM NN 中尚未得到支持，但我们可以用微软的 onnx-runtime 运行，代码清单 8-26 中给出了具体的 Python 代码。

代码清单 8-26　通过 onnx-runtime 加载运行 ONNX 模型的例子

```
import onnxruntime as rt
import numpy
# 加载 ONNX 模型
sess = rt.InferenceSession('model.onnx')

# 得到输入输出
input_name = sess.get_inputs()[0].name
label_name = sess.get_outputs()[0].name

# 执行 ONNX 模型
# 这里运算的输入参数 x_test 在之前训练随机森林的代码中可以找到
y_pred_onx = sess.run([label_name], \
    {input_name: x_test.astype(numpy.float32)})[0]
```

onnx-runtime 有 ARM 的编译版本，它除了通过 Python 调用外，也支持 C++ 和 C# 调用，具体使用方法请参考 onnx-runtime 的开发网站，这里不详细展开。

## 8.6　ARM 的 SIMD 指令编程

本节介绍 ARM 的 SIMD（Single Instruction Multiple Data，单指令多数据）指令编程技术。SIMD 指令被广泛用于现代处理器，提高 CPU 执行效率。不同的处理器中 SIMD 指令有不同的名称，在 x86 处理器中，它们的名称包括 MMX 指令集、SSE 指令集、AVX 指令集等，在 ARM 处理器中的名称是 NEON 指令集。

NEON 指令集是一系列支持向量运算的机器指令，支持 NEON 的 ARM 处理器主要包括 Cortex-A 和 Cortex-R 系列，它们使用 ARM 的 ARMv7 和 ARMv8 体系架构。支持 NEON 的 ARM 处理器中配备了向量寄存器，可以把它们看成一个数组，能够同时保存多个数据，另外还配备了向量运算硬件，能够一次对向量寄存器中多个操作数并行执行相同的运算。

由于 NEON 指令对应了 C 语言定义之外的操作特性，如果使用 C 语言编写程序，则需要使用 C- 汇编混合编程的语法。为了降低编程复杂度，让程序员不直接面对底层的 ARM 汇编指令，ARM 提供了 NEON 的 C 语言编程原语（Intrinsic），使程序员能够以函数调用的方式使用每一条 NEON 指令。但使用 C 语言编程难以完全控制底层每一条机器指令的运行，为实现更全面的指令集层面优化，需要使用 ARM 的汇编语言编程。

目前很多开源或者商业的 ARM 库已经在底层使用了 NEON 技术优化，比如 ARM 提供的 Computer-Library、ARM NN、开源的傅里叶运算库 Ne10，以及各种商业版本的神经网络框架。利用这些库，上层应用开发者即使不了解 NEON 的技术细节，也能够用它提升代码效率。

我们在这一节介绍 NEON 编程的一些初步知识，帮助读者在开发过程中对局部代码进行优化。CPU 底层的机器码执行效率由指令类型、流水线运行模式、内存访问模式、Cache 状态等共同决定。本节会通过几个代码优化的例子来说明，但更多的技巧需要读者结合处理器架构方面的知识和大量编程实践去发掘。

## 8.6.1 NEON 编程的基本概念和数据寄存器

下面通过几个向量运算的例子说明 NEON 代码的概念以及它所用到的数据寄存器，考虑 4 元素的数组加法程序：

```
C[0]=A[0]+B[0];
C[1]=A[1]+B[1];
C[2]=A[2]+B[2];
C[3]=A[3]+B[3];
```

上面的运算依次执行 4 次加法运算，对于支持 NEON 指令集的 ARM 处理器能够用一条汇编程序完成，即

```
vadd.f32  q6, q4, q5
```

其中 q4、q5 和 q6 分别是存放 A、B 和 C 的“向量”寄存器，每个寄存器存放 4 个单精度浮点数，这里的汇编指令 vadd 是 NEON 指令，它作用在三个向量寄存器上，一次执行了 4 次加法，即将寄存器 q4 和 q5 内 4 对数据分别相加，将 4 个相加结果存放到 q6，如图 8-34 所示。

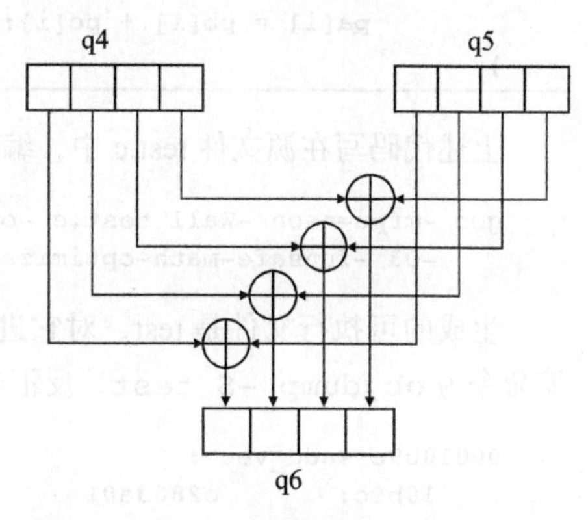


图 8-34 NEON 指令实现 4 元素数组加法的示意图

上面的例子中使用了向量寄存器 q4、q5 和 q6 存放操作数，在 NEON 指令架构中定义了多个向量寄存器，并且同一个向量寄存器能够用于存放不同位宽的数据。比如一个 128 位的向量寄存器能够同时存放 4 个 32 位的单精度浮点数，或者 8 个 16 位整数，或者 2 个 64 位的双精度浮点数。这类似于 C 语言中的 union 数据类型，在同一空间位置存放不同类型数据。在向量寄存器中，不同类型的数据的数量由寄存器的总位宽限定。

图 8-35 给出的向量寄存器 q0 能够存放总长 128 位的数据，可存放 2 个 64 位的双精度浮点数（D）、4 个 32 位的单精度浮点数（S）、8 个 16 位的短整数（H）或者 16 个 8 位的整数（B）。

注意图 8-35 所示表示同一个寄存器 q0 的 4 种数据存储模式，并不是 4 个寄存器。

手动编写和优化 SIMD 指令是困难的，幸好现代编译器帮助我们完成了大量优化工作，它能够主动“发掘”程序中可以并行化的内容，并生成对应的代码。我们可以用命令选项 -mfpu=neon -O3 来要求 gcc 帮助我们用 NEON 指令优化生成的代码，比如优化代码

清单 8-27 所示运算。

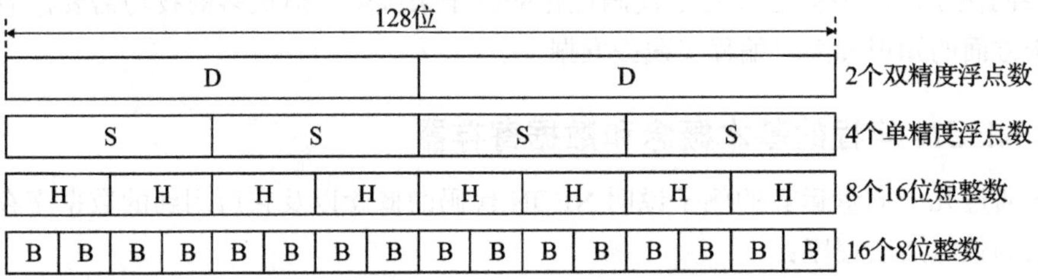

128位

D | D — 2个双精度浮点数

S | S | S | S — 4个单精度浮点数

H | H | H | H | H | H | H | H — 8个16位短整数

B | B | B | B | B | B | B | B | B | B | B | B | B | B | B | B — 16个8位整数

图 8-35　向量寄存器 q0 存放 4 种数据类型的示意图

**代码清单 8-27　能够通过编译实现 NEON 指令集优化的浮点向量加法程序**

```
#define SIZE 1024
void add_vec(float32_t *pa,
             float32_t *pb,
             float32_t *pc)
{
    For (unsigned int i=0; i<SIZE; i++)
        pa[i] = pb[i] + pc[i];
}
```

上述代码写在源文件 test.c 中，编译成 ARM 可执行文件的过程如下所示：

```
gcc -mfpu=neon -Wall test.c -o test \
    -O3 -funsafe-math-optimizations
```

生成的可执行文件是 test，对它进行反汇编就能够看到具体的 ARM 指令，具体的反汇编命令为 `objdump -S test`，反汇编结果如下所示：

```
00010b9c <add_vec>:
    10b9c:      e2803a01        add     r3, r0, #4096    ; 0x1000
    10ba0:      f4620a8d        vld1.32 {d16-d17}, [r2]!
    10ba4:      f4612a8d        vld1.32 {d18-d19}, [r1]!
    10ba8:      f2400de2        vadd.f32        q8, q8, q9
    10bac:      f4400a8d        vst1.32 {d16-d17}, [r0]!
    10bb0:      e1500003        cmp     r0, r3
    10bb4:      1affffff9       bne     10ba0 <add_vec+0x4>
    10bb8:      e12fff1e        bx      lr
```

其中粗体字对应向量加法，向量寄存器 `q8` 和 `q9` 分别存放 `pb` 和 `pc` 数组的 4 个元素，通过 `vld1.32` 指令加载（一次加载 4 个浮点数），指令 `vadd.f32` 实现 4 个浮点数并行加法，结果放置在 q8 中，并通过 `vst1.32` 指令将 4 个加法结果存放到数组 pa 中。

上面代码中存放 4 元素单精度浮点数向量的寄存器是 `q8` 和 `q9`，但数据加载和数据保存指令操作的是 `d16` ～ `d19` 这几个寄存器，这两组寄存器实际上是指向相同的寄存器硬件，其中以前缀 `d` 开头的寄存器是 64 位的，而前缀为 `q` 的寄存器是 128 位的，它们的对应关系如图 8-36 所示。

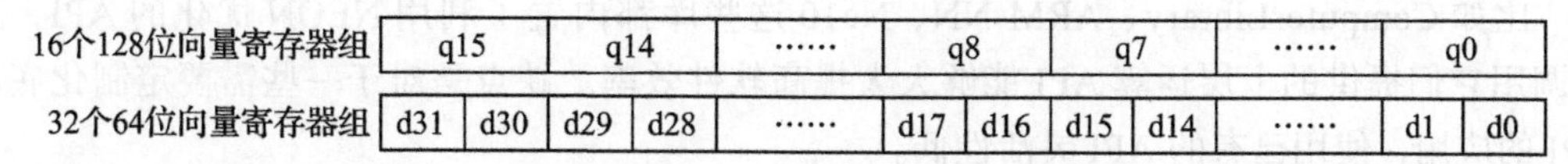


图 8-36　128 位和 64 位 NEON 寄存器

图中前缀 q 对应的寄存器和前缀 d 对应的寄存器位宽不同，但对应相同的硬件存储空间，比如读写 d14 和 d15 等效为读写 q7 的低 64 位和高 64 位。

注意，上面代码编译命令中 -funsafe-math-optimizations 表示允许生成不满足 IEEE754 标准的浮点数运算代码，因为 NEON 指令浮点运算单元不完全兼容 IEEE754 标准，如果不使用这个标志，gcc 是不会“贸然”生成 NEON 的浮点数向量优化代码的。如果上述 C 代码中加法作用在整数数组，比如 uint32_t 类型的数组上，则不加 -funsafe-math-optimizations 也能够生成 NEON 优化后的指令，如代码清单 8-28 所示。

**代码清单 8-28　能够通过编译实现 NEON 指令集优化的整数向量加法程序**

```
#define SIZE 1024
void add_vec_u32(uint32_t *pa,
                 uint32_t *pb,
                 uint32_t *pc)
{
    for(unsigned int i=0; i<SIZE; i++)
        pa[i] = pb[i] + pc[i];
}
```

用编译命令 gcc -mfpu=neon -Wall test.c -o test -O3 生成 NEON 优化的代码：

```
00010bd4 <add_vec_u32>:
   10bd4:       e2803a01        add     r3, r0, #4096   ; 0x1000
   10bd8:       f4620a8d        vld1.32 {d16-d17}, [r2]!
   10bdc:       f4612a8d        vld1.32 {d18-d19}, [r1]!
   10be0:       f26008e2        vadd.i32        q8, q8, q9
   10be4:       f4400a8d        vst1.32 {d16-d17}, [r0]!
   10be8:       e1500003        cmp     r0, r3
   10bec:       1affffff9       bne     10bd8 <add_vec_u32+0x4>
   10bf0:       e12fff1e        bx      lr
```

上面的代码中，指令 vadd.i32 实现 4 个整数并行加法。

我们在后面将给出可以运行在 RaspberryPi4B 开发板的 NEON 代码示例，该开发板使用 ARMv8 架构，代码是在 32 位的 Linux 操作系统上测试运行的。

## 8.6.2　基于 C 语言的 NEON 编程

在程序代码中使用 NEON 指令集可以有以下几种方式：

（1）使用第三方开发的经过 NEON 优化的库

比如 ComputerLibrary、ARM NN、Ne10 这些库都内置了利用 NEON 优化的 API，直接调用它们提供的上层运算 API 能够大大提高软件效率。缺点是对于一些需要定制化底层 API 的应用，使用已有的 API 灵活性低。

（2）使用 C 语言编译器内置的 NEON 原语（Intrinsic）

通过 C 语言上扩充的数据类型和底层运算函数实现向量数据读写和并行运算。优点是对具有 C 语言开发经验的开发者来说容易上手，缺点是通过上层语言实现难以精确控制寄存器复用、指令执行顺序等内容，尚不能达到极致的优化。

（3）使用 C 语言内嵌 NEON 汇编

通过特殊的语法在 C 语言中直接嵌入 NEON 汇编程序。这一模式对 NEON 底层代码的控制更加精确，但这一编程模式需要编程者熟悉特殊的汇编嵌入语法，完全不同于 C 语言的开发模式。

（4）使用 NEON 汇编

这一方式能够精确地控制代码的执行，但对开发要求高，由于缺少高层次的数据结构和语法，因此开发效率低。

由于多数读者对 C 语言比较熟悉，下面就侧重介绍第二种 NEON 编程方法。使用 NEON 原语编程时，需要在 C 代码中加入 `arm_neon.h`，比如代码清单 8-29 所示的代码 `test.c`。

**代码清单 8-29　C 程序中使用 NEON 指令集的例子**

```
#include <arm_neon.h>
#include <stdio.h>

// gcc -mfpu=neon test.c -Wall
int main()
{
    uint32x4_t a={1,2,3,4};
    uint32x4_t b={5,6,7,8};
    uint32x4_t c=vaddq_u32(a, b);
    for (int n=0; n<4; n++)
        printf("c[%d]:%d\n",n,c[n]);

    return 0;
}
```

上面代码中 `main` 函数里的 `vaddq_u32` 实现 4 个 32 位无符号整数的加法，参与加法的 4 个无符号整数分别存放在向量 `a` 和 `b` 中，结果放在向量 `c` 中。编译上述代码时需要使用下面给出的控制选项：

```
arm-none-linux-gnueabi-gcc -mfpu=neon test.c -o test.elf
```

运行编译结果 test.elf 得到如下输出：

```
c[0]:6
c[1]:8
c[2]:10
c[3]:12
```

我们可以将 test.elf 经过反汇编（用命令 arm-none-linux-gnueabi-objdump -S test.elf）查看对应的汇编代码，其中核心的一行是 vadd.i32，如下所示：

```
10454:      f26208e0      vadd.i32      q8, q9, q8
```

上面的反汇编结果表明加法操作的两个向量 a 和 b 分别存放在寄存器 q9 和 q8 中，加法返回结果存放于寄存器 q8。

下面再给出一个 RGB 图像数据分离的例子，即将间隔排列的各个像素的色彩数据分别转存到 3 个分离的数组，如代码清单 8-30 所示。

**代码清单 8-30　RGB 图像数据分离的 C 语言程序**

```
void rgb_sep(uint8_t *r, uint8_t *g, uint8_t *b, \
            uint8_t *rgb, int len)
{
    for (int i=0; i < len; i++)
    {
        r[i] = rgb[3*i];
        g[i] = rgb[3*i+1];
        b[i] = rgb[3*i+2];
    }
}
```

上述代码通过循环逐个分离 RGB 数据，效率低，我们可以通过专用的 NEON 指令进行加速。接下来我们给出另一种写法，提示编译器使用 NEON 指令集优化执行效率，具体参见代码清单 8-31。

**代码清单 8-31　使用 NEON 指令集优化的 RGB 图像数据分离程序**

```
void rgb_sep_neon (uint8_t *r, uint8_t *g, uint8_t *b,\
                  uint8_t *rgb, int len)
{
    uint8x16x3_t tmp;
    for (int i=0; i<len/16; i++)
    {
        tmp = vld3q_u8(rgb+3*16*i);
        vst1q_u8(r+16*i, tmp.val[0]);
        vst1q_u8(g+16*i, tmp.val[1]);
        vst1q_u8(b+16*i, tmp.val[2]);
    }
}
```

上面的代码中定义了变量 tmp，类型是 uint8x16x3_t（在头文件 arm_neon.h 中定义），这个类型的数据对象 tmp 存放 3 个向量，每个向量存放 16 个 8 位无符号整数（每个向量的类型是 uint8x16_t，在 arm_neon.h 中定义）。可以通过 tmp[0]、tmp[1] 和 tmp[2] 分别访问这三个向量。

代码中出现了两个 NEON 指令对应的函数，它们的说明如表 8-9 所示。

表 8-9 NEON 指令对应的函数及说明

| 函数 | 说明 |
| --- | --- |
| ld3q_u8(…) | 该函数从连续地址读入 3 个存放 16 个字节的向量；<br>该函数在底层通过汇编指令 LD3 实现数据读取。LD3 指令能够将间隔排列的 RGB3 个字节数据分别读入 3 个不同的向量寄存器，每次处理 48 个字节，填满 3 个向量寄存器，分别存放 16 字节的 R、G、B 数据 |
| vst1q_u8(…) | 将一个 uint8x16_t 的数据存入指定地址，uint8x16_t 类型的数据在这里对应一个向量寄存器，里面保存 16 字节的数据 |

上述代码通过下面的指令编译（详见本书附带的完整代码）：

```
gcc -g -o3 test_rgb.c -o test.elf
```

用命令 objdump -S test.elf 显示反汇编结果，其中核心部分在下面列出：

```
0001098c <rgb_sep_neon>:
    1098c:   e92d4010        push    {r4, lr}
    10990:   e59dc008        ldr     ip, [sp, #8]
    10994:   e35c0000        cmp     ip, #0
    10998:   e28c400f        add     r4, ip, #15
    1099c:   a1a0400c        movge   r4, ip
    109a0:   e35c000f        cmp     ip, #15
    109a4:   d8bd8010        pople   {r4, pc}
    109a8:   e1a04244        asr     r4, r4, #4
    109ac:   e3a0e000        mov     lr, #0
    109b0:   e28ee001        add     lr, lr, #1
    109b4:   e15e0004        cmp     lr, r4
    109b8:   e1a0c003        mov     ip, r3
    109bc:   e2833030        add     r3, r3, #48      ; 0x30
    109c0:   f46c050d        vld3.8  {d16,d18,d20}, [ip]!
    109c4:   f46c150f        vld3.8  {d17,d19,d21}, [ip]
    109c8:   f4400a0d        vst1.8  {d16-d17}, [r0]!
    109cc:   f4412a0d        vst1.8  {d18-d19}, [r1]!
    109d0:   f4424a0d        vst1.8  {d20-d21}, [r2]!
    109d4:   baffff f5       blt     109b0 <rgb_sep_neon+0x24>
    109d8:   e8bd8010        pop     {r4, pc}
```

上面粗体字给出的 v 开头的向量运算，它们就是优化后生成的 NEON 指令。

我们接下去看的例子是矩阵乘法 $C=AB$，其中 $A$、$B$ 和 $C$ 分别是尺寸为 $n \times k$、$k \times m$ 以及 $n \times m$ 的矩阵。根据矩阵乘法定义，$C$ 中每个元素 $c_{i,j}$ 的计算公式为 $c_{i,j}=\sum_{k=1}^{K} a_{i,k}b_{k,j}$，计算过

程如图 8-37 所示。

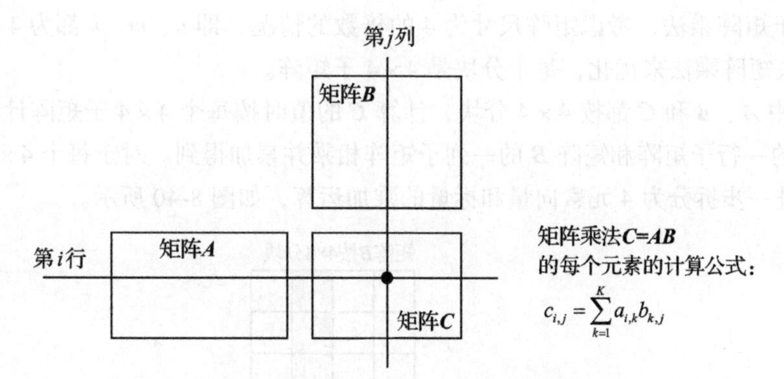


图 8-37　矩阵乘法计算过程示意图

上述矩阵乘法对应的原始 C 程序由 3 重循环构成，如代码清单 8-32 所示。

**代码清单 8-32　使用 C 程序实现的矩阵乘法**

```
void mat_mul (float32_t *A, float32_t *B, float32_t *C,\
            uint32_t n, uint32_t m, uint32_t k)
{
    for (int i_idx=0; i_idx < n; i_idx++)
    {
        for (int j_idx=0; j_idx < m; j_idx++)
        {
            C[n*j_idx + i_idx] = 0;
            for (int k_idx=0; k_idx < k; k_idx++)
            {
                C[n*j_idx + i_idx] += A[n*k_idx + i_idx]*\
                                      B[k*j_idx + k_idx];
            }
        }
    }
}
```

注意，上面代码中矩阵数组的下标式是按列方向递增的，如图 8-38 所示。

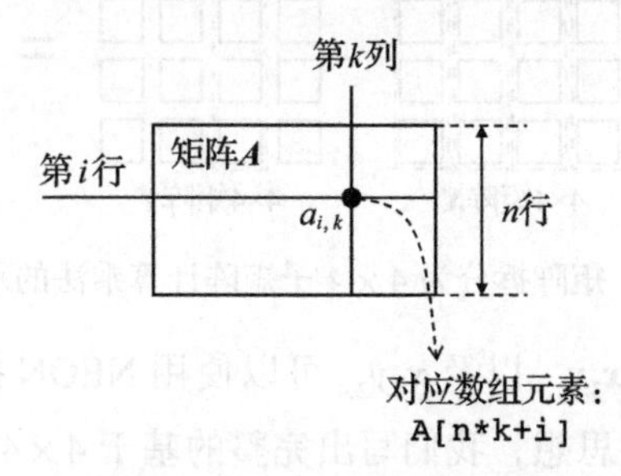


图 8-38　代码清单 8-32 中矩阵乘法数据访问方式示意图

我们可以考虑使用 NEON 指令集加快运算速度。每 4 个浮点数合到一个向量内进行并行计算。对于矩阵乘法，考虑矩阵尺寸为 4 的倍数的情况，即 $n$、$m$、$k$ 都为 4 的倍数，我们可以用分块矩阵乘法来优化，每个分块是 4 × 4 子矩阵。

图 8-39 中 $\boldsymbol{A}$、$\boldsymbol{B}$ 和 $\boldsymbol{C}$ 都按 4 × 4 分块，计算 $\boldsymbol{C}$ 的值时按每个 4 × 4 子矩阵计算，它可以看成矩阵 $\boldsymbol{A}$ 的一行子矩阵和矩阵 $\boldsymbol{B}$ 的一列子矩阵相乘并累加得到。对于每个 4 × 4 子矩阵的乘法，可以进一步拆分为 4 元素向量和标量的乘加运算，如图 8-40 所示。

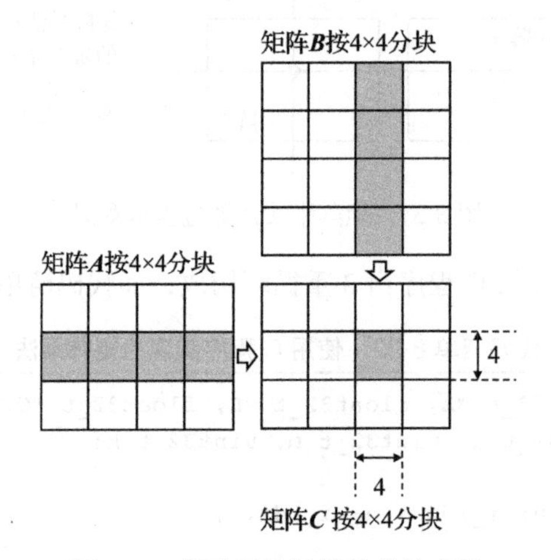


图 8-39　矩阵乘法计算的分块表示

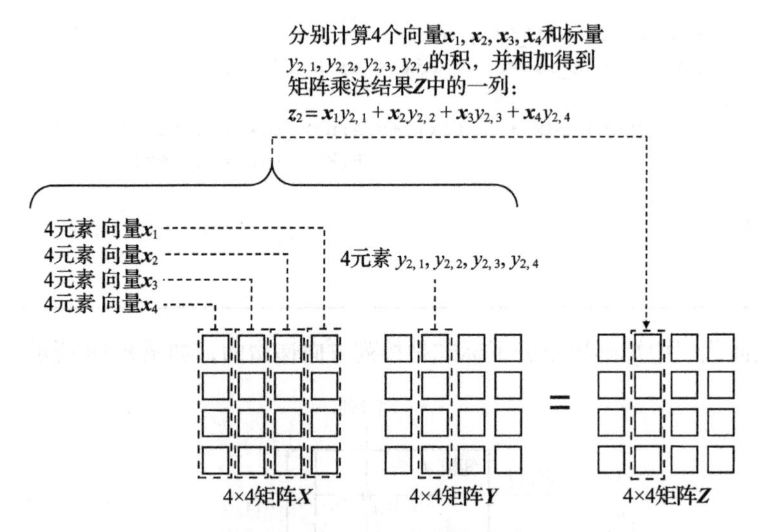


图 8-40　矩阵拆分为 4 × 4 子矩阵计算乘法的示意图

图中计算 $\boldsymbol{x}_1y_{2,1}$、$\boldsymbol{x}_2y_{2,2}$、$\boldsymbol{x}_3y_{2,3}$ 以及 $\boldsymbol{x}_4y_{2,4}$ 可以使用 NEON 指令实现，它们相加也可以用 NEON 指令实现。基于这一思想，我们写出完整的基于 4 × 4 矩阵分块方矩阵乘法实现方案，具体代码如代码清单 8-33 所示。

**代码清单 8-33　基于 4×4 子矩阵分块以及 NEON 指令实现矩阵乘法的 C 程序**

```
void mat_mul_blk4(float32_t *A, float32_t *B, float32_t *C, \
              uint32_t n, uint32_t m, uint32_t k)
{
    int A_idx, B_idx, C_idx;

    float32x4_t A0, A1, A2, A3;
    float32x4_t B0, B1, B2, B3;
    float32x4_t C0, C1, C2, C3;

    for (int i_idx=0; i_idx<n; i_idx+=4)
    {
        for (int j_idx=0; j_idx<m; j_idx+=4)
        {
            // 矩阵运算前的零累加器
            C0=vmovq_n_f32(0);
            C1=vmovq_n_f32(0);
            C2=vmovq_n_f32(0);
            C3=vmovq_n_f32(0);

            for (int k_idx=0; k_idx<k; k_idx+=4)
            {
                // 计算基本索引为 4×4 子矩阵
                A_idx = i_idx+n*k_idx;
                B_idx = k*j_idx+k_idx;

                // 加载 A 的 4×4 子矩阵的 4 列
                A0=vld1q_f32(A+A_idx      );
                A1=vld1q_f32(A+A_idx+n    );
                A2=vld1q_f32(A+A_idx+2*n);
                A3=vld1q_f32(A+A_idx+3*n);

                // 加载 B 的 4×4 子矩阵第 0 列
                B0=vld1q_f32(B+B_idx);
                // 将 4 个元素分别和 A 子矩阵的 4 个列相乘,
                // 结果相加后存放 4 元素列向量 C0
                C0=vmlaq_n_f32(C0, A0, B0[0]);
                C0=vmlaq_n_f32(C0, A1, B0[1]);
                C0=vmlaq_n_f32(C0, A2, B0[2]);
                C0=vmlaq_n_f32(C0, A3, B0[3]);

                // 加载 B 的 4×4 子矩阵第 1 列
                B1=vld1q_f32(B+B_idx+k);
                // 将 4 个元素分别和 A 子矩阵的 4 个列相乘,
                // 结果相加后存放 4 元素列向量 C1
                C1=vmlaq_n_f32(C1,A0,B1[0]);
                C1=vmlaq_n_f32(C1,A1,B1[1]);
                C1=vmlaq_n_f32(C1,A2,B1[2]);
                C1=vmlaq_n_f32(C1,A3,B1[3]);
```

```
                // 加载B的4×4子矩阵第2列
                B2=vld1q_f32(B+B_idx+2*k);
                // 将4个元素分别和A子矩阵的4个列相乘,
                // 结果相加后存放4元素列向量C2
                C2=vmlaq_n_f32(C2,A0,B2[0]);
                C2=vmlaq_n_f32(C2,A1,B2[1]);
                C2=vmlaq_n_f32(C2,A2,B2[2]);
                C2=vmlaq_n_f32(C2,A3,B2[3]);

                // 加载B的4×4子矩阵第3列
                B3=vld1q_f32(B+B_idx+3*k);
                // 将4个元素分别和A子矩阵的4个列相乘,
                // 结果相加后存放4元素列向量C3
                C3=vmlaq_n_f32(C3,A0,B3[0]);
                C3=vmlaq_n_f32(C3,A1,B3[1]);
                C3=vmlaq_n_f32(C3,A2,B3[2]);
                C3=vmlaq_n_f32(C3,A3,B3[3]);
            }

            // 分块乘积结果保存C矩阵对应位置
            C_idx = n*j_idx + i_idx;
            vst1q_f32(C+C_idx     ,C0);
            vst1q_f32(C+C_idx+n   ,C1);
            vst1q_f32(C+C_idx+2*n,C2);
            vst1q_f32(C+C_idx+3*n,C3);
        }
    }
}
```

上述代码的具体功能已在代码注释中给出，其中使用了多个单精度浮点数向量操作的NEON函数和数据类型，在表8-10里，我们列出所用到的函数以及其他几个常用的NEON函数的说明。

表 8-10　常用的 NEON 函数及说明

| 函数 | 说明 |
|---|---|
| float32x4_t | 存放4个32位单精度浮点数向量的数据类型，其中每个元素可以通过数组下标访问，比如：<br>float32x4_t x={1.2,3.4,5.6,7.8};<br>x[2]=100.0; |
| float32x4_t<br>vmovq_n_f32 (float32_t value) | 生成4个元素值相同的向量。注意，输入参数只能是常数，不能是变量，比如 vmovq_n_f32(1.2)<br>如果需要从变量地址加载相同数据的话，使用 vld1q_dup_f32 函数 |
| float32x4_t<br>vld1q_dup_f32 (float32_t const * ptr) | 生成4个元素值相同的向量，元素值是地址 ptr 指向的一个浮点数 |
| float32x4_t<br>vld1q_f32 (float32_t const * ptr) | 从 ptr 指向的内存地址一次加载4个单精度浮点数，输出 float32x4_t 类型的向量 |

（续）

| 函数 | 说明 |
| --- | --- |
| float32x4_t vaddq_f32(float32x4_t a, float32x4_t b) | 向量逐元素相加，返回向量的各元素为 a[i]+b[i]，$i$=0,1,2,3 |
| float32x4_t vsubq_f32(float32x4_t a, float32x4_t b) | 向量逐元素相减，返回向量的各元素为 a[i]-b[i]，$i$=0,1,2,3 |
| float32x4_t vmulq_f32(float32x4_t a, float32x4_t b) | 向量逐元素相乘，返回向量的各元素为 a[i]*b[i]，$i$=0,1,2,3 |
| float32x4_t vmlaq_f32(float32x4_t a, float32x4_t b, float32x4_t c) | 向量逐元素乘加，返回向量的各元素为 a[i]+b[i]*c[i]，$i$=0,1,2,3 |
| float32x4_t vmlsq_f32 (float32x4_t a, float32x4_t b, float32x4_t c) | 向量逐元素乘减，返回向量的各元素为 a[i]-b[i]*c[i]，$i$=0,1,2,3 |
| float32x4_t vmulq_n_f32(float32x4_t a, float32_t b) | 向量乘以标量，返回向量的各元素为 a[i]*b，$i$=0,1,2,3 |
| float32x4_t vmlaq_n_f32(float32x4_t a, float32x4_t b, float32_t c) | 向量和标量的乘加，返回向量的各元素值为 a[i]+b[i]*c，$i$=0,1,2,3,c 是浮点数（标量） |
| float32x4_t vmlsq_n_f32(float32x4_t a, float32x4_t b, float32_t c) | 向量和标量的乘减，返回向量的各元素值为 a[i]-b[i]*c，$i$=0,1,2,3,c 是浮点数（标量） |
| float32x4_t vrecpeq_f32(float32x4_t a) | 近似计算向量各元素的倒数，返回向量的各元素近似等于：1.0/a[i]，$i$=0,1,2,3 注意，计算输出近似值，它的具体用法参见后面的内容介绍 |
| float32x4_t vrsqrteq_f32 (float32x4_t a) | 近似计算向量各元素平方根倒数，返回向量的各元素近似等于：1.0/sqrt(a[i])，$i$=0,1,2,3 注意，计算输出近似值 |
| void vst1q_f32 (float32_t * ptr, float32x4_t val) | 将向量 val 内的 4 个单精度浮点数存储到指针 ptr 指向的连续 4 个位置 |

（续）

| 函数 | 说明 |
|---|---|
| float32x4_t vmaxq_f32 (float32x4_t a, float32x4_t b) | 逐元素比较，输出最大值构成的向量，返回向量的各元素为 Max(a[i],b[i])，$i$=0,1,2,3 |
| float32x4_t vminq_f32 (float32x4_t a, float32x4_t b) | 逐元素比较，输出最小值构成的向量，返回向量的各元素为 Min(a[i],b[i])，$i$=0,1,2,3 |
| float32x4_t vabsq_f32 (float32x4_t a) | 取绝对值，输出向量的各元素为 \|a[i]\|，$i$=0,1,2,3 |
| float32x4_t vnegq_f32 (float32x4_t a) | 取相反数，输出向量的各元素为 -a[i]，$i$=0,1,2,3 |
| uint32x4_t vcgeq_f32 (float32x4_t a, float32x4_t b) | 比较第 1 个元素是否大于等于第 2 个，若 a[i]>=b[i]，输出向量第 $i$ 个元素的所有位为 1，否则为 0，$i$=0,1,2,3 |
| uint32x4_t vcleq_f32 (float32x4_t a, float32x4_t b) | 比较第 1 个元素是否小于等于第 2 个，若 a[i]<=b[i]，输出向量第 $i$ 个元素所有位为 1，否则为 0，$i$=0,1,2,3 |
| uint32x4_t vcgtq_f32 (float32x4_t a, float32x4_t b) | 比较第 1 个元素是否大于第 2 个，若 a[i]>b[i]，输出向量第 $i$ 个元素所有位为 1，否则为 0，$i$=0,1,2,3 |
| uint32x4_t vcltq_f32 (float32x4_t a, float32x4_t b) | 比较第 1 个元素是否小于第 2 个，若 a[i]<b[i]，输出向量第 $i$ 个元素所有位为 1，否则为 0，$i$=0,1,2,3 |
| uint32x4_t vceqq_f32 (float32x4_t a, float32x4_t b) | 比较第 1 个元素是否等于第 2 个，若 a[i]=b[i]，输出向量第 $i$ 个元素所有位为 1，否则为 0，$i$=0,1,2,3 |
| float32x4_t vbslq_f32 (uint32x4_t mask, float32x4_t a, float32x4_t b) | 根据 4 元素 32 位无符号整数 mask 的每个元素位的值，从 a 或 b 选择相应的数据位作为输出，即 [i][j]=mask[i][j]?a[i][j]:b[i][j] $i$=0,1,2,3，为元素序号，$j$=0 ～ 31，是位的序号 |

上面的 NEON 指令中 vrecpeq_f32 是求 4 元素单精度浮点数向量的倒数，但如果你直接使用的话会发现其精度不高，比如运行下面的代码，用 vrecpeq_f32(a) 求出 a 中 4 个元素的倒数并存放在变量 d 中：

```
float32x4_t a={1.0,2.0,3.0,4.0};
float32x4_t d =vrecpeq_f32(a);
```

打印出向量 d 的内容，可以看到 d 的数个元素分别是 [0.998 0, 0.499 0, 0.333 0, 0.249 5]，精度很低，在实际应用时，需要将它和 Newton-Raphson 迭代算法一起使用，提高求倒数的精度，比如：

```
float32x4_t a={1.0,2.0,3.0,4.0};
float32x4_t d =vrecpeq_f32(a);
d=vmulq_f32(vrecpsq_f32(a,d),d);
d=vmulq_f32(vrecpsq_f32(a,d),d);
```

其中最后两句进行两次迭代，得到高精度的倒数计算结果并存储在向量 d 中。

上面的代码中用到了 NEON 指令（vrecpsq_f32 和 vmulq_32）针对 4 个单精度浮点数构成的向量，这一向量用数据类型 float32x4_t 表示，我们观察它的命名规则就可以推导出其他 NEON 指令支持的数据类型，我们在表 8-11 中列出其中一部分。

表 8-11 NEON 指令对应的函数中数据类型的含义

| 数据类型 | 说明 |
| --- | --- |
| int8x8_t | 8 个 8 位有符号整数构成的向量 |
| int16x4_t | 4 个 16 位有符号短整数构成的向量 |
| int32x2_t | 2 个 32 位有符号整数构成的向量 |
| int8x16_t | 16 个 8 位有符号整数构成的向量 |
| int16x8_t | 8 个 16 位有符号短整数构成的向量 |
| int32x4_t | 4 个 32 位有符号整数构成的向量 |
| int64x2_t | 2 个 64 位有符号长整数构成的向量 |
| uint8x8_t | 8 个 8 位无符号整数构成的向量 |
| uint16x4_t | 4 个 16 位无符号短整数构成的向量 |
| uint32x2_t | 2 个 32 位无符号整数构成的向量 |
| uint8x16_t | 16 个 8 位无符号整数构成的向量 |
| uint16x8_t | 8 个 16 位无符号短整数构成的向量 |
| uint32x4_t | 4 个 32 位无符号整数构成的向量 |
| uint64x2_t | 2 个 64 位无符号长整数构成的向量 |
| float32x4_t | 4 个 32 位单精度浮点数构成的向量 |
| float64x2_t | 2 个 64 位双精度浮点数构成的向量 |

类似地，我们根据函数命名规则也能够推导出上述数据类型对应的 NEON 函数，比如对于名称中带有 vaddq_ 的函数，主要用于 128 位的向量数据并行加法，下面 4 个函数分别对应 16 元素 8 位有符号整数向量加法、8 元素 16 位无符号整数向量加法和 2 元素 64 位双精度浮点数加法。

```
int8x16_t vaddq_s8 (int8x16_t a, int8x16_t b)
uint16x8_t vaddq_u16 (uint16x8_t a, uint16x8_t b)
float64x2_t vaddq_f64 (float64x2_t a, float64x2_t b)
```

上面三个函数名字都以 vaddq_ 开头，其中的字母 q 表示该函数操作的向量中所有元素的位总数为 128，使用 ARM 处理器中名字以 Q 开头的寄存器组。函数名的后缀有 _s8、u16、f64，分别对应它们作用在 8 位有符号整数向量、16 位无符号整数向量以及 64 位双精度浮点数向量上。另外，NEON 也支持相同元素个数但数据类型不同的两个相连的运算，比如：

```
int16x8_t vaddw_s8 (int16x8_t a, int8x8_t b)
```

它将一个 8 元素 16 位短整数向量和一个 8 元素 8 位有符号整数向量相加，返回 8 元素 16 位短整数向量。函数名 `vaddw_s8` 中间的字母 `w` 表示参与加法的两个向量中，第一个向量的元素位宽比第二个向量的宽（wider）。

NEON 函数也支持输出向量位宽比输入向量元素位宽更宽的情况，比如：

```
int32x4_t vaddl_s16 (int16x4_t a, int16x4_t b)
```

它对应了两个 4 元素向量相加，参与加法的向量元素是 16 位的短整数，输出是 4 元素的 32 位有符号整数，这里函数名 `vaddl_s16` 中出现的字母 `l` 暗示输出位宽被扩展了。

由于不同数据类型有大量组合，并且不同组合有相应的函数规则，因此这里不再逐一列出所有组合，希望读者能够根据上面的例子举一反三，从函数名“认出”不同功能的 NEON 函数。完整的列表可以从 ARM 处理器的手册 ARM NEON Intrinsics Reference 或者通过阅读头文件 `arm_neon.h` 了解。

最后需要注意的是使用 NEON 生成向量化代码的运行效率受很多因素影响，对于极致的优化，需要考虑以下几个因素：

（1）指令执行周期

每条指令执行需要多个时钟周期完成。如果需要在前一条指令运行结束前启动下一条指令，则要求两条指令没有数据依赖性，即连续执行的第二条指令不需要等待前一条指令的运算结果，否则就会由于指令“等待”数据而打断流水线。这可以通过细致分析每条指令的运行周期并调整执行顺序来“隐藏”由于“依赖性”造成的流水线打断。

（2）Cache 访问

由于 CPU 连续运行时依赖 Cache 实时提供数据，当 SIMD 指令访问的数据不在 Cache 中时（Cache missing），CPU 的执行会被强行中断，由 Cache 控制器和内存控制器将数据从外部存储器搬进 Cache。Cache 每次更新会加载连续地址的一批数据，因此要求程序充分利用这些特性，将操作分成片段，每个片段的数据地址局限在 Cache 已经加载了的数据地址，避免 Cache 中的数据在内存中反复传送。

（3）内存访问

现代的 SoC 处理器内部有不同的内存单元，包括 Cache、片内 SRAM 存储器和片外 FlashROM、DDR-SDRAM 等，其中片内静态存储器的访问效率通常高于片外存储器。开发软件时需要将那些需要反复访问的数据分配到最容易访问的内存硬件中。

## 8.7 小结

ARM 处理器在嵌入式领域得到广泛应用，CMSIS、ACL、ARM NN 仅仅是众多框架中的一部分。由于 ARM 公司对所设计芯片底层架构有着深入理解，所实现的底层算法运算效率很高，这些库或者代码片段被很多软件框架使用。希望读者能够通过这一章的学习了解 ARM 平台上高效率机器学习算法实现的思想，利用这些知识快速熟悉其他各类高性能嵌入式机器学习软件框架。

本章所讨论的几种软件框架中，对 CMSIS-DSP 和 CMSIS-NN 的介绍相对详细，而对 ACL 和 ARM NN 的介绍则侧重软件实现的流程，这两个软件框架是基于 C++ 编写的，深入理解其原理需要大量的 C++ 编程背景知识，限于本书的关注点和篇幅，没有详细展开，对从事这一领域开发的读者，建议通过阅读这些框架的源代码来发现更多的编程细节。

本章最后介绍了 ARM 的 NEON 指令编程，该指令集支持多个数据的并行计算，通过 NEON 指令集能够提升机器学习程序的执行效率，对这一部分的介绍是初步的，为充分发挥 NEON 指令的优势，还需要考虑 Cache 命中率、SIMD 指令之间的数据依赖性等因素，感兴趣的读者可以进一步根据 CPU 的具体型号阅读 NEON 指令手册以了解这些信息。

# 附录A

# 补充数据和列表

## 1. 8位整数的生成代码

我们在表A-1和表A-2中列出了用加减法实现8位常数乘法的运算方法。考虑所有偶数能通过对应的奇数左移得到，这里只列出了奇数的运算公式。表项中 ck 对应了 $c_k = k \times x$ 运算过程。

表A-1　$c_1$~$c_{127}$ 的计算公式

| c1=x | c45=-c3+(c3<<4) | c89=c129-(c5<<3) |
|---|---|---|
| c3=c1+(c1<<1) | c47=-c1+(c3<<4) | c91=(c3<<5)-c5 |
| c5=c1+(c1<<2) | c49=c1+(c3<<4) | c93=c129-(c9<<2) |
| c7=-c1+(c1<<3) | c51=c3+(c3<<4) | c95=-c1+(c3<<5) |
| c9=c1+(c1<<3) | c53=(c3<<4)+c5 | c97=-(c1<<5)+c129 |
| c11=-c1+(c3<<2) | c55=-c1+(c7<<3) | c99=c129-(c15<<1) |
| c13=c1+(c3<<2) | c57=-(c1<<3)+c65 | c101=c129-(c7<<2) |
| c15=-c1+(c1<<4) | c59=(c1<<6)-c5 | c103=(c3<<5)+c7 |
| c17=c1+(c1<<4) | c61=(c1<<6)-c3 | c105=c129-(c3<<3) |
| c19=(c1<<4)+c3 | c63=-c1+(c1<<6) | c107=-c5+(c7<<4) |
| c21=c1+(c5<<2) | c65=c1+(c1<<6) | c109=c129-(c5<<2) |
| c23=-c1+(c3<<3) | c67=(c1<<6)+c3 | c111=-c1+(c7<<4) |
| c25=c1+(c3<<3) | c69=(c1<<6)+c5 | c113=-(c1<<4)+c129 |
| c27=(c1<<5)-c5 | c71=(c1<<6)+c7 | c115=c129-(c7<<1) |
| c29=(c1<<5)-c3 | c73=(c1<<3)+c65 | c117=c129-(c3<<2) |
| c31=-c1+(c1<<5) | c75=c3+(c9<<3) | c119=(c1<<7)-c9 |
| c33=c1+(c1<<5) | c77=-c3+(c5<<4) | c121=-(c1<<3)+c129 |
| c35=(c1<<5)+c3 | c79=-c1+(c5<<4) | c123=(c1<<7)-c5 |
| c37=(c1<<2)+c33 | c81=c1+(c5<<4) | c125=-(c1<<2)+c129 |
| c39=-c1+(c5<<3) | c83=c3+(c5<<4) | c127=-c1+(c1<<7) |
| c41=(c1<<3)+c33 | c85=c5+(c5<<4) | |
| c43=c3+(c5<<3) | c87=(c3<<5)-c9 | |

表 A-2　$c_{129}$~$c_{255}$ 的计算公式

| | | |
|---|---|---|
| c129=c1+(c1<<7) | c173=c1+(c43<<2) | c217=-c7+(c7<<5) |
| c131=(c1<<1)+c129 | c175=(c3<<6)-c17 | c219=-c33+(c63<<2) |
| c133=(c1<<2)+c129 | c177=c129+(c3<<4) | c221=-c3+(c7<<5) |
| c135=(c1<<7)+c7 | c179=-c1+(c45<<2) | c223=-c1+(c7<<5) |
| c137=(c1<<3)+c129 | c181=c1+(c45<<2) | c225=c1+(c7<<5) |
| c139=c129+(c5<<1) | c183=(c3<<6)-c9 | c227=c3+(c7<<5) |
| c141=c129+(c3<<2) | c185=c129+(c7<<3) | c229=c5+(c7<<5) |
| c143=-c1+(c9<<4) | c187=(c3<<6)-c5 | c231=c7+(c7<<5) |
| c145=(c1<<4)+c129 | c189=c129+(c15<<2) | c233=(c7<<5)+c9 |
| c147=c129+(c9<<1) | c191=-c1+(c3<<6) | c235=-c5+(c15<<4) |
| c149=c129+(c5<<2) | c193=(c1<<6)+c129 | c237=-c3+(c15<<4) |
| c151=(c3<<3)+c127 | c195=c129+(c33<<1) | c239=-c1+(c15<<4) |
| c153=c129+(c3<<3) | c197=c129+(c17<<2) | c241=c1+(c15<<4) |
| c155=-c5+(c5<<5) | c199=(c3<<6)+c7 | c243=c3+(c15<<4) |
| c157=c129+(c7<<2) | c201=c129+(c9<<3) | c245=-c3+(c31<<3) |
| c159=-c1+(c5<<5) | c203=-c1+(c51<<2) | c247=-c1+(c31<<3) |
| c161=(c1<<5)+c129 | c205=c1+(c51<<2) | c249=c1+(c31<<3) |
| c163=c129+(c17<<1) | c207=(c3<<6)+c15 | c251=-c1+(c63<<2) |
| c165=c129+(c9<<2) | c209=c129+(c5<<4) | c253=-c1+(c127<<1) |
| c167=(c5<<5)+c7 | c211=-c1+(c53<<2) | c255=c1+(c127<<1) |
| c169=c129+(c5<<3) | c213=c1+(c53<<2) | |
| c171=-c1+(c43<<2) | c215=-c33+(c31<<3) | |

表格的使用方法参见下面的例子，比如我们想计算 $y=186x$，首先将常数 186 替换成对应的奇数 93（93<<1=186），查表得到：

```
c93=c129-(c9<<2)
```

其中引用了 C129 和 C9，我们继续查表得到：

```
c129=c1+(c1<<7)
c9=c1+(c1<<3)
```

最后将上述结果集中起来，得到计算 $y$ 的具体流程，如下所示：

```
c1=x;
c9=c1+(c1<<3);
c129=c1+(c1<<7);
c93=c129-(c9<<2);
y=c93<<1;
```

表 A-1 和表 A-2 虽然只给出了 255 之内的数据运算公式，但可以快速拓展到更长位宽的运算，比如对于 16 位的常数乘法：

$$y = (b_{15}b_{14}b_{13}b_{12}b_{11}b_{10}b_9b_8b_7b_6b_5b_4b_3b_2b_1b_0)_2 \times x$$

我们可以将它拆成高 8 位和低 8 位两次乘法计算，即

$$y = \left[(b_{15}b_{14}b_{13}b_{12}b_{11}b_{10}b_9b_8)_2 \times x\right] \ll 8 + (b_7b_6b_5b_4b_3b_2b_1b_0)_2 \times x$$

对高 8 位和低 8 位的乘法运算可以分别查表得到。对于拆分后的两个乘法也可以应用多常数乘法进行优化，将高 8 位和低 8 位对应的两个常数合在一起，寻找合成它们的运算步骤。

## 2. 快速卷积算法的运算复杂度对比

表 A-3 中给出了第 5 章讨论的快速卷积算法的运算复杂度（乘法运算量）比较，读者可以根据这里的信息选用合适的算法实现快速卷积。

表 A-3　快速卷积算法运算量比较

| 算法描述 | 运算复杂度 | 备注 |
| --- | --- | --- |
| 基于离散傅里叶变换和反变换的快速循环卷积运算 | $1.5N\log_2 N + N$ 次复数乘法 | 两个被卷积序列长度均为 $N$，且 $\log_2 N$ 为整数，使用基 2-FFT |
| (2,2) 快速线性卷积 | 3 次乘法 | 常规算法需要 4 次乘法 |
| (3,2) 快速线性卷积 | 4 次乘法 | 常规算法需要 6 次乘法 |
| (3,3) 快速线性卷积 | 5 次乘法 | 常规算法需要 9 次乘法 |
| 通过拼接算法构成的 (5,3) 线性卷积快速算法 | 9 次乘法 | 常规算法需要 15 次乘法 |
| 多项式嵌套构成的 (4,4) 快速线性卷积 | 9 次乘法 | 常规算法需要 16 次乘法 |
| 2 抽头 FIR 快速滤波，输出 2 个结果 | 3 次乘法 | 常规算法需要 4 次乘法 |
| 3 抽头 FIR 快速滤波，输出 2 个结果 | 4 次乘法 | 常规算法需要 6 次乘法 |
| 2 抽头 FIR 快速滤波，输出 3 个结果 | 4 次乘法 | 常规算法需要 6 次乘法 |
| 3 抽头 FIR 快速滤波，输出 4 个结果 | 6 次乘法 | 常规算法需要 12 次乘法 |
| 拼接算法得到的 4 抽头 FIR 快速滤波，输出 2 个结果 | 6 次乘法 | 常规算法需要 8 次乘法 |
| 5 抽头 FIR 快速滤波算法，输出 2 个结果 | 7 次乘法 | 常规算法需要 10 次乘法 |
| 嵌套法构造的 4 抽头 FIR 快速滤波算法，输出 4 个结果 | 9 次乘法 | 常规算法需要 16 次乘法 |
| 基于嵌套的 $(2 \times 2, 2 \times 2)$ 二维线性卷积快速算法 | 9 次乘法 | 常规算法需要 16 次乘法 |
| 基于嵌套的 $(3 \times 3, 3 \times 3)$ 二维线性卷积快速算法 | 25 次乘法 | 常规算法需要 81 次乘法 |
| 基于嵌套的 $(3 \times 2, 2 \times 3)$ 二维线性卷积快速算法 | 16 次乘法 | 常规算法需要 36 次乘法 |
| 二维循环卷积的频域变换快速运算 | $3N^2\log_2 N + N^2$ 次复数乘法 | 两个被卷积对象长度均为 $N \times N$，且 $\log_2 N$ 为整数，使用基 2-FFT |
| 基于卷积核低秩分解的二维快速卷积 | 按行按列 $R$ 轮线性卷积 | $R$ 是卷积核的秩 |
| 一维矩形卷积核卷积 | 每个输出需要 $K$ 次加 / 减法和 1 次乘法 | |
| 一维三角形卷积核卷积 | 每个输出需要 $K$ 次加 / 减法和 2 次乘法 | 三角形卷积核非零元素为 $K-1$ 个 |
| 梯形卷积核卷积 | 每个输出需要 $K$+2 次加 / 减法和 3 次乘法 | |

## 3. 例程和代码列表

表 A-4 给出本书配套代码的列表、代码说明以及对应章节信息。

表 A-4　代码和例程列表

| 代码文件目录 | 说明 | 相关的章节 |
| --- | --- | --- |
| ACL_ALEXNET | ❑ 描述：Alexnet 网络实现例程<br>❑ 嵌入式软件环境：ARM Computer Liberary<br>❑ 嵌入式运行平台：树莓派 | 8 |
| ACL_CARTOON | ❑ 描述：图片卡通画效果变换例程<br>❑ 嵌入式软件环境：ARM Computer Liberary<br>❑ 嵌入式运行平台：树莓派 | 8 |
| ACL_MNIST_PYTHORCH | ❑ 描述：手写数字识别神经网络实现例程<br>❑ 训练框架：Pytorch<br>❑ 嵌入式软件环境：ARM Computer Liberary<br>❑ 嵌入式运行平台：树莓派 | 7，8 |
| ARM-MNIST-TFLITE | ❑ 描述：手写数字识别神经网络实现例程<br>❑ 训练框架：TensorFlow<br>❑ 嵌入式软件环境：TensorFlow Lite<br>❑ 嵌入式运行平台：树莓派 | 8 |
| ARMNN-MANUAL-ONNX | ❑ 描述：手动构建 ONNX 模型并运行的例子<br>❑ 嵌入式软件环境：ARM NN<br>❑ 嵌入式运行平台：树莓派 | 8 |
| ARMNN-MNIST-ONNX | ❑ 描述：ONNX 格式存储的神经网络运行例程<br>❑ 嵌入式软件环境：ARM NN<br>❑ 嵌入式运行平台：树莓派 | 8 |
| ARMNN-MNIST-TF | ❑ TensorFlow 格式存储的神经网络运行例程<br>❑ 嵌入式软件环境：ARM NN<br>❑ 嵌入式运行平台：树莓派 | 8 |
| CIFAR10-PYTORCH | ❑ 描述：CIFAR10 图像分类数据神经网络的训练与验证<br>❑ 训练和运行环境：Pytorch<br>❑ 验证平台：PC | 7，8 |
| CIFAR10_VGG_PYTORCH_DISTILLATION | ❑ 描述：神经网络知识蒸馏例程<br>❑ 训练和运行环境：Pytorch<br>❑ 验证平台：PC | 7，8 |
| CIFAR10_VGG_PYTORCH_SLIMMING | ❑ 描述：神经网络卷积层剪枝例程<br>❑ 训练和运行环境：Pytorch<br>❑ 验证平台：PC | 7，8 |
| CLS_ALL | ❑ 描述：多种常见机器学习框架的训练和验证例子<br>❑ 训练和运行环境：Scikit-Learn<br>❑ 验证平台：PC | 3，8 |
| CMSIS-DSP-ML | ❑ 描述：几种常见的基于机器学习算法（SVM、朴素贝叶斯、感知器）的嵌入式实现例程<br>❑ 训练环境：Scikit-Learn | 3，8 |

（续）

| 代码文件目录 | 说明 | 相关的章节 |
| --- | --- | --- |
| CMSIS-DSP-ML | ❑ 嵌入式软件环境：CMSIS-DSP<br>❑ 嵌入式运行平台：ARM Cortex-M | 3，8 |
| CMSIS-NN-MNIST-PYTORCH | ❑ 描述：神经网络的嵌入式实现例程<br>❑ 训练环境：Pytorch<br>❑ 嵌入式软件环境：CMSIS-NN<br>❑ 嵌入式运行平台：ARM Cortex-M | 7，8 |
| CMSIS_MNIST_DT | ❑ 描述：基于决策树分类器的嵌入式实现例程<br>❑ 训练环境：Scikit-Learn<br>❑ 嵌入式运行平台：ARM Cortex-M | 3，8 |
| FAST_CONV | ❑ 描述：快速卷积代码实现 | 5 |
| FAST_MAT_MUL | ❑ 描述：快速矩阵乘法代码实现 | 4，6 |
| FAST_MUL | ❑ 描述：快速乘法代码实现 | 2，4 |
| FIR_MCM | ❑ 描述：FIR 滤波器通过多常数乘法实现的例子 | 2，4 |
| IRIS_DT | ❑ 描述：决策树分类器的嵌入式实现的例子<br>❑ 训练环境：Scikit-Learn<br>❑ 嵌入式运行平台：ARM Cortex-M | 3，8 |
| MCM | ❑ 描述：多常数乘法器计算图搜寻代码 | 4 |
| MNIST_PYTORCH | ❑ 描述：手写数字分类数据神经网络的例子<br>❑ 训练和运行环境：Pytorch<br>❑ 验证平台：PC | 3，7，8 |
| MNIST_PYTORCH_BINARY_WEIGHT | ❑ 描述：神经网络权重二值化的例子<br>❑ 训练和运行环境：Pytorch<br>❑ 验证平台：PC | 7 |
| MNIST_PYTORCH_C | ❑ 描述：神经网络的 C 程序实现<br>❑ 训练环境：Pytorch<br>❑ 嵌入式运行平台：没有限制（平台无关代码） | 3，7 |
| MNIST_PYTORCH_FORCE_ZERO | ❑ 描述：神经网络权稀疏化的例子<br>❑ 训练和运行环境：Pytorch<br>❑ 验证平台：PC | 7 |
| MNIST_PYTORCH_QUANT | ❑ 描述：神经网络权量化的例子<br>❑ 训练和运行环境：Pytorch<br>❑ 验证平台：PC | 7 |
| MNIST_PYTORCH_QUANT_ROUND | ❑ 描述：神经网络权量化训练的例子<br>❑ 训练和运行环境：Pytorch<br>❑ 验证平台：PC | 7 |
| MOBILENET-V2 | ❑ 描述：MobileNet 神经网络的例子<br>❑ 训练和运行环境：Pytorch<br>❑ 验证平台：PC | 7 |
| NEON | ❑ 描述：NEON 优化例程<br>❑ 嵌入式运行平台：ARM Cortex-A 处理器，支持 NEON 指令集 | 8 |

（续）

| 代码文件目录 | 说明 | 相关的章节 |
| --- | --- | --- |
| ONNX_SKLEARN | ❑ 描述：ONNX 实现机器学习算法的例子<br>❑ 训练环境：Scikit-Learn<br>❑ 运行软件环境：onnxruntion<br>❑ 验证平台：PC | 3，8 |
| TANH_FAST | ❑ Tanh 的快速近似实现算法<br>❑ 嵌入式运行平台：没有限制（平台无关代码） | 4 |

# 附录 B
# 技术术语表

| 英文缩略语 | 英文全称 | 中文说明 |
|---|---|---|
| ACL | ARM Compute Library | ARM 计算库 |
| AI | Artificial Intelligence | 人工智能 |
| API | Application Programming Interface | 应用程序编程接口 |
| bit | binary digit | 位，二进制单位 |
| BN | Batch Normalization | 批量归一化（神经网络的运算层） |
| CNN | Convolution Neural Network | 卷积神经网络 |
| CPU | Central Processing Unit | 中央处理器 |
| CSD | Canonical Signed Digit | 正则有符号数 |
| DFT | Discrete Fourier Transform | 离散傅里叶变换 |
| DNN | Deep Neural Network | 深度神经网络 |
| FFT | Fast Fourier Transform | 快速傅里叶变换 |
| GPU | Graphic Processing Unit | 图像处理器 |
| IRQ | Interrupt Request | 中断请求 |
| ISR | Interrupt Service Routine | 中断服务程序 |
| LDA | Linear Discriminant Analysis | 线性判别分析 |
| MCM | Multiple Constant Multiply | 多常数乘法 |
| MCU | Microcontroller Unit | 微控制器 |
| NPU | Neural Processing Unit | 神经网络处理器 |
| ONNX | Open Neural Network Exchange | 开放神经网络交换（数据格式） |
| PCA | Principal Component Analysis | 主成分分析 |
| SCM | Single Constant Multiply | 单常数乘法 |
| SIMD | Single Instruction Multiple Data | 单指令多数据 |
| SoC | System on Chip | 片上系统 |
| SVD | Singular Value Decomposition | 奇异值分解 |
| SVM | Support Vector Machine | 支持向量机 |

# 推荐阅读

## 嵌入式实时系统调试

作者：[美] 阿诺德·S.伯格 (Arnold S.Berger) 译者：杨鹏 胡训强

书号：978-7-111-72703-3 定价：79.00元

嵌入式系统已经进入了我们生活的方方面面，从智能手机到汽车、飞机，再到宇宙飞船、火星车，无处不在，其复杂程度和实时要求也在不断提高。鉴于当前嵌入式实时系统的复杂性还在继续上升，同时系统的实时性导致分析故障原因也越来越困难，调试已经成为产品生命周期中关键的一环，因此，亟需解决嵌入式实时系统调试的相关问题。

本书介绍了嵌入式实时系统的调试技术和策略，汇集了设计研发和构建调试工具的公司撰写的应用笔记和白皮书，通过对真实案例的学习和对专业工具（例如逻辑分析仪、JTAG调试器和性能分析仪）的深入研究，提出了调试实时系统的最佳实践。它遵循嵌入式系统的传统设计生命周期原理，指出了哪里会导致缺陷，并进一步阐述如何在未来的设计中发现和避免缺陷。此外，本书还研究了应用程序性能监控、单个程序运行跟踪记录以及多任务操作系统中单独运行应用程序的其他调试和控制方法。